机电一体化
控制技术与系统

李志刚 胡国良 龚志远 等编著

化学工业出版社
·北京·

内 容 简 介

本书以机电一体化系统的组成为主线，系统介绍了机电一体化系统各主要组成部分及其控制技术和控制策略，并通过实例详细介绍了机电一体化系统的设计方法。本书在机械系统部件、执行器、运动传感器选择方面有别于现有机电一体化书籍，如 RV 减速器、滚动导轨、自动化流水线机构、直线电机、行程和接近开关等都是较新的内容。本书还着重采用三菱 PLC 对机电系统组成的接口进行了大量案例演示，方便读者动手实践。

本书可供机电一体化产品开发设计人员、制造人员、生产管理人员学习参考，也适合高等工科院校机械设计制造及其自动化专业、机电一体化专业以及其他相近专业的本科生、研究生和教师使用。

图书在版编目（CIP）数据

机电一体化控制技术与系统/李志刚等编著． —北京：化学工业出版社，2021.12
ISBN 978-7-122-40056-7

Ⅰ.①机… Ⅱ.①李… Ⅲ.①机电一体化-控制系统 Ⅳ.①TH-39

中国版本图书馆 CIP 数据核字（2021）第 206216 号

责任编辑：王　烨　张海丽　　　　　　　装帧设计：刘丽华
责任校对：王鹏飞

出版发行：化学工业出版社（北京市东城区青年湖南街 13 号　邮政编码 100011）
印　　装：北京盛通数码印刷有限公司
787mm×1092mm　1/16　印张 20　字数 517 千字　2022 年 7 月北京第 1 版第 1 次印刷

购书咨询：010-64518888　　　　　　售后服务：010-64518899
网　　址：http://www.cip.com.cn
凡购买本书，如有缺损质量问题，本社销售中心负责调换。

定　　价：98.00 元

前　言

随着互联网、大数据、云计算和人工智能等信息技术的发展，世界各国政府和企业界更加重视工业与互联网的融合，形成互联网时代的工业新思维。在这个背景下，诞生了德国的"工业4.0"，我国的工业化和信息化的"两化"融合及"中国制造2025"等。机电一体化产品作为信息与物理系统连接的关键节点或界面，在各个领域得到了广泛应用和极大发展。要使用计算机技术、自动控制技术、检测与传感技术、CRT显示技术、通信与网络技术、微电子技术改变目前我国机械工业面貌，必须走发展机电一体化技术之路，这也是当代机械工业发展的必然趋势。

本书是为了适应高等院校机械类和近机类机电一体化系统设计专业的教学要求而编写。本书结合了作者多年来科研与教学实践，内容丰富，深入浅出，既注意与选修课的衔接，又避免了相互重复，并将重点放在了实际应用上；既注意了基础理论、基本概念的系统叙述，也考虑到工程设计人员的实际需要。

学习本书需要有一定的可编程控制技术和自动控制方面的基础知识，全书共分为8章。第1章介绍机电一体化系统定义、机电一体化与智能制造的关系、典型的机电一体化系统、机电一体化系统构成要素、所涉及的相关科学技术、发展方向及设计常用方法；同时，以典型机电控制系统为研究对象，介绍计算机控制系统的组成、特点、典型分类形式及其发展概况和发展趋势。第2章主要介绍自动化设备中广泛使用的丝杠副、同步带、滚动导轨、精密减速器及自动化流水线常用的倍速链、振盘等零部件。第3章介绍交流异步电动机、直流电动机、步进电动机、伺服电动机的驱动控制。第4章介绍常见运动控制系统中的位置、速度、加速度和力传感器，同时对传感器输出信号中的阻抗匹配、采样保持、滤波器和抗干扰等进行介绍。第5章主要介绍开关量输入/输出接口技术、模拟量/数字量接口技术、通信接口技术和人机交互接口技术。第6章介绍工控机的结构组成、基于PC的工控机系统、数据采集卡、运动控制卡等。第7章介绍数字控制器的模拟化设计步骤、常规数字PID控制器、改进的数字PID控制器及数字PID控制器的参数整定等。第8章详细介绍四个典型机电一体化产品设计实例，四个案例全面综合覆盖了前七章的理论内容。

本书由华东交通大学李志刚、胡国良、龚志远等编著。其中，胡国良编写第1章、第3.4节、第4.9节，李志刚编写第2章、除4.9节外的第4章，龚志远编写除3.4节外的第3章、第5章，徐明编写第7章、第8章的8.3节，陈慧编写第6章及第8章的第8.1、8.2、8.4节。编写团队老中青结合，在机电设计研究领域都具有丰富的科研经历，同时具有本课程和相关课程丰富的教学经验。本书由李志刚进行内容设计和全书统稿。同时，本书的编写得到了王业楷、毛雨露、徐名亮等同学的协助支持。

此外，向本书所参考和引用的有关资料的作者致以衷心的感谢。限于编著者的水平，书中疏漏之处在所难免，恳请广大读者批评指正。

编著者

目 录

第 1 章 绪 论

第 2 章 自动机械系统部件及机电模型

第3章　电机与驱动技术

第4章　运动控制系统中的传感器与检测技术

第 8 章 典型机电一体化系统设计案例

附　录

参　考　文　献

第1章
绪　论

随着互联网、大数据、云计算、人工智能等信息技术的发展，各国政府和企业界更加重视工业与互联网的融合，形成互联网时代的工业新思维。在这个背景下，德国推出了"工业4.0"政策，我国也在大力推行工业化和信息化的"两化"融合及"中国制造2025"。机电一体化产品作为信息与物理系统连接的关键节点或界面，在各个领域得到了广泛应用和极大发展。同时，人们越来越多地使用计算机来实现控制系统。计算机技术、自动控制技术、检测与传感技术、CRT显示技术、通信与网络技术、微电子技术的高速发展，也促进了机电系统计算机控制技术水平的提高。机电一体化产品与计算机控制技术已密不可分。

本章从机电一体化、机电一体化系统及其相关的基本概念出发，帮助读者建立起机电一体化的基本框架。本章主要介绍机电一体化系统的定义、机电一体化与智能制造的关系、典型的机电一体化系统、机电一体化系统构成要素、所涉及的相关科学技术、发展方向以及设计常用方法；同时，以典型机电控制系统为研究对象，介绍计算机控制系统的组成、特点、典型形式及其发展概况和发展趋势。

1.1　机电一体化系统概述

1.1.1　机电一体化系统定义

机械工程是技术科学领域比较古老的学科之一。机器及其制造与使用机器的所有自然活动是机械工程研究的主要范畴。

对于一般的机器，马克思在《资本论》中曾下过一个定义："一切已经发展的机器，都是由其本质上不同的部分——发动机、传动机构和工作机所构成"。在这期间，发动机（能源）主要是蒸汽机、水轮机和风力机组等；在某种程度上，机器主要是人的体力和臂力的延伸，主要任务是实现原动机与工作机之间运动和力的变换与协调，还谈不上具有自动控制、信息处理、状态监测与诊断、智能与柔性等功能。从现代科学技术的发展水平和对机器所赋予的要求来看，这个定义只适用于经典（早期）的机器。

自20世纪70年代以来，以大规模集成电路和微计算机为代表的微电子技术以及以信息转换和系统集成为代表的自动控制理论已迅速应用于机械工程，出现了种类繁多的计算机控制的机械、仪器和军械装备，以及具有柔性和集管理、监督和控制一体化的生产线、车间、工厂等。具备这些特征的机器称为现代机器。和经典机器不同，现代机器由五个部分组成：原动机、控制与调节机构、传动机构、工作机构与机械本体、检测与转换装置。现代机器已被广泛用于机械制造、冶金、化学工业、武器装备、航空航天、船舶等领域。

随着近代科学技术的发展，电子技术、计算机、自动控制、测试技术、光电子等领域的科学技术与机械工程的紧密结合和交叉渗透形成了一门以机电整合或机电一体化为主要特色的新兴边缘学科——机械电子学（Mechatronics）。

由于人们理解上的差异，并且随着生产和科学的发展，"机电一体化"不断被赋予新的内容，所以到目前为止，机电一体化还没有统一的定义。今天容易接受的是日本在 1981 年 3 月的一份报告中提出的结论："机电一体化"这个词乃是在机构的主功能、动力功能、信息处理功能和控制功能上引进了电子技术，并将机械装置、电子设备以及软件等有机结合起来构成系统的总称。

机电一体化系统（称为机电系统）的物理部分是机械技术和电子技术，两者通过信息技术有机地结合在一起，形成了一个更高级的系统。根据系统分析的观点，机电系统就是把机械部分和电子部分各作为一个环节，统一在一个"系统"中。为了优化其操作，有必要对构成系统的所有硬件进行最佳组合，将这两个部分集成在一起，进行整体考虑，并确定采用机械技术和采用电子技术的设备，通过信息传输与处理将其有机地组合起来。因此，从某种意义上说，机电一体化技术是系统工程学在机械、电子领域中的应用，而机电一体化系统则显示出其应用效果。

1.1.2 机电一体化与智能制造的关系

1. 工业 4.0、工业互联网和智能制造

（1）什么是"工业 4.0"？

我们现在说的"工业 4.0"或第四次工业革命，是由物联网、大数据、机器人及人工智能等技术所驱动的社会生产方式变革。"工业 4.0"是由德国工程院、弗劳恩霍夫协会、西门子公司等联合发起的，被德国政府纳入《德国高技术战略 2020》的国家十大未来项目之一，其核心是以智能制造为主导的第四次工业革命。该战略旨在通过信息网络与工业生产系统的充分融合，打造智能工厂，实现价值链上企业间的横向集成，网络化制造系统的纵向集成，以及端对端的工程数字化集成，提高工业资源利用率，从而实现高度个性化与智能化的柔性生产。"工业 4.0"作为一种生产革命，更加关注如何通过生产系统的有机整合，实现生产过程的网络化、信息化与智能化的深度融合，从而提升生产效率。

"工业 4.0"有三大主题：

① 智能工厂：重点研究智能化生产系统及过程，以及网络化分布式生产设施的实现。

② 智能生产：主要涉及整个企业的生产物流管理、人机交互以及 3D 技术在工业生产过程中的应用等。该计划将特别注重吸引中小企业参与，力图使中小企业成为新一代智能化生产技术的使用者和受益者，同时也成为先进工业生产技术的创造者和供应者。

③ 智能物流：主要通过互联网、物联网、务联网等，整合物流资源，充分发挥现有物流资源供应方的效率，而需求方则能够快速获得服务匹配，得到物流支持。

（2）什么是工业互联网？

"工业 4.0"的一个关键组件就是工业物联网（Industrial Internet of Things，IIoT）。IIoT 一方面实现了工厂内部的连接，便利了内部运营；另一方面通过设备上云，设备制造商可以对分布在全球各地的设备提供更好的远程维护服务。

工业互联网的内核是以物联网为基础，将带有内置感应器的机器和复杂的软件与其他机器、人连接起来，进行实时数据的收集、传输、处理和反馈，从中提取数据并进行深入分析，挖掘生产或服务系统在性能提高、质量提升等方面的潜力，实现生产资源效率的提升与优化。

工业互联网的核心是"数据＋应用"。工业互联网平台，首先要把工业物理世界的数据采集起来，这就是"边缘层"干的事情，通常做法是用一个"硬件盒子"，接到设备内部，采集设备的各类状态、运转数据，再通过有线或无线的方式传输出去。

什么是工业互联网平台呢？工业互联网平台是面向制造业数字化、网络化、智能化的需求，基于海量数据采集、汇聚、分析构建服务体系，支撑制造资源泛在连接、弹性供给、高效配置的载体。工业互联网平台的构成包括三大要素：数据采集（边缘层）、工业 PaaS（平台层）、工业 SaaS（应用层）。

以上所说的 PaaS 层、SaaS 层，都需要服务器设备、云服务等承载其全部的计算、存储需求，这个承载体就是 IAAS 层。另外，原本封闭的设备联网了，必然会面临很多网络安全问题，所以还需要工业安全防护层来贯穿整个平台架构。

这就是工业互联网平台的 5 个核心层级，即：边缘层、PaaS 层、SaaS 层、IAAS 层、安全层。

（3）什么是智能制造？

"中国制造 2025"明确提出："智能制造是新一轮科技革命的核心，也是制造业数字化、网络化、智能化的主攻方向"。

智能制造（Intelligent Manufacturing，IM）是指一种由智能机器和人类共同组成的人机一体化智能系统，通过人和智能机器的合作共事，去扩大、延伸和部分地取代人类在制造过程中的脑力劳动。智能制造系统可独立承担分析、判断、决策等任务，突出人在制造系统中的核心地位。同时，机器智能和人的智能真正地集成在一起，互相配合，相得益彰，本质是人机一体化。智能制造是制造业发展的必然趋势，是一个国家综合国力的体现，当前全球各主要国家都把培育智能制造产业体系当作本国发展的重要战略。

通常是在智能装备层面上的单个技术点首先实现智能化突破，然后出现面向智能装备的组线技术，并逐渐形成高度自动化与柔性化的智能生产线。在此基础上，当面向多条生产线的车间管控、智能调度、物联网等技术成熟之后，才可形成智能车间。

2. "中国制造 2025"

"中国制造 2025"于 2015 年 5 月 8 日公布，是我国实施制造强国战略的第一个十年的行动纲领。

"中国制造 2025"的核心内容是加快推动新一代信息技术与制造技术融合发展，把智能制造作为两化深度融合的主攻方向，着力发展智能装备和智能产品，推进生产过程智能化，培育新型生产方式，全面提升企业研发、生产、管理和服务的智能化水平。具体如下：

① 研究制定智能制造发展战略；

② 加快发展智能制造装备和产品；

③ 推进制造过程智能化；

④ 深化互联网在制造领域的应用；

⑤ 加强互联网基础设施建设。

"中国制造 2025"瞄准新一代信息技术、高端装备、新材料、生物医药等战略重点，引导社会各类资源集聚，推动优势和战略产业快速发展。特别是在以下产业加大扶持力度，力求与发达国家比肩：

① 新一代信息技术产业；

② 高档数控机床和机器人；

③ 航空航天装备；

④ 海洋工程装备及高技术船舶；

⑤ 先进轨道交通装备；

⑥ 节能与新能源汽车；

⑦ 电力装备；

⑧ 农机装备；

⑨ 新材料；

⑩ 生物医药及高性能医疗器械。

由此可知，智能制造与机电一体化技术都是现代工业生产的突破性技术。其中，机电一体化的出现时间要相对更早，其首先将计算机技术和工业生产技术融合；而智能制造则是在机电一体化技术的基础上将其和人工智能相结合。如果说机电一体化技术是利用计算机网络将机械设备自动化，那么智能制造技术就是让机械设备具有人工智能性，从而进一步执行更为复杂的操作指令。从另一个角度来看，机电一体化技术应用至今，其技术先进性已经极大的削弱，必须对其进行突破创新，而智能制造技术的应用就是机电一体化技术的突破发展形态。

1.2　典型的机电一体化系统

根据机电一体化系统的定义概念，在工厂自动化中，典型的机电一体化系统有以下几种形式。

1.2.1　机械手关节伺服系统

图 1.1 为机械手的关节伺服系统。它的受控过程是机器人的关节运动伺服系统（Servosystem），也称为随动系统。它是一个反馈控制系统，其控制变量是机械运动，如位置、速度和加速度。大多数伺服系统用于控制运动机械的输出位置，以紧跟电气输入参考信号。关节伺服系统可以使用微处理器作为控制器，关节轴的实际位置由旋转变压器测量，转换为电数字信号，然后反馈给微处理器控制器。微处理器通过控制算法进行操作后，将输出控制指令，然后通过数字/模拟（D/A）转换和伺服功率放大，将其提供给关节轴上的伺服电机。伺服电机根据控制

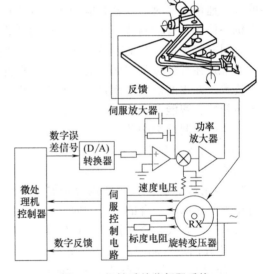

图 1.1　机械手关节伺服系统

指令驱动关节轴旋转，直到机械手到达输入参考信号所设置的位置为止。

1.2.2　数控机床

系统控制加工过程的机床称为数控机床。数控系统是一种使用预定指令来控制一系列机加工操作的系统。指令以数字形式存储在某种形式的输入介质上，如磁带、磁卡等。指令确定位置、方向、速度和切削速度。零件程序包含加工零件所需的所有指令。数控机床可以进行诸如镗孔、钻孔、磨削、冲压、锯切、车削、铆接、弯曲、焊接和特殊加工的加工操作。

数控系统通过编程来替代原始的机械凸轮、模具和样板，显示出柔性和机电一体化的优越性。相同的数控机床可以使用不同的程序生产不同的零件。数控加工最适合在同一机床上加工大量不同的零件，很少在同一机床上连续生产单个零件。当可以通过数学定义零件或加工过程时，数控是最理想的。随着计算机辅助设计（CAD）的日益普及，数学定义的过程和产品越来越多。

图 1.2 为一种三坐标闭环数控机床。它使用闭环系统控制 X、Y 和 Z 的三个坐标位置。X 位置控制器在 X 方向上水平移动工件，Y 位置控制器可在 Y 方向上水平移动铣头，Z 位置控制器沿 Z 方向垂直移动铣刀。在图中，箭头表示改变 X、Y 和 Z 位置的信息传递过程。计算机将符号程序转换为零件程序或机器程序。零件或机器程序存储在磁带或磁卡上。数控机床的操作员将数据输入机床中并监控操作。如果需要更改，则必须编写一个新程序。现在，该程序可以存储在公共数据库中，并根据需要分发到数控机床。加工中心的图形终端使操作员可以查看程序并在必要时进行修改。

1.2.3 机器人

工业机器人是一种典型的机电产品，涉及多种技术。它被广泛用于汽车制造、机械加工、电子、能源、建筑、军事和海洋工业等领域，主要从事油漆、焊接、组装、去毛刺、处理、包装产品以及在某些特殊环境中的工作，已成为生产线的主要组成部分。最典型的工业机器人是具有六个自由度的机械手，如图 1.3 所示。

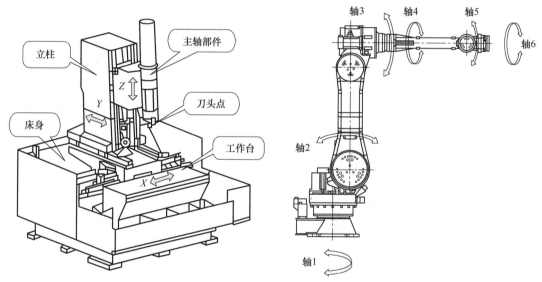

图 1.2 三坐标闭环数控机床   图 1.3 六自由度工业机器人

工业机器人控制系统的总体组成如图 1.4 所示，各部分介绍如下：

① 控制计算机。控制计算机是控制系统的调度指挥机构，一般为微型机，微处理器分为 32 位、64 位等，如奔腾系列 CPU 等。

② 示教编程器。示教机器人的工作轨迹、参数设定和所有人机交互操作拥有自己独立的 CPU 及存储单元，与主计算机之间以串行通信方式实现信息交互。

③ 操作面板。操作面板由各种操作按键、状态指示灯构成，只完成基本功能操作。

④ 磁盘存储。工业机器人主要用存储机器人工作程序的外围存储器来存储程序。

⑤ 通信接口。通信接口用于实现机器人和其他设备的信息交换，一般有串行接口、并行接口等。

⑥ 网络接口。网络接口包括 Ethernet 接口和 Field bus 接口。

a. Ethernet 接口。Ethernet 接口可通过以太网实现数台或单台机器人的直接 PC 通信，数据传输速率高达 10Mb/s，可直接在 PC 上用 Windows 库函数进行应用程序编程，支持 TCP/IP 通信协议通过 Ethernet 接口将数据及程序装入各个机器人控制器中。

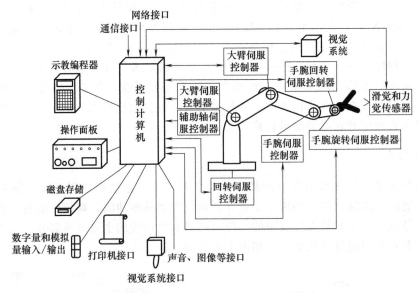

图 1.4　工业机器人控制系统总体组成

b. Field bus 接口。Field bus 接口支持多种流行的现场总线规格，如 Device net、AB Remote I/O、Interbus-s、profibus-DP、M-NET 等。

⑦ 数字量和模拟量输入/输出。数字量和模拟量输入/输出指各种状态和控制命令的输入或输出。

⑧ 打印机接口。打印机接口用于记录需要输出的各种信息。

⑨ 传感器接口。传感器接口用于信息的自动测，实现机器人柔顺控制，一般为力觉、触觉和视觉传感器。

⑩ 轴控制器。轴控制器用于完成机器人各关节位置、速度和加速度控制。

⑪ 辅助设备控制。辅助设备控制用于控制和机器人配合的辅助设备，如手爪变位器等。

1.2.4　自动导引车

自动导向车辆（Automated Guided Vehicle，AGV）是采用自动或人工方式装载货物，按设定路线自动行驶或牵引着载货台车至指定地点，再用自动或人工方式卸货的工业车辆。其自动作业的基本功能是导向行驶，认址停准和移交载荷，如图1.5 所示。它在计算机的交通管制下有条不紊地运行，并通过物流系统软件集成到物流系统、生产系统中。AGV 广泛应用于柔性生产系统（Flexible Manufacturing System，FMS）、柔性搬运系统和自动化仓库中。

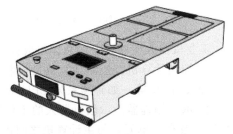

图 1.5　自动导向车辆

1.2.5　顺序控制系统

顺序控制（Sequence Control）是指根据生产过程中的工况和被控设备的状态等条件，按照预先拟定的步骤、条件或时间，对生产过程中的机组设备和系统自动地依次进行一系列操作，以改变设备和系统的工作状态。顺序控制仅与设备的启、停、开、关有关。在顺序控制系统中，检测、运算和控制所用的信息全部是"有"或"无"，即"开"或"关"这两种信息。这种具有两种状态的信息称之为开关量信息,因此顺序控制也称为开关量控制。当前有多种实现顺序控制功能的方法,如可编程逻辑控制器控制、工控机控制、继电器逻辑控制等。

根据开始和结束操作的方式,顺序控制可分为两类:①发生事件时,开始或结束操作称为事件驱动的顺序控制;②在一定时间或一定时间间隔后开始或结束操作,这称为时间驱动顺序控制。

制造业中有大量事件驱动的顺序控制系统。梯形图和布尔代数方程式通常用于描述事件驱动的顺序控制逻辑。梯形图中最常用的组件是开关、触点、继电器、接触器、电动机启动器、延迟继电器、气动电磁阀、气缸、液压电磁阀和液压缸等。图 1.6 显示了用于自动加工过程的事件驱动顺序控制系统。它由上下料输送带、上下料机器人、加工机床、自动装配机、编码转台和其他制造设备组成。这些制造设备都连接到可编程逻辑控制器 (PLC),以进行 I/O 信息交换。PLC 根据每个输入和输出状态,通过逻辑运算确定每个输出状态的变化,并控制相应设备的启动和停止,以实现制造过程的自动化。

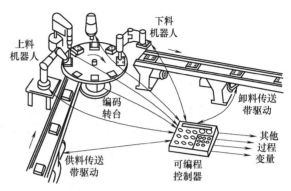

图 1.6 自动加工过程顺序控制系统

自动洗衣机是时间驱动顺序控制的最常见示例。洗涤周期从一定的操作开始:按下"开始"按钮时,注水操作开始,水量达到设定值时结束;然后,所有剩余的操作将根据计时器开始和结束,这些操作包括洗涤、排水、漂洗和旋转。大多数批处理控制系统是时间驱动的顺序控制系统。

1.2.6 柔性制造系统

柔性制造系统(FMS)就是以数控机床、加工中心及辅助设备为基础,实现自动完成工件的加工、装卸、运输、管理的系统。它具有在线编程、在线监测、修复、自动转换加工产品品种的功能。通过改变计算机的程序,各种加工机械和运输机械立刻可以按输入的计算机程序工作,因而 FMS 具有一定的柔性和灵活性,适合于多品种中小批量产品生产的高效自动化制造系统,并可缩短产品的制造周期,提高机床利用率,彻底克服了传统制造业的缺点。

FMS 由加工系统、物料储运系统和计算机控制的信息流系统三大系统组成,其结构框图如图 1.7 所示,并可细分为以下几个部分:

① 中央管理和控制计算机。它接受工厂主计算机的指令,对整个 FMS 实行监控,对每一台数控机床或制造单元实行控制,对夹具、工具等实现集中管理和控制。

② 物流控制装置。物流控制装置对自动化仓库、无人输送台车、加工毛坯和成品、加工用的夹具等实现集中管理和控制。

③ 自动化仓库。自动化仓库将毛坯、半成品或成品等进行自动调用或储存,它的布置和物料存放方法以方便工艺处理为原则。

④ 无人输送台车。无人输送台车行走于加工机床之间、自动仓库与托盘存储站之间、托盘存储站与机床之间,输送与搬运工件、刀具以及其他物料,可以是无轨的或是有轨的。

⑤ 柔性制造单元。柔性制造单元由多台数控机床或加工中心组成,并配备有托盘交换

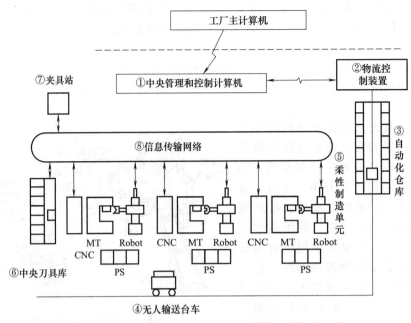

图 1.7　FMS 结构框图

装置、机械手或工业机器人等搬运装置，计算机系统实时控制和管理。

⑥ 中央刀具库。中央刀具库负责刀具的运输、存储和管理，适时地向加工单元提供所需的刀具，并监控刀具的使用，及时取走已报废的刀具，在保证正常生产的同时，最大限度地降低刀具的成本。典型的 FMS 的中央刀具库通常由刀库系统、刀具预调站、刀具装卸站、刀具交换装置以及管理控制刀具流的计算机系统组成。

⑦ 夹具站。夹具站大量使用组合夹具或柔性夹具，使夹具零部件标准化，提高夹具的重复利用率。

⑧ 信息传输网络，即 FMS 的信息系统。

1.2.7　计算机集成制造系统

计算机集成制造系统（Computer Intergrated Manufacturing System，CIMS）是自动化程度不同的多个子系统的集成，它通过计算机网络将管理信息系统（MIS）、制造资源计划系统（MRPⅡ）、计算机辅助设计系统（CAD）、计算机辅助工艺设计系统（CAPP）、计算机辅助制造系统（CAM）、柔性制造系统（FMS）以及数控机床（NC、CNC）、机器人等连接到一个大型系统中，从而实现整个工厂的自动化。这些子系统也使用了不同类型的计算机，有的子系统本身也是集成的，如 MIS 实现了多种管理功能的集成，FMS 实现了加工设备和物料输送设备的集成，等等。

CIMS 系统由经营管理、工程设计、产品制造、质量保证和物资保障等五大模块组成，另外还需要有一个能有效连接这些子系统的支撑环境，即计算机网络和数据库系统。

① 管理信息系统（MIS）。MIS 是 CIMS 的上层管理系统，它根据市场需求信息作出生产决策，确定生产计划和估算产品成本，同时作出物料、能源、设备、人员的计划安排，保证生产的正常运行。

② 工程设计系统（CAE）。CAE 包括了所有的工程设计工作，由 CAD、CAPP 及计算机辅助工装设计和其他具有分析计算功能的子系统组成。其中的关键是 CAD/CAPP/NCP

的集成（NCP 是计算机辅助编程的简称）。

③ 制造过程控制系统。制造过程控制系统主要指车间生产设备和过程的控制与管理，如 CNC、FMC、FMS 等。

④ 质量保证系统。质量保证系统是一个保证产品质量的全企业范围内的系统。从产品设计、原材料入库、检验，一直到制造过程中生产设备、加工方法和工具的选择，工作人员的能力确定等，并监视在生产和运输过程中一切可能影响产品质量的操作。

⑤ 物料储运和保障系统。物料储运和保障系统保证全企业物资的供应，包括原材料、外购件、自制件等的储存和运送，保障企业生产按计划正常运行。

⑥ 数据库系统。数据库系统包括各分系统的地区数据库和公用的中央数据库，在数据库管理系统的控制和管理下供各部门调用和存取。

1.3 机电一体化系统构成要素

从以上可知，机电系统的构成要素很多，但其中五大要素是必需的，这是与人体的五大要素进行对比时，从中得到的启发。

图 1.8 为人体的五大要素。内脏是创造能源使人得以维持生命和进行活动的部分。人们通过五官接收外界传来的信息，头脑集中所有的信息并加以处理，与其他要素有机地统一起来进行控制，再通过手足的意志作用到外界。骨骼是把人作为一个整体组织起来，而且规定其运动。

图 1.9 为与人体相对应的机电系统的五大功能，图 1.10 为机电系统的五大要素。

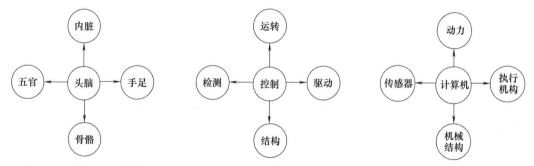

图 1.8 人体的五大要素　　　图 1.9 机电系统的五大功能　　　图 1.10 机电系统的五大要素

下面以数控车床为例，简述机电系统各组成部分的作用。

（1）机械本体部分

基本上是原机械产品的机械结构部分，或者做了改进。数控车床的机械本体部分就是车床的机械结构部分。机械本体就像人的身躯骨架。

（2）动力部分

机电系统的动力部分就像人体的内脏产生能量来维持人的生命运动一样，为本产品提供能量和动力功能去驱动执行机构。数控车床的主动力主要来自于电能。

（3）计算机部分

计算机在机电系统中的作用正如人的头脑一样，用来进行数值分析、数值计算、数据信息处理，并能发出各种控制指令。这部分除了计算机外，还包括输入输出设备、外存储器和显示器等。数控车床中的 CPU 板、CRT 显示器、纸带输入机或键盘及打印机等构成了计算机部分。

（4）传感器部分

传感器在机电系统中的作用相当于人体的五官。它将产品中的某些状态检测出来并送入计算机，或进行状态显示，或进行反馈控制。数控车床刀具的位置状态，用直线感应同步器进行检测。直线感应同步器就是传感器。

（5）执行机构部分

执行机构在机电系统中的作用相当于人体中的四肢，用来完成各种动作。执行机构的工作方式有液压、气动及电动三种。数控车床刀具的走刀运动就是利用步进电机驱动滚珠丝杠来完成的。

1.4　机电一体化系统涉及的科学技术

机电一体化系统是一门发展中的边缘科学。与之相关的科学技术很多，主要归纳为以下几个方面：

（1）机械本体

机械技术是机电一体化的基础。随着高新技术引入机械行业，机械技术面临着挑战和变革。在机电一体化产品中，它不再是单一地完成系统间的连接，而是要优化设计系统结构、质量、体积、刚性和寿命等参数对机电一体化系统的综合影响。机械技术的着眼点在于如何与机电一体化的技术相适应，利用其他高、新技术来更新概念，实现结构上、材料上、性能上以及功能上的变更，满足减少质量、缩小体积、提高精度、提高刚度、改善性能和增加功能的要求。尤其那些关键零部件，如导轨、滚珠丝杠、轴承、传动部件等的材料、精度对机电一体化产品的性能、控制精度影响很大。

（2）传感技术

传感器是将被测量（包括各种物理量、化学量和生物量等）变换成系统可识别的、与被测量有确定对应关系的有用电信号的一种装置。传感与检测装置是系统的感受器官，它与信息系统的输入端相连并将检测到的信息输送到信息处理部分。传感与检测是实现自动控制、自动调节的关键环节，它的功能越强，系统的自动化程度就越高。传感与检测的关键元件是传感器。

机电一体化系统或产品的柔性化、功能化和智能化都与传感器的品种多少、性能好坏密切相关。传感器的发展正进入集成化、智能化阶段。传感器技术本身是一门多学科、知识密集的应用技术。传感原理、传感材料及加工制造装配技术是传感器开发的三个重要方面。

现代工程技术要求传感器能快速、精确地获取信息，并能经受各种严酷环境的考验。与计算机技术相比，传感器的发展显得缓慢，难以满足技术发展的要求。不少机电一体化装置不能达到满意的效果或无法实现设计的关键原因在于没有合适的传感器。因此，大力开展传感器的研究，对于机电一体化技术的发展具有十分重要的意义。

（3）信息处理技术

信息处理技术包括信息的交换、存取、运算、判断和决策，实现信息处理的工具大都采用计算机，因此计算机技术与信息处理技术是密切相关的。计算机技术包括计算机的软件技术和硬件技术、网络与通信技术、数据技术等。机电一体化系统中主要采用工业控制计算机（包括单片机、可编程序控制器等）进行信息处理。人工智能技术、专家系统技术、神经网络技术等都属于计算机信息处理技术。

在机电一体化系统中，计算机信息处理部分指挥整个系统的运行。信息处理是否正确、及时，直接影响系统工作的质量和效率。因此，计算机应用及信息处理技术已成为促进机电一体化技术发展和变革的最活跃的因素。

（4）驱动技术

伺服系统是实现电信号到机械动作的转换装置或部件，对系统的动态性能、控制质量和功能具有决定性的影响。伺服驱动技术主要是指机电一体化产品中的执行元件和驱动装置设计中的技术问题，它涉及设备执行操作的技术，对所加工产品的质量具有直接的影响。机电一体化产品中的伺服驱动执行元件包括电动、气动、液压等各种类型，其中电动式执行元件居多。驱动装置主要是各种电动机的驱动电路，目前多由电力电子器件及集成化的功能电路构成。在机电一体化系统中，通常微型计算机通过接口电路与驱动装置相连接，控制执行元件的运动；执行元件通过机械接口与机械传动和执行机构相连，带动工作机械作回转、直线以及其他各种复杂的运动。常见的伺服驱动有电液马达、脉冲油缸、步进电动机、直流伺服电动机和交流伺服电动机等。由于变频技术的发展，交流伺服驱动技术取得突破性进展，为机电一体化系统提供了高质量的伺服驱动单元，极大地促进了机电一体化技术的发展。

（5）接口技术

机电一体化系统是机械、电子、信息等性能各异的技术融为一体的综合系统，其构成要素和子系统之间的接口极其重要，主要有电气接口、机械接口、人机接口等。电气接口实现系统间信号联系；机械接口则完成机械与机械部件、机械与电气装置的连接；人机接口提供人与系统间的交互界面。接口技术是机电一体化系统设计的关键环节。

（6）自动控制技术

自动控制技术范围很广，机电一体化的系统设计是在基本控制理论的指导下，对具体控制装置或控制系统进行设计；对设计后的系统进行仿真，现场调试；最后使研制的系统可靠地投入运行。由于控制对象种类繁多，所以控制技术的内容极其丰富，如高精度定位控制、速度控制、自适应控制、自诊断、校正、补偿、再现、检索等。

随着微型机的广泛应用，自动控制技术越来越多地与计算机控制技术联系在一起，成为机电一体化中的关键技术。

（7）系统总体技术

系统总体技术是一种从整体目标出发，用系统的观点和全局角度，将总体分解成相互有机联系的若干单元，找出能完成各个功能的技术方案，再把功能和技术方案组成方案组进行分析、评价和优选的综合应用技术。系统总体技术解决的是系统的性能优化问题和组成要素之间的有机联系问题，即便各个组成要素的性能和可靠性很好，如果整个系统不能很好地协调，系统也很难保证正常运行。

在机电一体化产品中，机械、电气和电子是性能、规律不同的物理模型，因而存在一些问题：匹配上的困难；电气、电子又有强电与弱电及模拟与数字之分，必然遇到相互干扰和耦合的问题；系统的复杂性带来的可靠性问题；产品的小型化增加的状态监测与维修困难；多功能化造成诊断技术的多样性等。因此，要考虑产品整个寿命周期的总体综合技术。

为了开发出具有较强竞争力的机电一体化产品，系统总体设计除考虑优化设计外，还包括可靠性设计、标准化设计、系列化设计以及造型设计等。

1.5 机电一体化系统设计常用方法和设计类型

1.5.1 机电一体化系统设计常用方法

机电一体化系统设计的方法通常有取代法、整体设计法和组合法。

（1）取代法

取代法是用电气控制代替原始系统中的机械控制机构。此方法是转换旧产品以开发新产品或技术上转换原始系统的常用方法。例如，电气速度控制系统代替了机械变速机构，可编程控制器代替了机械凸轮控制机构、插销板、步进开关、继电器等。这不仅大大简化了机械结构，还可以提高系统性能。这种方法的缺点是它不能跳出原始系统的框架，这不利于拓展思路，尤其是在开发全新产品时。

（2）整体设计法

整体设计法主要用于新系统（或产品）设计。在设计时完全从系统的整体目标考虑各子系统的设计，所以接口很简单，甚至可能互融一体。例如，某些机床的主轴就是将电机转子与主轴合为一体；直线式伺服电机的定子绕组埋藏在机床导轨之中；把电机与传感器做成一体的产品等。

（3）组合法

组合法就是选用各种标准功能模块组合设计成机电一体化系统。例如，设计一台数控机床，可以从系统整体的角度选择工业系列产品，如数控单元、伺服传动单元、位置传感检测单元、主轴调速单元以及各种机械标准件或单元等，然后进行接口设计，将各单元有机地结合起来融为一体。此方法开发设计机电一体化系统（产品），具有设计研制周期短、质量可靠、节约工装设备费用的优势，有利于生产管理、使用和维修。

1.5.2　机电一体化系统设计类型

机电一体化系统（产品）设计大致可分为开发性设计、适应性设计和变参数设计。

（1）开发性设计

开发性设计是在没有参考样板的情况下进行设计，根据抽象的设计原理和要求，设计出质量和性能方面满足目的要求的系统。最初的录像机、电视机的设计就属于开发性设计。

（2）适应性设计

适应性设计是在原理方案基本保持不变的情况下，对现有系统功能及结构进行重新设计，提高系统的性能和质量。例如，电子式照相机采用电子快门、自动曝光代替手动调整，使其小型化、智能化；汽车的电子式汽油喷射装置代替原来的机械控制汽油喷射装置等。

（3）变参数设计

变参数设计是在设计方案和结构不变的情况下，仅改变部分结构尺寸，使之适应量的方面变更的要求。例如，由于传递扭矩或速比发生变化而需重新设计传动系统和结构尺寸的设计，就属于变参数设计。

1.6　机电一体化设计系统（产品）开发过程

机电一体化系统是从简单的机械产品发展而来，其设计方法、程序与传统的机械产品类似，一般要经过市场调研、技术可行性分析、概念设计、详细设计、样机试制与试验、小批量生产和大批量生产几个阶段。机电一体化系统（产品）开发流程如图1.11所示。

1.6.1　市场调研

市场调研主要包括以下几种：

（1）面向用户的产品市场调研

调研的主要内容包括市场对此类产品的需求量，该产品潜在的用户，用户对产品的功

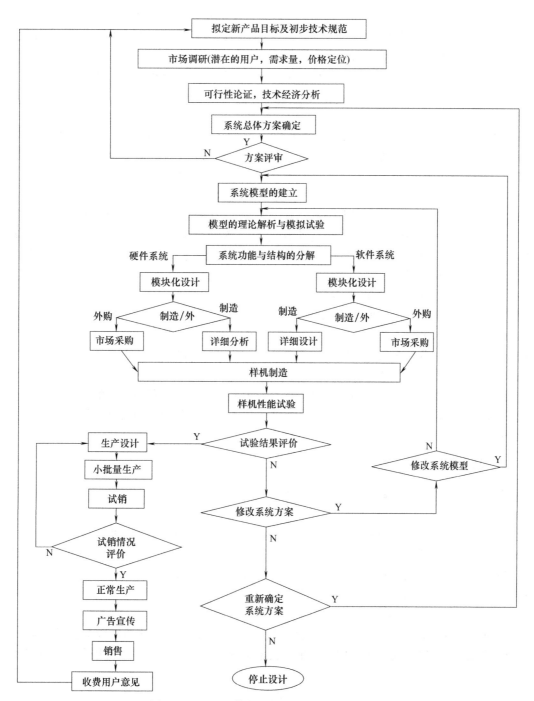

图 1.11 机电一体化系统（产品）开发流程图

能、性能、质量、使用维护、包装及价格等方面的要求。此外，还应了解竞争产品的种类、优缺点和市场占有率等情况。

市场调研一般采用实地走访调查、类比调查、抽样调查或专家调查等方法。所谓走访调查就是直接与潜在的经销商和用户接触，搜集查找与所设计产品有关的经营信息和技术经济信息。类比调查就是调查了解国内外其他单位开发类似产品所经历的过程、速度和背景等情况，并分析比较其与自身环境条件的相似性和不同点，以类推这种技术和产品开发的可能性和前景。抽样调查就是通过在有限范围的调查、搜集资料和数据来推测总体的预测方法，在抽样调查时要注意问题的针对性、对象的代表性和推测的局限性。专家调查就是通过调查表向有关专家征询对设计该产品的意见。

最后对调研的结果进行仔细的分析，撰写市场调研报告。市场调研的结果应能为产品的方案设计与细化设计提供可靠的依据。

（2）面向产品设计的技术调研

新技术、新材料和新工艺对市场上的旧产品有很大的影响。调查内容包括行业和专业技术的发展趋势，相关理论的研究结果以及新材料和新设备的发展趋势，以及对竞争公司和竞争产品的技术特征的分析。另外，有必要了解该单元的基本生产条件。

（3）面向产品生命周期的社会环境调研

当现有产品进入市场生命周期的不同阶段时，他们必须不断进行自我调整以适应市场。调查内容主要包括产品生产和目标市场所在地的经济技术政策（如产业发展政策、投资动向、环境保护及安全法规等）、产品类型、规模和分布、社会习俗、社会人员组成和消费水平、消费者心理和购买力等。

（4）面向社会问题需求的产品调研

例如，当前环境保护已成为全球普遍关注的问题。许多污染环境的产品的开发受到限制，而电动汽车、无氯冰箱和静音空调等绿色产品受到青睐。随着共享经济的发展，共享电动汽车、共享充电器和无人驾驶图书馆等设备也正在兴起。随着老年人社会的出现，出现了各种老年人护理机器人、老年人自动轮椅、轮椅床等。

通过调研，确定所开发产品的必要性、类型和生命周期，并预测产品的技术水平、经济效益和社会效益，以及用户对产品功能、性能、质量、外观和价格的要求，将其确定为形成产品的最初概念，然后进行技术可行性分析。

1.6.2　技术可行性分析

技术可行性分析的内容包括以下几个方面：

（1）关键技术和技术路线

研究此产品所需的关键技术，并指定实现产品的技术路线和技术标准。例如，一辆新概念车，使用什么样的发动机技术，什么样的控制总线技术，什么样的人机界面技术等。所使用的关键技术通常应该相对成熟，并且容易控制成本和技术风险。如果想采用更多尖端的新技术，则需要在市场和成本方面进行更多考虑。

（2）可选技术解决方案

对同一产品可能有多种技术解决方案，设计人员必须根据设计的准则选择最合适的方案，或者在这些方案之间做出折中。这里的技术解决方案只是一个粗略的技术解决方案或技术路线。

（3）主要性能指标和技术规格的可行性

产品性能指标和技术规格对于产品成本和市场竞争力至关重要。性能指标和技术规格越高，产品成本越高，价格也越高。但是，市场竞争力并不完全由其技术性能决定，还与价格和品牌等许多因素有关。用户经常追求具有较高性能/价格比的产品。

因此，产品规格和性能指标的制定需要综合考虑各种因素，突出产品特性，努力实现高性能和低价格。在制定主要性能指标和技术指标时，必须充分参考竞争对手的产品和发展趋势，并制定最合理的参数。

性能指标和技术规格不能盲目攀升，必须基于现有技术条件，以使产品与竞争对手拉开距离，同时为新产品的发布保留一定的空间。

（4）主要技术风险

综合分析实现产品功能、技术规格和性能指标的可能性，分析产品开发和生产中可能存在的各种问题和风险，以及解决问题和规避风险的方法。如果没有充分考虑这些问题和风险，则产品开发时间可能会延迟，从而错过市场上的最佳机会，或者使产品成本过高，或者使产品质量和产量降低，或者必须大规模更换生产设备等。

必须事先对这些问题进行充分评估，以使产品开发和生产顺利进行。

（5）成本分析

根据制定的产品技术规格和技术路线，综合分析产品成本，包括技术成本（如专利技术的使用、研究成本等）、原材料成本、制造成本、人工成本等，并为产品立项提供决策支持。

（6）结论与建议

根据产品的成本分析和技术风险分析，对产品的技术规格、性能指标、市场定位等参数提出修改建议，并确定产品是否立项。

产品立项应提供生产设计要求表。表中列出的要求分为特征指标、优化指标和普通指标，包括新产品功能要求、技术规格、性能指标、成本控制目标等。要求应尽可能量化，并按重要程度分出等级。

1.6.3　概念设计

概念设计是设计的初步工作过程，其结果是设计方案。但是，概念设计不限于方案设计。概念设计应包括设计师对设计任务的理解、设计灵感的表达以及设计概理念的发挥，它还应充分体现设计师的智慧和经验。因此，概念设计的前期工作应使设计师能够充分发挥其在图像中思考的能力。概念设计后期工作输出结构布置方案、产品部件或子系统的划分和设计目标，每个部件或子系统的接口设计等，并包括详细的设计任务、验收规范和进度表。

（1）产品外观和结构布置方案

作为机电产品，产品的外观对于销售非常重要。此外，只有确定了产品的外观方案（外观形式、外部尺寸等），才可以开始产品的结构设计。在总体设计阶段，有必要在结构设计过程中确定产品内部结构的形式和布置方案，并确定内部部件的主要外部尺寸。在构思了产品方案之后，以方案图的形式表达设计方案。从多个想法和多个计划中选择较好的可行方案进行分析、组合和评估，然后根据机电一体化系统的设计评价原则以及评估方法，再选择几个方案进行深入的综合分析和评估，最终确定实施方案。

（2）产品部件或子系统的划分和设计目标

在机电一体化系统的概念设计中，根据产品功能或技术架构划分产品的功能部件或子系统，并确定每个部件或子系统的功能规格和性能指标。

（3）每个部件或子系统的接口设计

包括部件或子系统之间的接口规范，如信号传输协议、电气规范、每个部件的尺寸和组装形式、每个部件的布局位置、运动部件的输出速度和功率等。

（4）制定详细的设计任务，验收规范和进度计划

机电一体化系统的概念设计基于产品生命周期各个阶段的要求，以进行产品功能创建、功能分解以及功能和子功能结构设计，进行满足功能和结构要求的工作原理求解，进行实现功能结构的工作原理总体方案构思和系统化设计。

1.6.4　详细设计

详细设计是根据综合评估后确定的系统方案，在技术上逐层展开所有细节的过程，直到

完成产品原型试生产所需的所有技术图纸和文件为止。根据系统组成，机电一体化系统的详细设计包括机械主体设计、检测系统设计、人机界面和机电界面设计、伺服系统设计、控制系统设计和整体系统设计。详细设计时要求零件、部件设计满足机械的功能要求；零件结构形状要便于制造加工；常用零件尽可能标准化、系列化、通用化；总体结构设计还应满足总功能、人机工程、造型美学、包装和运输等方面的要求。根据系统的功能和结构，详细设计可以分解为硬件系统设计和软件系统设计。除了系统本身的设计之外，还必须完成后备系统的设计、设计说明书的编写以及产品交付和使用文档的设计。详细设计需要反复修改并逐步改进。

（1）机械本体设计

这里所说的机械本体一般由减速装置、蜗轮蜗杆副、丝杠螺母副等各种线性传动部件，连杆机构、凸轮机构等非线性传动部件，挠性传动部件、间歇传动部件等特殊传动部件，导向支承部件、旋转支承部件以及机架等支承部件组成。

机械传动还应包括液压传动、气动传动和其他类型的机械传动。一部机器必须完成相互协调的若干机械运动，每个机械运动可以是单独的电动机驱动、液压驱动、气动驱动，也可以通过传动件和执行机构相互协调驱动在机电一体化产品设计中，这些机械运动通常由计算机来协调与控制。这就要求在机械传动设计时要充分考虑机械传动控制问题。为了确保机械系统的传输精度和工作稳定性，设计中经常提出无间隙、低惯性、低振动、低噪声和适当阻尼比等要求。

传动的主要性能取决于传动类型、传动方式、传动精度、动态特性及可靠性等。影响机电一体化系统中传动链动力学性能的因素一般有：负载的变化、传动链惯性、传动链固有频率、间隙、摩擦、润滑和温升。

（2）传感器与检测设计

传感器在机电一体化设备中是不可缺少的组成部分。它是整个设备的感觉器官，监视监测着整个设备的工作过程。在闭环伺服系统中，传感器又用作位置环的检测反馈元件，其性能直接影响工作机械的运动性能、控制精度和智能水平，因而要求传感器灵敏度高、动态特性好，特别要求其稳定可靠、抗干扰性强且能适应不同环境。

在机电一体化产品中，控制系统的控制对象主要是伺服驱动单元和执行机构，传感器主要用于检测位移、速度、加速度、运动轨迹以及机器操作和加工过程参数等机械运动参数。

传感器的基本参数为量程、灵敏度、静态精度和动态精度。在传感器设计选型时，应根据实际需要，确定其主要性能参数。有些指标可要求低些或可以不予考虑。

（3）接口设计

机电一体化系统由许多要素或子系统构成，各要素和子系统之间必须能顺利进行物质能量和信息的传递与交换。为此，各要素和各子系统相接处必须具备一定的联系条件，这些联系条件称为接口（Interface）。从系统外部看，机电一体化系统的输入/输出是与人自然及其他系统之间的接口；从系统内部看，机电一体化系统是由许多接口将系统构成要素的输入/输出联系为一体的系统。其各部件之间、各子系统之间往往需要传递动力、运动、命令或信息，这都是通过各种接口来实现的。

从这一观点出发，系统的性能在很大程度上取决于接口的性能，各要素和各子系统之间的接口性能就成为综合系统性能好坏的决定性因素。机电一体化系统是机械、电子和信息等功能各异的技术融为一体的综合系统，其构成要素或子系统之间的接口极为重要。从某种意义上讲，机电一体化系统设计就是接口设计。

机械本体各部件之间、执行元件与执行机构之间、检测传感元件与执行机构之间通常是机械接口；电子电路模块相互之间的信号传送接口、控制器与检测传感元件之间的转换接口、控制器与执行元件之间的转换接口通常是电气接口。根据接口用途的不同，又有硬件接口和软件接口之分。广义的接口功能有两种：一种是输入/输出；另一种是变换/调整。根据接口的输入/输出功能，可将接口分为以下 4 种。

① 机械接口。由输入/输出部位的形状、尺寸、精度、配合、规格等进行机械连接的接口，如联轴器、管接头、法兰盘、万能插口、接线柱、插头与插座及音频盒等。

② 物理接口。受通过接口部位的物质、能量与信息的具体形态和物理条件约束的接口，称为物理接口，如受电压、频率、电流、电容、传递扭矩的大小、气体成分（压力或流量）约束的接口。

③ 信息接口。受规格、标准、法律、语言、符号等逻辑、软件约束的接口，称为信息接口，如 GB、ISO、ASCII 码、RS232C、FORTRAN、C、C++等。

④ 环境接口。对周围环境条件（温度、湿度、磁场、水、火、灰尘、兼动、放射能）有保护作用和隔绝作用的接口，称为环境接口，如防尘过滤器、防水连接器、防爆开关等。

根据接口的变换/调整功能，可将接口分成以下 4 种：

① 零接口。不进行任何变换和调整，输出即为输入，仅起连接作用的接口，称为零接口，如输送管、插头、插座、接线柱、传动轴、导线、电缆等。

② 无源接口。只用无源要素进行变换、调整的接口，称为无源接口，如齿轮减速器、进给丝杠、变压器、可变电阻器以及透镜等。

③ 有源接口。含有有源要素、主动进行匹配的接口，称为有源接口，如电磁离合器、放大器、光电耦合器、D/A 转换器、A/D 转换器以及力矩变换器等。

④ 智能接口。含有微处理器、可进行程序编制或可适应性地改变接口条件的接口，称为智能接口，如自动变速装置，通用输入/输出接口（8255 等通用 I/O 接口）、GP-IB 总线、STD 总线等。

目前，大部分硬件接口和软件接口都已标准化或正在逐步标准化。在硬件设计时，可以根据需要选择适当的接口，再配合接口编写相应的程序。

（4）控制器设计

可以采用单片机、PLC 或者工控机来进行控制器的设计。这里以 PLC 控制为例：

① 详细了解电气设备对 PLC 控制系统的要求。对电气设备的控制要求进行详细了解，必要时画出系统的工作循环图或流程图、功能图及有关信号的时序图。

② 进行 PLC 控制系统总体设计和 PLC 选型。根据电气设备对 PLC 控制系统的要求，对控制系统进行总体方案设计，选择所需要的 PLC 型号。

③ 选择输入/输出设备，分配 I/O 端口。根据电气设备对 PLC 控制系统的要求和所选择的 PLC 型号，选择输入/输出设备，分配 I/O 端口。

④ 硬件电路设计。根据控制要求设计 PLC 输入/输出接线图和主电路图的硬件电路。将所有输入信号（按钮、行程开关、速度及时间等传感器）、输出信号（接触器、电磁阀、信号灯等）及其他信号分别列表，并按 PLC 内部软继电器的编号范围，给每个信号分配一个确定的编号，即编制现场信号与 PLC 软继电器编号对照表，绘制 PLC 输入/输出接线图和主电路图。

⑤ 根据控制要求设计 PLC 梯形图。根据控制要求和输入/输出接线图绘制梯形图，图上的文字符号应按现场信号与 PLC 软继电器编号对照表的规定标注。梯形图的设计是关键的一步，针对不同的控制系统要求可采用不同的梯形图设计方法。

⑥ 编写 PLC 程序清单。根据所设计的控制梯形图编写程序清单，梯形图上的每个逻辑

元件均可相应地写出一条命令语句。编写程序应按梯形图的逻辑行和逻辑元件的编排顺序由上至下、自左至右依次进行。

⑦ 完善上述设计内容。根据所选择的 PLC 对上述设计内容进一步完善。

⑧ 安装调试。根据所选择的 PLC 进行安装调试，并设计出相应的安装接线图。

⑨ 编制技术文件。在完成上述各项任务后，应按照工程应用要求编制设计说明书、使用说明书和设计图纸等技术文件。

1.6.5　样机试制与试验

完成产品的详细设计后，即可进入样机试制与试验阶段。根据制造的成本和性能试验的要求，一般先制造几台样机供试验使用。样机的试验分为实验室试验和实际工况试验，通过试验，考核样机的各种性能指标是否满足设计要求及样机的可靠性。如果样机的性能指标和可靠性不满足设计要求，则要修改设计，重新制造样机，并重复测试；如果样机的性能指标和可靠性满足设计要求，则进入产品的小批量生产阶段。

1.6.6　小批量生产

产品的小批量生产阶段实际上是产品的试生产、试销售阶段。这一阶段的主要任务是跟踪调查产品在市场上的情况，收集用户意见，发现产品在设计和制造方面存在的问题，并反馈给设计、制造和质量控制部门。

1.6.7　大批量生产

经过小批量试生产和试销售的考核，排除产品设计和制造中存在的各种问题后，即可投入大批量生产。

1.7　机电一体化的现代设计方法

机电一体化系统（产品）的种类不同，其设计方法也不同。现代设计方法与用经验公式、图表和手册为设计依据的传统设计方法不同，它是以计算机为辅助手段进行机电一体化系统（产品）设计的有效方法。其设计步骤通常是：技术预测→市场需求→信息分析→科学类比→系统设计→创新性设计→因时制宜地选择各种具体的现代设计方法（相似设计法、模拟设计法、有限元设计法、可靠性设计法、动态分析设计法、优化设计法等）→机电一体化设计质量的综合评价等。

上述步骤的顺序不是绝对的，只是一个大致的设计路线。但现代设计方法对传统设计中的某些精华必须予以承认，在各个设计步骤中应考虑传统设计的一般原则，如技术经济分析及价值分析、造型设计、市场需求、类比原则、冗余原则、自动原则（能自动完成目的功能并具有自诊断自动补偿、自动保护功能等）、经验原则（考虑以往经验）以及模块原则（积木式、标准化设计）等。科学技术日新月异，技术创新发展迅猛。现代设计方法的内在不断扩及，新概念层出不穷，如计算机辅助设计与并行工程、虚拟设计、快速响应设计、绿色设计、反求设计、数字孪生设计等。

1.7.1　计算机辅助设计与并行工程

计算机辅助设计（CAD）是设计机电一体化系统（产品）的有力工具。用来设计一般机械产品的 CAD 的研究成果，包括计算机硬件和软件，以及图像仪和绘图仪等外围设备，都可以用于机电一体化系统（产品）的设计，需要补充的不过是有关机电一体化系统（产品）设计和制造的数据、计算方法和特殊表达的形式而已。应用 CAD 进行一般机电一体化系统（产品）设计时，都要涉及机械技术、微电子技术和信息技术的有机结合问题，从这种意义上来说，CAD 本身也是机电一体化技术的基本内容之并行工程（Concurrent Engineering，CE），是把系统（产品）的设计、制造及其相关过程作为一个有机整体进行综合（并行）协调的一种工作模式。这种工作模式力图使开发者们从一开始就考虑到产品全寿命周期〔从概念形成到系统（产品）报废〕内的所有因素。并行工程的目标是提高系统（产品）的生命全过程（包括设计、工艺、制造、服务）中的全面质量，降低系统（产品）全寿命周期内（包括产品设计、制造、销售、客户应用、售后服务直至产品报度处理等）的成本，缩短系统（产品）研制开发的周期（包括减少设计反复，缩短设计、生产准备、制造及发送等的时间）。并行工程与串行工程的差异就在于在产品的设计阶段就要按并行、交互、协调的工作模式进行系统（产品）设计，就是说，在设计过程中对系统（产品）寿命周期内的各个阶段的要求要尽可能地同时进行交互式的协调。

1.7.2 虚拟产品设计

虚拟产品是虚拟环境中的产品模型，是现实世界中的产品在虚拟环境中的映像。虚拟产品设计是基于虚拟现实技术的新一代计算机辅助设计，是在基于多媒体的、交互的、渗入式的三维计算机辅助设计环境中，设计者不仅能够直接在三维空间中通过三维操作语言指令、手势等高度交互的方式进行三维实体建模和装配建模，并且能够最终生成精确的系统（产品）模型，以支持详细设计与变型设计，同时能在同一环境中进行一些相关分析，从而满足工程设计和应用的需要。

1.7.3 快速响应设计

快速响应设计是实现快速响应工程的重要一环。快速响应工程是企业面对瞬息万变的市场环境，不断迅速开发适应市场需求的新系统（产品），以保证企业在激烈竞争环境中立于不败之地的重要工程。实现快速响应设计的关键是有效开发和利用各种系统（产品）信息资源。人们利用迅猛发展的计算机技术、通信技术等信息技术所提供的对信息资源的高度存储、传播及加工的能力，主要采取三项基本策略，以达到对系统（产品）设计需求的快速响应。这三项策略是：①利用产品信息资源进行创新设计或变异性设计；②虚拟设计——利用数字化技术加快设计过程；③远程协同、分布设计。概括讲，这些策略就是信息的资源化、系统（产品）的数字化、设计的网络化。机电一体化系统（产品）的设计，通常可分为新颖性/创新设计和适应性/变异性设计两大类，创新设计也属于前面所讲的开发性设计。无论是创新设计还是变异性设计，均体现了设计人员的创造性思维。快速响应设计就是充分利用已有的信息资源和最新的数字化、网络化工具，用最快的速度进行创新性和变异性设计的机电一体化系统（产品）的设计方法。

1.7.4 绿色设计

绿色设计是从并行工程思想发展而出现的一个新概念。所谓绿色设计，就是在新系统（产品）的开发阶段，就考虑其整个生命周期内对环境的影响，从而减少对环境的污染、资源的浪费、使用安全和人类健康等所产生的副作用。绿色产品设计将系统（产品）寿命周期内各个阶段（设计、制造、使用、回收处理等）看成一个有机整体，在保证产品良好性能、质量及成本等要求的情况下，还充分考虑到系统（产品）的维护资源、能源的回收利用以及对环境的影响等问题。这与传统产品设计主要考虑前者要求而对产品维护及产品废弃对环境的影响考虑很少,甚至根本就不予考虑有着很大区别。绿色产品设计含有系列的具体技术,如全寿命周期评估技术、面向环境的设计技术、面向回收的设计技术、面向维修的设计技术和面向拆卸处理的设计技术等。

1.7.5 反求设计

反求设计思想属于反向推理、逆向思维体系。反求设计是以现代设计理论、方法和技术为基础,运用各种专业人员的工程设计经验、知识和创新思维,对已有的系统(产品)进行剖析、重构、再创造的设计。如某种系统(产品),仅知其外在的功能特性而没有其设计图纸及相关详细设计资料,即其内部构成为一"暗箱",在某种情况下需要进行具体的反向推理来设计具有同等外在功能特性的系统(产品)时,运用反求设计方法进行设计极为合适。从某种意义上来说,反求设计就是设计者根据现有机电一体化系统(产品)的外在功能特性,利用现代设计理论和方法,设计能实现该外在功能特性要求的内部子系统并构成整个机电一体化系统(产品)的设计。

1.7.6 基于数字孪生的复杂产品设计

当前基于传统物理样机的复杂机械产品的开发模型普遍存在需求不准确、设计协作困难、返工频繁、样机试制周期长、成本高、无法及时核实样机性能等问题。这些问题严重影响了产品的创新与市场开拓。数字孪生的概念为复杂产品的设计提供了创新的思路。为了建立产品的数字共享模型,在设计阶段采用了多学科协作的设计理念,以在统一的平台上实现机械、电气和自动化产品协同设计和同步仿真,及时反馈和修正数字孪生模型,并进行虚拟调试,以验证设计结果和方案优化。基于数字孪生,产品的所有设计和大部分调试工作都在产品生产之前的虚拟环境中完成,从而有效减少了返工和开发时间。通过可视化交互和虚拟验证,可以实现基于需求的准确开发和持续优化,从而提高了新产品的质量。此外,虚拟空间的设计结果(如机器型号和零件清单、电气元件清单、自动控制顺序等)可以直接应用于实际的生产调试和产品操作,从而加快产品在市场上的投放速度。

传统的概念设计阶段是使用诸如 Word 之类的文字处理软件来形成技术草案。这种设计方法不能与详细设计并行工作,也不能一一对应于概念设计意图和实际产品功能。在详细设计阶段,对概念设计进行的修订不能在技术草案中进行修改。因此,在产品完成后,产品经理将发现原始的概念设计文档不再能够表达产品设计思想。西门子 Machetronics 概念设计器(NX MCD)是一种全新的解决方案,适用于机电产品的概念设计阶段,即建立产品的主要概念模型、功能模型和行为规则模型。根据概念设计的结果,将同时促进机械设计、电气设计和自动化设计的过程。借助该软件,可以对机电产品中通常存在的概念进行 3D 建模和仿真,包括多物理场和与自动化相关的行为。MCD 支持可以集成上游和下游工程领域的功能设计方法,包括需求管理、机械设计、电气设计和软件/自动化工程。

西门子提出的机电一体化概念设计解决方案(MCD)主要解决了详细设计阶段中机械、电气、液压和其他学科的协同设计问题。借助 MCD 为设计人员创建机电一体化模型,对包含多体物理场以及通常存在于机电一体化产品中的自动化相关行为的概念进行 3D 建模和仿真,实现创新性的设计技术,加快了涉及机械、电气、传感器和制动器以及运动等多学科协同。通过重用现有知识,并通过概念评估来帮助用户做出更明智的决策,从而不断提高机械设计效率,缩短设计周期,降低成本并提高设计质量。

图 1.12 为 MCD 工作原理图。首先，通过 Teamcenter 需求管理模块的需求模型分解功能需求，在 MCD 系统中创建机电一体化功能模型，并同时与需求建立对应关系。在 MCD 中建立每个功能单元模型，将其分解到不同工具软件系统进行机械设计、电气设计、运动控制设计。当详细设计修改概念设计时，可以将信息反馈给功能模型并进行修改。

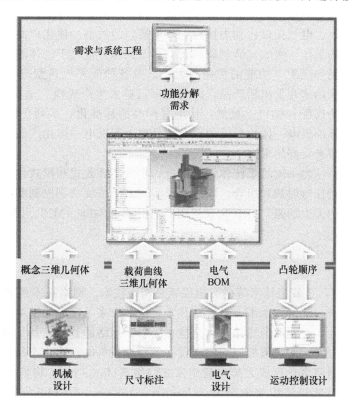

图 1.12　MCD 工作原理图

NX MCD 通过统一数据平台 Teamcenter 提供的界面，实现了西门子机械设计平台 NX CAD、电气设计平台 Eplan/Eplan Pro、自动化设计平台 TIA Portal、Sizer、Selection Tools 等的信息集成和数据交互。通过对集成电气和自动化元件的设备模型进行仿真，快速验证设计结果和及时反馈，并在设计阶段不断改进和优化设备数字孪生模型。

1.8　机电一体化系统的发展方向

机电一体化是集机械、电子、光学、控制、计算机、信息等多学科的交叉综合，它的发展和进步依赖并促进相关技术的发展和进步。因此，机电一体化的主要发展方向如下：

1.8.1　智能化

智能化是 21 世纪机电一体化技术发展的一个重要发展方向。人工智能在机电一体化建设中的研究日益得到重视，机器人与数控机床的智能化就是这方面的重要应用。这里所说的"智能化"是对机器行为的描述，是在控制理论的基础上，吸收人工智能、运筹学、计算机科学、模糊数学、心理学、生理学和混沌动力学等新思想、新方法，模拟人类智能，使它具有判断推理、逻辑思维、自主决策等能力，以求得到更高的控制目标。诚然，使机电一体化产品具有与人完全相同的智能，是不可能的，也是不必要的。但是，高性能、高速的微处理器使机电一体化产品赋有低级智能或人的部分智能，则是完全可能而又必要的。

1.8.2　模块化和系统化

模块化是一项重要而艰巨的工程。由于机电一体化产品种类和生产厂家繁多，研制和开发具有标准机械接口、电气接口、动力接口、环境接口的机电一体化产品单元是一项十分复杂但又是非常重要的工作。例如，研制集减速、智能调速、电机于一体的动力单元，具有视觉、图像处理、识别和测距等功能的控制单元，以及各种能完成典型操作的机械装置。这样，可利用标准单元迅速开发出新产品，同时也可以扩大生产规模。这需要制定各项标准，以便各部件、单元的匹配和接口。显然，从电气产品的标准化、系列化带来的好处可以肯定，无论是对生产标准机电一体化单元的企业还是对生产机电一体化产品的企业，规模化将给机电一体化企业带来美好的未来。

系统化的表现特征之一就是系统体系结构进一步采用开放式和模式化的总线结构，系统可以灵活组态，进行任意剪裁和组合，同时寻求实现多子系统协调控制和综合管理；表现特征之二是通信功能的大大加强，一般除 RS232 外，还有 RS485、MPI、PROFIBUS、Ethernet 等网络通信协议。

1.8.3　网络化

20 世纪 90 年代，计算机技术等的突出成就是网络技术。网络技术的兴起和飞速发展给科学技术、工业生产、政治、军事、教育等日常生活都带来了巨大的变革。各种网络将全球经济、生产连成一片，企业间的竞争也将全球化。由于网络的普及，基于网络的各种远程控制和监视技术方兴未艾，而远程控制的终端设备本身就是机电一体化产品。现场总线和局域网技术使得家用电器网络化已成大势，利用家庭网络（Home net）将各种家用电器连接成以计算机为中心的计算机集成家电系统（Computer Integrated Appliance System，CIAS），使人们在家里分享各种高技术带来的便利与快乐。

物联网（Internet of Things，IOT）是智能制造的一个重要领域。物联网技术的定义是：通过射频识别、红外感应器、全球定位系统、激光扫描器等信息传感设备，按约定的协议，将任何物品与互联网相连接，进行信息交换和通信，以实现智能化识别、定位、追踪、监控和管理的一种网络技术。"物联网技术"的核心和基础仍然是"互联网技术"，是在互联网技术基础上延伸和扩展的一种网络技术，其用户端延伸和扩展到了任何物品和物品之间，进行信息交换和通信。

制造物联网技术通过构建物联网络优化调度制造业全流程，实现制造物理过程与信息系统的深度融合，从而催生先进的制造业生产模式，增加产品附加值、加速转型升级、降低生产成本、减少能源消耗，推动制造业向全球化、信息化、智能化、绿色化方向发展。

1.8.4　微型化

微型化兴起于 20 世纪 80 年代末，指的是机电一体化向微型机器和微观领域发展的趋势。国外称其为微电子机械系统（MEMS），泛指几何尺寸不超过 $1cm^3$ 的机电一体化产品，并向微米、纳米级发展。微机电一体化产品体积小、耗能少、运动灵活，在生物医疗、军事、信息等方面具有不可比拟的优势。微机电一体化发展的瓶颈在于微机械技术，微机电一体化产品的加工采用精细加工技术，即超精密技术，包括光刻技术和蚀刻技术两类。

1.8.5 绿色化

工业的发展给人们生活带来了巨大变化。一方面,物质丰富,生活舒适;另一方面,资源减少,生态环境受到严重污染。于是,人们呼吁保护环境资源,回归自然。绿色产品概念在这种呼声下应运而生,绿色化是时代的趋势。绿色产品在其设计、制造、使用和销毁的生命过程中,符合特定的环境保护和人类健康的要求,对生态环境无害或危害极少,资源利用率极高。设计绿色的机电一体化产品,具有很好的发展前景。机电一体化产品的绿色化主要是指使用时不污染生态环境,报废后能回收利用。

绿色制造技术主要包括生态化设计技术、清洁化生产技术和再制造技术。目前的清洁化生产技术有以下几个方面:①精密成形制造技术;②无切削液加工;③快速成型制造(Rapid Prototyping Manufacturing,RPM)技术。这些技术不仅减少了原材料和能源的耗用量、缩短了开发周期、减少了成本,而且对环境起到保护作用。所以这些技术都可归于绿色制造技术。绿色制造的实现除了依靠过程创新外,还要依靠产品创新和管理创新等。

1.8.6 人性化

未来的机电一体化更加注重产品与人的关系,机电一体化的人格化有两层含义:一层是机电一体化产品的最终使用对象是人,如何赋予机电一体化产品人的智能、情感、人性显得越来越重要,特别是对家用机器人,其高层境界就是人机一体化;另一层是模仿生物机理研制各种机电一体化产品。事实上,许多机电一体化产品都是受动物的启发研制出来的。

1.8.7 柔性化

柔性化是指采用改变软件的方法去改变系统的功能。计算机软件技术的引入,能使机电一体化装置和系统的各个传动机构的动作根据预先给定的程序,一步一步地由电子系统来协调。在需要改变传动机构的运动规律时,无须改变其硬件机构,只要调整由一系列指令组成的软件,就可以达到预期的目的。例如,加工一个比较复杂的机械零件通常要用到车、铣、刨、磨等各类机床;若采用五轴数控机床只要改变数控加工程序,各种各样的零件都能加工出来。那么,五轴数控机床就具有很好的柔性。

1.9 计算机控制系统的组成与特点

自动控制技术在许多领域里获得了广泛的应用。自动控制是在没有人直接参与的情况下,通过控制器使生产过程自动地按照预定的规律运行。近年来,计算机已成为自动控制技术不可分割的重要组成部分,并为自动控制技术的发展和应用开辟了广阔的新天地。

随着计算机应用技术的日益普及,计算机在控制工程领域中也发挥着越来越重要的作用。它在控制系统中的应用主要可分为以下两个方面:

① 利用计算机帮助工程设计人员对控制系统进行分析、设计、仿真以及建模等工作,从而大大减轻了设计人员的繁杂劳动,缩短了设计周期,提高了设计质量。这方面的内容简称为计算机辅助控制系统设计或控制系统 CAD。这是计算机在控制系统方面的离线应用。

② 利用计算机代替常规的模拟控制器,使它成为控制系统的一部分。这种有计算机参与控制的系统简称为计算机控制系统。这是计算机在控制系统中的在线应用。

1.9.1 计算机控制系统的一般概念

简单地讲，含有计算机（通常称为工业控制计算机，简称工业控制机）并且由计算机完成部分或全部控制功能的控制系统，都可以称为计算机控制系统。

（1）计算机控制系统的工作原理

典型的计算机控制系统原理如图 1.13 所示。在计算机控制系统中，由于工业控制机的输入和输出是数字信号，因此需要有 A/D 转换器和 D/A 转换器。从本质上看，计算机控制系统的工作原理可归纳为以下三个步骤：

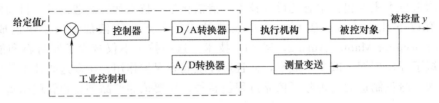

图 1.13　计算机控制系统原理图

① 实时数据采集：对来自测量变送装置的被控量的瞬时值进行检测和输入。

② 实时控制决策：对采集到的被控量进行分析和处理，并按已定的控制规律，决定将要采取的控制行为。

③ 实时控制输出：根据控制决策，适时地对执行机构发出控制信号，完成控制任务。

不断重复上述过程，使整个系统按照一定的品质指标进行工作，并对被控量和设备本身的异常现象及时作出处理。

（2）在线方式和离线方式

在计算机控制系统中，生产过程和计算机直接连接，并受计算机控制的方式，称为在线方式或联机方式；生产过程不和计算机相连，且不受计算机控制，而是靠人进行联系并作相应操作的方式，称为离线方式或脱机方式。

（3）实时的含义

所谓实时，是指信号的输入、计算和输出都要在一定的时间范围内完成，即计算机对输入信息以足够快的速度进行控制，超出了这个时间，就失去了控制的时机，控制也就失去了意义。

实时的概念不能脱离具体过程。例如，炼钢炉的炉温控制，延迟 1s，仍然认为是实时的；而一个火炮控制系统，当目标状态量变化时，一般必须在几毫秒或几十毫秒之内及时控制，否则就不能击中目标了。实时性的指标，涉及下一系列的时间延迟，包括一次仪表的延迟；过程量输入的延迟；计算和逻辑判断的延迟；控制量输出的延迟和数据传输的延迟等。

一个在线的系统不一定是一个实时系统，但一个实时控制系统必定是在线系统。例如，一个只用于数据采集的微型机系统是在线系统，但它不一定是实时系统；而计算机直接数字控制系统，则必定是一个在线系统。

1.9.2 计算机控制系统的组成

典型的计算机控制系统如图 1.14 所示。它可分为硬件和软件两大部分。

硬件是指计算机本身及其外围设备，一般包括计算机主机、各种接口电路、I/O 通道、操作台以及外部设备等。

1.9.3 计算机控制系统的特点

计算机控制系统相对于连续控制系统，其主要特点有：

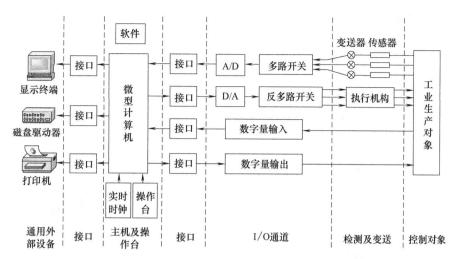

图 1.14 典型计算机控制系统组成框图

① 在结构上，常规的连续系统中均使用模拟部件，而计算机控制系统中除测量装置、执行机构等常用的模拟部件之外，其执行控制功能的核心部件是数字计算机，所以计算机控制系统是模拟部件和数字部件的混合系统。

② 连续系统中各处的信号均为连续模拟信号，而计算机控制系统中除仍有连续模拟信号之外，还有离散模拟、离散数字等多种信号形式。

③ 计算机控制系统中除了包含连续信号外，还包含有数字信号，从而使计算机控制系统与连续控制系统在本质上有许多不同，需采用专门的理论来分析和设计。现在常用的设计方法有两种，即模拟调节规律离散化设计法和直接设计法。前一种方法是采用连续系统的分析和设计方法，先设计出连续的控制器，再将它离散化转换成差分方程，最后编程实现。这种方法的缺点是只有当采样周期很短时，才能达到原设计的连续系统的性能指标。后一种方法是基于线性离散系统理论，直接设计数字控制器，它存在的问题是忽视了两采样点之间系统的动态过程，可能导致在各采样点系统满足性能指标要求，而实际系统的输入/输出特性很差。为了能设计出高性能的计算机控制系统，现在国际上流行的研究方法是使用连续信号指标函数，考虑采样点之间系统的动态特性，直接对具有混合结构的系统进行优化设计。显然，这种方法最能反映系统的实际物理过程。

④ 对于连续控制系统，控制规律越复杂，所需要的硬件也往往越多、越复杂。模拟硬件的成本几乎和控制规律复杂程度成正比，并且，若要修改控制规律，一般必须改变硬件结构。而在计算机控制系统中，控制规律是用软件来实现的，修改一个控制规律，无论复杂还是简单，只需修改软件，一般不需对硬件结构进行变化，因此便于实现复杂的控制规律和对控制方案进行在线修改，系统具有很大的灵活性和适应性。

⑤ 在连续控制系统中，一般是一个控制器控制一个回路；而计算机控制系统中，由于计算机具有高速的运算处理能力，一个控制器（控制计算机）经常可采用分时控制的方式同时控制多个回路。通常，计算机控制系统利用依次巡回的方式实现多路分时控制。

⑥ 采用计算机控制，如分级计算机控制、集散控制系统、微机网络等，便于实现控制与管理一体化，使工业企业的自动化程度进一步提高。在现代化的生产中，计算机不仅担负生产过程的控制任务，而且还可负责工业企业的管理任务。收集商品信息、情报资料，制定生产计划、生产调度、仓库管理和人事工资管理等均可实行计算机管理。早期，计算机控制与管理各自独立地发展，现在随着生产管理水平的提高，两者开始互相渗透、结合，以便实

现全过程的协调和全局优化。

1.10 计算机控制系统的典型形式

根据计算机在控制中的典型应用方式，可以把计算机控制系统划分为六类：操作指导控制系统、直接数字控制系统、监督控制系统、集散控制系统、现场总线控制系统和综合自动化系统。

1.10.1 操作指导控制系统

操作指导控制系统的构成如图 1.15 所示。该系统中计算机的输出不直接用来控制被控对象，只是每隔一定时间，计算机进行一次数据采集，将系统的一些参数经 A/D 转换后送入计算机进行计算及处理，然后进行报警、打印和显示。操作人员根据这些结果去改变调节器的给定值或直接操作执行机构。

操作指导控制系统的优点是结构简单、控制灵活安全，特别适用于未摸清控制规律的系统，常常被用于计算机控制系统研制的初级阶段，或用于试验新的数学模型和调试新的控制程序等。由于操作指导控制系统最终需人工操作，故其不适用于快速过程的控制。

1.10.2 直接数字控制系统

直接数字控制（Direct Digital Control，DDC）系统的构成如图 1.16 所示。计算机首先通过模拟量输入通道（AI）和数字量输入通道（DI）实时采集数据，然后按照一定的控制规律进行计算，最后发出控制信息，并通过模拟量输出通道（AO）和数字量输出通道（DO）直接控制生产过程。

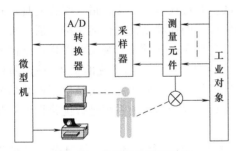

图 1.15　操作指导控制系统

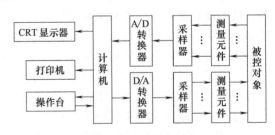

图 1.16　直接数字控制系统

直接数字控制系统是计算机用于工业生产过程控制中比较典型的一种系统。在 DDC 系统中使用计算机作数字控制器，在机械、热工、化工、冶金等部门已获得了广泛的应用。

DDC 系统中，计算机直接作为闭环控制回路的一个部件直接控制生产过程，它不仅能完全取代原来的常规模拟控制器，实现多回路的 PID 调节，而且不需要改变硬件，只通过改变程序就能有效地实现较复杂的控制，如前馈控制、非线性控制、自适应控制、最优控制等。

由于 DDC 系统中的计算机直接承担控制任务，所以要求实时性好、可靠性高和适应性强。为了充分发挥计算机的利用率，一台计算机通常要控制几个或几十个回路，那就要合理地设计应用软件，使之不失时机地完成所有功能。

1.10.3 监督控制系统

监督控制（Supervisory Computer Control，SCC）中，计算机根据原始工艺信息和其他参数,按照描述生产过程的数学模型或其他方法,自动地改变模拟调节器或以直接数字控制方式工作的微型机中的给定值,从而使生产过程始终处于最优工况(如保持高质量、高效率、低消耗、低成本等)。从这个角度来说,它的作用是改变给定值,又称为设定值控制(Set Point Control,SPC)。监督控制系统有两种不同的结构形式:一种是 SCC+模拟调节器,另一种是 SCC+DDC 控制系统,如图 1.17 所示,这两种系统都一定程度地提高了系统的可靠性。

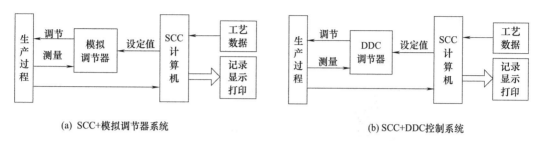

(a) SCC+模拟调节器系统　　　　　　　　　　(b) SCC+DDC 控制系统

图 1.17　监督控制系统的两种结构形式

1.10.4　集散控制系统

集散控制系统(Distributed Control System,DCS),也称分散型控制系统或分级分布式控制系统。DCS 是一个为满足大型工业生产日益复杂的过程控制的要求,从综合自动化角度出发,按功能分散、管理集中的原则构成。它具有高可靠性指标,不断以新的技术成果充实和研制,以微处理器、微型计算机技术为核心,与数据通信技术、CRT 显示、人机接口、输入输出技术相结合,用于生产管理、数据采集和各种过程控制的处于新技术前沿的新型计算机控制系统。DCS 结构如图 1.18 所示。

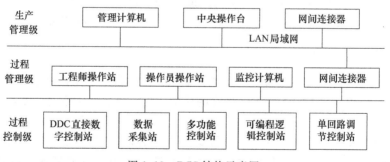

图 1.18　DCS 结构示意图

1.10.5　现场总线控制系统

集散控制系统的应用提高了工业企业的综合自动化水平。然而,由于 DCS 采用了"操作站—控制站—现场仪表"的结构模式,所以系统造价较高。DCS 的另外一个弱点是各个自动化仪表公司生产的 DCS 都有自己的标准,不能互连,设备互换性和互操作性较差。

20 世纪 90 年代初,出现了一种新型的用于工业控制底层的现场设备互连的数字通信网络——现场总线技术。现场总线是连接现场智能仪表与自动化系统的数字化、双向传输、多分支的通信网络。现场总线既是开放的通信网络,又可组成全分布的控制系统,用现场总线把组成控制系统的各种传感器、控制器、执行机构等连接起来,就构成了现场总线控制系统(Fieldbus Control System,FCS)。FCS 的简单结构如图 1.19 所示。

FCS有两个显著特点：一是系统内各设备的信号传输实现了全数字化，提高了信号传输的速度、精度，增加了信号传输的距离，使系统的可靠性提高；二是实现了控制功能的彻底分散，即把控制功能分散到各现场设备和仪表中，使现场设备和仪表成为具有综合功能的智能设备和仪表。FCS的结构模式是"工作站—现场智能仪表"，比DCS的三层结构模式少了一层，降低了系统成本，提高了系统可靠性。在统一的国际标准下，可以实现真正的开放式互连系统结构。

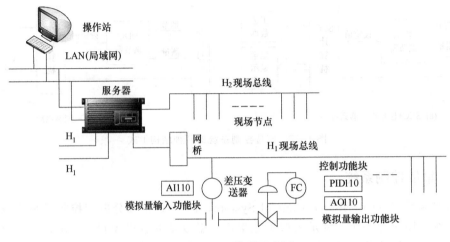

图1.19　FCS结构示意图

现场总线（Fieldbus）技术是计算机技术、通信技术和控制技术的综合与集成。它的出现使传统的自动控制系统产生根本性的变革。目前较为流行的现场总线有：CAN（Controller Area Network）、LONWORKS（Local Operating Network）、PROFIBUS（Process Field Bus）、HART（Highway Addressable Remote Transducer）、FF（Foundation Fieldbus）等。

1.10.6　综合自动化系统

综合自动化系统是工业过程计算机集成控制系统，其目的是使企业用最短的周期、最低的成本、最优的质量，生产出适销对路的产品，以获取最大的经济效益，增强在国内外市场的竞争能力。其实质就是将过程控制、计划调度、经营管理和市场销售等信息进行集成，求得全局优化，也就是实现企业中信息的集成和利用，为各级领导、管理和生产部门提供辅助决策与优化的手段，进行经营决策、优化调度和优化操作，并将这些优化、决策与生产控制联系起来，成为一体化的信息集成系统。

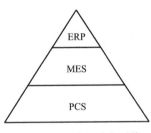

图1.20　综合自动化系统的3层结构

目前，由企业资源信息管理系统（Enterprise Resource Planning，ERP）、生产执行系统（Manufacturing Execution System，MES）和生产过程控制系统（Process Control System，PCS）构成的3层结构，已成为综合自动化系统的整体解决方案，如图1.20所示。综合自动化系统主要包括制造业的计算机集成制造系统和流程工业的计算机集成过程系统。

计算机集成制造系统（Computer Integrated Manufacturing System，CIMS），借助计算机的硬件、软件技术，综合运用现代管理技术、制造技术、信息技术、自动化技术、系统工程技术，将企业生产全部过程中有关人、技术、经营管理三要素及其信息流、物流有机地集成并优化运行，以使产品上市快、质量好、成本低、服务优，达到提高企业市场竞争能力的目的。

CIMS 应用到流程工业又称计算机集成过程系统（Computer Integrated Process System，CIPS），也称流程工业综合自动化系统，在石油、化工、能源、食品、制药、炼钢和造纸等行业得到了广泛的实施和应用。CIPS 充分利用企业内、外部的各种信息量，将经营管理与生产控制有机地结合起来，可以为流程工业带来更大的经济效益。

1.11 计算机控制系统的其他分类方式

计算机控制系统的分类方法很多，除了上述按控制方式的分类方法外，还可以按控制规律进行分类。按控制规律进行分类时，计算机控制系统有以下几种：

（1）程序控制和顺序控制

程序控制是指根据输入的指令和数据，控制生产机械按规定的工作顺序、运动轨迹、运动距离和运动速度等规律自动完成工作的数字式自动控制。这种控制方式主要用于机床的自动控制，如数字程序控制的铣床、车床、加工中心、线切割机、焊接机以及气割机等。顺序控制是指生产机械或生产过程按预先规定的时序而顺序动作，或在现场输入信号作用下按预定规律而顺序动作的自动控制。

（2）比例积分微分控制（简称 PID 控制）

调节器的输出是输入的比例、积分和微分的函数。PID 控制是目前应用最广泛，也最为广大工程技术人员所熟悉的控制规律。PID 控制结构简单，参数容易调整，因此无论模拟调节器还是数字调节器，多数使用的是 PID 控制规律。

（3）最少拍控制

最少拍控制的性能指标是调节时间最短，要求设计的系统在尽可能短的时间内完成调节过程。最少拍控制常用在数字随动系统的设计中。

（4）复杂规律的控制

实际的控制系统除了给定值的输入外，还存在着许多随机扰动。另外，控制系统除了典型的稳态、动态指标外，有时还要包括能耗小、产量高以及质量最好等综合性能指标。

对于存在随机扰动的控制系统，仅用 PID 控制是难以达到满意的控制效果的。因此，针对实际的控制过程情况，可以考虑充分利用计算机的强大计算和逻辑判断以及学习功能，引入各种复杂的控制规律，如串级控制、前馈控制、纯滞后补偿、多变量解耦控制以及最优控制、自适应控制、自学习控制等。

（5）智能控制

智能控制是一种先进的方法学理论与解决当前技术问题所需要的系统理论相结合的学科。智能控制理论可以看作是三个主要理论领域交叉或汇合的产物，这三个理论领域是人工智能、运筹学和控制理论。智能控制实质上是一个大系统，是综合的自动化。

当然，与常规控制系统的分类一样，计算机控制系统也可以按控制方式分为开环控制和闭环控制。这里不再赘述。

1.12 计算机控制系统的发展趋势

计算机控制技术的发展与信息化、数字化、智能化和网络化的技术潮流相关，控制技术、计算机技术、网络与通信技术和显示技术的发展密切相关，互相补充和促进；各种自动化手段互相借鉴，工控机系统、自动化系统、信息技术产业、机电一体化、数控系统、先进制造系统、CIMS 各有背景，都很活跃。它们相互借鉴、渗透和融合，使彼此之间的界限越来越模糊。各种控制系统互相融合，在相当长的时期内，FCS、IPC、NC/CNC、DCS、PLC，甚至嵌入式控制系统，将相互学习、相互补充、彼此共存，融合与集成是大势所趋，计算机控制发展的趋势主要有如下几个方面：

（1）综合自动化

综合自动化包括计算机集成制造系统（CIMS）和计算机集成过程系统（Computer Integrated Processing System，CIPS）。CIMS 是基于制造技术（使用数控机床、机器人等加工）、信息技术、管理技术、系统工程技术的一门发展中的综合性技术。它最大的特点是多种技术的"集成"，这是信息时代工业自动化发展的总方向。CIPS 的关键技术是网络技术、数据库管理系统、各种接口技术、过程操作优化技术、先进控制技术、检测技术、生产过程的安全保护技术等。因而，综合自动化有着非常广的发展前景。

（2）网络化

现场总线构成的控制系统（FCS）和嵌入式控制系统（DCS）是工控系统的两大发展热点。以位总线（Bit Bus）、现场总线（Field Bus）等先进网络通信技术为基础的 DCS 和 FCS 控制结构，并结合先进的控制策略，向低成本综合自动化系统的方向发展，实现计算机集成制造系统，特别是现场总线系统越来越受到人们的青睐，将成为今后计算机控制系统发展的主要方向。虽然以现场总线为基础的 FCS 发展很快，最终将取代传统的 DCS，但仍有很多工作要做，如统一标准、仪表智能化等。而传统控制系统的维护和改造还需要 DCS，因此 FCS 完全取代传统的 DCS 还需要一个较长的过程。

（3）智能控制

经典的反馈控制、现代控制和大系统理论在应用中遇到不少难题。首先，这些控制系统的设计和分析都建立在精确的系统模型的基础上，而实际系统一般难以获得精确的数学模型；其次，为了提高控制性能，整个控制系统变得极其复杂，增加了设备的投资，降低了系统的可靠性。人工智能的出现和发展，促进自动控制向更高的层次发展，即智能控制是种无需人的干预就能够自主地驱动智能机器实现其目标的过程，也是用机器模拟人类智能的又一重要领域。

（4）虚拟化

在数字化基础上，虚拟化技术的研究正在迅速发展。它主要包括虚拟现实（VR）、虚拟产品开发（VPD）、虚拟制造（VM）和虚拟企业（VE）等。

（5）绿色化

绿色自动化技术的概念，主要是从信息、电气技术与设备的方面出发，减少、消除自动化设备对人类、环境的污染与损害。其主要内容包括保证信息安全与减少信息污染、电磁谐波抑制、洁净生产、人机和谐和绿色制造等。这是全球可持续发展战略在自动化领域中的体现，是自动化学科的一个崭新课题。

1.13 我国在机电装备技术领域的发展与突破

近年来，通过自主创新，我国高端机电装备制造业发展成效显著，取得了一批重大成果。

在轨道交通装备制造领域，已经形成了集研发、设计、制造、试验和服务于一体的、完备的产业体系，建立了包括电力机车、动车组、铁道客车、铁道货车、城轨车辆、机车车辆关键部件、信号设备、牵引供电设备、轨道工程机械设备等在内的 10 余个专业制造系统。系统掌握了时速 200～350 公里的动车组制造技术。2017 年中国标准动车组的成功运营，标志着我国高铁技术达到世界领先水平。我国轨道交通车辆制造技术的巨大进步，极大地促进了我国轨道交通行业的发展，进而创造了巨大的轨道交通车辆需求，带动了我国轨道交通车辆及配套产品相关产业的迅速崛起。

印尼雅万高铁项目成为中国高铁标准"走出去"第一单，此后又陆续实现了俄罗斯莫喀高铁、匈塞铁路等项目落地，出口产品也实现了从中低端到高端的升级，从亚非拉市场到欧美市场的飞跃。随着"高铁出海"和"一带一路"倡议的推进，泛亚、欧亚和中亚高铁线将是中国高铁全产业链输出的重点。在城市轨道交通方面，国内整车制造企业中国中车在海外经营业绩显著，相继获得泰国 BTS 地铁、印度地铁、芝加哥地铁、墨尔本地铁等订单，产品进入发达国家成为常态，海外市场的需求为国内的轨道交通装备制造企业带来巨大的增长空间。

"十三五"期间，我国航空装备制造业已步入发展的快车道。C919 飞机于 2017 年 5 月成功实现首飞，目前已完成 6 架试飞飞机的制造及试验试飞工作；ARJ21 飞机 2016 年正式投入商业运营，截至 2020 年 9 月底已累计交付中航集团、东航集团、南航集团等 7 家客户共 34 架飞机，安全运行超 4 万小时，运送旅客超 120 万人次；大型灭火/水上救援水陆两栖飞机 AG600 成功实现陆上、水上、海上首飞；中法联合研制涡轴-16 发动机取得中国民航局颁发的型号合格证；消费级民用无人机产品占据全球 70% 以上市场份额，且 80% 以上出口欧美国家。

在数控机床领域，高档数控机床"平均故障间隔时间（MTBF）"实现了从 500 小时到 1600 小时的艰难跨越，部分达到国际先进的 2000 小时，精度整体提高 20%；国产高档数控系统国内市场占有率提高到 20% 以上；大型重载滚珠丝杠精度达到国外先进水平。五轴镜像铣机床、1.5 万吨充液拉伸装备等 40 余种主机产品达到国际领先或先进水平。飞机结构件加工自动化生产线、运载火箭高效加工、大型结构焊接等关键制造装备实现突破，国内首个轿车动力总成关键装备验证平台解决了汽车领域国产机床验证难题。

在船舶领域，全球最大、钻井深度最深的半潜式海上钻井平台"蓝鲸 1 号""蓝鲸 2 号"完成了南海神狐海域可燃冰试采任务。这两座"巨无霸"在制造工艺等方面实现了重大创新及突破，最大钻井深度均超过 15000 米，代表了世界海洋工程装备领域的中国深度，使我国跻身世界海洋工程装备的高端领域。国产首艘自主建造的极地破冰科考船"雪龙 2 号"、大功率绞吸式疏浚船舶"天鲲号""新海旭"等交付使用，全球首艘超大型智能矿砂船、超大型智能油船和超大型智能集装箱船交付营运，国产大型邮轮进入实质性建造，国产极地探险邮轮成功交付并完成南极首航。

在工程机械领域，产业规模从 2015 年的 4570 亿元增长到 2019 年的 6681 亿元，年均增长 10%，海外业务收入占比达 30% 左右。实现了 15 米以上超大直径泥水盾构和超小直径（≤4.5 米）盾构施工应用，诞生了百吨级以上超大型液压挖掘机，4000 吨级履带起重机在国际吊装市场成功应用，2 米及以上大型全液压旋挖钻机实现批量制造，特种工程机械包括全地形工程车、超高层建筑破拆消防救援车、极地等特殊环境工程机械、多功能抢险救援车、扫雪除冰设备、雪场压雪车等取得较好的应用效果。

在工业机器人领域，产量由 2015 年的 3.3 万台增长到 2019 年的 18.7 万台。2019 年工业机器人消费量达到 14.3 万台，连续 7 年位居全球第一，涌现出沈阳新松、苏州绿的等一批优质企业。

在新能源汽车领域，2015 年以来我国新能源汽车产销量连续 5 年位居全球第一，累计推广量超过 450 万辆，占全球的 50% 以上；电池、电机、电控 3 大核心技术基本实现自主研发，动力电池技术水平全球领先，单体能量密度达 270 瓦时/公斤。

在农机装备领域，我国逐步从跟随模仿转向自主创新，初步掌握了动力换挡、免耕播种、高速播种等关键技术。260 马力❶拖拉机实现量产，高性能插秧机整机基本实现国产，自主品牌联合收获机成为谷物收获主导机型。北斗导航、大数据、5G 通信等新一代信息技术在农机装备领域应用，具备自动驾驶及导航、作业状态实时监测和远程运维能力的智能农机快速发展，可以降低农药和化肥使用 30% 以上，提升作业效率 50% 以上。仅 2020 年上半年我国累计销售各类自动驾驶农机装备和系统 1.17 万台（套），同比增长达到 213%。截至目前，全国主要农作物耕、种、收综合机械化水平已经达到 70%。

总之，国家在高端机电装备制造领域已经有了长足发展，成绩非常显著。面对不足，强化自主创新，推进产业基础高级化、产业链现代化，创建先进制造业集群，培育一批具有全球竞争力的优质企业，提高工业和信息化发展质量效益和核心竞争力，加快向价值链中高端迈进，是未来我国在机电装备技术领域的发展之道。

思 考 题

(1) 试述什么是机电一体化系统。

(2) 试说明机电一体化与智能制造的关系。

(3) 以一机电一体化系统为例，说明机电一体化系统构成要素。

(4) 什么是取代法、整体设计法和组合法？

(5) 说明机电一体化设计系统（产品）开发流程。

(6) 试述机电一体化系统的接口功能，根据不同的接口功能说明接口总类。

(7) 对一主要的现代设计方法进行理解说明。

(8) 试说明什么是计算机控制系统。计算机在控制系统中的应用有哪几方面？

(9) 给出计算机控制系统的基本结构组成，并说明各部分的作用。

(10) 计算机控制系统与模拟调节系统相比有什么特点？

(11) 计算机控制系统有哪几种基本类型？它们各有什么特点？

(12) 实时、在线方式和离线方式的含义是什么？

(13) 讨论计算机控制系统的发展方向及发展趋势。

(14) 试述我国在机电装备领域的重大发展成就。

---

❶　马力：功率的非法定计量单位，1 马力约合 735 瓦。

第2章
自动机械系统部件及机电模型

在各种数控机床、自动化加工中心、伺服机械手、电子精密机械进给机构等自动化机械中，许多情况下除要求直线运动系统具有较高的运动精度外，还要求系统能满足更多的要求，如多点定位和无极调速。显然由普通直线运动气缸组成的直线运动系统无法实现上述功能。实际上，在自动机械结构设计中除采用通常的直线运动气缸或液压气缸驱动外，目前已经在各种自动机械中大量采用电机作为直线运动系统的驱动部件，通过传动机构将电动机的旋转运动转变成直线运动，使直线运动的启动、停止、方向、速度能够实现非常灵活的变化和控制。

在自动机械结构设计中最常用的运动转换机构有：滚珠丝杠机构、同步带/同步带轮、齿轮/齿条。采用滚珠丝杠机构可以将丝杠的回转运动转换为滚珠螺母（及负载）的直线运动。采用同步带/同步带轮，将负载与同步带连接在一起，可以将同步带轮的回转运动转换为同步带（及负载）的直线运动。将负载与齿条连接在一起，可以将齿轮的回转运动转换为齿条（及负载）的直线运动。通过执行电机及上述运动转换部件可以组成各种直线运动系统（如伺服机械手），实现复杂的直线运动。同步带传动平台的结构如图2.1所示。丝杠传动的运动平台结构有两种：双导轨结构和单导轨结构。单导轨结构一般在负载尺寸和质量较小时采用，可以节约空间、降低成本。双导轨丝杠传动平台的结构如图2.2所示。

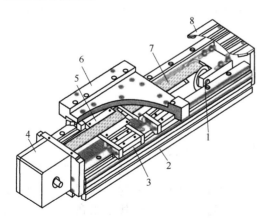 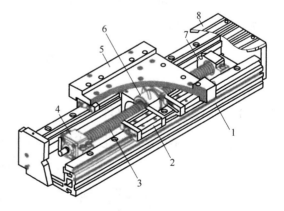

图 2.1　同步带传动平台的结构
1—带轮张紧机构；2—型材底座；
3—滑块与导轨；4—输入轴法兰；
5—同步带压块；6—平台；7—同步带；8—防尘罩

图 2.2　双导轨丝杠传动平台的结构
1—型材底座；2—滑块与导轨；3—滚珠丝杠；
4,7—轴承座；5—平台；6—丝杠螺母；
8—防尘罩

本章只讲述机械设计教材中较少提到、在自动化设备中使用却十分广泛的丝杠、同步带、滚动导轨、精密减速器及自动化流水线常用的倍速链、振盘等零部件。

2.1　机电一体化系统中对机械系统的设计要求

由于机械系统存在质量和弹簧两个储能元件，质量储存动能，弹簧储存势能，再加上传动部件存在间隙、摩擦等非线性因素，因此，存在着振荡的可能性。为了较好地解决机电一体化系统的快速性、稳定性以及静态和动态误差，在设计机械传动和支承导向部件时，除了常规的功能和强度，以及形位公差等有关静态性能指标的参数以外，有关系统动态性能的参数设计也是十分重要的。现提出有关参数设计的原则要求如下：

① 足够高的谐振频率。为了保证闭环控制系统的稳定性，机械部分的谐振频率应远在系统通频带以外。通常，要求满足如下经验关系式：

$$\omega_r \geqslant (6 \sim 12)\omega_c \tag{2-1}$$

式中　ω_r——机械传动装置的最低谐振角频率；

　　　ω_c——闭环控制系统的剪切频率。

② 高刚度和低转动惯量。因为谐振频率的平方正比于刚度与惯量之比，所以只有在高刚度和低转动惯量的条件下，才能保证足够高的谐振频率。高刚度和低转动惯量对传动部件、轴系以及传动比的结构设计、材料及工艺都提出了很高的要求。

③ 适当的阻尼比。为了防止机械振动和颤振，机械系统具有适当的阻尼是必要的。根据经验，适当的阻尼比应满足不等式：

$$0.2 \leqslant \xi \leqslant 1 \tag{2-2}$$

阻尼比主要由传动装置和支承导向部件的结构、材料以及润滑条件决定。

④ 尽可能小的传动间隙。传动间隙不仅会造成反转误差，而且会影响闭环系统的稳定性，在平衡位置附近产生自持的非线性振荡。所以，任何传动部件都要采取预紧措施，以尽量消除间隙。

⑤ 良好的摩擦特性。静摩擦不仅会产生不定性定位误差，而且会产生低速爬行。根据经验，折算到驱动电动机轴上的摩擦转矩之和应不大于电动机额定转矩的 0.2~0.3 倍，这样才能保证电动机具有合适的调速范围。

2.2　丝　杠　副

2.2.1　丝杠副的工作原理

丝杠机构将旋转运动转化为直线运动，并将力矩转换成轴向力，其工作原理与螺母和螺杆之间的传动原理基本相同。由于螺母及负载滑块与导向部件连接在一起，限制了螺母的转动自由度，这样螺母及与其连接在一起的负载滑块只能在导向部件作用下作直线运动。

丝杠副分为滚珠丝杠副和滑动丝杠副两大类。图 2.3 所示为各种滚珠丝杠副。丝杠副的工作原理如图 2.4 所示，螺纹相当于一个倾角为 λ 的楔形块缠绕在直径为 d_2 的圆柱体上，螺母为楔形块上的物体。楔形块移动，将物体向上推。

丝杠一般为单线螺纹，也有双线螺纹或多

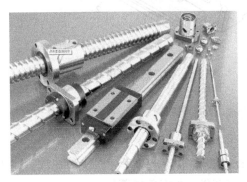

图 2.3　滚珠丝杠副

线螺纹，如图 2.5 所示。同一条螺纹上的相邻两牙在中径 d_2 上对应两点间的轴向距离称为导程 L_0；相邻两牙在中径线上对应两点间的轴向距离称为螺距 P_h。对于单线螺纹，$L_0 = P_h$；对于螺旋线数为 m 的丝杠，$L_0 = mP_h$。

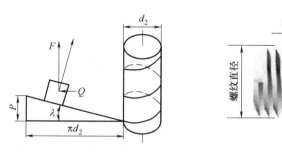

图 2.4　丝杠副的工作原理

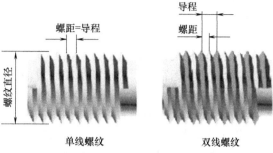

图 2.5　单线螺纹和双线螺纹

根据相似三角形原理，可以由 P_h 和需要克服的负载计算扭矩，如图 2.6 所示，在垂直负载情况下有：

$$\frac{\dfrac{T}{R}}{F_a}\eta_1 = \frac{P_h}{2\pi R} \tag{2-3}$$

$$T = F_a \times \frac{P_h}{2\pi\eta_1} = [M(g+a)+f] \times \frac{P_h}{2\pi\eta_1} \tag{2-4}$$

式中　T——驱动扭矩；

　　　M——运送物的质量；

　　　g——重力加速度（9.8m/s^2）；

　　　a——垂直加速度；

　　　f——摩擦阻力；

　　　P_h——进给丝杠的导程；

　　　η_1——进给丝杠的效率。

同理，可计算施加一定扭矩时的推力。

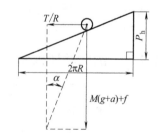

图 2.6　扭矩计算相似三角形

2.2.2　滚珠丝杠的结构与特点

滚珠丝杠副由丝杠、螺母、滚珠、反向器等组成。内循环滚珠丝杠螺母副如图 2.7 所示。

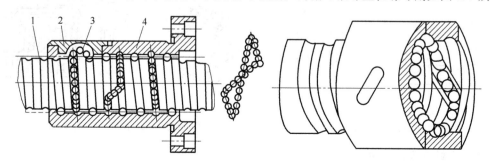

图 2.7　内循环滚珠丝杠螺母副

1—丝杠；2—反向器；3—滚珠；4—螺母

丝杠和螺母加工有半圆形螺旋凹槽，以形成滚珠滚道。丝杠具有很高的硬度，通常在表面淬火后进行打磨以确保出色的耐磨性。

螺母用于固定需要移动的负载。它设计有用于球循环的返导向装置（回流管）。当丝杠旋转时，丝杠和螺母之间的滚珠将沿着滚道滚动并一次又一次地循环。

滚珠直接承受载荷，同时充当中间传递元件，以滚动方式传递运动。为了防止滚珠从螺母的另一端逸出并回收滚珠，滚珠通过回流管逐个返回到丝杠和螺母之间的滚道。

由于滚珠丝杠机构是精密部件，因此设置了防尘片以密封丝杠螺母，防止污染物进入螺母。滚珠丝杠机构运行时，应定期加注润滑油。油孔用于填充润滑油或润滑脂。

因为滚珠丝杠副在丝杠和螺母之间增加了滚珠，并且滑动摩擦变成滚动摩擦，所以滚珠丝杠副相对于滑动丝杠副具有以下特性：

① 传动效率高，为 $90\%\sim98\%$，与滑动丝杠相比，所需驱动扭矩仅为其三分之一。

② 高刚性、高精度。适当的预紧力可以消除轴向间隙，从而使丝杠具有更好的刚性，并且滚珠与螺母和丝杠之间的弹性变形在负载期间较小，从而可以实现较高的传动精度。

③ 可以微量进给。滚珠丝杠是点接触滚动摩擦运动，起动扭矩极小，不会产生类似滑动运动中易出现的粘滞滑动现象，所以能进行正确的微量进给。

④ 高速进给。高速运动时温升小，发热低，最大进给速度可达 $2m/s$。

⑤ 长寿命。高精度的钢球滚动接触区均已硬化并精磨，并且滚珠循环过程为纯滚动体，几乎没有磨损。

⑥ 运动是可逆的。

滚珠丝杠机构不仅可以将丝杠的旋转运动转换为螺母（和负载滑块）的线性运动，而且还可以轻松地将螺母的线性运动转换为丝杠的旋转运动。因此，当在垂直方向上使用丝杠时，应增加制动装置。

2.2.3　滚珠丝杠机构的类型

（1）按滚珠循环方式区分

根据滚珠循环方式的不同，滚珠丝杠机构可分为内循环式和外循环式两种。两种循环方式的主要区别在于，在外循环式螺母的外部设计了一个回流管，以使滚珠可以通过该回流管；内部循环通过反向器进行球循环。与外循环式螺母相比，内循环式螺母具有较小的径向尺寸、更紧凑的结构和更好的刚性。但是，制造反向器困难，价格较高。图2.8和图2.9分别是内循环式和外循环式滚珠螺母的外形图。

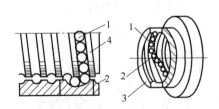

图2.8　内循环式滚珠螺母

1—滚珠；2—反向器；3—螺母；4—丝杠

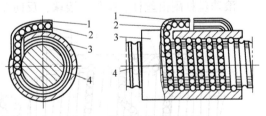

图2.9　外循环式滚珠螺母

1—回流管；2—滚珠；3—螺母；4—丝杠

（2）按制造方法区分

当前，市场上有两种主要类型的滚珠丝杠机构：磨制滚珠丝杠和轧制滚珠丝杠。

磨制滚珠丝杠通过精度更高的精密磨削方法加工，但是制造成本较高且价格昂贵。轧制滚珠丝杠通过精密滚压成形方法制造，虽然精度略低，但制造成本较低，价格更便宜。

磨制丝杠分为带球保持器和不带保持器的两种类型，如图 2.10 所示。由聚合物材料制成的球保持器可以消除钢球之间的碰撞和相互摩擦。因此，保持器滚珠丝杠具有以下优点：

① 噪声低，使用球保持器可消除钢球之间的碰撞噪声。另外，由于钢球沿切线方向布置，因此也消除了由钢球的循环引起的碰撞噪声。

② 长期运行和免维护。因为提供了润滑脂袋来保存油脂，所以可以长时间使用。

③ 运动平稳。球保持器的使用不仅消除了钢球之间的相互摩擦，而且减小了扭矩变化率，从而实现了平稳的旋转运动。

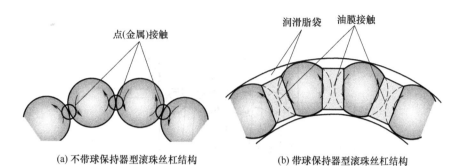

(a) 不带球保持器型滚珠丝杠结构　　(b) 带球保持器型滚珠丝杠结构

图 2.10　两种滚珠丝杠结构对比

（3）按滚珠丝杠副螺纹滚道的截面形状区分

螺纹滚道的横截面形状和尺寸是滚珠丝杠最基本的结构特征。图 2.11 显示了滚珠丝杠滚道的法向截面形状。滚珠与滚道形面接触点法线与丝杠轴线的垂线间的夹角称为接触角 β。滚道形面是指由通过滚珠中心的螺旋线制成的法线剖面与丝杠和螺母螺纹滚道表面的交点所在的平面。常用的滚道轮廓包括单圆弧和双圆弧。

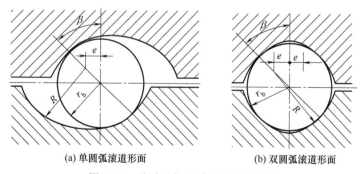

(a) 单圆弧滚道形面　　　　　　(b) 双圆弧滚道形面

图 2.11　滚珠丝杠滚道法向截面形状

（4）按滚珠螺母按形状区分

① 单圆弧滚道轮廓。单圆弧滚道的轮廓如图 2.11（a）所示。用于磨削螺纹滚道的砂轮形状简单，易于获得更高的加工精度。然而，接触角 β 随着轴向载荷的大小而变化，这使得传递效率、承载能力和轴向刚度变得不稳定。

② 双圆弧滚道轮廓。双圆弧滚道的轮廓如图 2.11（b）所示，它由两个中心不同的弧组成。由于接触角 β 在工作过程中基本保持不变，因此传动效率、承载能力和轴向刚度相对稳定，一般采用 $\beta=45°$。另外，由于使用双弧，螺旋槽的底部不与滚珠接触，形成一个小的间隙，可以容纳润滑油，减少磨损，并且极大地有利于滚珠的平稳运动。因此，双圆弧滚道轮廓是当前常用的滚道形状。

螺纹滚道的曲率半径（即滚道半径）R 与滚珠半径比值的大小，对滚珠丝杠副承载能力有很大影响，一般取 $R/r=1.04\sim1.11$。比值过大，摩擦损失增加；比值过小，承载能力降低。

2.2.4 滚珠丝杠的主要参数

（1）滚珠丝杠副主要尺寸参数

滚珠丝杠副的主要尺寸参数有：公称直径 d、丝杠小径 d_1、丝杠大径 d_0、螺母小径 D_1、螺母大径 D、滚珠直径 d_b、基本导程（或螺距）L_0、滚珠工作圈数及滚珠数，如图2.12所示。

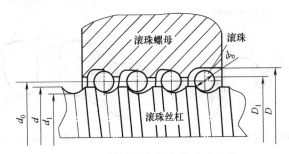

图2.12 滚珠丝杠副主要尺寸参数

（2）滚珠丝杠副标注

滚珠丝杠副国家标识符号的内容如图2.13所示。

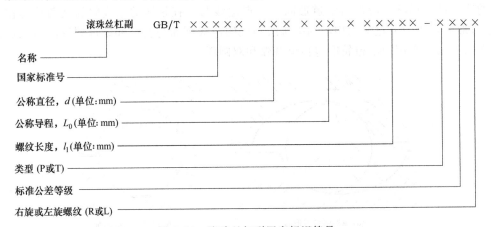

图2.13 滚珠丝杠副国家标识符号

不同生产厂家的标注方法略有不同，一般厂商往往省略 GB 字符，以其产品的结构类型号开头。滚珠丝杠副的型号由按顺序排列的字母和数字组成，共有9位代号。各生产厂家的标法略有不同，具体可参见表2.1。表中1、2、3号位均为各厂代号。

表2.1 滚珠丝杠副的型号标注表

位号	1	2	3	—	4	×	5	—	6	—	7	8	9
表达方式	大写字母	大写字母	大写字母		数字		数字		数字		大写字母	数字	文字
含义表达	外形结构特征	循环方式	预紧方式		公称直径		基本导程		负载滚珠总圈数		精度等级	导程精度检测项目	螺母旋向右旋不标

例如，FCB-60×6-5-E2 左（汉江机床厂），表示法兰凸出式插管型、变位螺距、预加载荷、公称直径为 60mm、基本导程为 6mm、每个螺母上承载滚珠总圈数 5 圈、E2 级精度、左旋螺纹。

CTC63×10-3.5-3.5/2000×1600，表示为插管突出式外循环（CT）、双螺母齿差预紧（C）的滚珠丝杠副，公称直径为 63mm，基本导程为 10mm，负荷滚珠总圈数 3.5 圈，精度等级 3.5 级，螺纹旋向为右旋，丝杠全长为 2000mm，螺纹长度为 1600mm。

（3）滚珠丝杠精度等级

不同的精度等级表示与一定长度的滚珠丝杠机构相对应的允许导程误差（包括导程累积误差和变动量）。根据目的和要求，滚珠丝杠副分为定位滚珠丝杠副（代码 P）和变速箱滚珠丝杠副（代码 T）。根据中国国家标准 GB/T 17587.3—1998，滚珠丝杠副的精度分为 7 个等级，定位滚珠丝杠副的精度等级代号为 P1、P2、P3、P4、P5、P7、P10，级别 1 为最高精度，级别 10 为最低精度。不同国家和地区使用的精度等级代码不同。表 2.2 是国内外滚珠丝杠机构精度标准和等级的比较。

表 2.2 滚珠丝杠机构精度标准及等级对照表

国家与地区	中国	日本	德国	中国香港、中国台湾地区	国际标准化组织
标准代号	GBT 17587.3—1998	JISB 1191	DIN 69051	JISB 1191	ISO 3408-4
		JISB 1192		JISB 1192	
精度等级对照	—	C0	—	C0	—
	P1	C1	P1	C1	P1
	P2	C2		C2	—
	P3	C3	P3	C3	P3
	P4	—	—	—	—
	P5	C5	P5	C5	P5
	P7	C7	P7	C7	P7
	—	C8	P9	C8	P9
	P10	C10	P10	C10	P10

日本 THK 公司的丝杠产品精度等级如表 2.3 所示。精度等级 C0～C5 用直线性及方向性表示精度，C7～C10 用螺纹长度 300mm 运行距离误差表示其精度。

表 2.3 日本 THK 公司滚珠丝杠机构精度等级 mm

精度等级	精密滚珠丝杠										轧制滚珠丝杠		
	磨制滚珠丝杠										C7	C8	C10
	C0		C1		C2		C3		C5				
螺纹部有效长度	代表运行距离误差	变动	代表运行距离误差	变动	代表运行距离误差	变动	代表运行距离误差	变动	代表运行距离误差	变动	运行距离误差	运行距离误差	运行距离误差
以上　　以下													
—　　100	3	3	3.5	5	5	7	8	8	18	18			
100　　200	3.5	3	4.5	5	7	7	10	8	20	18			
200　　315	4	3.5	6	5	8	7	12	8	23	18			
315　　400	5	3.5	7	5	9	7	13	10	25	20			
400　　500	6	4	8	5	10	7	15	10	27	20	±50/300	±100/300	±210/300
500　　630	6	4	9	6	11	8	16	12	30	23			
630　　800	7	5	10	7	13	9	18	13	35	25			
800　　1000	8	6	11	8	15	10	21	15	40	27			
1000　　1250	9	6	13	9	18	11	24	16	46	30			
1250　　1600	11	7	15	10	21	13	29	18	54	35			

续表

精度等级	精密滚珠丝杠											
	磨制滚珠丝杠										轧制滚珠丝杠	
	C0		C1		C2		C3		C5		C7	C8	C10
螺纹部有效长度	代表运行距离误差	变动	代表运行距离误差	变动	代表运行距离误差	变动	代表运行距离误差	变动	代表运行距离误差	变动	运行距离误差	运行距离误差	运行距离误差
以上　　以下													
1600　2000	—	—	18	11	25	15	35	21	65	40			
2000　2500	—	—	22	13	30	18	41	24	77	46			
2500　3150	—	—	26	15	36	21	50	29	93	54			
3150　4000	—	—	30	18	44	25	60	35	115	65	±50/300	±100/300	±210/300
4000　5000	—	—	—	—	52	30	72	41	140	77			
5000　6300	—	—	—	—	65	36	90	50	170	93			
6300　8000	—	—	—	—	—	—	110	60	210	115			
8000　10000	—	—	—	—	—	—	—	—	260	140			

（4）滚珠丝杠导程

导程表示当丝杠旋转一圈（360°）时螺母沿轴向移动的距离。滚珠丝杠的标称轴直径与导程有关，轴直径越大，导程越大。滚珠丝杠的长度与轴的公称轴径有关，丝杠越长，轴径越大。轴径为 125mm 的丝杠，最大长度可以达到 8m。例如，常用滚珠丝杠公称轴径和基本导程的组合如表 2.4 所示。

表 2.4　常用滚珠丝杠公称轴径与基本导程组合　　　　　　mm

丝杠轴外径	导程																					
	1	2	4	5	6	8	10	12	15	16	20	24	25	30	32	36	40	50	60	80	90	100
4	●																					
5	●																					
6	●																					
8	●	●					●	○														
10		●	●				●		○													
12		●		●		●																
13										○												
14		●	●	●		●																
15							●				●			○			○					
16		○	●	○			○		●													
18							●															
20		○	●	○		●					●					○		○				
25		○	●	○		●					●		○				○					
28				○			○															
30																		○		○		
32			○	●	●	○	●				○				○							
36					○		●			○	○	○				○						
40				○	○		●	●			○						○			○		
45					○		○															
50				○			●				○				○		○					○
55							○				○		○		○							
63							○				○											
70							○				○											
80							○				○											
100											○											

注：符号"●"表示标准产品。

（5）滚珠丝杠轴向负载

如图 2.14 所示，滚珠丝杠轴向负载与丝杠长度（两端轴承的安装间距）、丝杠直径、丝杠两端轴承的安装方式有关。

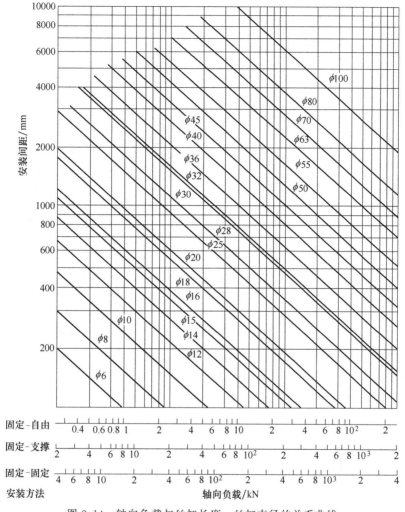

图 2.14　轴向负载与丝杠长度、丝杠直径的关系曲线

（6）滚珠丝杠容许转速

随着滚珠丝杠转速的提高，其转速逐渐接近丝杠轴的固有频率，会发生共振而不能继续转动。因此，一定要在共振点（危速度）以下使用。

图 2.15 为丝杠轴径与危险速度的关系。

2.2.5　滚珠丝杠机构的典型安装方式

固定端也称为固定侧。为了方便用户，制造商将其设计为标准结构，并形成一个支撑单元，供用户直接订购作为标准零件。图 2.16 为固定端支撑单元的典型结构。从图 2.16 可以看出，固定端支撑单元将轴承座、轴承、轴承外端盖、调整环、锁紧螺母、密封圈和其他部件整合在一起。轴承箱中使用了两个角接触球轴承支撑丝杠的末端。这种轴承使丝杠在固定端受到轴向和径向的约束。组装时，用锁紧螺母和轴承的外端盖将轴承的内圈和外圈压紧，即可调节预紧力。

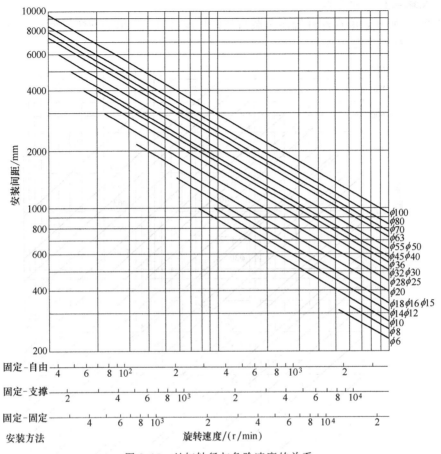

图 2.15　丝杠轴径与危险速度的关系

　　图 2.17 为支撑端部支撑单元的典型结构。支撑端具有相对简单的结构，仅由轴承座、弹性挡圈和轴承组成。支承丝杠末端由一个向心球轴承支撑。因为这种轴承仅在径向方向上提供约束，而轴向方向是自由的，没有施加约束。当丝杠由于热变形而略微伸长时，支撑端可以在轴向方向上稍微浮动以确保丝杠仍然处于直线。

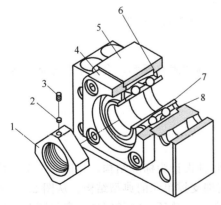

图 2.16　固定端支撑单元结构

1—锁紧螺母；2—保护垫片；3—锁紧螺钉；

4—轴承外端盖；5—轴承座；6—密封圈；

7—调整环；8—轴承

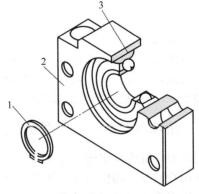

图 2.17　支撑端支撑单元结构

1—弹性挡圈；2—轴承座；3—轴承

滚珠丝杠的安装方式有 4 种,如图 2.18～图 2.21 所示。

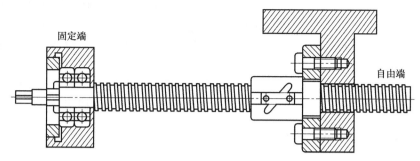

图 2.18 一端固定一端自由的安装方式

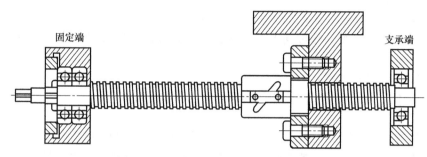

图 2.19 一端固定一端支承的安装方式

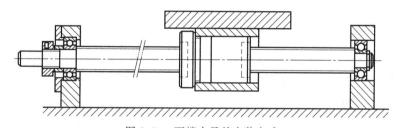

图 2.20 两端支承的安装方式

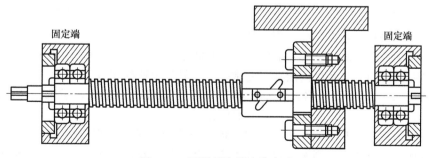

图 2.21 两端固定的安装方式

① 一端固定一端自由的安装方式:结构简单,轴向刚度与临界转速低,丝杠稳定性差,一般只用于丝杠长度较短、转速较低的场合,如垂直布置的丝杠。

② 一端固定一端支承的安装方式:适用于中等速度、刚度及精度都较高的场合,也适用于长丝杠、卧式丝杠。

③ 两端支承的安装方式:属于一般的简单安装方式,适用于中等速度、刚度与精度都

要求不高的一般场合。

④ 两端固定的安装方式：丝杠的轴向刚度比一端固定一端支承安装方式约高 4 倍，压杆的稳定性也没有问题。固有频率也高于一端固定一端支承的安装方式，因此丝杠的临界速度大大提高。但是，这种安装方法结构复杂，对丝杠的热变形和伸长敏感。它适用于高速旋转、高精度和丝杠长度较大的场合。

安装丝杠时，必须注意丝杠的轴线与导轨的轴线平行。丝杠两端的轴承和螺母必须是三点一线，因为滚珠丝杠只能承受轴向载荷，径向力和弯矩会使丝杠损坏。

2.2.6 滚珠丝杠副的间隙调整

滚珠丝杠副消除间隙与调整预紧的方法主要包括垫片预紧、螺纹预紧、齿差预紧等。

（1）垫片预紧

双螺母垫片预紧结构如图 2.22 所示，其特点如下：

① 修磨垫片厚度，使两螺母间产生轴向位移，分为拉伸预紧和压缩预紧两种方式，前者采用较多。

② 结构简单，装卸方便，刚度高。

③ 调整固定，滚道有磨损时，不能随时消除间隙和进行预紧。

（2）螺纹预紧

双螺母螺纹预紧结构如图 2.23 所示，滚珠丝杠左右两螺母以平键与外套相连，用平键限制螺母在螺母座内的转动。调整时，拧动圆螺母即可消除间隙并产生预紧力，然后用锁紧螺母锁紧。这种方法结构简单、工作可靠、调整方便，但预紧量不容易控制。

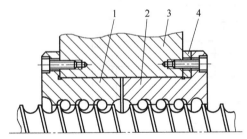

图 2.22 双螺母垫片预紧结构

1,2—单螺母；3—螺母座；4—调整垫片

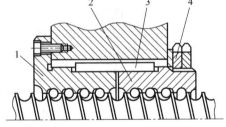

图 2.23 双螺母螺纹预紧结构

1,2—单螺母；3—平键；4—调整螺母

对于双螺母垫片预紧滚珠丝杠副来说，首先要调整单个螺母安装到丝杠上的间隙，轴向间隙一般调整到 0.005mm 左右，若单个螺母间隙太大将会导致滚珠丝杠副的空回转增量增大。调整轴向间隙的方法是更换滚珠，通常一个型号的滚珠都配备了 $-0.010\sim0.010\text{mm}$ 的滚珠，每间隔 0.001mm 为一挡。例如：对于直径 3.969mm 的滚珠，供选配的滚珠直径为 3.959mm，3.96mm，3.961mm，…，3.979mm。

螺母间隙调整好后开始装配垫片，首先将选配的量块插入两螺母中间，然后测量转矩。若转矩在设计要求范围内，则按量块尺寸配磨垫片；若不在范围之内，重新更换量块再测转矩，直至符合要求为止。

（3）齿差预紧

双螺母齿差预紧结构如图 2.24 所示，在螺母 1、螺母 2 的外凸缘上有外圆柱直齿，分别与紧固在套筒两端的内齿轮 3、4 啮合，且齿数相差一个齿。调整时先取下内齿圈，让两个螺母相对于套筒同方向都转动一个齿。然后再插入内齿圈，则两个螺母产生相对角位移，调整的轴向位移为

$$s = \left(\frac{1}{z_1} - \frac{1}{z_2}\right)L_0 \tag{2-5}$$

式中 s——两螺母的相对位移量；

z_1, z_2——两个螺母凸缘上的圆柱外齿轮的齿数；

L_0——丝杠导程。

这种调整方法能精确调整预紧量，调整方便可靠，但结构尺寸较大，多用于高精度的传动中。在调整间隙的大小时需注意螺母旋转方向。

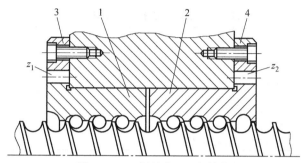

图 2.24 双螺母齿差预紧结构

1,2—单螺母；3,4—内齿轮

（4）变螺距预紧

变螺距预紧是在滚珠螺母体内的两列循环珠链之间使内螺纹滚道在轴向产生一个 ΔL_0 的导程突变量，从而使两列滚珠在轴向错位实现预紧。这种调隙方法结构简单，但负荷量须预先设定且不能改变。单螺母变螺距预紧结构如图 2.25 所示。

2.2.7 滚珠丝杠螺母副的刚度计算

在进给传动系统中，进给传动系统的综合拉压刚度 K 的大小与多种因素有关，按照影响程度的大小排列如下：滚珠丝杠螺母副的拉压刚度 K_s、滚珠丝杠螺母副支承轴承的刚度 K_b、滚珠与滚道的接触刚度 K_c、折合到丝杠轴上的伺服刚度 K_R、联轴器刚度 K_t、丝杠的扭转刚度 K_Φ、丝杠螺母座与轴承座的刚度 K_h。但是，对 K 影响较大的是前三项，其他因素可忽略不计，所以 K 可计算：

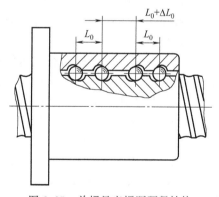

$$\frac{1}{K} = \frac{1}{K_s} + \frac{1}{K_b} + \frac{1}{K_c} \quad (\text{N}/\mu\text{m}) \tag{2-6}$$

图 2.25 单螺母变螺距预紧结构

具体 K 值的计算方法可参考相关书籍资料，此不赘述。

2.2.8 滚珠丝杠的选型与使用

滚珠丝杠选型时应考虑如下因素：

① 精度。定位精度低于 0.05mm/300mm 时，可采用轧制滚球丝杠；否则要采用磨制滚珠丝杠。定位精度越高，所选滚珠丝杠的精度等级就越高。

② 载荷与刚度。载荷与刚度关系到丝杠长度、公称导程、公称直径的选择，需要仔细计算。

③ 电动机。电动机的转速和分辨率与丝杠导程的选择有关。

④ 固定形式。预紧及轴端固定形式也与定位精度有关。

在使用滚珠丝杠时要注意：①轻拿轻放，避免磕碰影响定位精度；②不要将螺母拆离滚珠丝杠；③注意防尘、密封；④使用锂基润滑脂润滑，润滑脂用量不要超过螺母内空间的1/3。

2.2.9　滚珠丝杠的选型计算

滚珠丝杠的选型计算步骤可按表 2.5 进行，具体案例可参照第 8 章。

表 2.5　滚珠丝杠的选型计算步骤

决定使用条件	考虑移动物体的质量、进给速度、运行模式、丝杠轴转速行程、安装方向（水平或垂直）、寿命时间、定位精度
预选滚珠丝杠的规格	根据计算出的最大动载荷和初选的丝杠导程，预选出滚珠丝杠的精度等级（C3～C10）、丝杠轴径、螺距、全长
根据性能要求进行校核和验算	传动效率 η 的计算 刚度的验算 压杆稳定性校核 滚珠丝杠副轴向间隙的调整与预紧

2.2.10　滑动丝杠副

滑动丝杠副具有悠久的历史，虽然目前在许多高速、高精度应用场合已被滚珠丝杠所取代，但由于滑动丝杠副加工简单，具有明显的价格优势，且在间隙消除、表面处理等方面的技术不断提升，其定位精度可达 $\pm0.1\mathrm{mm}/300\mathrm{mm}$，使得滑动丝杠副在仪器仪表、医疗设备、工业自动化设备等众多领域仍被广泛应用。

目前常见的滑动丝杠副有高速滑动丝杠副、梯形螺纹丝杠副。一般丝杠采用滚轧工艺生产，螺母采用耐磨性很高的工程塑料制成。滑动丝杠副外形如图 2.26 所示。

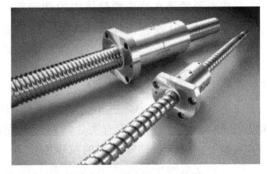

图 2.26　滑动丝杠副外形

滑动丝杠副的特点如下：

① 结构简单、加工方便、成本低。

② 摩擦力大，传动效率低。高速滑动丝杠副效率为 $50\%\sim70\%$，梯形螺纹丝杠副效率为 $30\%\sim50\%$。

③ 若不采用消除间隙机构，反向时有空行程。

④ 低速时，可能出现爬行现象。

⑤ 磨损较快。

2.3　同步齿形带

2.3.1　同步齿形带的特点

同步齿形带简称同步带，也称正时带，它与常见的 V 带、平带等带传动方式相似，是一种挠性传动形式。

V带、平带等完全依赖摩擦传递力，皮带与皮带轮之间的相对滑动是不可避免的，这将导致实际的减速比高于理论的减速比，并且会随着负载变化而变化，无法准确传递运动。同步带结合了带传动和齿轮传动的优点，同步带的工作面上有连续排列的齿，它们与带轮的齿槽啮合并驱动皮带，皮带的抗拉层承受载荷以保持其节距线长度不变。

自动机械中大量使用同步带传动装置。一方面，同步带传动同时具有三种基本传动方式（带传动、链条传动和齿轮传动）的优势，另一方面是因为最近几年相关技术（材料技术、橡胶机械技术等）的飞速发展，同步带已成为一种标准化的产品，并已投入批量、商业化生产，产品质量可以满足各种使用场合的要求。由于同步带在制造过程中一次形成大宽度，然后根据标准尺寸切成各种宽度规格，因此同步带轮也使用大量标准铝型材进行加工，制造成本大大降低，价格非常低廉。

它们具有以下突出的优点：

① 传动速比恒定，无通常平带传动的滑移现象。

② 同步带结构的柔性吸收振动，运动平稳，运行噪声低。

③ 传动效率高，一般为 $98\%\sim99\%$。

④ 同步带主要依靠齿面上的正压力传递力，因此与 V 带和平带相比，同步带轮的尺寸和中心距相对较小，最大减速比仅为 1：10。

⑤ 允许的线速度高于链传动和齿轮传动，皮带速度可达到 50m/s。

⑥ 单位质量皮带能够传递的功率大，传动功率可达数百千瓦。

⑦ 定位精度可达 0.05mm/300mm。

⑧ 具有耐油、耐潮、无需润滑等特点。

2.3.2 同步带的结构与规格

如图 2.27 所示，同步带带体由强力层、带齿层、包布层和胶层组成。

强力层为抗拉强度很高的芯绳，通常是表面处理过的玻璃纤维、聚芳酰胺纤维或钢丝绳。该层主要承受负载的拉力。

带齿层是同步带与带轮接触的部分，其齿根线大致处于节线的位置，保证弯曲时无周节变化。

包布层包裹在整个带齿层上，材料为高弹性尼龙布，起到保护、防开裂的作用。

胶层也称带背，它的主要功能是将强力层的抗拉材料粘在带的节线位置，并保护抗拉材料。带背和带齿层的主要材料是聚氨酯或氯丁橡胶。

同步带按照齿形进行分类，主要分为梯形齿同步带和圆弧齿同步带两大类，其外形如图 2.28 所示。

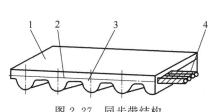

图 2.27 同步带结构

1—胶层（带背）；2—包布层；3—带齿层；4—强力层

(a) 梯形齿同步带　　(b) 圆弧齿同步带

图 2.28 同步带外形

目前，梯形齿同步带技术较成熟，价格相对较低，已有 GB/T 11616—2013 等标准规定其标准尺寸。

圆弧齿同步带除了齿形为曲线形外，其结构与梯形齿同步带基本相同，带的节距相当，其齿高、齿根厚和齿根圆角半径等均比梯形齿同步带的大。带齿受载后，应力分布状态较好，平缓了齿根的应力集中，提高了齿的承载能力。故圆弧齿同步带比梯形齿同步带传递功率大，且能防止咬合过程中齿的干涉。圆弧齿同步带耐磨性能好，工作时噪声小，但加工较复杂。其对应标准为 JB/T 7512.1—2014。

同步带的尺寸规格包括带的节距、带齿的参数、带长、带宽、带高等，如图 2.29 所示。

2.3.3　同步带轮

同步带轮外形如图 2.29 所示，其材料一般采用铝合金、钢或工程塑料，最常见的是铝合金。高速、重载传动可采用 35 钢、45 钢。金属带轮的齿面一般需要进行硬化处理，同时，带轮通常需要进行静平衡，带速较高时则需进行动平衡。带轮通常采用与齿轮相似的范成法加工，如材料为铝合金、塑料等，产量较大时，也可以采用压铸、注型等方式一次成形。

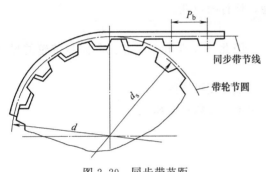

图 2.29　同步带节距

与齿轮传动相对应，梯形齿同步带的带轮齿形为渐开线，简单的也可以采用梯形齿形 [参见 GB/T 11361—2018（周节制）]，而圆弧齿同步带则对应圆弧齿形（参见 JB/T 7512.2—2014）。同时，与链传动相似，带轮的齿数不宜太少，以免产生明显的多边形效应，影响传动的平稳性。国家标准中规定梯形齿周节制同步带轮、圆弧齿带轮的最小齿数都为 10。

同步带轮节圆直径的计算公式为

$$d = P_b \times z / \pi \tag{2-7}$$

式中　P_b——节距；

　　　　z——齿数。

模数制同步带轮最小齿数为 10，圆弧齿带轮最小齿数需要查表得出（参见《机械设计手册》）。

2.3.4　同步带传动的选型计算

同步带选型计算的一般步骤如下（具体细节参考相关设计手册）：
① 根据负载确定传动功率。
② 选择同步带的节距。
③ 根据平台定位精度，计算大、小带轮的直径和齿数。
④ 计算同步带的节长、齿数及传动中心距。
⑤ 计算同步带的宽度及规格。
⑥ 选定同步带轮的结构及尺寸。

2.4　齿轮传动副

齿轮传动是一种广泛使用的机械传动。各种机床中几乎所有的传动装置都离不开齿轮传动。伺服进给系统中采用齿轮传动有两个目的：一是将高转速和低转矩伺服电机（如步进电机、DC或AC伺服电机等）的输出转化为低转速、大转矩的输出转矩；二是使滚珠丝杠和工作台的惯性矩在系统中占很小的比例，以保证传动精度。

（1）提高传动精度的措施

① 适当提高零部件本身的精度。

② 合理设计传动链，减少零部件制造和装配误差对传动精度的影响。首先，合理选择传动形式；其次，合理确定级数，分配各级传动比；最后，合理布置传动链。

③ 采用消隙机构，以减少或消除空程。

在自动换向过程中，如果在反向传动过程中驱动链的齿轮和其他传动副之间存在间隙，则进给运动的反向会滞后于命令信号，从而影响其驱动精度。齿轮在制造过程中不能满足理想齿面的要求，所以总是存在一定的误差。因此，两个啮合齿轮之间应始终存在微小的齿侧隙，必须采取措施消除齿轮传动中的间隙，以提高设备进给系统的驱动精度。

（2）总传动比的确定

根据负载特性和工作条件不同，总传动比的确定可有不同的最佳传动比选择方案，如"负载峰值力矩最小"的最佳传动比方案、"负载均方根力矩最小"的最佳传动比方案、"转矩储备最大"的最佳传动比方案等。在伺服系统中，通常根据负载角加速度最大原则来选择总传动比，以提高伺服系统的响应速度。齿轮传动机构的最佳总传动比有不同的确定原则，这里介绍以下两种方法。

① 根据负载角加速度最大原则确定总传动比。

图2.30为电机驱动齿轮系统和负载的计算模型。根据传动关系，有

$$i = \frac{\theta_m}{\theta_L} = \frac{\dot{\theta}_m}{\dot{\theta}_L} = \frac{\ddot{\theta}_m}{\ddot{\theta}_L} \tag{2-8}$$

式中 $\theta_m, \dot{\theta}_m, \ddot{\theta}_m$ ——电机的角位移、角速度、角加速度；

$\theta_L, \dot{\theta}_L, \ddot{\theta}_L$ ——负载的角位移、角速度、角加速度。

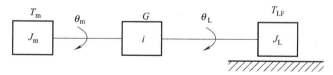

图 2.30 电机驱动齿轮系统和负载的计算模型

J_m—电机 m 转子的转动惯量；θ_m—电机 m 的角位移；J_L—负载 L 的转动惯量；θ_L—负载 L 的角位移；

T_{LF}—摩擦阻力转矩；i—齿轮系 G 的总传动比

T_{LF} 换算到电机轴上的阻抗转矩为 T_{LF}/i；J_L 换算到电机轴上的转动惯量为 J_L/i。设 T_m 为电机的转矩，根据旋转运动方程，电机轴上的合转矩 T_a 为

$$T_a = T_m + \frac{T_{LF}}{i} = \left(J_m + \frac{J_L}{i^2} \right) \ddot{\theta}_m = \left(J_m + \frac{J_L}{i^2} \right) i \ddot{\theta}_L \tag{2-9}$$

则：

$$\ddot{\theta}_L = \frac{T_m i + T_{LF}}{J_m i^2 + J_L} = \frac{i T_a}{J_m i^2 + J_L}$$

根据负载角加速度最大的原则，令 $\mathrm{d}\ddot{\theta}_L / \mathrm{d}i = 0$，解得

$$i = \frac{T_{LF}}{T_m} + \sqrt{\left(\frac{T_{LF}}{T_m} \right)^2 + \frac{J_L}{J_m}} \tag{2-10}$$

若不计摩擦，即 $T_{LF}=0$，有

$$i=\sqrt{\frac{J_L}{J_m}} \quad 或 \quad \frac{J_L}{i^2}=J_m \tag{2-11}$$

式（2-11）表明，齿轮系传动比的最佳值就是 J_L 换算到电机轴上的转动惯量正好等于电机转子的转动惯量 J_m，此时，电机的输出转矩一半用于加速负载，一半用于加速电机转子，达到了惯性负载和转矩的最佳匹配。

② 按给定脉冲当量或伺服电机确定总传动比。

对于开环控制系统，当系统的脉冲当量及步进电机的步距角已确定时，可计算相应的传动比。设采用图 2.31 所示的伺服传动比为

$$i=\frac{360°\delta}{\theta_b L_0} \tag{2-12}$$

式中　i——齿轮总传动比；

　　　　δ——脉冲当量，m；

　　　　L_0——丝杠导程，m；

　　　　θ_b——步距角，(°)。

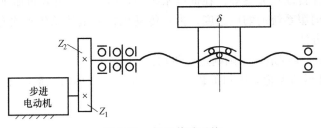

图 2.31　伺服传动系统

对于闭环系统，则按伺服驱动电机的额定转速及所要求的移动部件的速度计算总传动比，计算公式为

$$i=\frac{n_{max}L_0}{V_{max}} \tag{2-13}$$

式中　i——齿轮总传动比；

　　　　n_{max}——电机额定转速，r/min；

　　　　L_0——丝杠导程，m；

　　　　V_{max}——最大移动速度，m/min。

按式（2-13）确定总传动比时，还需要进行转动惯量方面的验算，以保证折算到电机轴上的负载转动惯量不至于过大，以获得较大的加速能力。设计时一般需要改变有关参数，按上述公式及要求反复试算。

在设计中，应根据上述原则和实际情况的可行性和经济性，对转动惯量、结构尺寸和传动精度提出适当的要求。具体有以下几点：①对于要求小尺寸、轻重量的齿轮传动系统，可用质量最小的原则。②对于要求运动平稳、启停频繁、动态性能好的伺服系统减速轮系，可采用等效转动惯量最小、总转角误差最小的原则。对于变载荷传动齿轮系统，最好采用不可约比，避免同步啮合，以降低噪声和振动。③对于主要提高传动精度和减小回程误差的传动轮系，可以采用总转角误差最小的原则。对于增速传动，由于在增速过程中容易破坏传动轮系的稳定性，所以在前几级要加大，要求每一级的增速比都要优于 1∶3，以增加轮系的刚度，减小传动误差。④对于大传动比的齿轮系，往往需要将特定的轴齿轮系和行星齿轮系巧

妙结合，形成混合齿轮系。对于传动比相对较大，要求传动精度和效率高、传动平稳、体积小、重量轻的情况，可以选择新型谐波齿轮传动。

（3）齿轮传动间隙的调整方法

① 偏心轴套调整法。如图 2.32 所示，将一个啮合齿轮安装在电动机的输出轴上，然后将电动机 1 安装在偏心套筒 2 上。通过旋转偏心套筒的角度，可以调节两个啮合齿轮的中心距，从而消除圆柱齿轮正、反转时的齿侧间隙。它的特点是结构简单，但不能自动补偿其间隙。

② 轴向垫片间隙调整法。如图 2.33 所示，改变轴向垫圈 3 的厚度可以使齿轮 1 沿轴向移动，从而消除了两个齿轮的侧向间隙。组装时，轴向垫圈 3 的厚度应使得齿轮 1 和齿轮 2 之间的齿侧间隙小，并且操作灵活。

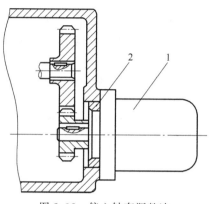

图 2.32 偏心轴套调整法
1—电动机；2—偏心套筒

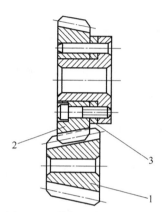

图 2.33 轴向垫片间隙调整法
1,2—齿轮；3—垫圈

③ 双圆柱薄片齿轮错齿调整法。如图 2.34 所示，圆柱齿轮由两片薄齿轮组成，通过拉簧 4 的拉力使两个齿数相同的薄片齿轮错位，使两薄片齿轮的左右齿面分别贴在与其啮合的齿轮的左右面上，以消除齿轮间隙。选择的弹簧拉力应能克服传动的最大转矩，否则将会出现动态间隙。

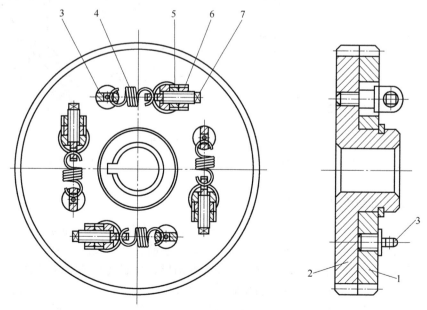

图 2.34 双圆柱薄片齿轮错齿调整法
1,2—薄片齿轮；3—凸耳；4—弹簧；5—调节螺钉；6,7—螺母

此外，还有斜齿轮垫片调整法、斜齿轮轴向压簧调整法、锥齿轮传动轴向压簧调整法等。

2.5　谐波减速器

2.5.1　谐波减速器的基本结构

谐波减速器的基本结构如图 2.35 所示。它主要由三个基本组件组成：刚性轮、柔性轮和谐波发生器。可任意固定其中的 1 个，其余两个组件之一连接到输入轴（活动输入），另一个组件可用作输出（从动），从而实现减速或增速。

① 刚性轮：刚性轮是在圆周上加工有连接孔的刚性内齿圈，其齿数比柔性轮略多（通常多 2 或 4）。当刚性轮固定且柔性轮旋转时，刚性轮的连接孔用于连接壳体；当柔性轮固定且刚性轮旋转时，可使用连接孔连接输出轴。

② 柔性轮：柔性轮是薄壁的金属弹性体，会产生较大的变形，弹性体与刚性轮啮合的部分是薄壁的外齿圈。

③ 谐波发生器：谐波发生器通常由凸轮和滚珠轴承组成。谐波发生器的内侧是椭圆形凸轮。凸轮的外圈覆盖有薄壁的滚珠轴承，可产生弹性变形。轴承的内圈固定在凸轮上，外圈与柔性轮内侧接触。将凸轮安装在轴承的内圈中后，轴承将发生弹性变形并成为椭圆形。

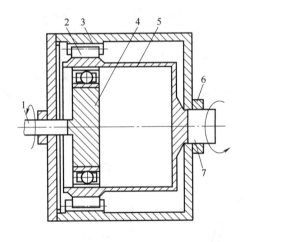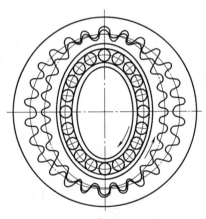

图 2.35　谐波减速器结构

1—输入轴；2—柔性外齿圈；3—刚性内齿圈；4—谐波发生器；5—柔性齿轮；6—刚性齿轮；7—输出轴

2.5.2　谐波减速器的工作原理

谐波减速器的工作原理如图 2.36 所示。图中的钢轮是固定部分，而波发生器 H 是活动部分。当将波发生器安装在柔性花键的内孔中时，由于前者的总长度（两个滚子的外侧之间的距离）略大于后者的内孔直径，所以柔轮变为椭圆形，强制其长轴将两端的齿插入钢轮的齿槽中，并将短轴的两端的齿与钢轮的齿脱开。当波发生器旋转时，柔性花键的长轴和短轴的位置不断变化，因此齿的啮合和脱开部分也继续变化，从而使柔轮变形。在柔轮圆周的扩展视图上，它是连续的简单谐波形状，因此这种旋转称为谐波齿轮回转。

2.5.3 谐波减速器传动比分析

刚性齿轮 1、谐波发生器 H、柔性齿轮 2 组成行星转动机构，其相对传动比为

$$i_{12}^{H} = \frac{\omega_1 - \omega_H}{\omega_2 - \omega_H} = \frac{z_2}{z_1} \quad (2\text{-}14)$$

按构件固定方式不同，传动比可分为以下三种情况：

刚性齿轮固定，$\omega_1 = 0$，其传动比

$$i_{H2} = -\frac{z_2}{z_1 - z_2} \quad (2\text{-}15)$$

柔性齿轮固定，$\omega_2 = 0$，其传动比

$$i_{H1} = \frac{z_1}{z_1 - z_2} \quad (2\text{-}16)$$

谐波发生器固定，$\omega_H = 0$，其传动比

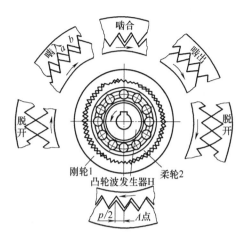

图 2.36 谐波减速器的工作原理

$$i_{12} = \frac{z_2}{z_1} \quad (2\text{-}17)$$

这种传动比接近 1，基本不用。

2.5.4 谐波减速器的主要特点

从谐波齿轮变速器的结构和原理可以看出，与其他变速器相比，它具有以下特点：

① 承载能力强，传输精度高。一般而言，普通正齿轮圆柱渐开线齿轮的同时啮合齿数仅为 1～2 对，仅占总齿数的 2%～7%。谐波齿轮传动装置两个零件在 180°对称的方向上同时啮合，并且同时啮合的齿数远多于齿轮传动装置，其承载能力很强，并且齿距误差和累积的齿距误差可以得到更好的均衡。因此，与具有相同零件制造精度的普通齿轮传动装置相比，谐波齿轮传动装置的传动误差仅为普通齿轮传动装置的传动误差的 1/4 左右，即传动精度可提高 4 倍。

② 传动比大，传动效率高。在传统的单级变速器中，普通齿轮传动的推荐传动比一般为 8～10，传动效率为 0.9～0.98；行星齿轮传动的推荐传动比为 2.8～12.5，齿轮差为 1 个行星齿轮，变速器效率为 0.85～0.9；蜗轮的推荐传动比为 8～80，传动效率为 0.4095；摆线针轮驱动的推荐传动比为 11～87，传动效率为 0.9～0.95。谐波齿轮传动的推荐传动比为 50～160，必要时还可以选择 30～320。传动效率与减速比、负载、温度等因素有关，正常使用时为 0.65～0.96。

③ 结构简单，体积小，重量轻，使用寿命长。谐波齿轮传动只有 3 个基本组成部分。与具有相同传动比的普通齿轮传动相比，零件数量可减少约 50%，体积和质量约为 1/3。另外，由于谐波齿轮传动装置的柔轮齿在传动过程中进行均匀的径向运动，所以齿之间的相对滑动速度通常仅为普通渐开线齿轮传动装置的 19%。加上同步啮合齿数大，齿轮齿每单位面积的负荷小，对运动没有影响。因此，齿的磨损小，传动装置的使用寿命可长达 7000～10000h。

④ 传动平稳，无冲击，低噪声。谐波齿轮传动装置可以设计成具有特殊的齿形，从而使柔性轮和刚性轮的啮合和退出过程可以实现连续而渐进的过程。啮合时的齿面滑动速度小，没有突然变化。因此，其传动平稳，啮合无影响，运行噪声小。

　　⑤ 易于安装和调整。谐波齿轮传动只有三个基本部件：刚性轮、柔性轮和谐波发生器，这三个是同轴安装的。刚性轮、柔性轮和谐波发生器可以按部件的形式提供，用户可以根据需要自由选择变速方式和安装方式，并直接安装在变速箱上。整机装配可现场组装，其安装非常灵活方便。另外，可以通过稍微改变谐波发生器的外径来调节谐波齿轮传动装置的柔性轮与刚性轮之间的啮合间隙，并且甚至可以实现没有间隙的啮合。因此，传输间隙通常很小。

　　但是，谐波齿轮传动装置需要使用高强度、高弹性的特殊材料，尤其是柔性轮和谐波发生器的轴承。它不仅需要在承受较大交变载荷的条件下连续变形，而且为了减少磨损，材料还必须具有较高的硬度。因此，对材料、疲劳强度、加工精度和热处理有很高的要求，并且制造工艺更加复杂。

2.6　RV 减速器

　　RV 减速器适用于重载机器人。一般应用于重载机器人机身上的腰、上臂、下臂等大惯量、高转矩输出关节减速。它与机器人常用的谐波减速器相比较，具有高得多的疲劳强度、刚度和寿命，而且回差精度稳定，不像谐波减速器那样随着使用时间增长运动精度就会显著降低。由于 RV 减速器的结构复杂，它不能像谐波减速器那样直接以部件形式，由用户在工业机器人的生产现场自行安装。世界上许多国家高精度机器人传动多采用 RV 减速器，因此，RV 减速器在先进机器人传动中有逐渐取代谐波减速器的发展趋势。

2.6.1　RV 减速器的结构

　　RV 减速器结构如图 2.37 所示，它主要由太阳轮、行星轮、曲轴、摆线轮（RV 齿轮）、滚针轮、刚性盘和输出盘组成。

　　① 太阳轮（输入齿轮）。太阳轮也称中心轮，用于传递输入动力并与渐开线行星轮啮合。

　　② 行星齿轮（正齿轮）。它与曲轴固定连接，并均匀地分布在一个圆上，起到动力分配的作用，并将齿轮轴输入的动力传递给摆线行星齿轮机构。

　　③ 曲柄轴。曲柄轴是摆线的旋转轴。它的一端与行星齿轮连接，另一端与支撑盘连接。它可以驱动摆线轮旋转或使摆线轮旋转。

　　④ 摆线轮（RV 齿轮）。为了在传动机构中达到径向力的平衡，通常在曲轴上安装两个相同的摆线轮，两个摆线轮的偏心位置彼此成 180°。

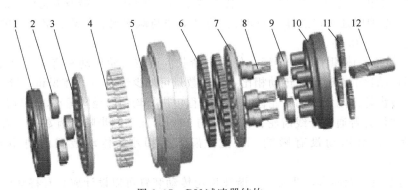

图 2.37　RV 减速器结构

1—行星架 1；2—轴承 1；3—轴承 2；4—针齿；5—针齿壳；6—RV 齿轮；7—轴承 3；8—曲柄轴；
9—轴承 4；10—行星架 2；11—行星轮；12—太阳轮

⑤ 滚针轮。在针轮上安装许多针齿，这些针齿与主体固定连接，并统称为针轮壳体。

⑥ 刚性盘和输出盘。输出盘是连接 RV 传动机构和外部从动机器的组件。输出盘和刚性盘作为一个整体相互连接，以输出运动或动力。旋转臂的三个轴承孔均匀地分布在刚性盘上，旋转臂的输出端通过轴承安装在刚性盘上。

2.6.2　RV 减速器的工作原理

RV 减速器是两级行星齿轮传动减速机构。太阳齿轮和行星齿轮之间的速度变化是 RV 减速器的第一阶段速度变化，称为正齿轮变速。减速器的行星齿轮和曲轴组件的数量与减速器的规格有关。通常，有 2 对小型减速器和 3 对中大型减速器。它们可以在太阳轮的作用下同步旋转。如果太阳轮在传动期间顺时针旋转，则行星轮将绕其自身的轴线逆时针旋转并且绕中心轮的轴线旋转。

RV 齿轮和针轮构成减速器的第二阶段变速，即差动变速。在第一级传动部分中的渐开线行星齿轮与曲轴集成在一起。因为曲轴上的两个偏心轴是对称布置的，所以两个 RV 齿轮可以同时在对称方向上摆动，相位差为 $180°$。因为针齿销安装在减速器的 RV 齿轮和壳体的针轮之间，所以当 RV 齿轮摆动时，针齿销将迫使 RV 齿轮沿针轮齿逐齿回转。当 RV 齿轮绕针轮轴线旋转时，它也会沿相反的方向（即顺时针）旋转。然后，摆线轮再通过周向分布的 2～3 个非圆柱销轴带动盘式输出轴转动。

当 RV 齿轮摆动时，针齿销可推动针轮缓慢旋转，最后传递力推动行星齿轮架输出机构通过曲轴顺时针旋转。RV 减速器的变速原理如图 2.38 和图 2.39 所示。

相反，如果固定减速器的针轮，则将 RV 齿轮连接到输入，将心轴连接到输出，当 RV 齿轮旋转时，它将迫使曲轴快速旋转而增加速度。类似地，当减速器的 RV 齿轮固定时，将针轮连接到输入，将心轴连接到输出。针轮的旋转也可以迫使曲轴快速旋转，从而提高速度。这是 RV 减速器的差速齿轮传动部分的增速原理。

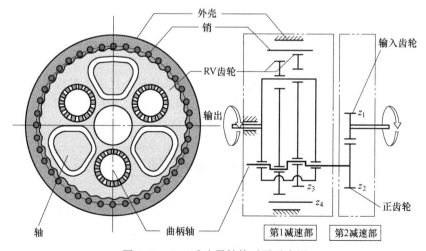

图 2.38　RV 减速器结构对照示意图

2.6.3　RV 减速器传动比分析

RV 减速器的传动比为

$$i = 1 + \frac{z_2}{z_1} z_5 \qquad\qquad (2\text{-}18)$$

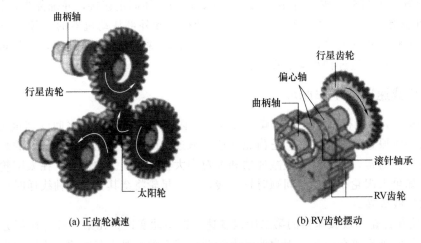

图 2.39　RV 减速器变速原理

$$z_5 = z_4 + 1 \tag{2-19}$$

式中　z_1——渐开线中心轮 1 的齿数；

　　　z_2——渐开线行星轮 2 的齿数；

　　　z_4——摆线轮 4 的齿数；

　　　z_5——针轮 5 的齿数。

2.6.4　RV 减速器的主要特点

从 RV 减速器的结构和原理可以看出，与其他传动装置相比，它具有以下特点：

① 传动比大。RV 减速器设计为带正齿轮和带两级变速箱的差速器。它的传动比不仅比传统的普通齿轮、行星齿轮传动、蜗轮和摆线针轮齿轮传动要大，而且比谐波齿轮传动要大。

② 良好的结构刚度。减速器的针轮和 RV 齿轮由大直径的针齿销驱动，曲轴由圆锥滚子轴承支撑。减速器结构坚固，使用寿命长。

③ 输出转矩高。RV 减速器的正齿轮传动装置通常具有 2 对或 3 对行星齿轮。差速器传动采用硬齿面多齿销同时啮合，齿差固定为 1 齿。因此，在体积相同的情况下，可以使齿形比谐波减速器更大，并且输出转矩更高。

2.7　滑动导轨

一定的负载使得直线运动系统还必须具有足够的刚度，以确保在负载下不会发生不可接受的变形。因此，导轨是直线运动必不可少的基本元件。

导轨将运动平台限制在一个自由度上，并具有精确的定位精度。同时，它具有良好的润滑作用，以减少运动的摩擦阻力。传统的线性导轨是滑动导轨，如图 2.40 所示。由于传统导轨组件的通用性差、制造周期长、制造成本高以及难以保证精度，现在滑轨已基本被滚动导轨代替。

大部分导轨由 3 个或 4 个平面组成，每个平面的功能也不同。例如，矩形导轨的 M 面和 J 面起着导向作用，即确保在垂直平面上的线性运动精度。M 面是承受载荷的主轴承面；J 面是防止活动部件抬起的压板面；N 面是导向面，可确保水平面内直线运动的精度。在

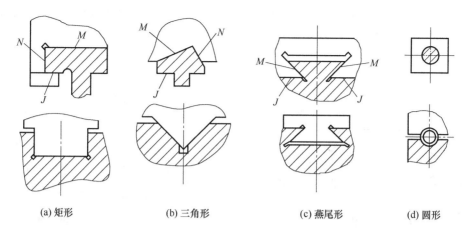

(a) 矩形　　　　　(b) 三角形　　　　　(c) 燕尾形　　　(d) 圆形

图 2.40　直线滑动导轨的截面形状

三角形导轨中，M 面和 N 面起到支撑和引导的作用。在燕尾导轨中，M 面起导向和压板面的作用，J 面为支撑面。

根据底座和其他固定部件上的导轨的不平状态，可以将其分为凸形导轨（图 2.40 的上排）和凹形导轨（图 2.40 的下排）。凸三角形也称为山形，而凹三角形也称为 V 形。当导轨水平放置时，凸形导轨不易积聚切屑和污垢，但不易储油，它通常用于移动速度较低的零件上；相反，凹形导轨具有良好的润滑条件，但必须具有防碎屑和保护装置，它主要用于移动速度较高的零件。

2.8　滚 动 导 轨

2.8.1　滚动导轨的结构和特点

由于上述普通机加工导轨的使用极为不便，因此市场需要一种通用性好、互换性强、精度高、成本低、标准化程度高的标准件，以缩短设计制造的时间，降低设计和制造过程的成本。因此，出现了各种专用的标准导向组件：直线滚动导向机构、直线轴承/直线轴和滚珠花键。

直线滚动导轨的形状如图 2.41 所示。滑块和导轨之间有一个钢球，它将滑动摩擦变成滚动摩擦，从而大大减小了两者之间的摩擦阻力。滚动导轨的结构如图 2.42 所示。

图 2.41　直线滚动导轨外形

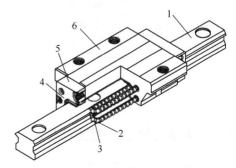

图 2.42　滚动导轨结构

1—轨道；2—滚珠；3—球保持器；
4—末端密封挡板；5—防尘器；6—滑块

如图 2.43 所示，滚动导轨具有与角接触球轴承正面组合相同的接触构造，因此具有出色的自动调心能力。所以，即使施加预压紧力，也能吸收安装误差，从而得到高精度、平滑稳定的直线运动。

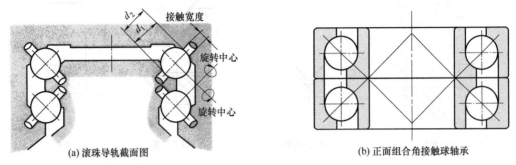

图 2.43　滚动导轨自动调心能力

滚动导轨具有以下特性：

① 摩擦因数约为滑动导轨的 1/50。

② 适应高速直线运动，其瞬时速度约为滑动导轨的瞬时速度的 10 倍，最大速度可达 5m/s。

③ 同时在多个方向上具有较高的刚度。线性引导机构的内部弧形凹槽的结构可以承受来自不同方向（如上下、左右）的载荷。如有必要，在制造过程中施加一定的预紧力后，该刚度还可以进一步改善。

④ 由于动、静摩擦之差很小，因此导轨对的运动响应很快，即平台位移滞后于电机转角的时间非常短。

⑤ 可以实现高定位精度和重复定位精度。由于滚珠的滚动运动磨损很小，因此可以长时间保持机构的高精度。

⑥ 价格低。由于使用专业生产，这种组件具有很高的性价比，并已成为工程中广泛使用的标准组件。实际上，使用这种高质量的标准组件比使用传统的机加工导轨便宜。

2.8.2　滚动导轨的布置与安装

滚动导轨可承受上下、左右方向的负荷。可根据运动平台的结构与工作负荷方向进行导轨布置，如图 2.44～图 2.47 所示。

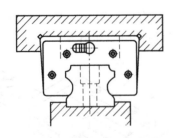

图 2.44　单只导轨布置

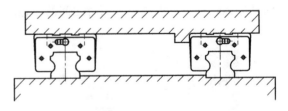

图 2.45　两只导轨布置

2.8.3　滚动导轨的选型计算步骤

① 根据使用要求设计导轨的布局、滑块的数量和预紧力的大小。

② 分析滑块的力，计算滑块的力矩 M（M_R，M_P，M_Y）、力 P（P_S，P_L），如图 2.48 所示，以 HG 系列 HGH 型移动导轨为例。在计算过程中不要忽略预紧力。

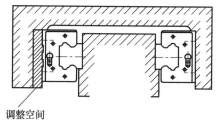

图 2.46 两只导轨相对布置

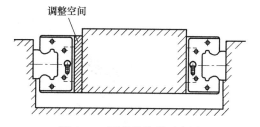

图 2.47 两只导轨背对布置

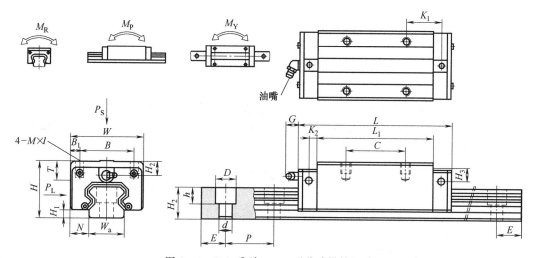

图 2.48 HG 系列 HGH 型移动导轨尺寸

③ 计算滑块的额定静力矩 $M_0 = f_{SM} \times M$，额定静载荷 $C_0 = f_{SL} \times P$，其中 f_{SM} 和 f_{SL} 为安全系数，一般工作条件为 1～3，当有冲击和振动时，取 3～5。

④ 根据额定静力矩和额定载荷选择导轨型号。

⑤ 根据系统对定位精度的要求，选择导轨的精度等级。

⑥ 根据额定动负荷、工作负荷、移动速度、工作环境及其他条件，计算导轨的寿命。

⑦ 选型计算，具体方法在各公司的产品选型手册中有详细说明。

2.9 滚动导套副

在自动化设备中，很多情况下负载较小，因此导向部件的刚性不高。仅引导部件具有足够的线性引导精度。在这种情况下，如果使用直线导轨机构，则一方面性能是多余的，另一方面在制造成本方面也不经济。滚动导向衬套（或直线轴承、直线衬套），其制造成本和价格均远低于直线导向机构，具有较高的直线导向精度，因此在负荷较小的情况下可以大大降低设备的成本。图 2.49 为各种形式的滚动导套副，图 2.50 为滚动导套副的结构及基本安装方式。

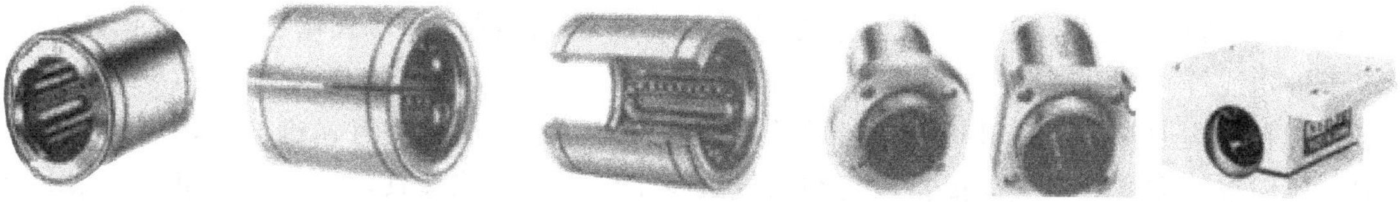

(a) 标准型   (b) 间隙调整型   (c) 开放型   (d) 法兰型   (e) 开放型直线轴

图 2.49 不同形式的滚动导套副

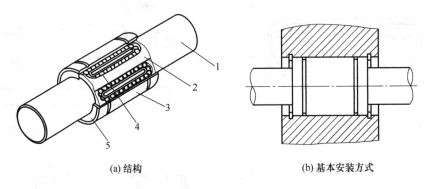

(a) 结构　　　　　　　　　　(b) 基本安装方式

图 2.50　滚动导套副的结构及基本安装方式
1—导杆；2—保持器；3—滑块；4—滚珠；5—密封圈

内卡环的安装方法是标准直线轴承的基本组装方法之一。在作为装配的基础装配孔中加工了两个弹性挡圈安装槽。将直线轴承组装到装配孔中后，将卡簧直接安装在线性轴承的两端，以轴向定位线性轴承，如图 2.50 所示。

由于直线轴承中的球和导向轴是点接触的，而直线导轨中的球与导轨是弧形接触的，因此直线轴承的承载能力远低于直线导轨的承载能力。在相同滚珠直径的条件下，直线导轨的滚珠轴承承载能力约为直线轴承中滚珠轴承承载能力的 13 倍，使用寿命差异更大。

直线轴承具有以下特点：
① 结构简单，安装方便，维护简单。
② 摩擦因数小，为 $0.001 \sim 0.004$。
③ 精度低，导杆（也称圆柱直线导轨）的线性公差为 $30 \sim 60 \mu m/m$。
④ 价格便宜。

2.10　自动化流水线常用机构

2.10.1　自动化流水线的结构组成

自动化流水线的整体结构通常都是由以下基本的结构模块根据需要搭配组合而成的。

（1）自动装卸系统

自动装卸系统是指工艺操作前后专门用于自动装卸的机构。在专用自动化机床上，要完成整个过程动作，必须先将工件移动到操作位置或定位夹具上。工艺操作完成后，需要卸载工艺操作后的工件或产品，为下一个工作周期做准备。

自动化机械中最典型的送料机构主要包括：机械手、利用工件自重的上料装置（如料仓送料装置、料斗式送料装置）、振盘、步进送料装置、输送线（如带式输送线、链条输送线、滚子输送线等）。

卸料机构通常比上料机构简单，最常用的卸料机构或方法主要有：机械手、气动推料机构、压缩空气喷嘴等。气动推料机构利用气缸将工件推出定位夹具，使工件在重力作用下直接落入下料架或通过斜道自动滑入下料架。对于质量非常小的工件，通常使用压缩空气喷嘴将工件直接吹入下方的料框中。

（2）工件的输送系统

输送系统包括小型输送装置及大型输送线，其中小型的输送装置一般用于自动化专机，大型的输送线用于自动化生产线，各种输送系统广泛用于手动装配线。没有输送线就无法实现自动化生产线。

根据结构类型的不同，最基本的输送线有带式输送线、链条输送线、滚筒输送线等；根据输送线运行方式的区别，输送线可以以连续、断续、定速、变速输送等不同方式运行。

（3）辅助机构

在各种自动化加工、装配、检测、包装等工序的操作过程中，除自动装卸机构外，往往还需要以下机构或装置：

① 定位夹具。工件必须位于一定位置，使工件的工艺操作达到要求的精度，因此需要专用的定位夹具。

② 夹紧机构。在加工或装配过程中，工件会受到各种附加力的影响。为了保持工件的状态不变，需要可靠地夹紧工件，因此需要各种自动夹紧机构。

③ 换向机构。在自动生产线上不同的专用机床之间，工件处于不同的姿态方向，因此需要设计专用的换向机构，在工艺操作前改变工件的姿态方向。

④ 分料机构。抓取工件时，机械手必须在机械手末端为气动手指留出足够的空间，以方便机械手的抓取动作。如果工件连续紧密排列在输送线上，机械手可能因为空间不够而抓不到，需要将连续排列的工件一个个分开。上述机构分别完成工件定位、夹紧、换向和分离等辅助操作。

由于这些机构一般不是自动机械的核心机构，所以称为辅助机构。

（4）末端执行机构

任何自动机器都是为了完成加工、装配和测试等特定生产过程而设计的。机器的核心功能就是使得上述生产过程可根据具体工艺参数完成。一般来说，完成机器上述核心功能的机构统称为执行器，通常是自动机的核心部件。例如，自动机床上的工具、自动焊接设备上的焊枪、自动螺钉装配设备中的气动螺钉旋具、自动填充设备中的填充阀、自动铆接设备中的铆接工具、自动涂胶设备中的胶枪等都属于机器的执行机构。

从事自动机械设计的人员应熟悉各种自动机构，并具有丰富的制造工艺经验。由于篇幅所限，下面主要介绍两种典型的自动生产线结构：倍速链输送线和振盘送料装置。

2.10.2 倍速链输送线

（1）倍速链的定义

在输送线上，链条的移动速度保持不变，但输送到链条上方的工装板和工件可以根据用户的要求控制移动节拍，在需要停留的位置停止移动，操作人员完成各种装配操作后，工件继续向前移动和输送。倍速输送链就是这样一种滚筒输送链，所以倍速输送链又称可控节拍输送链、自由节拍输送链、差速链、差动链，在工程上习惯称双速链。

（2）倍速链的结构

图 2.51 为倍速链的结构图。从图中可以看出，倍速链由内链板、套筒、滚子、滚轮、外链板、销轴等 6 种零件组成。

使用时，倍速链通过滚子直接放置在链条下方导轨的支撑面上，滚轮下部悬空，装载工件的工装板直接放置在滚轮上方，因此滚轮同时承载工装板的重量和工装板上被输送工件的重量，是直接承载部件。图 2.52（a）为局部放大图，图 2.52（b）为倍速链输送物料时的工作状态。

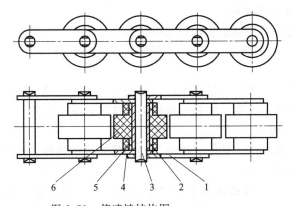

图 2.51 倍速链结构图

1—外链板；2—套筒；3—销轴；4—内链板；5—滚子；6—滚轮

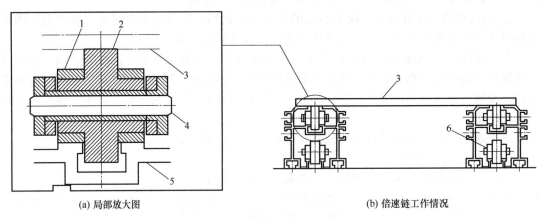

(a) 局部放大图   (b) 倍速链工作情况

图 2.52 倍速链使用示意图

1—小口径滚子；2—大口径转子；3—托板；4—链条本体；5—铝制框架；6—返回端

（3）倍速链的增速原理

倍速链有一种特殊的增速作用，即链条上方的工装板的移动速度大于链条本身的前进速度。现以链条中的一对滚轮滚子为对象，分析它们的运动特性。

在图 2.53 所示的模型中，假设滚子机构在下列条件下运动：

① 滚子在导轨上滚动，滚子与导轨之间的运动为纯滚动。

② 滚子与滚轮之间没有相对运动。

③ 工装板与滚轮之间没有相对运动。

我们假设链条的前进速度为 v_0，工装板的前进速度为 v，滚子的直径为 d，滚轮的直径为 D，根据上述假设，由于滚轮与滚轮之间没有相对运动，所以它们在滚动的瞬间可以视为刚性连接在一起，它们的瞬时滚动可以视为以滚轮与导轨的接触点 P 为旋转中心的旋转。假设上述滚筒和滚筒瞬时转动的角速度为 ω，所以滚子几何中

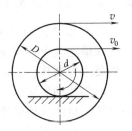

图 2.53 计算增速效果的模型

心的切线速度是链条的前进速度，而滚轮上方顶点的切线速度就是工装板的前进速度，所以有

$$v_0 = \omega \frac{d}{2} \tag{2-20}$$

$$v = \omega \left(\frac{d}{2} + \frac{D}{2} \right) \tag{2-21}$$

根据式（2-20）、式（2-21）可以得出

$$v = \left(1 + \frac{D}{d} \right) v_0 \tag{2-22}$$

式中　v_0——滚子几何中心的切线速度（链条的前进速度）；

　　　　ω——滚子及滚轮的瞬时转动角速度；

　　　　v——滚轮上方顶点的切线速度（工装板或工件的前进速度）；

　　　　d——滚子直径；

　　　　D——滚轮直径。

分析式（2-22）可知，滚轮直径 D 成倍地大于滚子直径 d，所以工装板（工件）的速度可以是链条前进速度 v_0 的几倍，这就是双速链条的增速效应原理。提高直径比 D/d 就可以提高倍速链的增速效果，但增大滚筒直径受链条节距限制，减小滚筒直径也受链条结构限制。同时由于链条内部各运动副间不可避免地会存在摩擦，滚子和导轨之间也会产生滑动，使实际的增速效果要小于理论计算值，所以双速链的增速范围是有一定限制的。通常的增速效果是达到 $(2 \sim 3) v_0$，常用规格有 2.5 倍速度输送链和 3 倍速度输送链。

（4）倍速链的性能特点

根据以上对倍速链工作原理分析，总结出倍速链链条具有以下优点：

① 链条低速运行，而工装板及工件可以获得成倍于链条速度的移动速度，一般工装板运行速度是链条的 2.5 或 3 倍，提高了输送效率。

② 由于工装板和滚轮之间存在摩擦传动，可以利用它们之间可能存在的滑动，使链条以原速度前进时，工装板停留在某一位置，从而根据工艺要求控制工件输送的节拍，这正是手动流水线或自动生产线所要求的特点。由于滚轮与工装板之间存在滚动摩擦，可以很好地保护倍速链链条。

③ 链条重量轻，使整个输送装置轻便，系统启动快。

④ 由于滚轮采用工程塑料制成，链条运行平稳，噪声低，耐磨，使用寿命长。如果需要运输重物，可以将滚轮和滚轮改为钢制滚轮和滚子，以提高其强度。

（5）倍速链输送线的结构及工程应用

倍速链输送线常用于电脑显示器和主机生产线、空调、电视机、微波炉装配线、打印机传真机装配线、发动机装配线等。图 2.54 是由倍速链组成的典型倍速链输送线结构。在工程中，双速链条输送线的实际长度通常可以达到几十米。

从图 2.54 和图 2.55 可以看出，典型的倍速链条输送线主要由以下几个部分组成：倍速链链条、工装板、链条支承导轨、止动机构、电机驱动系统、链条张力调节和机构回转导向座。

① 工装板。工装板是直接放置在链条滚轮上方的载体，在工装板上放置被输送的物料或工件。在手动装配线或自动生产线上，由于有些工序需要对工装板上工件进行各种装配、测试等工序，所以工装板往往需要配备电源插座、开关、检测信号接收装置等。当工装板停在需要装配作业的位置时，工装板下方的导电电极片正好在输送线上的导电辊上，工装板下方的导电电极片自动通电，当工装板离开上述位置时，电源自动切断。

② 止动机构。在人工装配生产线上，当工装上承载的工件随着倍速链输送线输送到装配工位时，输送线中心的止动气缸处于伸出状态；当工装板的前部碰到止动气缸活塞杆端部的滚轮时，止动气缸停止工装板的运动。装配作业完成后，工人踩下工位下方气阀的脚踏

板，止动油缸的活塞杆缩回，工装板自动恢复向前移动。倍速链输送线的这一特点使其非常适合自由节拍的人工装配生产线。

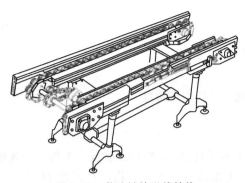

图 2.54　倍速链输送线结构

图 2.55　倍速链输送线结构（带工装板）

③ 驱动系统、倍速链链条和支承导轨。为了使链条在导轨的支撑面上前进，需要对链条施加一定的牵引力，并拖动链条在支撑导轨上向前滚动。驱动双速链条最常见的方式是链轮传动。

倍速链链条通过链节连接成封闭的环形结构，然后将倍速链链条安装在输送系统的支撑导轨和主动链轮上，再将工装板放置在链的上方输送物料。

链条由链轮拖动，滚子在支撑导轨上滚动，使链条携带工装板和物料前进。导轨一般采用专门设计制造的铝型材，根据需要的长度切割连接。

2.10.3　振盘送料装置

(1) 振盘的功能与特点

振盘是一种自动组装或自动加工机械的辅助送料设备。它能把各种产品有序地排列出来，还可用于分选、检测、计数包装等，适用于电子、五金、塑料、医疗器械、医药、食品、玩具、文具制造等各个行业。振动板的送料对象一般是小型或重量轻的微型工件，如：

① 小五金（如螺钉、螺母、铆钉、弹簧、轴、套管等）、小冲压件、小型塑料件；

② 电子元器件和医药制品。

振盘一般不用于质量较大的工件，而是采用其他自动送料方式，如搅拌式料仓、机械手等。对于上述方法难以实现自动送料的工件，最终考虑手动送料。

振盘在工程上也称振动盘和振动料斗，多为圆盘形或倒圆锥形的圆柱形容器，如图 2.56 所示。锥面或圆柱面的内侧设有从容器底部向顶部逐渐延伸的螺旋导向槽，螺旋导向槽的顶端设有供工件沿切线方向通过的输送槽。

许多工件一次性倒入容器中，因此工件的姿态方向混乱。在周向振动驱动力的作用下，工件自动沿螺旋送料槽向上爬行，最后通过外部送料槽自动输送到装配位置或临时存放位置。

图 2.56　振盘

振盘由具有行业经验的专业供应商专门设计和制造。不直接从事振盘设计制造行业的人，只需要了解其基本结构、工作原理、订购方法和使用维护要点即可。

要了解振盘的工作原理，必须理解以下两个原理：

① 振盘能连续地将工件由料斗底部向上自动输送的原理。

② 料斗底部工件的姿态方向杂乱无章，但工件能按规定的姿态自动输送出来的原理。

上述两个原理实际上就涉及振盘的两个基本功能：自动送料功能和自动定向功能。

（2）振盘的工作原理

为了理解上述两个问题，必须首先了解振盘的工作原理。图 2.57 为振盘力学模型，其工作原理如下：

电磁铁 5 与衔铁 4 分别安装固定在输料槽 2 和底座 6 上。220V 交流电压经半波整流后输入电磁线圈，在交变电流作用下，铁芯与铁之间产生高频率吸引和断开动作。

两个相互平行且与垂直方向有一定倾角 β 的板簧分别通过螺钉与输送槽和底座连接。由于片簧的弹性，线圈与衔铁之间的高频吸合和断开动作会使片簧产生高频弹性形变和恢复的循环动作，形变恢复的弹力直接作用在输料槽上，实际上是给输料槽一个高频惯性力。

由于输料槽有一个斜面（与水平面形成倾角 α），输料槽表面的工件在惯性力的作用下沿斜面逐渐向上移动。由于电磁铁的高频吸合和断开，工件在这种高频惯性力的驱动下沿着斜面缓慢向上运动。实际振盘设计为三个沿圆周方向均匀分布的板簧，板簧沿垂直线向料斗螺旋轨道相反的方向倾斜相同的角度（此角度需要通过计算），实际振动盘结构一般为倒锥形料斗或圆柱形料斗。振动盘出口采用直振送料机将物料送出至生产线，如图 2.58 所示。

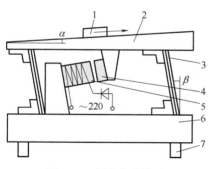

图 2.57 振盘力学模型

1—工件；2—输料槽；3—板弹簧；4—衔铁；
5—电磁铁；6—底座；7—减振橡胶垫

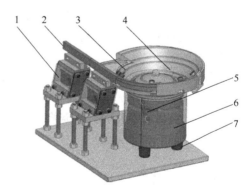

图 2.58 振动盘结构示意图（倒锥形料斗）

1—直振送料机；2—出口；3—螺旋轨道；
4—料斗；5—板弹簧；6—底座；
7—减振垫

（3）选向和定向机构

料斗内零件，由于受到这种振动而沿螺旋轨道上升。选向机构的功能类似于螺旋轨道上的一系列检查点，在检查点上检查每个工件通过选择器的姿态方向，符合要求姿态方向的工件才能继续通过，最后零件能够按照组装或者加工的要求呈统一状态自动进入组装或者加工位置。

姿态方向不符合要求的工件会被选向机构挡住，但又会在振动盘的振动驱动力作用下不断向上运动。最后，这些工件只能从螺旋轨道上落下，落入料斗底部，再次开始沿着螺旋轨道向上爬行。

　　工程中常用的选向机构有：选向缺口、挡块或挡条。常用的定向机构有：挡条、挡块或压缩空气喷嘴，图 2.59～图 2.62 是选向、定向机构的几个例子。

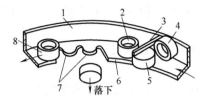

图 2.59　选向机构实例（一）

1—料斗壁；2,4,5,8—工件；

3—挡条；6—螺旋轨道；7—选向缺口

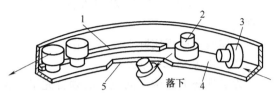

图 2.60　选向机构实例（二）

1—选向挡条；2,3—工件；4—螺旋轨道；

5—选向缺口

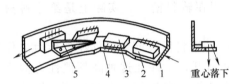

图 2.61　定向机构实例（一）

1—螺旋轨道；2,3—工件；4—选向缺口；

5—定向挡条

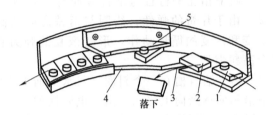

图 2.62　定向机构实例（二）

1,2—工件；3—选向缺口；4—螺旋轨道；

5—定向挡条

　　由于振动料斗中的方位和方向选择机构是根据被输送物料的具体要求设计加工的，因此在物料的形状和尺寸发生变化后，需要对整个料斗进行重新设计和加工，而相应的方位和方向选择机构在实际制造加工过程中只能由装配工进行调整和研磨，因此加工周期非常长。

　　借助由传感器、摄像机和气动装置组成的具有图像处理和识别功能的视觉系统，可以对形状复杂的、微小的、无明显定向特征的、高精度定向要求的物料进行选向。当物料的形状和尺寸在一定范围内变化时，只需修改料斗视觉系统的软件程序。即使材料的形状和尺寸变化很大，料斗的设计也会变得相对简单快捷。因此，带有视觉选向机构的振动料斗具有很好的灵活性。

　　（4）振盘的特点

　　振盘之所以在自动化制造工程中得到广泛应用，是因为振盘具有以下一系列优点：

　　① 体积小，布置灵活。圆柱形振盘不仅体积小，布置方便，而且通过输料槽与设备连接，空间布置灵活性大。它可以根据需要布置在各种可能的位置，并且可以利用设备上的各种剩余空间。

　　② 送料稳定、出料速度快。在现代生产条件下，自动化机械的节拍时间越来越短，而振动板的出料速度必然比机器的节拍要快。振动板出料速度快，一般为 200～300 块/min，最高可达 500 块/min。

　　③ 结构和维护简单。振盘结构也很简单，工件种类和数量少，性能稳定可靠，长期工作时基本不需要太多维护。

　　④ 振动噪声。振盘的缺点是在运行中会产生一定的振动噪声。为了降低噪声，在某些情况下，将振盘或带有振盘的自动化专机或部分通过特殊的有机玻璃外壳与周围环境隔开，以改善工作环境。

2.11 机械传动系统建模与仿真

机械传动系统是伺服驱动系统的重要组成部分,它通常由传动装置(减速机构)和执行装置组成。机械传动不仅能改变机电系统的转速、转矩,而且直接影响伺服传动系统的性能。下面着重阐述机电系统中常见的齿轮和滚珠丝杠传动机构的动力学模型。

2.11.1 齿轮传动机构的模型

齿轮传动机构是机电系统中最常用的传动机构,包括普通齿轮传动、蜗轮蜗杆传动、行星轮传动、谐波齿轮传动等。一般来说,这种传动机构可简化为质量-阻尼系统或者弹簧-质量-阻尼系统。由于齿轮传动机构的高刚度,通常将其简化为质量-阻尼系统进行分析。该机构的简化模型如图 2.63 所示。

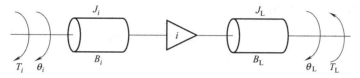

图 2.63　典型齿轮传动机构的简化模型

对输入轴列写力平衡方程得

$$T_i(t) = J_i \frac{\mathrm{d}^2 \theta_i(t)}{\mathrm{d}t} + B_i \frac{\mathrm{d}\theta_i(t)}{\mathrm{d}t} + T(t) \tag{2-23}$$

对输出轴列写力平衡方程得

$$iT(t) = J_\mathrm{L} \frac{\mathrm{d}^2 \theta_\mathrm{L}(t)}{\mathrm{d}t} + B_\mathrm{L} \frac{\mathrm{d}\theta_\mathrm{L}(t)}{\mathrm{d}t} + T_\mathrm{L} \tag{2-24}$$

式中　T_i——驱动力矩;

$\quad\quad \theta_i$——驱动轴的转角;

$\quad\quad \theta_\mathrm{L}$——负载轴的转角;

$\quad\quad B_i$——主动轮轴系的粘滞阻尼系数;

$\quad\quad B_\mathrm{L}$——从动轮轴系的粘滞阻尼系数;

$\quad\quad J_i$——驱动轴系的等效惯量;

$\quad\quad J_\mathrm{L}$——负载轴系的等效惯量;

$\quad\quad T$——作用在齿轮副上的等效转矩;

$\quad\quad T_\mathrm{L}$——负载力矩;

$\quad\quad i$——齿轮减速比。

将式(2-23)和式(2-24)取拉氏变换得

$$T_i(s) = J_i s^2 \theta_i(s) + B_i s \theta_i(s) + T \tag{2-25}$$

$$iT(s) = J_\mathrm{L} s^2 \theta_\mathrm{L}(s) + B_\mathrm{L} s \theta_\mathrm{L}(s) + T_\mathrm{L} \tag{2-26}$$

由 $\theta_\mathrm{L} = \theta_i / i$,将式(2-25)、式(2-26)联立消去 θ_i 和 T,得

$$\theta_\mathrm{L}(s) = \frac{1}{s\left[\left(J_i + \frac{1}{i^2} J_\mathrm{L}\right)s + B_i + \frac{1}{i^2} B_\mathrm{L}\right]i}\left(T_i - \frac{1}{i} T_\mathrm{L}\right) \tag{2-27}$$

定义等效惯量为

$$J_e = J_i + \frac{1}{i^2} J_L \tag{2-28}$$

等效阻尼系数为

$$B_e = B_i + \frac{1}{i^2} B_L \tag{2-29}$$

式（2-27）可以简化为

$$\theta_L(s) = \frac{\left(T_i - \frac{1}{i} T_L\right)}{s(J_e s + B_e) i} \tag{2-30}$$

写成速度表达式为

$$\omega_L(s) = \frac{1}{(J_e s + B_e) i} \left(T_i - \frac{1}{i} T_L\right) \tag{2-31}$$

2.11.2 丝杠螺母机构的模型

数控机床丝杠螺母机构进给系统如图 2.64 所示。电动机通过两级减速齿轮 z_1、z_2、z_3、z_4 及丝杠螺母机构驱动工做台做直线运动。

在建立机械系统数学模型的过程中，经常会遇到基本物理量的折算问题，在此结合数控机床进给系统，介绍系统建模中基本物理量的折算问题。

（1）转动惯量的折算

将轴 Ⅰ、Ⅱ、Ⅲ 上的转动惯量和工作台的质量都折算到轴 Ⅰ 上，作为系统总转动惯量。设 T_1'、T_2'、T_3' 分别为轴 Ⅰ、Ⅱ、Ⅲ 的负载转矩，ω_1、ω_2、ω_3 分别为轴 Ⅰ、Ⅱ、Ⅲ 的角速度，v 为工作台的运动速度。

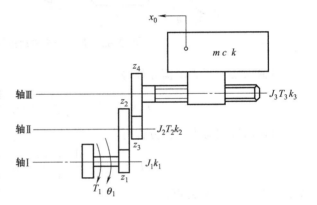

图 2.64 数控机床丝杠螺母机构进给系统

J_1—轴 Ⅰ 部件和电动机转子构成的转动惯量；
J_2，J_3—轴 Ⅱ，Ⅲ 部件的转动惯量；
k_1，k_2，k_3—轴 Ⅰ，Ⅱ，Ⅲ 的扭转刚度系数；k—丝杠螺母副的轴向刚度系数；
m—工作台质量；c—工作台导轨粘性阻尼系数；
T_1，T_2，T_3—轴的输入转矩

① 轴 Ⅰ、Ⅱ、Ⅲ 转动惯量的折算。

根据动力平衡原理，对于轴 Ⅰ 有

$$T_1 = J_1 \omega_1 + T_1' \tag{2-32}$$

对于轴 Ⅱ 有

$$T_2 = J_2 \omega_2 + T_2' \tag{2-33}$$

由于轴 Ⅱ 的输入转矩是从轴 Ⅰ 上的负载转矩获得的，且与它们的转速成反比，所以有

$$T_2 = \frac{z_2}{z_1} T_1' \tag{2-34}$$

又由传动关系知

$$\omega_2 = \frac{z_1}{z_2} \omega_1 \tag{2-35}$$

将式（2-34）和式（2-35）代入式（2-33）得

$$T_1' = J_2 \left(\frac{z_1}{z_2}\right)^2 \times \omega_1 + \left(\frac{z_1}{z_2}\right) T_2' \tag{2-36}$$

对于轴Ⅲ有

$$T_3 = J_3\omega_3 + T_3' \tag{2-37}$$

再由

$$T_3 = \frac{z_4}{z_3}T_2 \tag{2-38}$$

$$\omega_3 = \frac{z_3}{z_4}\omega_2 \tag{2-39}$$

整理得

$$T_2' = J_3\left(\frac{z_1}{z_2}\right)\left(\frac{z_3}{z_4}\right)^2 \times \omega_1 + \left(\frac{z_3}{z_4}\right)T_3' \tag{2-40}$$

② 工作台质量的折算。

根据动力平衡关系：丝杠旋转一周所做的功等于工作台前进一个导程时惯性力所做的功，对于工作台和丝杠有

$$T_3'2\pi = mvL_0 \tag{2-41}$$

式中 L_0——丝杠导程。

根据传动关系有

$$v = \frac{L_0}{2\pi}\omega_3 = \frac{L_0}{2\pi}\left(\frac{z_1 z_3}{z_2 z_4}\right)\omega_1 \tag{2-42}$$

将式（2-42）代入式（2-41）得

$$T_3' = \left(\frac{L_0}{2\pi}\right)^2\left(\frac{z_1 z_3}{z_2 z_4}\right)m\omega_1 \tag{2-43}$$

③ 折算到轴Ⅰ上的总转动惯量。

将式（2-36）、式（2-40）、式（2-42）分别代入式（2-32）并整理得

$$T_1 = \left[J_1 + J_2\left(\frac{z_1}{z_2}\right)^2 + J_3\left(\frac{z_1 z_3}{z_2 z_4}\right)^2 + m\left(\frac{z_1 z_3}{z_2 z_4}\right)^2\left(\frac{L_0}{2\pi}\right)^2\right]\omega_1 = J_\Sigma\omega_1 \tag{2-44}$$

式中 J_Σ——系统折算到轴Ⅰ上的总转动惯量，有

$$J_\Sigma = J_1 + J_2\left(\frac{z_1}{z_2}\right)^2 + J_3\left(\frac{z_1 z_3}{z_2 z_4}\right)^2 + m\left(\frac{z_1 z_3}{z_2 z_4}\right)^2\left(\frac{L_0}{2\pi}\right)^2 \tag{2-45}$$

其中，第二项为轴Ⅱ转动惯量折算到轴Ⅰ上的当量转动惯量；第三项为轴Ⅲ转动惯量折算到轴Ⅰ上的当量转动惯量；第四项为工作台质量折算到轴Ⅰ上的当量转动惯量。

（2）粘性阻尼系数的折算

粘性阻尼存在于机械系统的相对运动元件之间，以某种形式表现出来。在机械系统的数学建模过程中，还需要将粘性阻尼折算到某一部件上，得到系统的等效阻尼系数。基本方法是将摩擦阻力、流体阻力和负载阻力转化为与速度相关的粘性阻尼力，然后利用摩擦阻力和粘性阻尼力消耗功相等的原理计算粘性阻尼系数，最后转化为相应的等效阻尼系数。

在这个例子中，工作台的摩擦损失占主导地位，其他环节的摩擦损失相对可以忽略不计。当只考虑阻尼力时，根据工作台与丝杠的动力关系，有

$$T_3 2\pi = cvL_0 \tag{2-46}$$

即丝杠旋转一周所做的功，等于工作台前进一个导程时其阻尼力所做的功。根据力学原理和传动关系有

$$T_3 = \left(\frac{z_1 z_3}{z_2 z_4}\right)T_1 \tag{2-47}$$

$$v = \left(\frac{z_2 z_4}{z_1 z_3}\right)\omega_1 \frac{L_0}{2\pi} \tag{2-48}$$

将式（2-47）和式（2-48）代入式（2-34），并整理得

$$T_2 = \left(\frac{z_2 z_4}{z_1 z_3}\right)^2 \left(\frac{L_0}{2\pi}\right)^2 c\omega_1 = c'\omega_1 \tag{2-49}$$

式中　c'——工作台导轨折算到轴Ⅰ上的粘性阻尼系数，有

$$c' = \left(\frac{z_2 z_4}{z_1 z_3}\right)^2 \left(\frac{L_0}{2\pi}\right)^2 c \tag{2-50}$$

（3）刚度系数的折算

机械系统中的每个元件受力都会产生伸长（压缩）和扭转（扭转）等弹性变形，影响整个系统的精度和动态性能。在机械系统的数学建模中，需要转化为等效扭转刚度系数或线性刚度系数。

在本例中，首先将各轴的扭转角折算到轴Ⅰ上，丝杠与工作台之间的轴向弹性变形会在轴Ⅲ中引起附加扭转角，因此也要折算到轴Ⅰ上，然后计算折算到轴Ⅰ上的系统的当量刚度系数。

① 轴向刚度系数的折算。

系统受载时，丝杠螺母副和螺母座会产生轴向弹性变形，其示意图如图 2.65 所示。设丝杠的输入扭矩为 T_3，螺杆与工作台之间的弹性变形为 δ，螺杆对应的附加角度为 $\Delta\theta_3$。根据动力平衡和传动关系，螺杆轴Ⅲ有

$$T_3 2\pi = k\delta L_0 \tag{2-51}$$

$$\delta = \frac{\Delta\theta_3}{2\pi} L_0 \tag{2-52}$$

所以

$$T_3 = \left(\frac{L_0}{2\pi}\right)^2 k \Delta\theta_3 = k'\Delta\theta_3 \tag{2-53}$$

即

$$\Delta\theta_3 = \frac{T_3}{k'} \tag{2-54}$$

式中　k'——附加扭转刚度系数，有 $k' = \left(\frac{L_0}{2\pi}\right)^2 k$。 $\tag{2-55}$

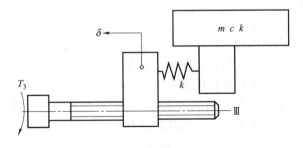

图 2.65　轴向弹性变形等效示意图

② 扭转刚度系数的折算。

设 θ_1、θ_2、θ_3 分别为轴Ⅰ、Ⅱ、Ⅲ在输入转矩 T_1、T_2、T_3 作用下产生的扭转角，根据动力平衡和传动关系有

$$\theta_1 = \frac{T_1}{k_1} \tag{2-56}$$

$$\theta_2 = \frac{T_2}{k_2} = \left(\frac{z_2}{z_1}\right)\frac{T_1}{k_2} \tag{2-57}$$

$$\theta_3 = \frac{T_3}{k_3} = \left(\frac{z_2 z_4}{z_1 z_3}\right)\frac{T_1}{k_3} \tag{2-58}$$

由于丝杠和工作台之间的轴向弹性变形，使得轴Ⅲ产生了一个附加扭转角 $\Delta\theta_3$，所以轴Ⅲ上的实际扭转角 θ_III 为

$$\theta_\mathrm{III} = \theta_3 + \Delta\theta_3 \tag{2-59}$$

将式（2-58）和式（2-54）代入式（2-59）得

$$\theta_\mathrm{III} = \frac{T_3}{k_3} + \frac{T_3}{k'} = \left(\frac{z_2 z_4}{z_1 z_3}\right)\left(\frac{1}{k_3} + \frac{1}{k'}\right)T_1 \tag{2-60}$$

将各轴的扭转角折算到轴Ⅰ上，得到系统的当量扭转角为

$$\theta = \theta_1 + \left(\frac{z_2}{z_1}\right)\theta_2 + \left(\frac{z_2 z_4}{z_1 z_3}\right)\theta_\mathrm{III} \tag{2-61}$$

将式（2-56）、式（2-57）和式（2-59）代入式（2-61）得

$$\begin{aligned}
\theta &= \frac{T_1}{k_1} + \left(\frac{z_2}{z_1}\right)^2 \frac{T_1}{k_2} + \left(\frac{z_2 z_4}{z_1 z_3}\right)^2\left(\frac{1}{k_3}+\frac{1}{k'}\right)T_1 \\
&= \left[\frac{1}{k_1} + \left(\frac{z_2}{z_1}\right)^2\frac{1}{k_2} + \left(\frac{z_2 z_4}{z_1 z_3}\right)^2\left(\frac{1}{k_3}+\frac{1}{k'}\right)\right]T_1 \\
&= \frac{T_1}{k_\Sigma}
\end{aligned} \tag{2-62}$$

式中 k_Σ——折算到轴Ⅰ上的当量扭转刚度系数，有

$$k_\Sigma = \frac{1}{\dfrac{1}{k_1} + \left(\dfrac{z_2}{z_1}\right)^2\dfrac{1}{k_2} + \left(\dfrac{z_2 z_4}{z_1 z_3}\right)^2\left(\dfrac{1}{k_3}+\dfrac{1}{k'}\right)} \tag{2-63}$$

（4）整体数学模型

将基本物理量折算到某一部件后，即可按单一部件对系统进行建模。在本例中，设输入量为轴Ⅰ的转角 θ_i，输出量为工作台的线位移 x_o，θ_o 是工作台位移折算到Ⅰ轴上的等效当量转角，负载为零，则可以得到滚珠丝杠系统的数学模型为

$$\theta_\mathrm{o} = \left(\frac{z_2 z_4}{z_1 z_3}\right)\left(\frac{2\pi}{L_0}\right)x_\mathrm{o} \tag{2-64}$$

$$J_\Sigma\ddot{\theta}_\mathrm{o} + c'\dot{\theta}_\mathrm{o} + k_\Sigma\theta_\mathrm{o} = k_\Sigma\theta_\mathrm{i} \tag{2-65}$$

对应于该二阶线性微分方程的传递函数为

$$\begin{aligned}
G(s) = \frac{x_\mathrm{o}(s)}{\theta_\mathrm{i}(s)} &= \frac{\left(\dfrac{z_1 z_3}{z_2 z_4}\right)\left(\dfrac{L_0}{2\pi}\right)k_\Sigma}{J_\Sigma s^2 + c's + k_\Sigma} \\
&= \left(\frac{z_1 z_3}{z_2 z_4}\right)\left(\frac{L_0}{2\pi}\right)\frac{\omega_\mathrm{n}^2}{s^2 + 2\xi\omega_\mathrm{n}s + \omega_\mathrm{n}^2}
\end{aligned} \tag{2-66}$$

式中 ω_n——系统的固有频率，$\omega_\mathrm{n} = \sqrt{k_\Sigma/J_\Sigma}$；

ξ——系统的阻尼比，$\xi = c'/2\sqrt{k_\Sigma J_\Sigma}$。

ω_n 和 ξ 是二阶系统的两个特征参数，对于不同的系统可通过不同的物理量确定，对于机械系统，由质量、阻尼系数和刚度系数等结构参数决定。

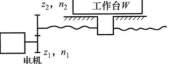

图 2.66　丝杠螺母驱动系统

【例 2-1】　已知图 2.66 所示丝杠螺母驱动系统，工作台的质量 $m=80\text{kg}$，丝杠螺距 $L_0=6\text{mm}$，丝杠的转动惯量 $J_s=1.6\times10^{-3}\text{kg}\cdot\text{m}^2$，齿轮传动比 $i=2$，两齿轮的转动惯量分别为 $J_{z1}=1.2\times10^{-4}\text{kg}\cdot\text{m}^2$，$J_{z2}=1.9\times10^{-3}\text{kg}\cdot\text{m}^2$。试求折算到电机轴上的总等效惯量。

解： 等效惯量可以分为以下几个部分来计算：

① 电机轴上的元件（齿轮 1）

$$J_{e1}=J_{z1}=1.2\times10^{-4}\text{kg}\cdot\text{m}^2 \tag{2-67}$$

② 中间轴上的元件（齿轮 2）

$$J_{e2}=\frac{1}{i_1^2}J_{z2}=\frac{1}{2^2}\times1.9\times10^{-3}=4.75\times10^{-4}\text{kg}\cdot\text{m}^2 \tag{2-68}$$

③ 负载轴上的元件（丝杠、工作台）

$$J_{e3}=\frac{1}{i^2}(J_s+J_L) \tag{2-69}$$

丝杠惯量：

$$J_s=1.6\times10^{-3}\text{kg}\cdot\text{m}^2 \tag{2-70}$$

工作台折算到丝杠上的惯量：

$$J_L=m\left(\frac{L_0}{2\pi}\right)^2=80\times\left(\frac{0.006}{6.28}\right)^2=0.73\times10^{-4}\text{kg}\cdot\text{m}^2 \tag{2-71}$$

$$J_{e3}=\frac{1}{i^2}(J_s+J_L)=\frac{1}{4}\times(1.6\times10^{-3}+0.73\times10^{-4})=4.18\times10^{-4}\text{kg}\cdot\text{m}^2 \tag{2-72}$$

总的折算惯量为

$$J_e=J_{e1}+J_{e2}+J_{e3}=1.2\times10^{-4}+4.75\times10^{-4}+4.18\times10^{-4}$$
$$=1.013\times10^{-3}\text{kg}\cdot\text{m}^2 \tag{2-73}$$

2.11.3　传动机构仿真分析

【例 2-2】　已知滚珠丝杠机构采用一级齿轮传动，传动比为 3，工作台质量 $m=1000\text{kg}$，电机的转动惯量 $j_1=1.1\times10^{-4}\text{kg}\cdot\text{m}^2$，齿轮 2 和丝杠的转动惯量 $j_2=2.2\times10^{-3}\text{kg}\cdot\text{m}^2$，滚珠丝杠的导程 $L_0=12\text{mm}$，阻尼系数 $c=0.641\text{kgf}\cdot\text{sec/mm}$，螺母处于全行程中距离丝杠此端最远的距离 $l=140\text{cm}$，丝杠公称直径 $d=63\text{mm}$，钢的弹性模量 $G=8.1\times10^{10}\text{Pa}$。只计丝杠轴的扭转刚度，试对滚珠丝杠传动机构的动力学特性进行仿真分析。

解： 依题意，计算等效到 1 轴上的转动惯量为

$$J_\Sigma=J_1+J_2\left(\frac{z_1}{z_2}\right)^2+m\left(\frac{z_1}{z_2}\right)^2\left(\frac{L_0}{2\pi}\right)^2$$
$$=1.1\times10^{-4}+2.2\times10^{-3}\times\left(\frac{1}{3}\right)^2+1000\times\left(\frac{1}{3}\right)^2\times\left(\frac{0.012}{2\pi}\right)^2$$
$$=0.0018\text{kg}\cdot\text{m}^2 \tag{2-74}$$

计算等效到 1 轴上的阻尼系数为

$$c'=\left(\frac{z_2}{z_1}\right)^2\left(\frac{L_0}{2\pi}\right)^2c=3^2\times\left(\frac{12}{2\pi}\right)^2\times0.641=21.0\text{kgf}\cdot\text{s/mm} \tag{2-75}$$

计算滚珠丝杠的扭转刚度为

$$k_2 = \frac{\pi d^4 G}{32l} = \frac{\pi \times 0.063^4 \times 8.1 \times 10^{10}}{32 \times 1.4} = 8.9479 \times 10^4 \, \text{N} \cdot \text{m/rad} \tag{2-76}$$

折算到 1 轴上的扭转刚度为

$$k_\Sigma = \frac{1}{\left(\dfrac{z_2}{z_1}\right)^2 \left(\dfrac{1}{k_2}\right)} = \frac{1}{3^2 \times \left(\dfrac{1}{8.9479 \times 10^4}\right)} = 9.9421 \times 10^3 \, \text{N} \cdot \text{m/rad} \tag{2-77}$$

则

$$\omega_n = \sqrt{k_\Sigma / J_\Sigma} = 2.3191 \times 10^3 \, \text{rad/s} \tag{2-78}$$

$$\xi = c'/2(\sqrt{k_\Sigma / J_\Sigma}) = 0.4419 \, \text{kgf} \cdot \text{sec/mm} \tag{2-79}$$

系统传递函数为

$$\begin{aligned} G(s) &= \frac{x_o(s)}{\theta_i(s)} = \left(\frac{z_1 z_3}{z_2 z_4}\right)\left(\frac{L}{2\pi}\right)\frac{\omega_n^2}{s^2 + 2\xi\omega_n s + \omega_n^2} \\ &= \frac{3.4238 \times 10^6}{s^2 + 2.0498 \times 10^3 s + 5.3781 \times 10^6} \end{aligned} \tag{2-80}$$

输入信号取 $1\text{N} \cdot \text{m}$ 的阶跃信号，得到对输入轴施加 $1\text{N} \cdot \text{m}$ 的驱动力矩后的响应曲线如图 2.67 所示。

相应的 Matlab 代码如下：

```
kt= 9.9421* 10^3;
jt= 0.0018;
c1= 2.0498* 10^3;
omgn= sqrt(kt/jt);
zta= c1/(2* omgn);
num= [12* omgn^2/(3* 2* pi)];
den= [1,2* zta* omgn,omgn^2];
sys= tf(num,den);
figure(1);
step(sys,'g');
figure(2);
bode(sys,'g');
```

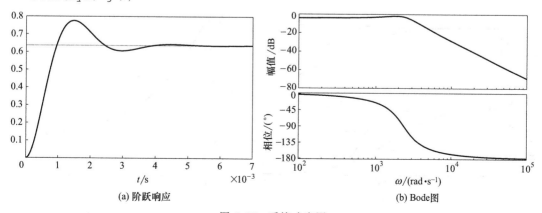

(a) 阶跃响应　　　　　(b) Bode图

图 2.67　系统响应图

2.11.4 机械参数对系统性能的影响

机电一体化机械系统良好的伺服性能要求机械传动部件具有足够的制造精度，以满足快速、稳定、高效的要求。同时，还要求机械传动部件的动态特性与执行机构的动态特性相匹配。惯量、摩擦阻尼、刚度和传动间隙是传动系统的固有参数，基本决定了传动系统的性能。

（1）惯性

在机械传动中，从驱动部件、传动部件到执行机构都需要考虑系统各部分的惯性。惯性不仅会影响传动系统的启停特性，还会影响控制速度、位置和速度偏差。传动机构的转动惯量可以通过转动惯量来计算，转动惯量取决于机构中各部件的质量和尺寸参数。典型的移动弹簧质量系统的固有频率计算如下：

$$\omega_n = \frac{1}{2\pi}\sqrt{\frac{K}{m}} \tag{2-81}$$

式中 　m——系统质量，kg；

　　　K——系统的拉压刚度，N/m。

典型的转动型弹簧—质量系统的固有频率计算如下：

$$\omega_n = \frac{1}{2\pi}\sqrt{\frac{G}{J}} \tag{2-82}$$

式中 　J——系统转动惯量，kg·m^2；

　　　G——系统扭转刚度，N·m/rad。

图 2.68 为机械传动系统惯量变化十倍后，其他参数不变时，系统频率特性的变化。曲线 1 的惯量比曲线 2 小 90%。从图 2.68 可以看出，随着惯量的增加，系统幅频特性曲线向左移动，响应速度变慢；当相频特性曲线下移时，相位滞后增大，系统稳定性变差。可见，减小惯性（质量）有利于提高系统的快速性。在不影响系统刚度的情况下，机械部分的质量和转动惯量应尽可能小。

大转动惯量的不利影响是：增加机械负载和高功耗；系统响应速度较慢，灵敏度降低；系统固有频率降低，容易发生共振。随着转动惯量的增加，电驱动元件的谐振频率降低，阻尼增加。

图 2.69 为机械传动部件的转动惯量对小惯量电动机驱动系统谐振频率的影响。图中横坐标为外载荷折算到电动机轴的当量负载转动惯量 J_e 与电动机轴自身的转动惯量 J_m 之比，

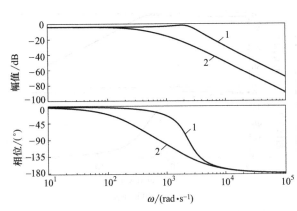

图 2.68　惯量变化十倍时系统频率特性的变化

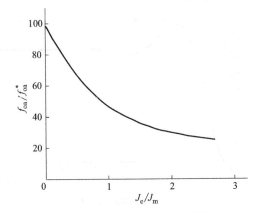

图 2.69　惯性负载对谐振频率的影响

纵坐标为折算到电动机轴驱动系统的谐振频率 f_{oa} 与无外部负载时的谐振频率 f_{oa}^* 之比。其中，电动机轴的转动惯量 J_m 与 f_{oa}^* 谐振频率可视为常数，从曲线趋势可以看出，驱动系统的实际共振频率随着惯性载荷的增加而降低。

转换为驱动元件的等效转动惯量与传动方式、传动比的分配有关。当换算成电机的负载惯量正好等于电机本身的转动惯量时，就可以得到最大的启动加速度（得到最大的加速转矩）。减速系统以高速端（电机）为前端，低速端（负载）为后端。为了尽量减少转换到电机轴上的等效惯量，各级传动比均应遵循"前大后小"的原则分配。传输比较大时宜采用多级传输。

（2）摩擦阻尼

摩擦阻尼是由机械系统的传动部件之间的摩擦引起的，可分为三类：静摩擦阻尼、库仑摩擦阻尼和粘滞摩擦阻尼。静摩擦和库仑摩擦相当于系统载荷的一部分，摩擦方向与运动趋势相反。随着静摩擦阻尼的增加，系统的回程误差增加。库仑摩擦的增加加大了系统的功耗。动静摩擦因数变化过大也会引起系统爬行。

粘滞摩擦阻尼会影响系统的相对阻尼系数，以及系统的动态特性和快速响应。需要注意的是，粘滞摩擦阻尼对系统既有负面影响，也有正面影响：一方面增加了系统的功耗、磨损和响应速度；另一方面可以改善系统的响应特性，降低幅度。阻尼比由系统的粘性阻尼系数和系统的结构参数决定，是系统的固有参数。阻尼比是一个量纲一的数字，表示系统的相对阻尼。

在具有阻尼的弹簧—质量运动系统中，阻尼比和粘滞摩擦阻尼之间的关系如下，即

$$\xi = \frac{f}{2\sqrt{mK}} \tag{2-83}$$

式中　ξ——粘性阻尼系数，Pa·s。

对转动型系统，阻尼比计算如下：

$$\xi = \frac{f}{2\sqrt{JG}} \tag{2-84}$$

从式（2-83）和式（2-84）可以看出，增加粘性阻尼可以提高系统的相对阻尼比。阻尼比对系统性能的影响可以总结如下：

① 当 $0 < \xi < 1$ 时，系统欠阻尼，阻尼比 ξ 小，系统响应速度快，但振幅大，振荡衰减慢。

② 当 $\xi = 1$ 时，系统处于临界阻尼状态，系统的输出响应不振荡，很快达到稳定状态。当系统响应速度快、超调量小时，系统的最优阻尼比 $\xi = 0.707$。

③ 当 $\xi > 1$ 时，系统过阻尼，无振荡和超调，表现出慢响应特性。阻尼比不仅与机械系统的粘性阻尼系数有关，还与系统刚度和质量分布有关。因此，在机械结构设计中，应通过合理匹配刚度、质量、摩擦因数等参数来获得合适的阻尼比值，以保证系统良好的动态特性。

图 2.70 显示了标准二阶系统（如质量—弹簧—阻尼系统）在其他参数不变的情况下，阻尼比发生变化后阶跃响应和频率特性的变化。从图中可以看出，随着阻尼比的增大，系统幅频特性曲线的谐振峰值减小，振荡减小；相频特性曲线下移，相位滞后增大，系统响应速度变慢。

（3）刚度

刚度对系统的精度和动态特性都有影响。刚度越低，传动部件的变形越大；系统的刚度、固有频率越高，系统的稳定性越好。

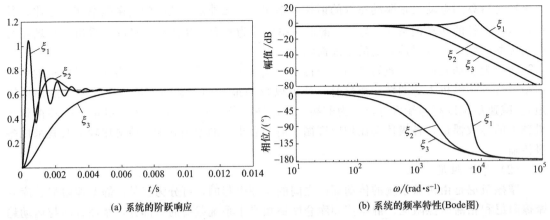

(a) 系统的阶跃响应 (b) 系统的频率特性(Bode图)

图 2.70　不同阻尼比时系统的响应（$\xi_1 < \xi_2 < \xi_3$）

（$\xi_1 = 0.1379$，$\xi_2 = 0.7072$，$\xi_3 = 1.3790$）

① 失动量。

动量损失是指由于一些恒定的系统误差（如螺旋间隙）或传动系统的弹性变形而在传动过程中损失的运动量。通常通过间隙补偿可以消除螺杆间隙等恒定的系统误差，但传动系统刚度不足导致的弹性变形造成的动量损失难以补偿。

系统刚度越大，传动部件变形越小，系统动量损失越小。

② 固有频率。

系统的刚度越大，固有频率越高。可以避开控制系统或者驱动系统的频带，从而避免产生共振。

③ 稳定性。

刚度对开环系统的稳定性没有影响，但对闭环系统的稳定性有很大影响，提高系统的刚度可以增加闭环系统的稳定性。

典型的移动型弹簧—质量系统的固有频率计算如下：

$$\omega_n = \frac{1}{2\pi}\sqrt{\frac{K}{m}} \tag{2-85}$$

典型的转动型弹簧—质量系统的固有频率计算如下：

$$\omega_n = \frac{1}{2\pi}\sqrt{\frac{G}{J}} \tag{2-86}$$

可见提高刚度有利于提高系统的快速性。

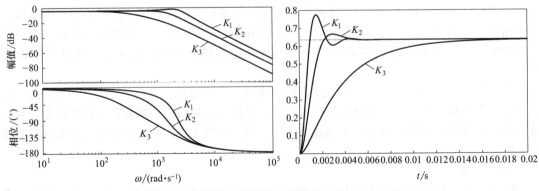

图 2.71　不同刚度时系统的频率特性（$K_1 > K_2 > K_3$）

（$K_1 = 9.9421 \times 10^3$，$K_2 = 8.9421 \times 10^3$，$K_3 = 0.9421 \times 10^3$）

图 2.71 显示了在其他参数不变的情况下，刚度变化后系统频率特性的变化。从图中可以看出，随着刚度的增加，系统的幅频特性曲线向右移动，响应速度变快；相频特性曲线上移，相位滞后减小，系统稳定性变好。

思考题与习题

思考题

(1) 常用的传动机构有哪些？各有什么特点？

(2) 机电一体化系统中对机械系统的设计要求有哪些？

(3) 滚珠丝杠的结构和特点是什么？

(4) 滚珠丝杠副是如何分类的？

(5) 滚珠丝杠副轴向间隙对传动有何影响？采用什么方法消除它？

(6) 滚珠丝杠副支承形式有哪些类型？各有何特点？

(7) 滚珠丝杠副消除轴向间隙的调整预紧方法有哪些？

(8) 梯形齿同步带由哪几个部分组成？各部分的材料是什么？

(9) 谐波齿轮传动的工作原理是什么？有哪些优缺点？

(10) 导向机构的作用是什么？滑动导轨、滚动导轨各有何特点？

(11) 滚动导轨的特点有哪些？滚动导轨分为哪几类？

(12) 倍速链的增速原理是怎样的？

(13) 试描述振动盘的工作原理。

习题

(1) 一谐波减速器，柔轮齿数为 100，刚轮齿数为 99，发生器为输入。当刚轮固定时，柔轮为输出，求传动比。

(2) 有一双螺母齿差调整预紧式滚珠丝杠，其基本导程 $P=7$mm，一端的齿轮齿数为 20，另一端的齿轮齿数为 21，当一端的外齿轮和另一端的外齿轮都向同一方向转过 2 个齿时，问：两螺母的螺纹轴向相对移动的距离。

(3) 已知传动机构如图 2.72 所示，齿轮的传动比 $i=3$，$J_{z1}=J_{z2}/2=0.5$kg·m^2，齿轮的分度圆直径 $d_1=30$mm、$d_2=90$m，丝杠的导程 $L_0=6$mm、中径 $d_0=30$mm、长 $L=500$mm，工作台质量 $m_L=100$kg，折算到驱动轴上的等效粘滞摩擦因数 $Be=3\times10^{-4}$N·rad·s^{-1}。试建立机构的动力学模型，并基于 Simulink 模块进行仿真分析。

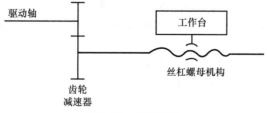

图 2.72　传动机构

第3章
电机与驱动技术

由电磁装置构建的电动机作为执行元件，广泛应用于工农业生产、国防军事、高新科技、医疗卫生、交通运输、家用电器等行业。

本章将对常见电机基本结构、工作原理、电磁关系、运行特性、机械特性、稳定性等基础性理论，进行选择性简述。而各类电机的启动、调速、制动和速度、转角控制等应用知识是本章节的重点内容。

在机电一体化系统中，电机作为执行元件驱动生产机械的对象不同，如交流电机、直流电机等作为动力输出执行元件（如动力头电机）驱动生产机械，其控制目标主要有启动、调速、制动、效率、转矩、过载能力等；步进电机、伺服电机等作为运动输出执行元件（如工作台电机）驱动生产机械，其控制目标主要有转角和转速。所以根据各类电机工作原理和运行过程中输入的电信号不同，控制方式也不同。针对动力输出电机（交流电机、直流电机等）的启动控制，常采用 PLC 低压电器元件的逻辑控制，调速控制则以变频器和 PWM 控制为例；针对运动输出电机（步进电机、伺服电机等）的转角和速度控制，采用可变频率脉冲信号作为信号源，控制其运行过程。

3.1　交流异步电动机驱动控制

3.1.1　工作原理

（1）组成

三相异步电动机主要由定子和转子两个部分组成，如图 3.1 所示。

定子由铁芯、定子绕组以及机座组成。电动机定子绕组的三个部分对称分布在定子铁芯上，称为三相绕组，分别用 AX、BY、CZ 表示，A、B、C 为首端，X、Y、Z 为末端。三相绕组通入三相交流电，三相绕组中的电流在定子铁芯中产生旋转磁场。

转子由铁芯与绕组组成。转子铁芯装在转轴上。转子的作用是产生转子感应电流，产生电磁转矩。

（2）定子旋转磁场产生

若每相绕组只有一个线匝（$p=1$），三相绕组分别嵌放在定子内圆周的 6 个铁芯凹槽之中。将三相绕组的末端 X、Y、Z 相连，首端 A、B、C 接三相交流电，且三相绕组分别为 A、B、C 相绕组（首端空间相隔 120°），则三相绕组 A、B、C 的电流（相序为 A—B—C）的瞬时波形如图 3.2 所示。

若 $t=0$，有

图 3.1　三相异步电动机组成
1—定子铁心；2—定子绕组；
3—转子铁心；4—转子绕组

$i_A = 0$;

i_B 为负,电流实际方向与正方向相反,即电流从 Y 端流到 B 端;

i_C 为正,电流实际方向与正方向一致,即电流从 C 端流到 Z 端。

以此类推,$t = T/6$,$t = T/3$,$t = T/2$,合成磁场已从 $t = 0$ 瞬间所在位置顺时针方向旋转了 π。即当三相电流随时间不断变化时,合成磁场也在不断旋转。故称旋转磁场。旋转磁场如图 3.3 所示。

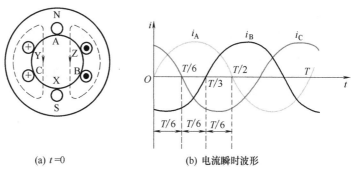

(a) $t = 0$

(b) 电流瞬时波形

图 3.2 三相绕组 A、B、C 的电流瞬时波形

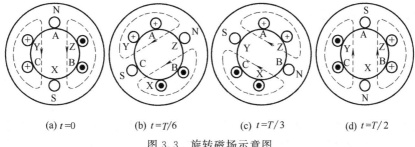

(a) $t=0$ (b) $t=T/6$ (c) $t=T/3$ (d) $t=T/2$

图 3.3 旋转磁场示意图

如果将定子绕组接至电源的三根导线中的任意两根线对调,如将 B、C 两根线对调,使 B 相与 C 相绕组中电流的相位对调,合成磁场逆时针旋转,且合成磁场旋转角度和电角度保持一致,调相后旋转磁场如图 3.4 所示。

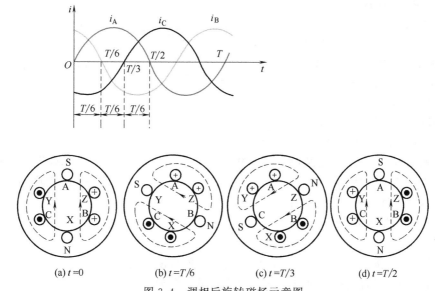

(a) $t=0$ (b) $t=T/6$ (c) $t=T/3$ (d) $t=T/2$

图 3.4 调相后旋转磁场示意图

在交流电动机中,旋转磁场相对定子的旋转速度称为同步速度,用 n_0 表示

$$n_0 = \frac{60f}{p}$$

(3-1)

（3）工作原理及转速

在旋转磁场的作用下，转子导体切割磁力线（其方向与旋转磁场的旋转方向相反），因而在导体内产生感应电动势 e，从而产生感应电流 i。根据安培电磁力定律，转子电流与旋转磁场相互作用产生电磁力 F（其方向用左手定则决定），力在转子轴上形成电磁转矩，且转矩作用方向与旋转磁场的旋转方向相同，转子受此转矩的作用，按旋转磁场的旋转方向旋转起来。

转子的旋转速度为电动机的转速，用 n 表示：

$$n = \frac{60f}{p}(1-s) \tag{3-2}$$

式中　f——电源频率；

　　　s——转差率；

　　　p——极对数。

3.1.2　接触器、PLC 控制

（1）正反转直接启动控制

电机工作过程为：按下按钮 SB1，KM1 线圈得电，KM1 动合触头闭合并自锁；电机正转运行；按下按钮 SB3，KM1 线圈失电，KM1 动合触头断开，KM1 动断触头回位，电机停止运行；按下按钮 SB2，电机反转运行；按下按钮 SB3，电机停止运行。

改变电源的相序可改变旋转方向，利用两个接触器可以实现电源相序的改变；点动按钮进行正反转启动，要保持长动，设置自锁；电机不允许既正转又反转，为防止短路，必须设置互锁；均有短路和过载保护。电机正反转直接启动控制如图 3.5 所示。

（2）Y-△降压启动控制

为了保护电机，对于大功率电机常用 Y-△降压启动控制。

工作过程为：如图 3.6 所示，按下 SB1，KM、KMY、KT 线圈得电，KM 动合触头闭合并自锁，KMY 动合触头闭合，KT 开始定时，电机起动在 Y 型接法；KT 开始定时到约定时间后，KM 动合触头保持闭合，KT 动断触头断开，KMY 线圈失电，KMY 动合触头断开，KMY 动断触头回位，KT 动合触头闭合，KM△线圈得电，KM△动合触头闭合并自锁，电机运行在△型接法，按下按钮 SB2，电机停止运行。

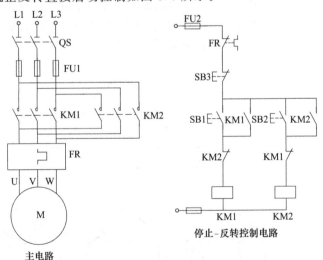

图 3.5　电机正反转直接启动控制

启动时，点动按钮进行启动，要保持长动，设置自锁；电机不允许既 Y 接法又△接法，为防止短路，必须设置互锁；电路中均有短路和过载保护。

（3）PLC 控制

在 Y-△降压启动控制中，主电路不变的情况下，设计好 PLC 与继电器 KA、继电器与接触器 KM 的电路，PLC 输出控制继电器，再由继电器控制接触器，目的是保护 PLC，防止接触器线圈电流对 PLC 的伤害。

当按钮 SB1 按下，程序指令继电器 KA1 和 KA2 得电，继而接触器 KM、KMY 得电，KMY 动合触头闭合，电机启动在 Y 型接法；利用 PLC 定时器 T0 定时，程序指令继电器 KA1 和 KA3 得电，KM、KM△ 线圈得电，KM△ 动合触头闭合，电机运行在 △ 型接法，按下按钮 SB2，电机停止运行。

自锁和互锁均在梯形图程序里设计，短路和过载保护均在硬件电路上设计。电

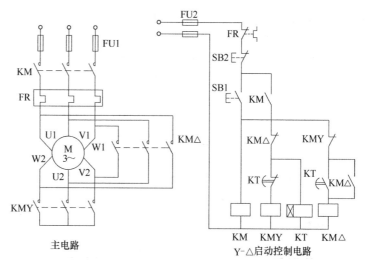

图 3.6 电机 Y-△降压启动控制

机 Y-△降压启动 PLC 控制电路如图 3.7 所示。

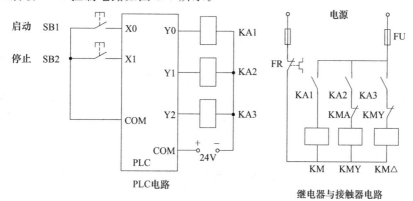

图 3.7 电机 Y-△降压启动 PLC 控制电路

原继电器-接触器控制电路逻辑由梯形图程序重构，且与继电器-接触器控制电路逻辑一致。电机 Y-△降压启动 PLC 控制梯形图如图 3.8 所示。

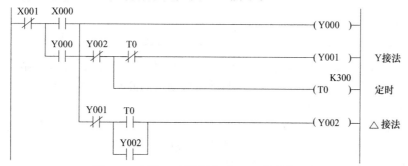

图 3.8 电机 Y-△降压启动 PLC 控制梯形图

3.1.3 变频调速控制

交流电一般是恒压恒频的电源。通过变频装置，才能获得变压变频的电源。此类装置统称为变压变频装置。由于交流电动机转子转速与电源频率成正比，其调速装置用变压变频装

置称为变频器，而交流伺服电机，则采用同步控制变频调速驱动系统，故称为伺服驱动器。

（1）变频调速系统

① 变频器的基本构成与分类。变频器可分为交-直-交变频器和交-交变频器两类。交-直-交变频器是先将电网输入电源整流为直流，再经逆变为电压和频率可变的交流电；交-交变频器是直接将固定频率的交流电变换为可变频率的交流电。两种变频器性能对比见表3.1。

数控机床常采用交-直-交型变频器。交-直-交型变频器可分为电压和电流型变频器。

表 3.1   变-直-交变频器与交-交变频器的性能对比

项目	交-直-交变频器	交-交变频器
换能方式	二次换能,效率略低	一次换能,效率较高
换流方式	强迫换流或负载换流	电网电压换流
装置元件数量	较少	较多
元件利用率	较高	较低
调频范围	频率调节范围宽	输出最高频率为电网频率,调速范围小
电网功率因数	如用 PWM 方式调压,功率因数高	较低
适用场合	可用于各种拖动装置	低速大功率拖动

表 3.2 为交-直-交电压型变频器与电流型变频器的主要特点比较。电压型变频器的特点是用储能元件缓冲直流电路与电机绕组之间无功功率的传递，因储能电容的作用，得到了等效阻抗很小的稳定电源电压，表现为逆变器输出平直的矩形波电压，近似形成恒压源。当驱动电动机时，电压型变频器是交流电压源，在容量允许限度下，可以并联驱动多台电动机，具有宽负载和通用性特点，应用广泛，但缺点是电动机的再生发电能量难以回馈到交流电网。若要使能量向电网回馈，需采用较大的滤波电容的可逆变流器，影响了其动态响应。

电流型变频器的特点是利用大电感来拟制电流的变化，吸收无功功率。因串联了大电感，故加大了电源的内阻，近似形成恒流源，表现为逆变器输出平直的矩形波电流。其特点是当电动机处于再生发电状态时，回馈到直流侧的再生电能方便回馈到交流电网，不需附加其他设备。电流型变频器应用于频繁变速的大容量电动机。

表 3.2   交-直-交电压型变频器与电流型变频器的主要特点比较

项目	电压型变频器	电流型变频器
滤波环节	电容	电感
输出电压波形	矩形波	取决于负载,对于异步电机负载,近似为正弦波
输出电流波形	决定于负载的功率因数,有较大的谐波分量	矩形波
输出阻抗	小	大
回馈制动	需在电源侧设置反并联逆变器	不需要附加设备
动态响应	较慢	快
对功率器件要求	关断时间短,耐压要求低	耐压高,关断时间无特殊要求
适用范围	多电机拖动	单电机拖动,可逆拖动

按照控制方式不同，变频器又可分为 U/f 控制、转差率控制、矢量控制和直接转矩控制四种类型。其中，U/f 控制和转差率控制基于电动机的静态机械特性模型，而矢量控制与直接转矩控制基于电机的动态数学模型。

② 工作原理。以应用最多的交-直-交变压变频装置（U/f 控制）为例。交流脉宽调制 SPWM 是在直流脉宽调制 PWM 基础上，将正弦波改为幅值相等、占空按时序变化的方波。其工作原理是先将 50Hz 交流电经变压、整流和电容滤波，形成恒定直流电压，再送入由大功率晶体管构成的逆变器主电路，输出电压和频率均可调整的等效于正弦波的脉宽调制波（SPWM 波），驱动交流电机。SPWM 改变矩形脉冲的宽度控制逆变器输出交流波的幅值，改变调制周期控制输出交流波的频率。调频的同时调压。

以单相为例，逆变器期望输出正弦波，则以高频的等腰三角波作为载波，并以频率和期望波相同的正弦波作为调制波，利用调制波与载波相交交点控制逆变器开关器件的通断，获

得在正弦调制波的半个周期内呈两边窄、中间宽
的一系列等幅不等宽的矩形波。矩形波的面积按
正弦规率变化，这种矩形波称作 SPWM 波。同
理，正弦波的副半周也可以用相同的方法与一系
列负脉冲波等效。

如图 3.9 所示，把正弦波分成 n 等分，每一
等分面积用等幅不等宽的矩形面积代替，其正负
半周均如此。若在正弦调制波的半个周期内，三
角载波只在正或负的一种极性范围内变化，所得
的 SPWM 波也只处于一个极性的范围内，称为
单极性控制方式，如图 3.10（a）所示。若在正

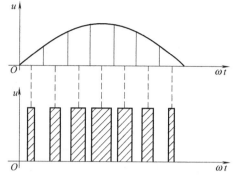

图 3.9 SPWM 调制原理

弦调制波半个周期内，三角载波在正负极性之间连续变化，则 SPWM 波也是在正负之间变
化，称为双极性控制方式，如图 3.10（b）所示。

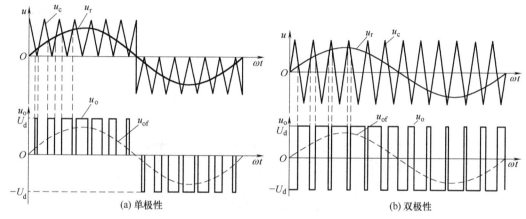

图 3.10 正弦脉宽调制的极性

图 3.11 为单相双极性 SPWM 波的调制原理电路，电路用正弦波（控制波、幅值和频率
可控）、三角波（载波）调制出等效的正弦波 u_o。三相 SPWM 调制时，三角波共用，每相

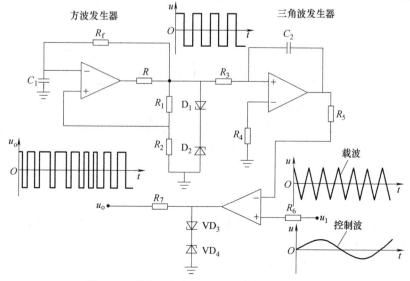

图 3.11 单相双极性 SPWM 波的调制原理电路

都用一个正弦输入信号和 SPWM 调制器，输出的调制波分别为 u_{ou}、u_{ov}、u_{ow}。输入的三相正弦信号相位差为 120°，且幅值和频率可调，从而改变了输出的等效正弦波。SPWM 脉宽调制波的宽度可用数学方式计算，可用软件实现，经功率放大后驱动电机。

图 3.12 为双极性 SPWM 变频器功率放大主回路。图中左侧为桥式整流器，由 6 个整流二极管 $D_1 \sim D_6$ 组成，整流后的恒压源给右侧逆变器供电。逆变器由 $T_1 \sim T_6$ 6 个全控式功率开关器件和 6 个续流二极管 $D_7 \sim D_{12}$ 组成。SPWM 调制波 u_{ou}、u_{ov}、u_{ow} 经过脉冲分配后送入 $T_1 \sim T_6$ 的基极，则逆变器输出脉宽按正弦规律变化的等效矩形波，经滤波后形成正弦交流电驱动电机。三相输出电压（或电流）相位上相差 120°。三相双极性 SPWM 等效正弦交流电波形见图 3.13，其中图（a）为三相交流调制波与双极性三角载波；图（b）、图（c）、图（d）为逆变器输出的等效于正弦交流相电压的脉宽电压波形；图（e）为逆变器输出的线电压波形。

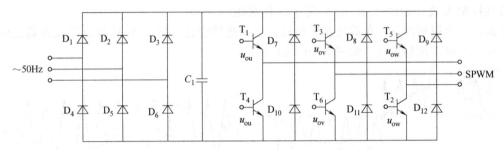

图 3.12   双极性 SPWM 变频器功率放大主回路

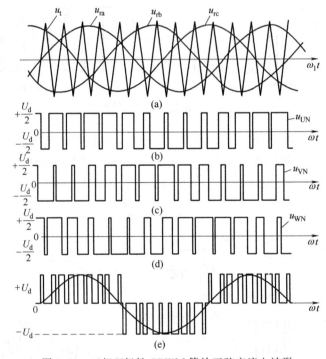

图 3.13   三相双极性 SPWM 等效正弦交流电波形

U/f 正弦波脉宽调制（SPWM）变频器具有开环控制、电路简单、成本较低、机械特性硬度较好等特点，能够满足一拖多平滑调速要求，是通用型变频器采用的控制方式。

（2）通用型变频器调速的基础应用

三菱 D720 变频器外部端子定义如图 3.14 所示。

① 变频器对交流电机调速主要控制方式。

a. 内部启动及调速   内置 PU 面板的按钮启动、旋钮调速。

b. 外部启动及模拟量调速   外部接线端子开关量正反转启动，外部给定模拟量调速。

c. 外部启动及内部调速   外部接线端子开关量正反转启动，内置 PU 面板的旋钮调速。

d. 内部启动及模拟量调速   内置 PU 面板的按钮启动，外部给定模拟量调速。

4 种控制模式的选择是由变频器 Pr.79 设定。D720 变频器的运行方式如图 3.15 所示。

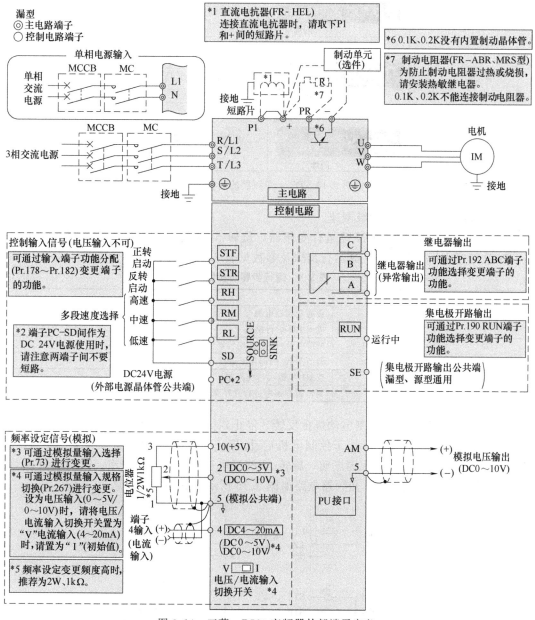

图 3.14   三菱、D720 变频器外部端子定义

② 开关量或由 PLC 调速控制。PLC 输出与变频器输入直接相连，这种控制方式的硬件接线简单，抗干扰能力强。用低压电器或 PLC 的开关量输出控制变频器运行，可实现复杂的控制要求。

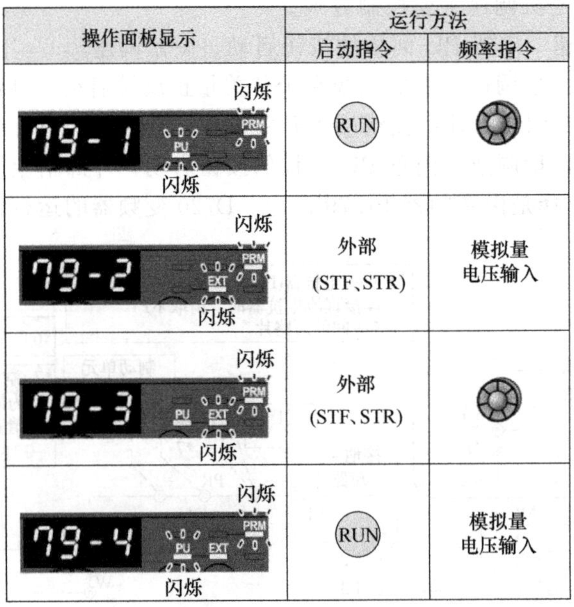

操作面板显示
运行方法
启动指令
频率指令
闪烁
79-1
PU
PRM
闪烁
RUN
闪烁
79-2
EXT
PRM
闪烁
外部
(STF、STR)
模拟量
电压输入
闪烁
79-3
PU
EXT
PRM
闪烁
外部
(STF、STR)
闪烁
79-4
PU
EXT
PRM
闪烁
RUN
模拟量
电压输入

图 3.15　D720 变频器的运行方式

【例 3-1】 变频器内部无级调速。

控制要求：通过内部 RUN 键运行变频器，旋转 M 旋钮电位器改变输出频率，通过内部 STOP 键停止运行变频器。其运行步骤及参数见表 3.3。

表 3.3　运行步骤及参数

序号	设定值	功能说明
1	—	接通变频器电源
2	—	进入 PU 运行模式
3	Pr. 161=1	调节参数(M 旋钮电位器模式)
4	Pr. 79=1	调节参数(内部端子运行，旋钮调频)
5	—	按 RUN 键运行变频器
6	—	旋转调节频率进行开环调速

【例 3-2】 变频器外部控制电动机正反转、停止，内置旋钮调速。

控制要求：设置通过外部端子控制电机启动/停止、正转/反转，按下按钮 SB1 电机正转点动，按下按钮 SB2 电机反转点动；旋转 M 旋钮电位器改变输出频率；改变电机启动的点动运行频率和加减速时间。变频器电路如图 3.16 所示，其参数功能见表 3.4。

FU
AC220V
L
N
L1
L2
三菱
FR-D720
变频器
U
V
W
A
B
C
M
3～
X
Y
Z
SB1
SB2
STF
STR
SD

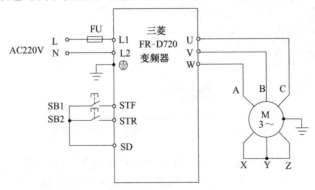

图 3.16　变频器电路

表 3.4 参数功能表

序号	变频器参数	出厂值	设定值	功能说明
1	Pr.1	50	50	上限频率(50Hz)
2	Pr.2	0	10	下限频率(10Hz)
3	Pr.7	5	10	加速时间(10s)
4	Pr.8	5	10	减速时间(10s)
5	Pr.79	0	3	操作模式选择(外部端子运行,旋钮调频)

③ 外部开关量运行,模拟量调速。模拟量输出模块或 PLC 的模拟量输出 0~10V 电压或 4~20mA 电流,变频器按模拟电压或电流值变化输出频率,可实现调速或闭环控制需求。

【例 3-3】 外部电压调速。

控制要求:通过 PLC 控制,按下按钮 SB1,电机正转;按下按钮 SB2,电机反转;按下按钮 SB3,电机停止;且通过外部模拟量(电压)输入调速。变频器电路如图 3.17 所示,其参数功能见表 3.5。

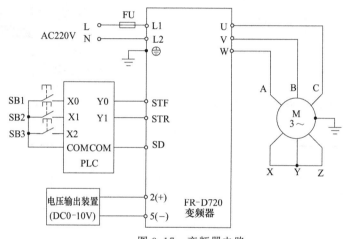

图 3.17 变频器电路

表 3.5 参数功能表

序号	设定值	功能说明
1	Pr.73=1	DC0-10V 模拟量输入
2	Pr.79=2	操作模式选择(外部端子运行,模拟量调速)

PLC 输入与输出的逻辑由梯形图构建,变频器输入端子正反转开关量信号由 PLC 输出提供,PLC 梯形图如图 3.18 所示。

④ 通信方式调速控制。PLC 通过 RS-485 通信接口,在计算值基础上,控制变频器,也可实现调速控制需求。

FX 系列 PLC 与变频器串行数据通信,可采用 RS-485 实现 PLC 与变频器的通信连接,采用三菱变频器的通信专用指令编程,可实现 PLC 与变频器的通信控制。

a. 三菱 PLC 与变频器的通信硬件系

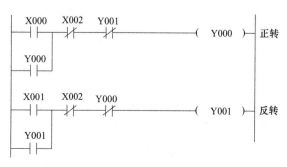

图 3.18 PLC 梯形图

统　变频器通信功能就是以 RS-485 通信方式连接可编程控制器与变频器,最多可以对 8 台变频器进行运行监控及实现各种指令以及参数的读/写入功能。PLC 与变频器的通信系统如图 3.19 所示。

在该系统中,PLC 作为主站,变频器作为从站,在可编程控制器基本单元中增加 RS-485 通信设备(选件)后连接。例如,在 FX3U 可编程控制器上增加 FX3U-485BD 通信模块或 FX3U-485ADP 通信适配器,在 FX2N 可编程控制器上增加 FX2N-485BD 通信模块或 FX2N-485ADP 通信适配器,使用 485 适配器时,总延长距离最大可达 500m,使用 485BD 适配器时,距离可达 50m。从站变频器通信可以采用 PU(RS-485 接口)接口,也可以用 FR-A5NR、FR-A7NC 变频器选件。变频器的 PU 接口插针编号及定义分别如图 3.20 和表 3.6 所示。

自动化生产线安装与调试

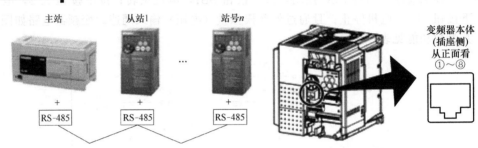

图 3.19　PLC 与变频器的通信系统　　　　图 3.20　PU 接口插针编号

表 3.6　PU 接口插针定义

插针编号	名称	内容
1	SG	接地(与 5 号端子导通)
2	—	参数单元电源
3	RDA	变频器接受＋
4	SDB	变频器发送－
5	SDA	变频器发送＋
6	RDB	变频器接受－
7	SG	接地(与 5 号端子导通)
8	—	参数单元电源

b. FX 系列 PLC 通信协议　变频器与 PLC 的通信支持无协议通信。在 PLC 与其他设备进行通信时,必须确定双方的通信协议,因此由 D8120 来设置 PLC 的通信格式,用 PLC 的功能指令"MOV"向 D8120 中传送由 D8120 组成的各位表示的十六进制数。D8120 除了适用于 FNC80(RS)指令外,还适用于计算机链接通信。在使用 FNC80(RS)指令时,关于计算机链接通信的设定无效。D8120 各位设定项目的定义见表 3.7。

表 3.7　D8120 各位设定项目定义

BIT 号	名称	内容	
		0(OFF)	1(ON)
b0	数据长度	7 位	8 位
b1、b2	奇偶校验	(0,0):无;(0,1):奇校验;(1,1):偶校验	
b3	停止位	1 位	2 位
b7、b6、b5、b4	传输速率(bit/s)	b7、b6、b5、b4 (0,1,0,0)600 (0,1,1,0)2400 (1,0,0,0)9600	b7、b6、b5、b4 (0,1,0,1)200 (0,0,1,1)4800 (1,0,0,1)19200

续表

BIT 号	名称	内容	
		0(OFF)	1(ON)
b8	起始符	无(0)	有，由 D8124 设定初始值，STX(02H)
b9	终止符	无(0)	有，由 D8125 设定初始值，ETX(03H)
b11、b10	控制线	无顺序	b11,b10 (0,0)：无(RS-232C 接口) (0,1)：普通模式(RS-232C 接口) (1,0)：互锁模式(RS-232C 接口) (1,1)：调制解调器模式(RS-232C、RS-485 接口)
		计算机链接通信	b11、b10 (0,0)：RS-485 接口；(1,0)：RS-232C 接口
b12		不可使用	
b13	和校验	不附加	附加(计算机连接时)
b14	协议	不附加	使用(计算机连接时)
b15	控制顺序	0 为控制顺序方式 1	计算机连接方式控制顺序为方式 4

起始符、终止符的内容可由用户变更。使用计算机通信时，必须将其设定为 0。

RS-485 未考虑设置控制线的方法，使用 FX2N-485BD、FX0N-485ADP 时，设定 (b11，b10)=(1，1)。

b13～b15 是计算机链接通信连接时的设定项目。使用 RS 指令时，设定为 0。

【例 3-4】　假定用一台 PLC 控制一装置，使用无协议通信，采用 RS 无协议通信方式，数据通信长度为 8 位，偶校验，停止位 1 位，波特率为 9600bit/s，无起始符，无终止符，控制线为 RS-485 通信的方式，参照表 3.7 用 D8120 设置 PLC 的通信格式，方法如图 3.21 所示。当可编程控制器上电时，由初始脉冲 M8002 将参数设定到 D8120。

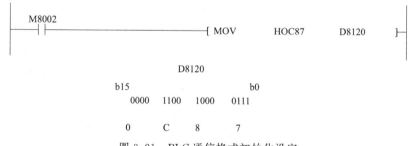

图 3.21　PLC 通信格式初始化设定

【例 3-5】　采用 RS-485 无协议通信方法控制变频器得到了广泛应用。设变频器站号为 0，传送数据长度为 7 位，偶校验，2 位停止位，波特率为 9600bit/s，无起始符和终止符，没有添加和校验码，采用无协议通信 (RS-485)。

① 系统构成　系统的硬件组成为：FX2N 系列 PLC1 台；FX2N-485-BD 通信板 1 块；带 RS-485 接口的三菱变频器，总数量不超过 8 台。RS-485 通信的系统硬件连接如图 3.22 所示。

② FR-A500 变频器的通信参数设置，见表 3.8。

表 3.8　FR-A500 变频器的通信参数设置

参数号	设定值	说明
Pr.79	1	PU 操作
Pr.117	0	变频器站号 0
Pr.118	96	波特率 9600bit/s

续表

参数号	设定值	说明
Pr.119	11	停止位2位,数字位7位
Pr.120	2	偶校验
Pr.121	999	通信错误,变频器不停止
Pr.122	999	通信校验时间间隔
Pr.123	999	等待时间
Pr.124	0	无 CR、LF

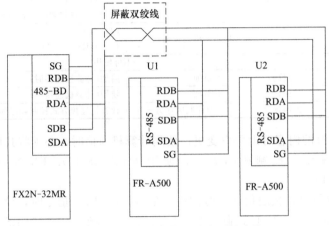

图 3.22　RS-485 通信的系统硬件连接

③ FR-A500 变频器的数据格式　使用十六进制数,数据在 PLC 与变频器间使用 ASCII 码传输,见表 3.9。

表 3.9　字符与 ASCII 码对应

字符	0	...	9	...	A	...	F
ASCII 码	30H	...	39H	...	41H	...	46H

设变频器通信参数设置为无 LF/CR,则从 PLC 发送到变频器的通信数据的 ASCII 码字符数共有 12 个(格式 A 时),见表 3.10。

表 3.10　从 PLC 发送到变频器的通信数据格式

ENQ	变频器站号	指令代码	等待时间	数据	总和校验	CR/LF 代码
字符数 1	2	3　4	5　6	7　8　9　10　11		12　13

④ FR-A500 变频器的控制代码,见表 3.11。

表 3.11　FR-A500 变频器的控制代码

信号	说明	ASCII
STX	变频状态监控	H02
ETX	频率监控	H03
ENQ	通信请求	H05
ACK	承认	H06
LF	换行	H0A
CR	回车	H0B

⑤ 指令代码　由 PLC 发给变频器,指明程序要求(如运行、监视等)。通过相应的指令代码,变频器可进行各种方式的运行和监视。FR-A500 指令代码见表 3.12。

表 3.12 FR-A500 指令代码

名称	数据代码	
	读出	写入
运行	7A	FA
频率监视	6F	—
运行频率设定	6D	ED
通信请求	—	05

⑥ 梯形图及说明　设数据长度为 7 位，偶校验，2 位停止位，波特率为 9600bit/s，无标题符和终结符，没有添加和校验码，采用无协议通信（RS-485），则 D8120 数据通信格式的设置为：b15～b0＝0000 1100 1000 1110＝0C8EH，如图 3.23 所示。

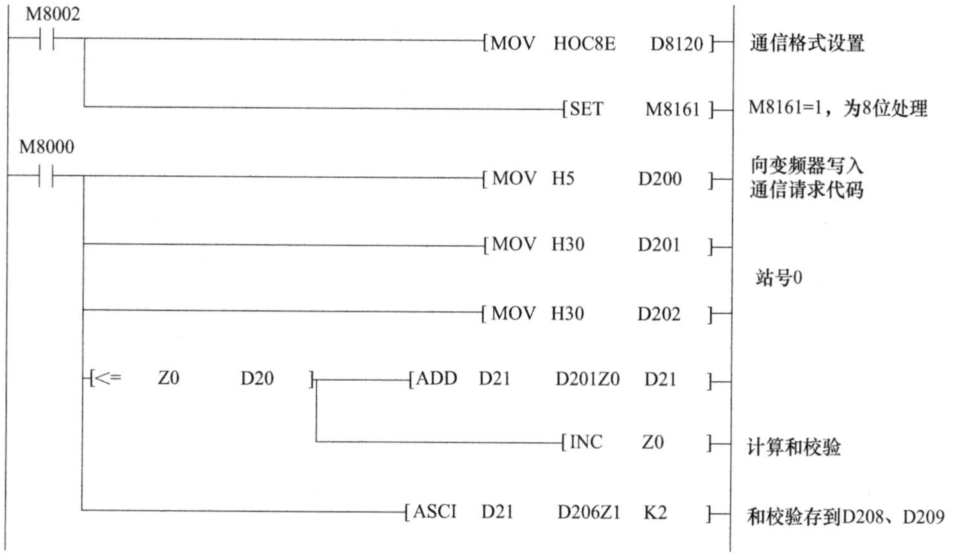

图 3.23　初始化设置（数据通信格式等）

RS 指令"RS　D200　K12　D500　K10"是指发送 D200～D211 的数据，并接收数据，存储在 D500～D509，如图 3.24 所示。

M10 接通时控制变频器进入正转状态，M11 接通时控制变频器进入停止状态，M12 接通时控制变频器进入反转状态，M13 接通时读出变频器的运行频率（D700～D703），M14 接通时向变频器写运行频率（D400～D403）。

当 M10、M11、M12 任何一个接通时，PLC 首先向变频器发出运行控制信号，D200～D209 为发送数据的地址。其中，D200 存通信请求代码 05H，D201、D202 存变频器站号 0，D203、D204 存指令代码（运行命令字 FAH），D205 存等待时间（0ms），D206、D207 存发送数据（D206、D207 存正转 02H/反转 04H/停止 00H），D208、D209 存和校验码。

PLC 和三菱变频器的 RS-485 通信程序如图 3.25 所示。

当 M13 接通时，PLC 向变频器发送读取变频器运行频率控制信号，D200～D207 为发送数据的地址。其中，D200 存通信请求代码 05H，D201、D202 存变频器站号 0，D203、D204 存指令代码（读运行频率命令字 6DH），D205 存等待时间（0ms），D206、D207 存和校验码。

当 M14 接通时，PLC 向变频器发送运行频率。设预先将运行频率存放在 D400～D403 中，D200～D211 为发送数据的地址。其中，D200 存通信请求代码 05H，D201、D202 存变

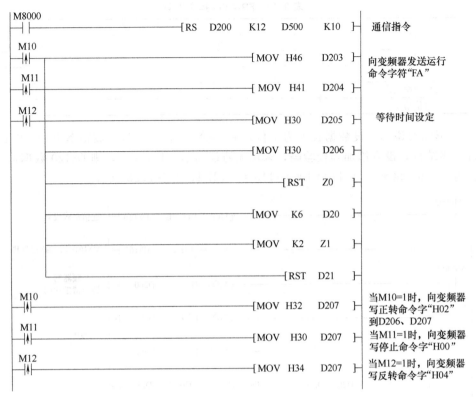

图 3.24   PLC 和三菱变频器的 RS-485 通信程序（一）

频器站号 0，D203、D204 存指令代码（写运行频率命令字 EDH），D205 存等待时间（0ms），D206～D209 存发送数据（运行频率）、D210～D211 存和校验码。

3.1.4　直线电机控制

　　数控机床正在向精密、高速、复合、智能、环保的方向发展，精密和高速加工对传动及其控制提出了更高的要求，如更高的动态特性和控制精度，更高的进给速度和加速度，更低的振动噪声和更小的磨损。电机到工作终端有齿轮、蜗轮副、皮带、丝杠副、联轴器、离合器等传动链，这些零件存在惯性、弹性变形、间隙、摩擦等，影响了传统数控机床的进给速度、加速度、定位精度等。随着驱动技术的发展，直接传动，即电机与工作终端部件直连，大大减少传动链，甚至"零传动"驱动，是未来数控驱动技术的发展方向。

　　直线电机按工作原理可分为：交流异步、直流、同步和步进等。本节主要介绍交流异步直线电机。

　　（1）交流异步直线电机的工作原理

　　将旋转交流电机在顶上沿径向割开，并将圆周拉直，变成了如图 3.26 所示的直线电机。直线电机的定子三相绕组中通入三相对称正弦电流后，也产生磁场。若不考虑因铁芯两端的边端效应，磁场的分布与旋转交流电机相似，可看成沿展开的直线方向正弦分布。当三相电流瞬态变化时，磁场将按 A、B、C 相序沿直线移动。与旋转交流电机相似，区别为直线电机磁场是平移的，旋转交流电机是旋转的，故称为行波磁场。行波磁场线速度与旋转磁场在定子内圆表面上的线速度一致。

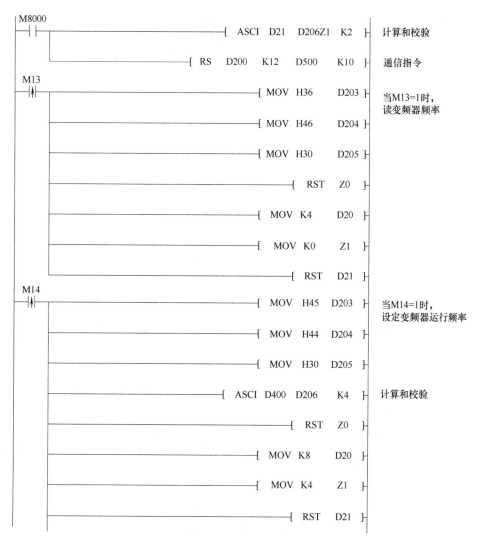

图 3.25 PLC 和三菱变频器的 RS-485 通信程序（二）

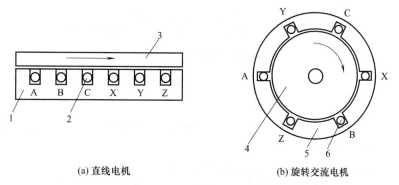

图 3.26 直线电机的工作原理

1—直线电机定子铁芯；2,6—定子线圈；3—动子；4—旋转电机转子；5—定子铁芯

次级（动子）导条切割行波磁场，产生感应电动势并产生电流。感应电流和磁场相互作用以产生电推力。在推力的作用下，若初级（定子）固定，则次级沿行波磁场运动的方向直线运动。

旋转交流电机通过换相反转，因为三相绕组的相序相反，旋转磁场的转向也随之相反。同理，直线电机对换电源任意两相后运动方向相反，以此可实现直线电机往复直线运动。

直线电机速度依据旋转交流电机转速计算理论。旋转交流电机同步转速为

$$n_0 = \frac{60f}{p} \tag{3-3}$$

旋转交流电机转子转速为

$$n = \frac{60f}{p}(1-s) \tag{3-4}$$

式中　f——电源频率；
　　　s——转差率；
　　　p——极对数。

则直线电机磁场线速度为

$$v_s = \frac{2pn_0\tau}{60} = 2\tau f \tag{3-5}$$

式中　f——电源频率；
　　　τ——极距。

【例 3-6】　直线电机极距为 14mm，电机运行速度为 0.7m/s，求电机的运行频率 f。

解：

$$f = \frac{v_s}{2\tau} = \frac{0.7}{2 \times 0.014} = 25\,\mathrm{Hz} \tag{3-6}$$

（2）直线电机的分类

① 平板型直线电动机。若初级与次级长度相同，显然不能正常运行的。实际平板型直线电动机初级（定子）长度和次级（动子）长度并不相等，在图 3.27 中，上面是短初级长次级结构，下面是长初级短次级结构。

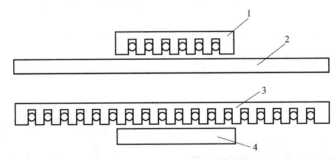

图 3.27　平板型直线电动机
1—短定子；2—长动子；3—长定子；4—短动子

为了平衡磁场对动子的磁吸力，平板型直线电动机常采用双边结构，即动子夹在两个定子中间的结构形式，如图 3.28 所示。

② 圆筒型直线电动机。圆筒型直线电动机也称为管型直线电动机，是双边平板型直线感应电动机变形而来，将定子制品成圆筒状形式，动子在筒中直线运行，如图 3.29 所示。

直线电动机的动子一般是低碳钢板敷铜板或镶铜条，也有用导电良好的金属板（铜板或铝板）；圆筒型直线电机动子多采用厚壁钢管，在管外壁覆盖铜管或铝管。

③ 圆弧型直线电动机。圆弧型直线电动机的定子为弧形，与转子柱面之间很小的气隙，像旋转交流电动机定子的一小段，转子为圆柱状，可绕轴心在一定的角度内往复摆动。圆弧

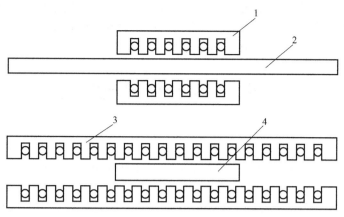

图 3.28 双边结构平板型直线电动机

1—短定子；2—长动子；3—长定子；4—短动子

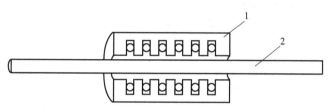

图 3.29 圆筒型直线电动机

1—定子；2—动子

型直线电动机的运行原理和设计方法与平板型直线电动机相同，仍属直线电动机，如图 3.30 所示。

④ 圆盘型直线电动机。圆盘型直线电动机的转子做成扁平的圆盘形状，能绕圆心轴转动，两个定子放在圆盘外边缘平面上，使圆盘受切向力作旋转运动。圆盘型直线电机运行原理和设计方法与平板型直线电动机相同，仍属直线电动机，如图 3.31 所示。

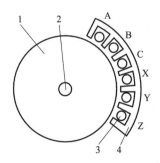

图 3.30 圆弧型直线电动机

1—圆柱转子；2—输出轴；3—定子线圈；4—弧形定子

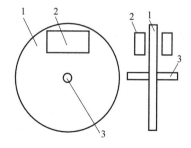

图 3.31 圆盘型直线电动机

1—圆盘转子；2—定子及线圈；3—输出轴

（3）直线电机控制

由于交流异步直线电机与交流电机运行原理一致，但旋转电机在圆周方向连续运行，而直线电机在直线方向非连续运行，因此，直线电机在运行控制中要时刻检测运行位置，若超过极限位置，易导致电机损坏。交流异步直线电机的一种控制方式可由变频器作为驱动装置，其控制可参照 3.1.3 小节中的通用型变频器调速的基础应用，由位置检测行程开关或由

PLC 向变频器发出位置信号控制电机运行，通过变频器设置约定电机加减速。

其他直流电机控制可利用生产厂家提供的电机驱动器，布局好位置检测行程开关，由位置检测信号或由 PLC 向驱动器发出位置信号控制电机运行。

3.2　直流电动机驱动控制

3.2.1　工作原理

直流电动机由定子、转子和换向器组成，电机中存在磁路和电路，电和磁的联系可通过电磁感应定律来分析。

图 3.32 中，转子的电枢线圈连接换向片，换向片固定于转轴上，随电机轴一起旋转。电刷 A、B 在空间上固定不动。在电机的两电刷端加上直流电压，由于电刷和换向器的作用将电能引入电枢线圈中，N 极下的有效边中的电流总是一个方向，而 S 极下的有效边中的电流总是另一个方向，保证了磁极下线圈边所受的电磁力方向不变，作用相反，形成转矩输出，并使电动机能连续地旋转，实现将电能转换成机械能以拖动生产机械。

机械特性方程为

$$n = \frac{U}{K_e \phi} - \frac{R_a}{K_e K_m \phi^2} T \qquad (3\text{-}7)$$

式中　n——电机转速，r/min；

　　　U——电枢电压，V；

　K_e，K_m——机电结构常数；

　　　ϕ——磁通，Wb；

　　　T——输出转矩，N·m。

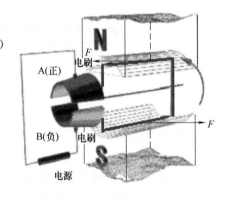

图 3.32　直流电动机结构示意图

3.2.2　PLC-接触器控制

（1）正反转直接启动控制

对于小型直流电机，其工作过程为：按下按钮 SB1，KA1 线圈得电，KA1 动合触头闭合并自锁，KA1 动断触头断开，电机正转运行；按下按钮 SB3，KA1 线圈失电，KA1 动合触头断开，KA1 动断触头回位，电机停止；按下按

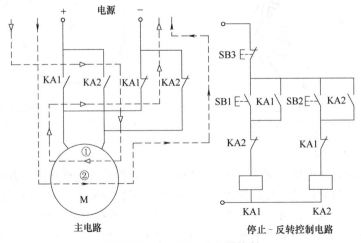

图 3.33　直流电机继电器控制

钮 SB2，电机反转运行。

改变直流电机电枢绕组电流方向即可改变转动方向，利用两个继电器（若是小型直流电机）可实现通入电枢的电流方向的改变。KA1 线圈得电，电流是②方向，电机正转；KA2 线圈得电，电流是①方向，电机反转。点动按钮启动电机，要设计自锁保持长动；电机运行不允许既正转又反转，要设计互锁。直流电机继电器控制如图 3.33 所示。

（2）PLC 控制

上述继电器控制中，在保持主电路不变下，设计好 PLC 连接电路，将原逻辑由 PLC 重构后，即可实现直流电机正反转控制。PLC 连接电路如图 3.34 所示，PLC 梯形图如 3.35 所示。

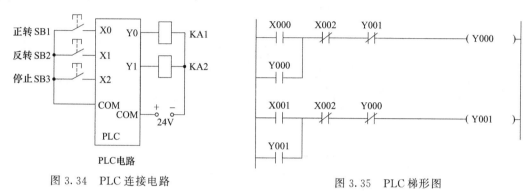

图 3.34　PLC 连接电路　　　　　　图 3.35　PLC 梯形图

3.2.3　PWM 调速控制

脉宽调制（Pulse Width Modulation，PWM）是利用功率开关器件通断实现控制，调节通断时间比例，将固定的直流电源电压变成平均值可调的直流电压，亦称 DC-DC 变换器。要改变直流电动机的转速，只需改变直流电动机的电枢电压即可。

PLC 的 PWM 脉宽调制指令可输出平均值可调的直流电压，输入直流电动机电枢调节转速。三菱 PLC 的特殊功能指令中有脉宽调制指令，约定脉宽调制输出波形的脉宽，可改变直流电压的大小。

L298N 是双 H 桥电机驱动模块，驱动供电 5～35V，驱动峰值电流为 2A，其控制方式及电机状态见表 3.13。

表 3.13　L298N 端子定义表

ENA	IN0	IN1	电机状态
0	X	X	停止
1	0	0	制动
1	0	1	正转
1	1	0	反转
1	1	1	制动

若要对电机进行 PWM 调速，需设置 IN0 和 IN1 以确定转动方向，再对使能 EN 端输出 PWM 脉冲。当使能信号为 0 时，电机处于自由状态；为 1 时，且 IN0 和 IN1 为 00 或 11 时，电机处于制动状态。

【例 3-7】　PLC（输出为 MT 型）控制直流电机正反转，且进行 PWM 调速。PLC 端子定义见表 3.14。

电机脉宽调制调速原理图如图 3.36、梯形图如图 3.37 所示。

表 3.14   PLC 端子定义

输入		输出	
X1	脉宽调制信号控制	COM1	DC+5V
X2	正转	Y0	EN
X3	反转	Y1	IN1
X4	增速	Y2	IN0
X5	减速		
X6	停止		

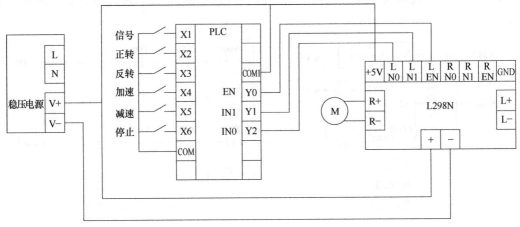

图 3.36   电机脉宽调制调速原理图

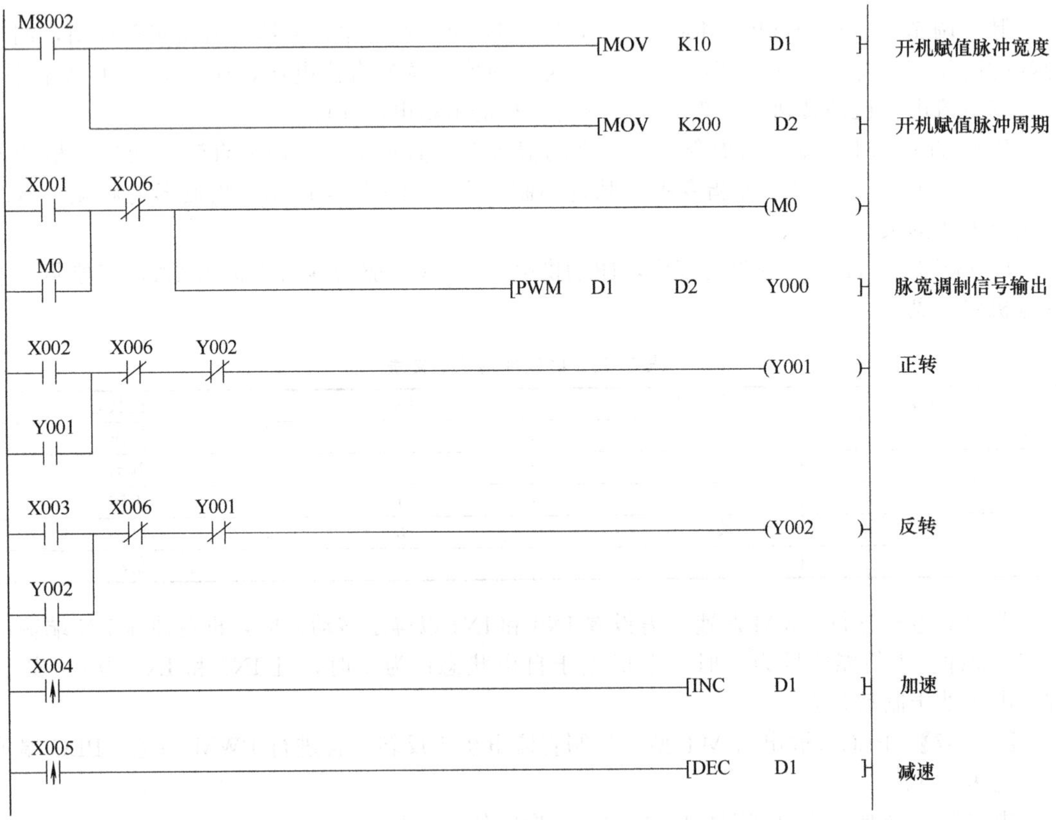

图 3.37   电机脉宽调制调速梯形图

3.3　步进电动机驱动控制及转速检测

3.3.1　工作原理

步进电机是利用电脉冲信号转动的执行机构，脉冲一个一个到来，电机一步一步转动。一个脉冲控制电机转动一个固定的角度（步距角），脉冲个数控制电机角位移，脉冲环控制电机转动方向，脉冲频率控制电机转动的速度和加速度，从而达到调速的目的。

（1）步进电机的分类

步进电机按产生转矩原理，可分为反应式（VR）、永磁式（PM）、混合式（HB）等；按照励磁相数，可分为两相、三相、四相、五相等；按输出转矩大小，可分为伺服式和功率式。

步进电机由定子和转子两大部分构成，定子由硅钢片叠制而成。

① 反应式电机一般为三相，由定子绕组、软磁材料转子组成。这种电机结构简单、成本低、步距角较小，但动态性能较差、效率低、发热大，可靠性难保证。

② 永磁式电机一般为两相，转子由永磁材料制成，转子的极数与定子的极数相同。这种电机动态性能好、输出转矩较大，但精度较差，步矩角较大。

③ 混合式电机是综合了永磁式和反应式的优点，又分为两相和五相，定子有多相绕组、转子采用永磁材料，转子和定子布局多个小齿以提高精度。这种电机输出转矩较大、动态特性好，步距角较小，但结构复杂、成本较高。

目前市场上步进电机的步距角一般有 $0.36°/0.72°$（五相电机）、$0.9°/1.8°$（二、四相电机）、$1.5°/3°$（三相电机）等。

（2）步进电动机语义

① 相数：电机定子的磁极对数为相数，如图 3.38 所示，有 6 个磁极，三组磁极对数，为三相步进电动机。

② 拍数：电机定子绕组每改变一次通电方式为一拍，一个循环的总通电方式为总拍数。

③ 步距角：一拍转子转动角度，用符号 θ_b 表示。

（3）步进电动机的结构与工作原理

图 3.38 为径向反应式步进电机结构原理示意图，步进电机定子上的磁极和转子都有齿，定子磁极上的齿宽齿槽和转子上的齿宽齿槽相等。定子上有 6 个磁极，每个磁极都看作是一个齿，每个磁极上都有励磁绕组，称为 A、B、C 三相绕组。转子上均匀分布 4 个齿，每个齿宽与定子磁极宽度

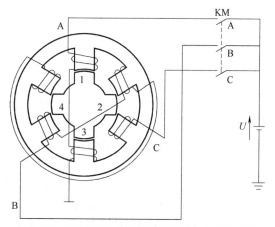

图 3.38　径向反应式步进电动机结构原理示意图

一致，齿距角为 $360°/4=90°$。其工作原理为电磁铁的动作原理，即磁通总是要沿着磁阻最小的路径闭合，当 A 相绕组第一个通电时，转子 1、3 齿和定子 A 相磁极对齐，这时电机的其他两相（B 相、C 相）的磁极分别和转子齿产生一个错齿角度，错齿角是转子齿距角的

1/3，即 30°。当 A 相绕组断电，B 相绕组通电时，同样磁通沿着最小磁阻路径闭合、转子逆时针旋转 30°，使转子 2、4 齿与 A 相磁极相对齐。此时转子 1、3 齿和 A 相、C 相产生30°的错齿。当 B 相绕组断电，C 相通电，则转子再逆时针旋转 30°，使转子 1、3 齿与 C 相对齐。当 C 相绕组断电，A 相通电，即一个循环后回到了初始的状态。若按这种通电顺序通电，电机便逆时针方向一步一步转动。

电源通断的频率决定转速，电源通断的顺序决定转向。从工作原理得，步进电机能够步进旋转的根本原因就在于转子齿和每相定子磁极齿错开 $1/m$ 齿距。对三相步进电机而言，当转子齿和 A 相对齐时，则和另外两相（B 相、C 相）分别向前和向后产生 1/3 的错齿。错齿角的大小决定了步距角的大小，步距角小才能提高工作精度。实际应用的步进电机转子齿数基本上由步距角的要求决定，齿数多，步矩角小。

（4）步进电机的参数

① 步距角

$$\theta_b = \frac{360}{mzc} \tag{3-8}$$

式中　z——转子齿数；

　　　m——相数；

　　　c——系数，$c=1$ 或 2。系数 c 与步进电动机的通电方式有关。

当相邻两拍接通的定子极数相同时，$c=1$；不同时，$c=2$。$mc=$拍数。

② 步进电机的转速

$$n = \frac{60f\theta_b}{360} = \frac{60f}{mzc} (\text{r/min}) \tag{3-9}$$

③ 脉冲当量　当步进电机经过传动比为 $i(i=z_1/z_2)$，驱动丝杠基本导程为 L_0 的传动系统时，脉冲当量为

$$\delta = \frac{L_0\theta_b i}{360} = \frac{L_0 i}{mzc} (\text{mm}) \tag{3-10}$$

步进电机相数和齿数越多，步距角越小，脉冲当量也越小。虽然加工精度可以提高，但电源也复杂。目前比较小的步距角常为 0.75°，脉冲当量常为 0.01mm，常用相数有二相、三相和五相。

（5）步进电机的通电方式

步进电机有单拍、双拍、单双拍几种不同的通电方式，以三相步进电机为例。

① 三相单三拍通电方式：每次只有一相通电，按 A-B-C-A 循环通电。由于每次只有一相通电，在绕组通电切换的瞬间，电机将失去自锁转矩，因而稳定性较差，系数 $c=1$。

② 三相双三拍通电方式：每次都是同时两相通电、按 AB-BC-CD-AB 序循环通电。由于每次有两相通电，切换时不失去自锁转矩，稳定性较好，系数 $c=1$。

③ 三相单双三拍（六拍）通电方式：按 A-AB-B-BC-C-CA-A 顺序通电，具有较好的稳定性；同时因转一个齿距是六拍，故步距角是其他方式的一半，系数 $c=2$。

（6）步进电机驱动器

① 步进电机驱动器主要由控制电路、环分电路、放大电路等组成。驱动器的输出信号接步进电机的各相定子绕组，其输入信号包括电源、控制脉冲、控制方向、控制锁定信号，其设定参数包括定子绕组电流值、细分数等。

图 3.39（a）、（b）所示为一个三相步进电机的驱动器。驱动器有三类接线端子，分别为控制脉冲、方向和自锁定三个输入信号。控制脉冲输入端接控制器的输出，其频率决定步进电机的转动速度，脉冲数量决定步进电机转动的角度。方向控制信号为 TTL 电平，高电平时，电机顺时针转动；低电平时，电机逆时针转动。

自锁定控制信号也是 TTL 电平，高电平时，停转后定子绕组保持最后通电状态，步进电机具有"自锁"能力；低电平时，停转后定子绕组断电，步进电机处于自由状态。在有些自动化设备中，如果在驱动器不断电的情况下要求可以用手动直接转动电机轴，就可以将 ENA 置低，使电机脱机，进行手动操作或调节。手动完成后，再将 ENA 信号置高，继续自动控制。

步进电机驱动器上，设有两组拨位开关，用来设定步进电机工作电流和细分数。

步进电机驱动器采用 4 位拨位开关来设定细分数。细分数是指步进电机的实际转动的步距角，为固有步距角的等分数。对于单拍运行步距角为 1°的步进电机，若细分数设为 4，则实际转动的步距角为 1°的 4 等份。

② 步进电机驱动器接线方法。三相步进电机驱动器与控制器连接如图 3.39（a）、（b）所示。

两相步进电机驱动器与控制器连接如图 3.39（c）所示。

（7）步进电机的主要技术指标

① 电压。步进电机有恒压、恒流驱动两种，目前主要是恒流驱动。当步进电机选定后，电压越高，步进电机产生的转矩越大，利于高速应用的场合，但发热随之加大，要注意电机的温度不能超过极限值。

电流：供电电源电流要根据驱动器的输出相电流确定。若采用线性电源，电源电流可取 1.1～1.3 倍；如果采用开关电源，电源电流可取 1.5～2.0 倍。若一个供电电源同时给几个驱动器供电，则供电电源的电流适当加倍。

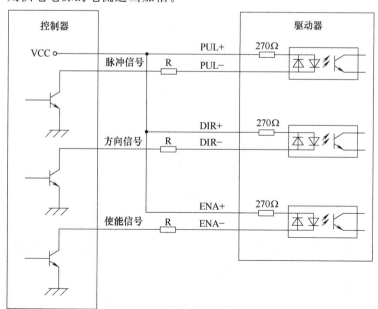

(a) 三相共阳极接法

图 3.39

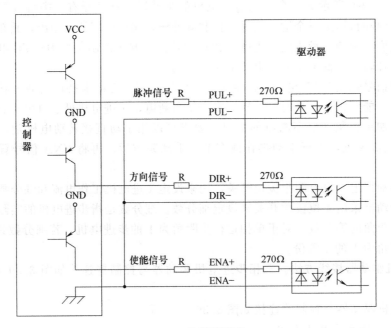

(b) 三相共阴极接法

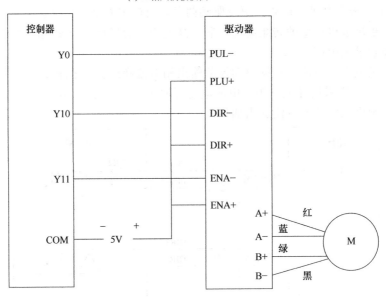

(c) 两相共阳与PLC接法

图 3.39　步进电机驱动器与控制器连接

② 分辨力。分辨力为步进电机每转过一个步距角的实际值与理论值的误差，用百分比表示：误差/步距角×100％。不同运行拍数，分辨力的值不同，四拍运行时应在5％之内，八拍运行时应在15％以内。

应用细分可以提高步进电机的运行精度。步进电机的细分主要目的是减弱或消除步进电机的低频振动，并提高电机的运行精度。例如，对于步进角为 1.8°的两相混合式步进电机，若驱动器的细分数设置为4，则电机的运行分辨率为每脉冲 0.45°，精度能否达 0.45°，还取决于驱动器的细分电流和控制方式等。

③ 保持转矩。步进电机在通电状态下,电机不做旋转运动时,电机转轴的锁定转矩,与驱动电压及驱动电源等无关。通常步进电机在低速时的转矩接近保持转矩。由于步进电机的输出转矩随速度的增大而不断衰减,输出功率也随速度的增大而变化。

④ 静态稳定区、矩角特性、最大静转矩 M_{jmax}。当步进电机不改变通电状态时,转子处在静态。若在电机轴上外加一个负载转矩,使转子按一定方向转过一个角度 θ_c,转子因而所受的电磁转矩 M 称为静态转矩,角度 θ_c 称为失调角。定转子间的电磁转矩随失调角 θ_c 变化情况如图 3.40(a)所示。在 $-\pi \sim \pi$ 内,当外加转矩去除时,转子在电磁转矩作用下,仍能回到稳定平衡点 $\theta_c = 0$ 位置,称 $-\pi \sim \pi$ 的区域为静态稳定区。静态时电磁转矩 M 与 θ_c 关系的矩角特性曲线如图 3.40(b)所示。矩角特性上的电磁转矩最大值称为最大静转矩 M_{jmax}。

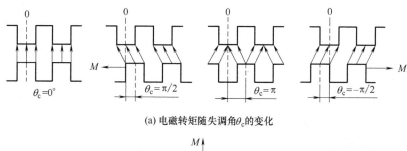

(a) 电磁转矩随失调角 θ_c 的变化

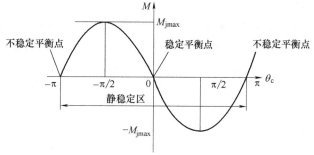

(b) 电磁转矩 M 与 θ_c 的矩角特性曲线

图 3.40 静态矩角特性

⑤ 动态特性。

a. 失步 电机运行时的步数少于控制施加的步数为失步。

b. 失调角 转子齿轴线偏移定子齿轴线的角度,失调角产生误差,采用细分驱动不能解决。

c. 最大空载起动频率 步进电机在空载时能够正常启动的脉冲频率,若脉冲频率高于起动频率,正常启动困难,表现为丢步或堵转;若带负载启动,启动频率应更低;若要使电机高速转动,脉冲频率需要加减速过程。

d. 最大空载的运行频率 电机在规定驱动形式、电压及额定电流时,不带负载的最高运行频率。

e. 运行矩频特性 运行中输出转矩与频率关系的曲线称为运行矩频特性,是电机选择的根本依据。速度越大,输出转矩越小,当步进电机转动时,电机各相绕组有反向电动势;频率越高,反向电动势越大,相电流减小,从而导致转矩下降。步进电机矩频特性曲线如图 3.41 所示。

⑥ 步距角的细分。步进电机的位置精度与步距角有关,步距角越小,位置精度越高。步距角由转子齿数和定子相数所决定。由于转子齿数和定子相数不能太大,步进电机的固有

步距角无法很小。因此，在控制中采取措施，减小步进电机实际运行时的步距角是常见的方法。

细分法是对每相定子绕组的电压进行控制，由跳变的电压信号变成台阶型递增和递减电压。电压的台阶数，就是细分数，如图 3.42 所示。

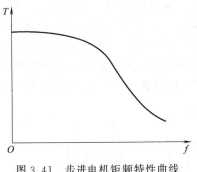

图 3.41　步进电机矩频特性曲线

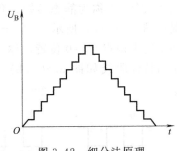

图 3.42　细分法原理

采用细分法是在由 A 相绕组通电切换为 B 相绕组通电时，A 相绕组不立即断电，其电压是按照等分台阶逐渐减小；同时，B 相绕组的电压也是按照等分台阶逐步增大。以此，由一步完成的换相通电过程，就分成了若干步。在此过程中，A、B 两相绕组处于同时通电的状态，如果两相绕组的电压相当，转子就会停在这两相绕组所在磁极的中央；如果某一相绕组的电压较大，转子就会偏向该相磁极，偏离的角度，与两相绕组的电压比例相关。由于换向通电过程中，A 相绕组电压分若干次递减，B 相绕组电压也是分若干次递增，转子就会分若干步由 A 相磁极转到 B 相磁极。由于每步电压变化量相等，转子每步转动的角度也相等。这样，就把一个完整的步距角，按细分数等分成若干步完成，从而提高了步进电机的位置控制精度和运行稳定性。

细分控制能够消除步进电机的低频共振（震荡）现象，减少振动，降低工作噪声。随着驱动器技术的不断提高，步进电机在低速工作时的噪声已经与直流电机相差无几。低频共振是步进电机（尤其是反应式电机）的固有特性，只有采用驱动器细分的办法，才能减轻或消除该现象。

细分控制能够提高步进电机的输出转矩。驱动器在细分状态下，减少步进电机运行时的反向电动势，合成的电流持续、强劲。

细分控制改善了步进电机旋转位移分辨率，步进电机的步距角就没有必要做得更小。选择常规标准步距角的电机，配置带细分的驱动器，能够完成较精确的控制。

运行拍数与驱动器细分的关系是：运行拍数指步进电机运行时每转一个齿距所需的脉冲数。

【例 3-8】　若 110BYG250A 步进电机步距角为 1.8°，而脉冲当量要求实际步距角为 0.045°，则要求驱动器设置为 40 细分。

用户只要知道控制系统所发出的脉冲频率数，除以细分数，就是步进电机整步运行的脉冲数。

【例 3-9】　若步进电机的步距角为 1.8°时，每秒钟 200 个脉冲，步进电机就能够在一秒钟内旋转一圈。当驱动器设置为 40 细分状态，则步进电机每秒钟旋转一圈的脉冲数为 8000 个。

（8）步进电机的选择

步进电机由步距角、静转矩、电流三大要素组成。步进电机的步距角要满足进给传动系统脉冲当量的要求；步进电机的最大静转矩要满足进给传动系统的空载快速起动转矩要求；步进电机的启动矩频特性和工作矩频特性必须满足进给传动系统对启动转矩与起动频率、工作运行转矩与运行频率的要求。

① 步距角的选择。电机的步距角取决于负载精度的要求，将负载的最小分辨率（当量）换算到电机轴上，每个当量电机应走多少角度。电机的步距角应等于或小于此角度。为了在机械传动过程中得到更小的脉冲当量，一是改变传动比和丝杠导程，二是改变步进电机的细分驱动。而细分只能减小分辨率，不能改变精度，电机固有特性影响了精度。

② 静转矩的选择。由工作负载选择电机静转矩，负载又可分为惯性负载和摩擦负载。直接起动时两种负载均要考虑，加速起动时主要考虑惯性负载，恒速运行时只要考虑摩擦负载。静转矩为摩擦负载的 $2\sim3$ 倍。

③ 电流的选择。静转矩相同的电机，其电流对运行特性影响较大。可依据矩频特性曲线图，参考驱动电源和电压选择电机电流。

④ 合理确定脉冲当量和传动比。

a. 脉冲当量要根据传动系统的精度要求确定。若太大，难以满足系统精度要求；若太小，将加大设计制造难度和成本。开环系统的脉冲当量一般取 0.01mm。

b. 传动链的传动比为

$$i=\frac{\theta_b L_0}{360°\delta} \tag{3-11}$$

式中　θ_b——步进电机的步距角；

　　L_0——滚珠丝杠的基本导程；

　　δ——移动部件的脉冲当量。

步进电机的步距角、丝杠的基本导程和脉冲当量确定后，计算的传动比 i 的值不大时，可采用同步齿形带或一级齿轮副传动；否则，采用多级齿轮副传动。

【例 3-10】 步进电机的选择（图 3.43）。

脉冲当量 $\delta=0.01$mm；步距角 $\theta_b=0.75°$；滚珠丝杠公称直径 $D_0=32$mm，基本导程 $L_0=6$mm，丝杠工作长度 $L=1.4$m；材料密度 $\rho=7.85\times10^{-3}$kg/cm³；拖板质量 $m=300$kg；拖板与导轨之间的摩擦因数 $\mu=0.06$；传动效率 $\eta=80\%$；切削力 $F_z=2000$N，$F_y=2F_z$；刀具切削时进给速度 $v_f=10\sim500$mm/min，空载时快进速度 $v=3000$mm/min。

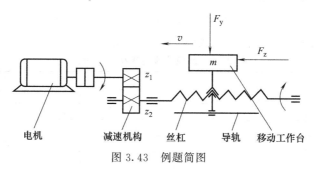

图 3.43　例题简图

① 齿轮传动比 i 为

$$i=\frac{\theta_b L_0}{360\delta}=\frac{0.75\times6}{360\times0.01}=1.25 \tag{3-12}$$

因传动比不大，采用一级齿轮传动，取 $z_1=20$，则 $z_2=25$，模数 $m=2$，齿宽 $b=10$mm。

② 等效转动惯量为

$$J_{eq}=J_m+J_{z1}+\frac{1}{i^2}(J_s+J_{z2}+J_w)(\text{kg}\cdot\text{cm}^2) \tag{3-13}$$

其中，丝杠的转动惯量为

$$J_s=\frac{mD_0^2}{8}=\frac{\rho VD_0^2}{8}=\frac{\rho\pi\left(\frac{D_0}{2}\right)^2LD_0^2}{8}=11.3\text{kg}\cdot\text{cm}^2 \tag{3-14}$$

工作台折算到滚珠丝杠上的转动惯量为

$$J_w=\left(\frac{P}{2\pi}\right)^2m=2.74\text{kg}\cdot\text{cm}^2 \tag{3-15}$$

小齿轮的转动惯量为

$$J_{z1}=\frac{\pi d_1^4b_1\rho}{32}=\frac{3.14\times4^4\times1\times7.85\times10^{-3}}{32}=0.197\text{kg}\cdot\text{cm}^2 \tag{3-16}$$

大齿轮的转动惯量为

$$J_{z2}=\frac{\pi d_2^4b_2\rho}{32}=\frac{3.14\times5^4\times1\times7.85\times10^{-3}}{32}=0.48\text{kg}\cdot\text{cm}^2 \tag{3-17}$$

若电机转子的转动惯量为

$$J_m=5.5\text{kg}\cdot\text{cm}^2 \tag{3-18}$$

将算式结果代入，则等效转动惯量为

$$J_{eq}=J_m+J_{z1}+\frac{1}{i^2}(J_s+J_{z2}+J_w)$$

$$=5.5+0.197+\frac{1}{1.25^2}\times(11.3+0.48+2.74)=15\text{kg}\cdot\text{cm}^2 \tag{3-19}$$

③ 等效负载转矩计算

空载时的摩擦转矩为

$$T_f=\frac{\mu mgP}{2\pi\eta i}=0.169\text{N}\cdot\text{m} \tag{3-20}$$

工作时的负载转矩为

$$T_L=\frac{[F_z+u(mg+F_y)]P}{2\pi\eta i}=2.3\text{N}\cdot\text{m} \tag{3-21}$$

④ 根据计算结果，查表 3.15 初选电机型号 110BF003，其最大静转矩为 7.84N·m，转子转动惯量为 5.5kg·cm²，空载起动频率为 1500Hz。

表 3.15　反应式步进电机性能参数

项目型号	相数	步距角	电压/V	相电流/A	最大静转矩/(N·m)	空载起动频率/Hz	运行频率/Hz
75BF001	3	1.5°/3°	24	3	0.392	1750	12000
75BF003	3	1.5°/3°	30	4	0.882	1250	12000
90BF001	4	0.9°/1.8°	80	7	3.92	2000	8000
90BF006	5	0.18°/0.36°	24	33	2.156	2400	8000
110BF003	3	0.75°/1.5°	80	6	7.84	1500	7000
110BF004	3	0.75°/1.5°	30	4	4.9	500	7000
130BF001	5	0.38°/0.76°	80	10	9.3	3000	16000
150BF002	5	0.38°/0.76°	80	13	13.7	2800	8000
150BF003	5	0.38°/0.76°	80	13	15.64	2600	8000

⑤ 步进电机性能校核。最快工进速度时电机输出转矩校核，电机对应的运行频率为

$$f_{max} = \frac{v_{max}}{60\delta} = \frac{500}{60 \times 0.01} = 833\text{Hz} \tag{3-22}$$

根据电机运行矩频特性曲线，当 $f_{max} = 833\text{Hz}$ 时，110BF003 电机对应输出转矩 $T_{max} \approx 30\text{N} \cdot \text{m}$。而工作时的负载转矩 $T_{eq} = 2.31\text{N} \cdot \text{m}$，$T_{max} > T_{eq}$，合格。

最快空载移动时电机输出转矩校核。最快空载移动时电机对应的运行频率为

$$f_{max} = \frac{v_{max}}{60\delta} = \frac{3000}{60 \times 0.01} = 5000\text{Hz} \tag{3-23}$$

根据电机启动矩频特性曲线，当 $f_{max} = 5000\text{Hz}$ 时，110BF003 电机输出转矩 $T_{max} = 1.2\text{N} \cdot \text{m}$。而空载时的摩擦转矩 $T_f = 0.169\text{N} \cdot \text{m}$，$T_{max} > T_f$，合格。

最快空载移动时电机运行频率校核。最快空载移动时电机对应的运行频率 $f_{max} = 5000\text{Hz}$。初选电机时空载运行频率为 7000Hz，大于 f_{max}，合格。

⑥ 启动频率计算

电机克服惯性负载的启动频率为

$$f_q = \frac{f_{max}}{\sqrt{1 + \frac{J_{eq}}{J_m}}} = \frac{5000}{\sqrt{1 + \frac{15}{5.5}}} \approx 2591\text{Hz} \tag{3-24}$$

电机启动时，启动频率要小于 2591Hz，才能保证步进电机不失步。在控制中，可由 PLC 脉冲输出指令设定起动脉冲频率，并设定启动和停止的加减速时间，即可满足需求。

3.3.2 步进电机控制

【例 3-11】 两相步进电机控制，要求可实现正反转及停止，按规定频率及脉冲个数运行，其端子定义见表 3.16，接线示意图如 3.44 所示，控制梯形图如 3.45 所示。

表 3.16 端子定义表

输入		输出	
X0	起动控制	Y0	发出脉冲
X1	方向控制	Y3	发出方向

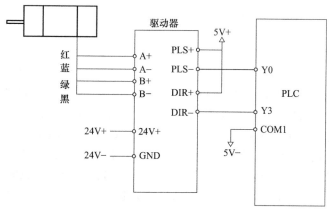

图 3.44 两相步进电机接线示意图

选择输出为 MT 系列 PLC，PLC 由 PLSY 指令发出指定脉冲，K400 为发送的脉冲频率，K12000 为脉冲数量，Y0 为脉冲输出口，Y3 为方向输出口（0 为正转，1 为反转）。若用 PLSY D0 D1 Y000 指令，对 D0、D1 分别赋值，可动态修改脉冲频率和脉冲数量。

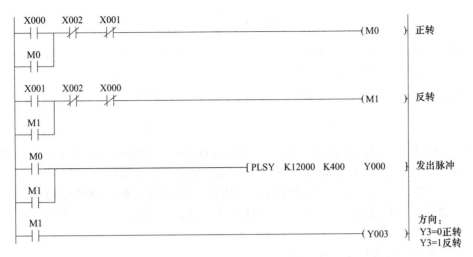

图 3.45   两相步进电机控制梯形图

3.3.3   回转机械转速检测

旋转编码器是用来测量转速的工具，可将输出轴的角位移、角速度等机械量转换成相应的电脉冲以数字量输出，同时旋转编码器可以配合 PWM 技术实现对速度的调节。

旋转编码器有单路输出、双路输出和三路输出等类型。单路输出是指旋转编码器的输出是一组脉冲；双路输出的旋转编码器输出两相（A/B）相位差 90 度的脉冲，通过这两相脉冲不仅可以测量转速，还可以判断旋转的方向；三路输出和双路输出类似，多一相 Z 相输出。常用的是双路输出。

（1）技术参数

旋转编码器的技术参数主要有：

① 每旋转一圈的脉冲数量，决定着旋转编码器的精度，根据使用要求进行选择；

② 直流电压，购买时要确定编码器供电电压。

增量式编码器是将位移转换成周期性的电信号，再把这个电信号转变成计数脉冲，用脉冲的个数表示转角；绝对式编码器是一个位置对应一个确定的数字码，因此它的示值只与测量的起始和终止位置有关，而与测量的中间过程无关。

（2）PLC 检测控制

作为高频信号采集，应选择输出为 MT 系列 PLC，三菱 PLC 自带一路 24V 直流电压，不推荐将其作为一路电源使用，但是在调试的时候，为了接线方便，经常用其给小功率模块供电；PLC 内部有高速计数器，其中两相双输入高数计数器主要应用在对增量式旋转编码器的输出脉冲计数。本节选用两相双输入高速计数器 C251（C251 高速计数器使用 X0 端子读取 A 相输入，使用 X1 端子读取 B 相输入，X5 端子作为复位输入端）。

① 端子连接图。其中四根细线是旋转编码器的输出输入线，红色线接是电源正极，黑色线接电源负极，绿色线是 A 相输出，白色线是 B 相输出，黄色线是 Z 相输出（没有接 Z 相），如图 3.46 所示。

② 梯形图。在梯形图中，C251 高速计数器的计数范围根据需求进行修改，本例只为测试，随机设置了一个值 K10000。采用 X5 端子进行复位，读者通过具体控制要求进行修改，程序中最后通过使用乘法、除法指令将从旋转编码器采集到的电信号转换成被测角度值（假设使用的旋转编码器旋转一圈是 1000 个脉冲数）。梯形图如 3.47 所示。

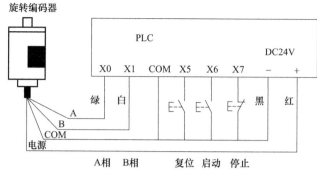

图 3.46　编码器与 PLC 端子连接图

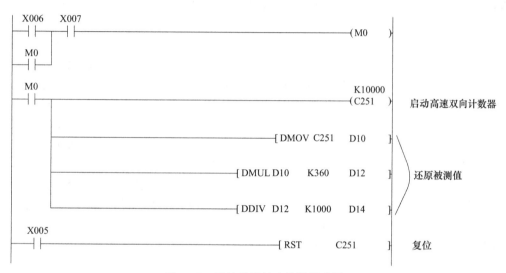

图 3.47　回转机械转速检测梯形图

3.4　伺服电动机驱动控制

伺服电机可以把输入的电压信号变换成为电机轴上的角位移和角速度等机械信号输出。根据伺服电机的控制电压来分，伺服电机可分为直流伺服电机和交流伺服电机两大类。

直流伺服电机的输出功率通常为 $1\sim600\mathrm{W}$，用于功率较大的控制系统中；交流伺服电机的输出功率较小，一般为 $0.1\sim100\mathrm{W}$，用于功率较小的控制系统。

中国伺服驱动发展迅速，市场潜力巨大，应用广泛。市场的占有量以日本品牌为主，达到 $40\%\sim50\%$，其次是欧美伺服产品，再者就是中国自产的伺服产品。

3.4.1　直流伺服电机工作原理

（1）直流伺服电机的结构与分类

进给系统常用的直流伺服电机主要有以下几种：

① 小惯性直流伺服电机。一般为永磁式。由于电枢的转动惯量小，其响应速度很快。

② 大惯量宽调速直流伺服电机。大惯量宽调速直流伺服电机为直流转矩电机。因转子直径大，线圈绕组匝数多，输出转矩大，在驱动过载转矩时，保持较长时间工作，因此，可与丝杠直连，节省了中间传动部件。又因没有励磁回路的损耗，其结构尺寸较类似的直流伺

服电机小。另外，还能够平稳运行在较低的转速下（$n_{\min}$ 可达 1r/min 或 0.1r/min）。

③ 无刷直流伺服电机。无刷直流伺服电机没有换向器，由同步电机和逆变器组成，逆变器由转子位置传感器控制，因没有换向器和电刷，使用寿命大大提高。

（2）直流伺服电机工作原理及系统

工作原理与直流电机相似。直流伺服电机速度控制单元将转速信号转换成电枢的电压，以实现速度调节。直流伺服电机速度控制单元常采用晶闸管调速（SCR）和晶体管脉宽调制（PWM）调速系统。

① 晶闸管调速。晶闸管调速是大功率直流伺服电机的主要调速方式。图 3.48 为晶闸管直流调速原理框图。晶闸管组成的主电路在工频交流电源电压下，通过改变速度控制电压 U_n^* 以改变输出电压 U_d，变化的 U_d 作为电枢电压输入后，得到不同的电机转速，测速发电机发出的转速电压 U_n 与速度控制电压 U_n^* 相比较，构建速度环控制，改善电机运行的机械特性。

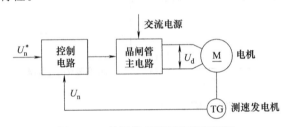

图 3.48　晶闸管直流调速原理框图

晶闸管调速系统采用晶闸管电路，利用触发电路改变导通角，触发由晶闸管构建的桥式整流主电路，将交流变为可变的直流，经功率放大后，驱动电机。为了对晶闸管主电路进行控制，触发脉冲与供电电源频率及相位同步，确保晶闸管的正确触发。

在直流主轴电机或进给直流伺服电机的转速控制中，电机经常要正转又要反转。为了实现正反转控制，晶闸管调速系统的主电路采用三相桥式反并联可逆电路，如图 3.49 所示。12 个可控硅大功率晶闸管分两组，每组六个晶闸管按三相桥式连接，两组反并联，即两组桥反极性并联，由一个交流电源供电。每组晶闸管都有两种工作状态：整流和逆变。一组处于整流驱动电机时，另一组处于待逆变状态。在电机减速时，逆变组工作，将交流反馈到电网。为了保证回路的两个串联的晶闸管同时导通或截止后再导通，触发电路必须同时对两组反并联晶闸管发出脉冲。

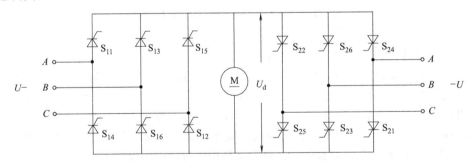

图 3.49　三相桥式反并联可逆电路

三相全控桥式电路的电压波形如图 3.50 所示。交流电源一个周期内，晶闸管在正向阳极电压作用下不导通的电角度称为控制角，用 α 表示，晶闸管在自然换流点（图 3.50 的 $\pi/6$ 处）时 $\alpha=0$。以 $\alpha=\pi/3$ 时为例，触发脉冲以 $\pi/3$ 间隔发出，晶闸管则以 $\pi/3$ 的间隔按次序开通，每 6 个脉冲电机转 1 转。由于晶闸管以较快的速率被触发，所以流经电机的电流几乎是连续的。

由波形图可见，改变控制角 α，则改变电路输出电压，输入到电机电枢绕组后，达到调

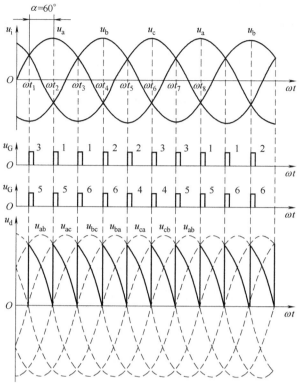

图 3.50 三相全控桥式电路（$\alpha = \pi/3$）的电压波形

速目的。在数控机床的伺服控制系统中，为满足扩大调速范围和稳定转速的要求，加入速度反馈；为增加机械特性硬度，还加入电流反馈，构成双闭环控制系统。图 3.51 所示为数控系统较常见的直流双闭环调速系统（内电流环、外速度环）。

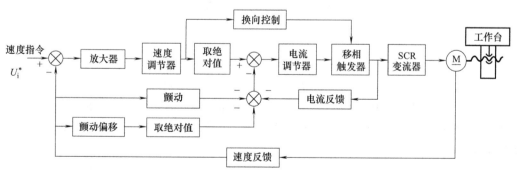

图 3.51 直流双闭环调速系统

速度调节器的作用使电机转速 n 跟随给定电压 U_i^* 变化，保证转速稳态无静差，平抑负载变化抗干扰。速度调节器的作用是限幅电枢主回路的最大允许电流 I_{dmax}。电流调节器的作用是平抑电网电压波动抗干扰，即起动时允许最大电流 I_{dmax}；调节转速时使电枢电流跟随给定电压变化；过载或堵转时，限制电枢电流的最大值，起到电流过载时的安全保护，若故障消失，系统自动恢复正常。

② PWM 调速系统。与晶闸管相比，功率晶体管控制电路简单，开关性能好。随着功率晶体管的耐压性能提高，在中小功率直流伺服系统中，PWM 晶体管调速控制系统应用广泛。

PWM 就是使功率晶体管开关率（周期）保持恒定，改变开关导通时间（脉宽）来调整晶体管的输出，使电机电枢获得宽度随时间变化的电压脉冲。当开关在每一周期内的导通时间随时间发生连续变化时，电机电枢电压平均值也随时间连续变化，因内部的续流电路和电枢电感的滤波作用，电枢电流连续改变，则电机转速连续调节。

PWM 的基本原理如图 3.52 所示，若脉冲的周期固定为 T 在一个周期内高电平信号持续的时间（导通时间）为 t，高电平信号持续的时间与脉冲周期的比值称为占空比，则图中直流电机电压的平均值为

$$U_a = \frac{1}{T}\int_0^t E_a \mathrm{d}t = \frac{t}{T}E_a = \lambda E_a \qquad (3-25)$$

式中　E_a——电源电压；
　　　　λ——占空比。

λ 表达式为

$$\lambda = \frac{t}{T} \qquad (0 < \lambda < 1) \qquad (3-26)$$

当电路中开关功率晶体管关断时，由二极管 VD 续流，电机得到连续电流。PWM 系统由微电压脉宽调制信号，控制功率晶体管的导通与关断。

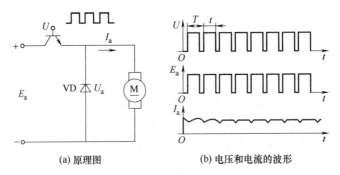

(a) 原理图　　　　　　　　(b) 电压和电流的波形

图 3.52　PWM 的基本原理

a. PWM 调速系统的组成　图 3.53 为 PWM 调速系统组成。该系统由控制部分、功率晶体管放大器和全波整流器三部分组成。控制部分包括速度调节器、电流调节器、固定频率振荡器、三角波发生器、脉宽调制器和基极驱动电路。其中，速度调节器和电流调节器与晶管调速系统相同，控制方法仍然是采用双环控制。不同部分是脉宽调制器、基极驱动电路和功率放大器。

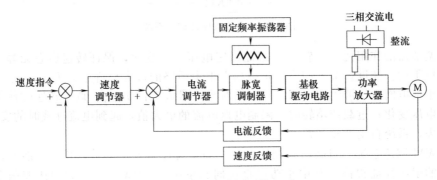

图 3.53　PWM 调速系统组成

b. 脉宽调制器 脉宽调制器的作用是将电压量转换成可由控制信号调节的矩形脉冲,为功率晶体管的基极提供一个宽度可由速度指令信号调节且与之成比例的脉宽电压。在PWM调速系统中电压量为电流调节器输出的直流电压量。该电压量是由数控装置插补器输出的速度指令转化而来,经脉宽调制器变为周期固定、脉宽可变的脉冲信号,脉冲宽度的变化随着速度指令而变化。由于脉冲周期不变,脉冲宽度的改变使平均电压改变。

(3) 永磁无刷直流伺服电机

无刷直流伺服电机是近年来随着电力电子技术发展而出现的一种新型电机,是一种直流电源供电,由电子换向装置将直流电源逆变为三相矩形波电源供电的伺服电机。因此,无刷直流电机有时也被看作是特殊的交流电机。

无刷直流电机结构与普通直流电机不同。它的电枢放置在定子上,磁极位于转子上。定子铁芯上安装多相绕组,转子用永磁材料制成。电子换相电路中的功率开关器件与电枢绕组连接。电机定子装有转子位置传感器,来检测转子运行位置,它与电子换相电路配合换向。无刷直流电机的结构如图 3.54 所示。

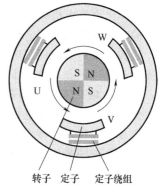

无刷直流电机没有普通直流电机的换向装置,避免了换向电弧,寿命长。无刷直流电机具有调速范围宽、运行可靠、维护方便等特点。其转速不受机械换向装置限制,若采用高速轴承,可以大大提升转速。无刷直流电机用途非常广泛,小到电动自行车,大到机器人、航天航空等高新技术领域。

无刷直流电机的基本工作原理是利用位置传感器测得转子位置信号,通过驱动电路,驱动逆变电路的功率开关元件,控制电枢绕组按一定顺序得电,产生步进式旋转磁场,拖动永磁转子旋转。随着转子的转动,转子位置信号以一定规律变化,来控制开关管的导通与截止,从而改变电枢绕组的通电状态,实现无刷直流电机的机电能量转换。无刷直流电机控制系统原理框图如图 3.55 所示。

图 3.54 无刷直流电机结构示意图

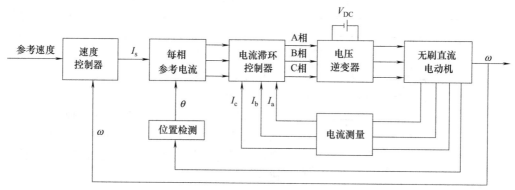

图 3.55 无刷直流电机控制系统原理框图

3.4.2 交流伺服电动机工作原理

交流伺服电动机是用电脉冲信号控制运行的,是将脉冲信号转变成相应的角位移或直线位移和角速度的执行元件,它是控制电机。交流伺服电机通过检测装置(编码器)时刻监视其是否按照所输入的指令运行。伺服电机的转子惯量较小,可急加速、减速、停止等,更具备位置及速度精密的控制功能。伺服元件由驱动放大器(AC 放大器)、驱动电机(AC 伺服驱动电机）和检测器组成，伺服系统结构示意图如图 3.56 所示。

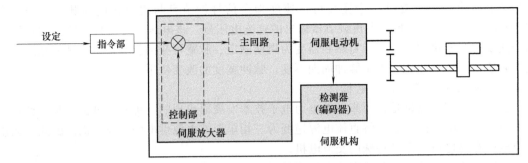

图 3.56　交流伺服电机及其速度控制系统

　　由于直流电机具有优良的调速性能，以往直流电机调速一直占据主导地位，但因结构、制造、材料因素使得直流电机成本高。而交流电机动态响应更好，在同样体积下，交流电机输出功率比直流电机提高 10%～70%，另外，交流电机的容量比直流电机造得大，可达到更高的电压和转速要求。现在，在数控机床和机器人控制中，交流伺服驱动已占主体地位。

　　数控机床的交流伺服电机一般为三相。交流伺服电机分为异步型交流伺服电机（也称为交流异步电机）和永磁同步型交流伺服电机（也称为交流同步电机）。

　　（1）永磁交流同步伺服电机工作原理

　　永磁交流同步伺服电机，是将电枢安装到定子上，转子为永磁体。互换后，用电子换向器或逆变器取代了机械换向装置。

　　永磁交流同步伺服电机由定子、转子和检测元件三部分组成。图 3.57 为其结构原理示意图。定子布局齿槽，槽内安装三相交流绕组，形状犹如普通交流感应电机，可采用一定改进措施，如非整数节距的绕组、奇数的齿槽等。其特点是具有较高的气隙磁密度，较多的极数，正弦波分布的气隙磁场；转子由多组永久磁铁组成；检测元件检测转子磁场在定子绕组的相对位置。

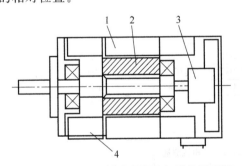

图 3.57　永磁交流同步伺服电机结构示意图
1—定子；2—转子；3—检测元件；4—定子绕组

　　当定子三相绕组接入交流电后，产生旋转磁场，旋转磁场为同步转速 n_s，旋转的定子磁极与转子的永久磁铁互相吸引，转子由旋转磁场带着一起旋转，并以转速 n_r 与定子旋转磁场转速 n_s 一起旋转。若转子轴驱动负载，其工作原理如图 3.58 所示。

　　若将定子磁场轴线与转子磁极轴线相差 θ 角，则负载转矩变化，θ 角跟随变化。若 θ 不超过极限，转子仍然与定子旋转磁场同步旋转。转子转速为

$$n_r = n_s = 60f/p \qquad (3\text{-}27)$$

式中　f——交流电频率 Hz；

　　　p——磁极对数。

　　永磁交流同步伺服电机具有较强的过载能力，其特性曲线如图 3.59 所示，分为连续工作区和断续工作区。在连续工作区（Ⅰ区），速度和转矩的任意组合，都可连续工作。但要保证供电电流为理想正弦波，保证电机在特定温度下工作。断续工作区（Ⅱ区）的范围大，在高速区，有利于提高电机的加减速能力。在连续工作下，转速增加、转矩输出减小。作为

进给轴电机，要满足最高速度时的转矩输出要求。

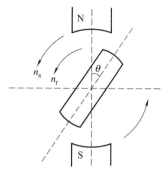

图 3.58　永磁交流同步伺服电机工作原理图

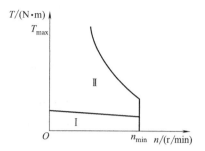

图 3.59　永磁交流同步伺服电机的特性曲线

虽然永磁交流同步伺服电机和无刷直流电机的基本架构相同，但驱动方式不同。

（2）交流异步伺服电机工作原理

交流异步伺服电机一般不用于进给运动，而用在主轴驱动系统中。主轴用交流电机需要很大的功率，如果用永久磁体，当容量做得很大时，电机成本太高。主轴驱动系统的电机要适应低速恒转矩、高速恒功率的工况。因此，鼠笼式交流异步伺服电机常作主轴用电机。

交流异步伺服电机定子安装对称三相绕组，转子为带斜槽的铸铝结构，转子铁芯镶嵌均匀分布的导条，导条两端用金属环连接为笼式。为了增加输出功率，电机轴安装检测元件。

当定子绕组接入对称三相电后，形成励磁电流，在定子与转子间的气隙内建立同步旋转磁场，转子切割磁力线，在笼式封闭导条内产生感应电势，从而产生电流，形成电磁转矩。

图 3.60 为交流异步伺服电机特性曲线。为了满足机床切削加工的需要，要求主轴电机在变速范围内能提供恒定的功率。恒定功率是指在恒功率区（速率 n_1 到 n_2）内运行时的输出功率，低于基本速度 n_1 时是达不到额定功率，速度越低，输出功率就越小。且当电机速度超过某一定值之后，曲线又往下倾斜，不能保持恒功率。电机本身由于特性的限制，在低速时为恒转矩输出，而在高速区为恒功率输出。若主轴电机本身有宽的恒功率范围，则可省掉变速箱，简化主轴结构。

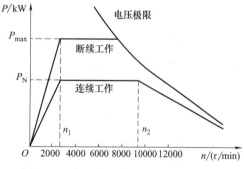

图 3.60　交流异步伺服电机的特性曲线

（3）交流伺服电机控制方法

异步电机转速公式为

$$n=\frac{60f}{p}(1-s)=n_0(1-s) \tag{3-28}$$

式中　f——电源频率；

　　　s——转差率；

　　　p——极对数；

　　　n_0——同步转速，$s=\dfrac{n_0-n}{n_0}$。

可见，改变电机转速有三种方法：

① 改变磁极对数 p 调速。普通交流电机设计为 1 个磁极对数（$p=1$，2，3…），若是

双级磁极对数，一般设计为 $p=4/2$、$p=8/4$、$p=6/4$ 等几种。磁极对数只能成对改变，转速只能成倍改变，速度不能平滑调节。

② 改变转差率 s 调速。仅适用于绕线式异步电机，在转子绕组回路中通过串入电阻 R_{ad} 使电机机械特性变软，改变转差率。串入电阻越大，转速越低，转差率增大。

③ 改变频率 f 调速。电源频率与电机转速成正比，变频器是把工频电源（50Hz）转变为连续变化频率的交流电源，驱动电机的变速运行。通过交-直-交模式，整流-逆变电路将工频转变为变频的交流电。

（4）步进电机与交流伺服电机的性能比较

① 控制精度。步进电机步距角为 $1.8°$、$0.9°$、$0.72°$、$0.36°$、$0.18°$ 等；交流伺服电机运行精度由编码器保证。例如，2500 线编码器的电机，驱动器采用 4 倍频率技术，脉冲当量为 $360°/10000=0.036°$。若带 17 位编码器的电机，驱动器每接收 $2^{17}=131072$ 个脉冲电机转一圈，其脉冲当量为 $360°/131072=0.00274658°$。

② 低频特性。两相混合式步进电机低速运行易出现低频振动；交流伺服电机运行低速时不出现低频振动。

③ 矩频特性。步进电机的输出转矩随转速升高下降；交流伺服电机为恒转矩输出。

④ 过载能力。步进电机不具有过载能力；交流伺服电机过载能力较强，最大转矩可为额定转矩的 3 倍。

⑤ 运行性能。步进电机为开环控制，启动频率过高或负载过大易丢步，停止时如转速过高易过冲；交流伺服驱动闭环控制，内部有位置环和速度环，一般不会出现丢步或过冲。

⑥ 速度响应性能。步进电机从静止加速到工作速度需要 $200\sim400ms$；交流伺服驱动系统的加速性能较好，从静止加速到工作速度仅需几毫秒。

⑦ 效率指标不同。步进电机的效率比较低；交流伺服电机的效率比较高。步进电机比交流伺服电机温升要高。

3.4.3 交流伺服电动机控制

（1）伺服电机的控制方式

伺服电机有三种控制方式：转矩控制、速度模式、位置控制。

① 转矩和速度控制常采用模拟量控制；位置控制常采用脉冲控制。

② 若对电机的速度、位置都要求不高，只要输出一个恒转矩，可采用转矩方式。

③ 若对位置和速度有精度要求，而对转矩要求不高，可采用速度或位置方式（若控制器有较好的闭环控制功能，可采用速度控制；若没有实时性的要求，可采用位置控制方式）。

（2）伺服电机驱动器

以某电子交流伺服电机和驱动器为例，伺服电机驱动器可见组成的 5 部分为：

显示屏　显示屏调节并显示各参数，且可显示电机的转速，如图 3.61 所示。

电源　输入接三相或者单相 220V，输出接伺服电机。

CN1　端口连接通信设备。

CN2　端口连接控制器等设备。

CN3　端口连接伺服电机编码器。

① 控制方式设定。伺服电机使能控制模式可以分为速度控制模式、位置控制模式、转矩控制模式、速度/位置控制模式、位置/转矩控制模式、速度/转矩控制模式。而这些模式的切换均可以对应伺服电机驱动器 Pn002 设定的 0 到 5 数值上。

a. 速度控制模式　通过模拟信号和内部速度指令可控制伺服电机转动。伺服电机驱动

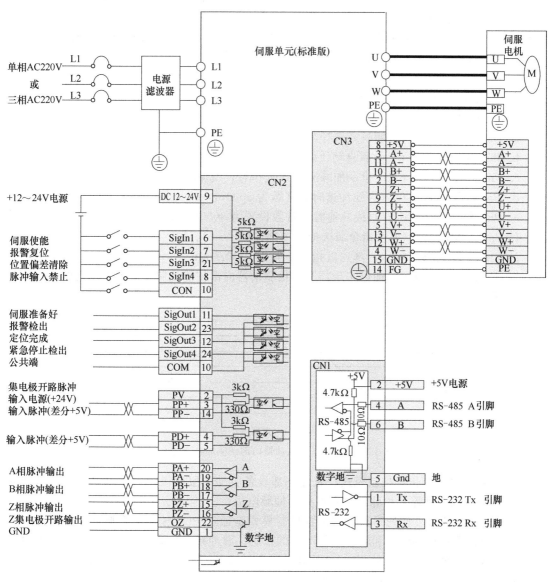

图 3.61 伺服放大器端口定义

器可设置相应的代码来对速度指令源进行选择。其中，Pn146 为速度指令加减速方式参数，范围为 0 到 2，代表的功能为无加减速、S 曲线加减速和直线加减速控制模式。在 S 曲线加减速模式中，Pn147 为 S 曲线加速时间常数，Pn148 为 S 曲线减速时间常数。在速度控制方式中，设置速度指令的加减速时间，使伺服电机启动和停止运行过程平滑。在直线加减速模式中，Pn150 为直线加速时间常数，Pn151 为直线减速时间常数，取值范围均为 5～30000ms，加速时间常数定义为速度指令从 0 上升到额定转速的时间。

b. 位置控制模式 位置控制模式是通过外部输入脉冲或者内部脉冲驱动伺服电机转动。输入的脉冲频率可控制伺服电机的转速，通过输入的脉冲个数可控制伺服电机的转角（位置）。

c. 转矩控制模式 通过外部模拟信号或者内部转矩指令来实现转矩控制，伺服电机驱动器设置相应的代码，如当外部模拟信号输入为 4V，电机主轴的输出为 2N•m。此时当伺服电机的主轴外加载荷等于 2N·m 的时候,伺服电机主轴是不转的;外加载荷大于 2N·m 时,伺服电机主轴反转;外加载荷小于 2N·m 时,伺服电机主轴正转。转矩控制模式中也有相应的加减速方式,分别为不使用转矩指令的直线加减速及使用转矩指令的直线加减速,它的时间常数定义为转矩由零直线上升到额定转矩的时间。

② 内部指令速度控制模式。

【例 3-12】 驱动器内部使能,电机顺时针旋转,电机转速为 1000r/min,采用直线加减速,加速时间为 5s,减速时间为 8s。具体操作如下:

a. Pn002 设置为 1(控制模式选择为速度模式);

b. Pn003 设置为 1(上电后自动使能驱动器);

c. Pn146 设置为 2(速度指令加减速模式选择为直线加减速);

d. Pn150 设置为 5000(直线加速时间常数为 5000ms);

e. Pn151 设置为 8000(直线减速时间常数设置为 8000ms);

f. Pn168 设置为 1(速度指令源选择为内部速度 1~8);

g. Pn169 设置为 1000(内部速度指令 1 等于 1000r/min)。

通过上述的参数设置,即可实现伺服电机驱动器内部使能控制伺服电机运行的直线加减速,如图 3.62 所示。

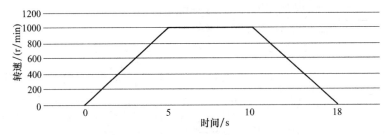

图 3.62   伺服电机驱动器内部使能加减速控制

③ 外部脉冲输入位置控制模式。通过外部设备驱动伺服电机,可使用 PLC、单片机及 NE555 等向伺服驱动器发出脉冲信号以控制伺服电机。

若伺服电机需要变转速运行,其位置控制模式是通过 PLC 输出约定脉冲个数和脉冲频率的方式对伺服电机的转速和转角进行严格的控制。脉冲频率控制伺服电机的转速,脉冲个数控制伺服电机转角(位置)。有些工况电机转速很快,PLC 输出脉冲频率有限,可以利用驱动器电子齿轮比使电机转速成倍增加。

三菱 PLC 控制伺服电机时,应用带加减速的脉冲输出指令时,只能选择晶体管输出型的 PLC(MT 型),且脉冲只能从 Y0 或者 Y1 输出口输出脉冲。

a. 交流伺服电机变速控制接口   如图 3.63 所示,伺服驱动器 2 号端口外接 24V 开关电源,14 号脚端口接收 PLC 的 Y0 发出的脉冲信号,5 号端口接收 PLC 的 Y5 发出的正反转信号。

b. 脉冲发出

指令格式:PLSV (S) (D1) (D2)

指令说明:PLSV 是可变脉冲输出指令,有 3 个参数,依次是输出脉冲频率、脉冲输出地址、方向输出地址。

例如:PLSV   K1000   Y0   Y5 就是从 Y0 输出 1000Hz 频率的脉冲,Y5 控制方向。

将 (D2) 设置为 Y5,表示 PLC 输出控制电机转动方向,1 为正转,0 为反转。

c. 斜波信号

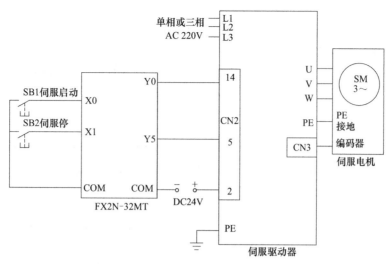

图 3.63　交流伺服电机变速控制接口

指令格式：RAMP　（S1）　（S2）　（D3）　n

指令说明：斜波指令可以产生斜波信号，初始值（S1）和目标值（S2），运行后（D3.）值从（S1.）到（S2.）变化，程序执行的时间为 *n* 个扫描，如图 3.64 所示。

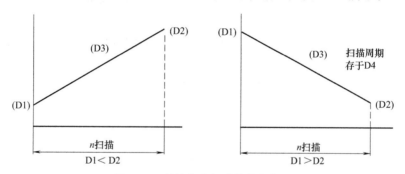

图 3.64　斜波指令加减数值变化图

在使用斜波指令前，要提前将设定的扫描时间写入 D8039 寄存器中，然后驱动 M8039，这样 PLC 就设置成了恒定运行模式。

将 PLSV 指令和 RAMP 指令联合使用，即将可变速脉冲输出指令 PLSV 中的（S）设为斜波指令 RAMP 中的（D.），PLC 输出的脉冲频率就可实现加减速的变化。图 3.65 是多段直线加减速变化函数图。

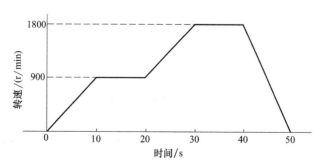

图 3.65　多段直线加减速变化函数图

d. 程序　如图 3.66 所示，当 PLC 上电，M8039 置位，PLC 为恒定运行模式。初始化中，将 K10（扫描一次 10mS）写入 D8039 寄存器中，将 0 写入寄存器 D1 中，将 5000 写入寄存器 D8 中，将 10000 写入寄存器 D20 中。运行 X0 后，T0 定时 20s，T1 定时 40s，开始从 0s 开始计时，设置 T0 和 T1 均为常闭接点，在 T0 定时的 20s 范围内第一段的 RAMP 斜波指令和 PLSV 可变速指令可以联合使用，实现 D5 的输出脉冲频率值从 D1、D8 变化，RAMP 指令设置的扫描周期是 1000 次，扫描一次的时间是 10ms，加速时间是 10s。之后的 10s 中，输出脉冲频率以 D8 的值控制电机匀速转动。20s 后通过 RAMP 和可变速指令 PLSV 联合使用，实现第二段的加速及匀速，输出脉冲频率的变化范围由 D8、D20 设置。40s 后通过斜波指令 RAMP 和可变速指令 PLSV 联合使用，实现减速。

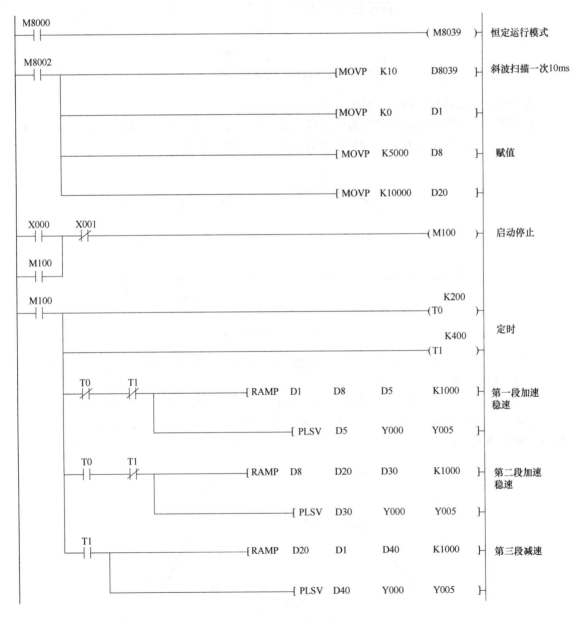

图 3.66　多段加减速编程

思考题与习题

思考题

(1) 交流电机的工作原理及转速影响因素。

(2) PLC 控制电机 Y-△降压启动梯形流程是什么?

(3) 变频器按控制方式分,有哪几种类型?

(4) 简述交流脉宽调制 SPWM 的工作原理。

(5) 控制三菱 D720 变频器有哪三种方法?

(6) 简述交流异步线性电机的工作原理。

(7) 简述直流电机的工作原理。

(8) 简述步进电机的种类及其特点。

(9) 简述步进电机的工作原理。

(10) 简述步进电机步距角、转速、脉冲当量的计算方法。

(11) 步进电机三相共阳极接法和三相共阴极接法的区别是什么?

(12) 直流伺服电机速度控制单元有哪两种方式?

(13) 简述交流伺服电机的分类及工作原理。

(14) 伺服电机使能控制模式有哪些?

习题

(1) PLC 控制一台两相步进电机,按下 SB1 时,电机正转 50s,反转 50s,停止 30s,循环往复。当触发光电接近开关时,电机停止运行。设计 PLC 输入、输出与步进电机驱动器、驱动器与电机连接,编写梯形图约定以一定速度运行。

(2) PLC 控制一台伺服电机,按下 SB1 电机正转,按下 SB2 电机反转,循环往复,当按下 SB3 时,电机停止运行。设计 PLC 输入、输出与伺服驱动器、驱动器与电机连接,编写梯形图约定以一定速度运行。

(3) PLC 与 L298N 控制直流电机进行 PWM 调速,按下 SB1 时电机以一定速度正转起动;触发光电接近开关 1 时,电机以另一速度反转;触发光电接近开关 2 时,电机正转;循环往复。设计 PLC 输入、PLC 与 L298N 连接、L298N 与电机连接,编写梯形图。

(4) 脉冲当量 $\delta = 0.01$mm;步距角 $\theta_b = 1.5°$;滚珠丝杠公称直径 $D_0 = 16$mm,基本导程 $L_0 = 4$mm,丝杠工作长度 $L = 400$mm;材料密度 $\rho = 7.85 \times 10^{-3}$kg/cm^3;拖板质量 $m = 40$kg;拖板与导轨之间的摩擦因数 $\mu = 0.06$;传动效率 $\eta = 80\%$;切削力 $F_z = 1000$N,$F_y = 2000$N;刀具切削时进给速度 $v_f = 0.5$m/min,空载时快进速度 $v = 2.5$m/min,请选步进电机。

第4章
运动控制系统中的传感器与检测技术

运动控制的目的是实现对运动部件运动参数的精确控制，包括位置、速度、加速度、力/扭矩等。其中，对位置进行检测是最常见的方法，因为位置容易转换为速度和加速度。大多数运动控制系统使用闭环控制，因此必须配备能够精确测量运动参数的传感器才能形成完整的闭环系统。传感器或检测元件是运动控制系统的重要组成部分，其精度对系统的控制精度有很大的影响。

通常，传感器由敏感元件和转换元件组成。敏感元件是指传感器中可以直接感应或响应测量的部分。转换元件将敏感元件的感应或响应转换为适合传输或测量的电信号。根据输出信号的类型，传感器可以分为模拟和数字两种。模拟检测是直接检测量而无需进行量化处理，可以在小范围内实现高精度检测，发送到计算机进行处理之前，需要进行 AD 转换。数字检测的特点是检测到的量是脉冲数或二进制代码，它可以直接发送到计算机进行处理。检测精度取决于检测单位，并且基本上与量程无关。其检测装置简单，具有很强的抗干扰能力。

用于位移检测的传感器种类很多，如光电编码器、光栅、磁栅、旋转变压器、感应同步器、差动变压器、自整角机以及激光干涉仪等。速度传感器的种类有测速发电机、磁电式转速表、光电式转速传感器以及激光多普勒测速计等。加速度传感器和力传感器这里主要介绍MEMS 型。

本章着重介绍常见运动控制系统中的位置、速度、加速度和力传感器，包括旋转光电编码器、直线光栅尺、磁栅尺、旋转变压器、限位开关和接近开关、距离传感器、压电加速度传感器和力传感器等，引入了一系列基于霍尔效应的传感器。同时，对传感器输出信号中的阻抗匹配、采样保持、滤波器和抗干扰等进行介绍。

4.1　传感器的特性参数

传感器的基本特性可以通过静态特性和动态特性来描述。

4.1.1　静态特性

传感器的静态特性是指当传感器转换的测量值处于稳定状态时，传感器的输出和输入之间的关系。静态特性可以分为性能、质量稳定性及环境特性的指标。

（1）性能

① 量程：由可检测变量值的下限和上限定义，量程包含下限和上限之间的所有值。

② 阈值（死区）：能产生输出变化的被测变量的最小变化量。

③ 分辨率：若被测变量在量程范围内连续变化时，输出不是连续地变化，而是以离散阶梯形式变化，那么这个阶梯定义为分辨率。如果阶梯大小是变化的，则取其平均值定义为平均分辨率。

④ 灵敏度：灵敏度有时称为增量增益或标度因子。它表示传感器的输入增量 Δx 与由

传感器引起的输出增量 Δy 之间的函数关系。也就是说，灵敏度 K 等于传感器输出增量与测量增量的比，即传感器稳态输出和输入特性曲线上每个点的斜率，表示如下：

$$K = \frac{\mathrm{d}y}{\mathrm{d}x} = \frac{\mathrm{d}f(x)}{\mathrm{d}x} = f'(x) \tag{4-1}$$

K 值越高，传感器的灵敏度越高，当测量值略有变化时，传感器的输出就越大。但是，当灵敏度高时，与测量信号无关的外部噪声也容易混入，并且噪声也会被放大。因此，经常需要传感器具有较大的信噪比。

对于线性传感器，灵敏度是其静态特性的斜率。非线性传感器的灵敏度为一个变量，灵敏度随输入量而变化，如图 4.1 所示。从输出曲线来看，曲线越陡峭，灵敏度越高。

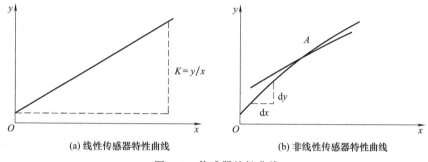

图 4.1　传感器特性曲线

⑤ 线性度：传感器的线性度是指传感器的输出和输入之间的线性度。

理论上，在线性范围内，灵敏度保持恒定。传感器的线性范围越宽，测量范围就越大，并且可以保证一定的测量精度。选择传感器时，确定传感器类型后，首先需要查看其范围是否符合要求。

但是实际上，没有任何传感器可以保证绝对线性，并且它的线性也是相对的。当要求的测量精度相对较低时，在一定范围内，非线性误差较小的传感器可以近似认为是线性的，这将给测量带来极大的方便。

⑥ 精度：对传感器的实际输出与理想传感器的输出进行比较，其差值（或预期误差）被定义为传感器的精度。通过在规定条件下，使用规定方法，重复试验多次，精度由最大正误差和最大负误差（与理想值的偏差）确定。

为了简化工程技术中传感器精度的表示方法，常采用"精度等级"的概念。精度等级以一系列标准百分比值表示。例如，压力传感器的精度等级分别为 0.05、0.1、0.2、0.3、0.5、1.0、1.5、2.0 等。精度也可以采用以下任一方法表示：

a. 以被测变量表示（如 +1℃／−2℃）；

b. 满量程的百分数（如满量程的 0.5%）；

c. 实际输出的百分数（如输出的 ±1%）。

除上述特征参数外，传感器的迟滞、可重复性等也是选择传感器时应考虑的重要因素。

（2）质量稳定性

质量稳定性是传感器在长期工作条件下的输出变化。例如，零位漂移是规定时间内输入为零时的漂移，灵敏度漂移是规定时间内的灵敏度变化。零位漂移使整个特性曲线上升或下降，灵敏度漂移使特性曲线斜率变化，影响传感器稳定性的因素是时间和环境。

为了确保稳定性，在选择传感器之前，应检查操作环境以选择适当的传感器类型。例如，对于电阻应变传感器，湿度会影响其绝缘，温度会影响其零漂移，长期使用会引起蠕变；对于变极距型电容传感器，当环境湿度或油浸在间隙中时，它将改变电容器介质。当光电传感器的光敏表面上有灰尘或水泡时，它将改变光敏特性。对于磁电传感器或霍尔效应元件，在电场或磁场中工作时，也会引起测量误差。当滑动线电阻传感器的表面上有灰尘时，会引入噪声。

（3）环境特性

环境条件包括环境温度、环境压力、流体温度、流体压力、电磁场、加速度、振动以及安装位置。工作条件定义了仪表能承受的环境。

4.1.2　动态特性

由于传感器的惯性和滞后，当被测量对象随时间变化时，传感器的输出往往来不及达到平衡状态，而处于动态过渡过程中，所以其输出量也是时间的函数，其间的关系要用动态特性来表示。

在实际工作中，传感器的动态特性常用它对某些标准输入信号的响应来表示。这是因为传感器对标准输入信号的响应容易用实验方法求得，并且它对标准输入信号的响应与它对任意输入信号的响应之间存在一定的关系，往往知道了前者就能推定后者。最常用的标准输入信号有阶跃信号和正弦信号两种，所以传感器的动态特性也常用阶跃响应和频率响应来表示。

为了便于分析和处理传感器的动态特性，同样需要建立数学模型，用数学中的逻辑推理和运算方法来研究传感器的动态响应。对于线性系统动态响应的研究，最广泛使用的数学模型是普通线性常系数微分方程，只要对微分方程求解，就可得到动态性能指标。传感器的动态性能指标分为时域和频域两种。

时域常有如下指标：上升时间 t_r，峰值时间 t_p，最大超调量 M_p，调整时间 t_s，延迟时间 t_d，振荡次数等，如图 4.2 所示。

频域常有如下指标：

① 通频带 ω_b，指对数幅频特性曲线上幅值衰减 3dB 时所对应的频率范围。

② 工作频带 ω_{g1} 或 ω_{g2}，指幅值误差为 ±5％ 或 ±10％ 时所对应的频率范围。

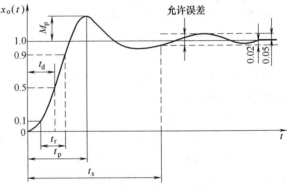

图 4.2　瞬态响应性能指标

4.2　光电编码器

随着光电技术和数字技术的发展，光电编码器被广泛用于运动控制系统的速度和位置检测。为了达到伺服的目的，在电机输出轴上同轴安装了一个编码器。电机和编码器同步旋转，电机旋转一圈时编码器旋转一圈。旋转时将编码器信号发送回驱动器，驱动器根据编码器信号判断伺服电机的方向、速度和位置是否正确，并相应调整驱动器输出电源频率和电流大小。光电编码器结构如图 4.3 所示。

根据编码器安装方式，可分为轴式和套式光电编码器两种类型，如图 4.4 所示。根据脉冲和对应位置（角度）之间的关系分为：增量光电编码器、绝对光电编码器和混合式光电编码器。增量光电编码器具有结构简单、价格低，而且精度易于保证等优点，所以，目前在机械自动化设备中应用最广泛。

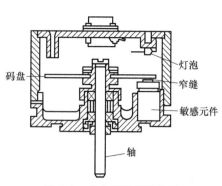

图 4.3　光电编码器结构图

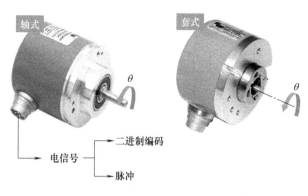

图 4.4　轴式和套式光电编码器外形图

4.2.1　增量式光电编码器

（1）增量式光电编码器结构和原理

如图 4.5 所示，增量式光电编码器由光源、码盘、遮光板和光敏元件组成。通常，一定数量的光栅均匀地刻在转盘的圆上，并且当电动机旋转时，转盘随之旋转。通过光栅的功能，光路可以连续打开或关闭。因此，在接收装置的输出端获得频率与旋转速度成正比的方波脉冲序列，从而能够计算旋转速度。产生的每个输出脉冲信号对应于增加一个测量角位移，但不能直接检测绝对角度。

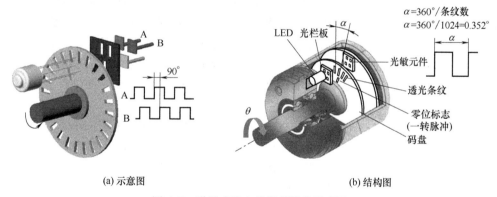

(a) 示意图　　　　　　　　　　　　　　　(b) 结构图

图 4.5　增量式光电编码器结构示意图

为了获得旋转方向，刻在遮光板上的两个缝隙以移动光栅的（整数＋1/4）间距错开，因此输出信号的电角度相差 90°（即正交，因此称为旋转增量正交光电编码器），两对发光和接收设备生成两组脉冲序列，两组脉冲序列 A 和 B 的相位差为 90°，变成一组正交编码脉冲，由编码器反馈。脉冲信号的 A 相和 B 相之间的相位差（如图 4.6 所示）为 90°，分别代表正向旋转和反向旋转。

每组脉冲可分解为 a 和 b 的两个前沿以及 c 和 d 的两个后沿，总数是单相脉冲的 4 倍，如图 4.6 所示。我们看到的伺服电机速度或位置的分辨率由编码器每转 A 相或 B 相脉冲数的 4 倍确定。倍频电路可以有效地提高速度分辨率。

同时，在增量式光电编码器中，还有一个标记脉冲或指示脉冲用作参考零位置。每次转盘旋转时，仅发出一个标记脉冲，通常称为 Z 相。标记脉冲通常与数据通道具有特定的关

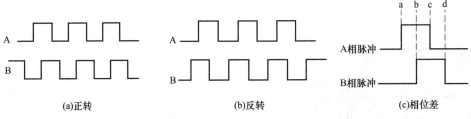

图 4.6   区分旋转方向的 A、B 两组脉冲序列

系，可用于指示机械位置，清除累积量或记录转数。

（2）增量式光电编码器的缺点

尽管增量式光电编码器简单且精度高，但仍存在以下问题：

① 数据容易丢失。增量编码器获得的所有计数都相对于某个任意指定的基准（清零位置）。一旦由于电源故障或误操作导致基座丢失，很难找回。

② 在位置检测过程中可能会发生错误累积。

4.2.2   绝对式光电编码器

（1）绝对式光电编码器出现的背景

针对增量式光电编码器的缺点，解决方案是增加参考点。编码器每次经过参考点时，都会将参考位置校正到计数设备的存储位置中。因此，在工业控制中，要为每个操作找到参考点，打开机器并进行更改。例如，打印机扫描仪的定位基于增量编码器的原理。每次打开它时，都会听到噼啪作响的声音，这是它在工作之前正在寻找参考零点。对于一台机器，这种回归原点的操作不算很麻烦，但当这些机器被大量用在生产线中时，在每天开始送电或停电后重新送电时，若把所有这些机器都做回归原点操作就太费事，特别是对工业机器人来说，现在大多数是多关节型的，都要经过复杂的运算实现坐标变换。若能知道机器人各轴的绝对位置，那么，在机器人操作之前，就不需要将机器人回归原点，也就不必进行坐标变换了。在这种背景下，出现了绝对光电编码器。

对于绝对式光电编码器在伺服回零一次后，伺服断电前，伺服电机编码器的当前位置等数据被送入伺服寄存器记录起来，寄存器通过电池保存数据。当下次开机时，伺服自然就知道伺服电机的当前位置，从而保证不必每次开机执行回零动作。

（2）绝对式光电编码器的结构和原理

绝对式光电编码器的代码盘上刻有同心码道，每个代码轨具有根据一定规则（不一定要等分）布置的透光和不透明部分，即亮区和暗区，如图 4.7 所示。绝对式光电编码器的光敏元件与码道一一对应，成组排列，光敏元件组的信号成组输出。

编码盘中使用的编码系统包括自然二进制代码、循环二进制代码（格雷码）等。图 4.7 中所示的代码盘是 6 位自然二进制代码盘，最里面的圆圈（C_5）一半透光，一半不透光；最外面的圆（C_0）分为 $2^6 = 64$ 个黑白间隔，每个角度对应一个不同的编码。例如，零位置对应于 000000（全黑，如果将不透明度指定为 0），第 23 位对应于 010111。这样，在测量时，只能根据起点和终点来确定角位移，而不考虑旋转的中间过程。n 位二进制码盘的最小分辨率，即可以区分的最小角度为 $\alpha = 360°/2^n$；如果 $n = 6$，则 $\alpha \approx 5.6°$；如果要实现 1″ 的分辨率，则至少需要 20 位码盘。20 位码盘的标记直径为 400mm，其外圆分割间隔小于 1.2μm，这表明代码盘的制造精度非常高。

在实际应用中，很少使用自然二进制码编码器，因为当自然二进制码的某个高位数字发生变化时，所有低于该数字的数字都会同时发生变化。如果划线错误导致某个高位数提前或延迟，将导致严重错误。因此，经常使用循环二进制码代替自然二进代码。图 4.8 显示了一个 6 位循环二进制码。类似于自然二进制代码，n 位循环码码盘具有两个不同的编码，最小分辨率为 $360°/2^n$。

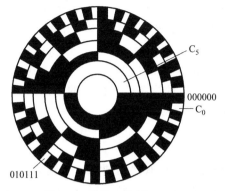

图 4.7　自然二进制码码盘

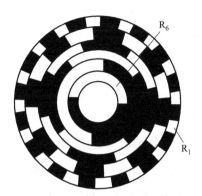

图 4.8　循环二进制码码盘

表 4.1 列出了四位自然码和循环码之间的比较。从表中可以看出，当从任何数字更改为相邻数字时，仅一位代码会更改。根据此规则，只要适当限制每个码道的制造和安装错误，就不会发生粗大误差。基于此优点，循环码盘已被广泛使用。循环码是无权码，这将在解码中引起一定的困难。因此，通常先将其转换为二进制代码，然后再进行解码。可以使用逻辑电路将循环码转换为自然码，或者可以使用存储芯片或软件编程方法来执行转换。

表 4.1　四位自然码与循环码对照

十进制数	自然码	循环码	十进制数	自然码	循环码
0	0000	0000	8	1000	1100
1	0001	0001	9	1001	1101
2	0010	0011	10	1010	1111
3	0011	0010	11	1011	1110
4	0100	0110	12	1100	1010
5	0101	0111	13	1101	1011
6	0110	0101	14	1110	1001
7	0111	0100	15	1111	1000

旋转单圈绝对编码器，旋转测量光学码盘的每一条刻线，得到唯一代码。旋转超过 360° 后，编码回到原点，不符合绝对编码的唯一性原理。这种编码器只能用于 360° 旋转范围内的测量，称为单圈绝对式编码器。

如果测量旋转超过 360°，则需要多圈绝对编码器。编码器制造商使用钟表齿轮机械的原理，中心编码器旋转时，另一套编码器（或多套齿轮、多套编码器）由齿轮驱动，在单圈编码的基础上增加圈数，扩大编码器的测量范围。这样的绝对编码器称为多圈绝对编码器，也是机械位置编码，每个位置的编码都是唯一的，不重复，且无需记忆。

多圈编码器的另一个优点是，由于测量范围大，实际使用往往富裕较多，所以安装时不需要找零点，可以用某个中间位置作为起点，大大简化了安装调试的难度。多圈绝对式编码器在长度定位方面具有明显的优势，被越来越多地用于工业控制定位。

（3）混合式光电编码器的结构和原理

所谓混合式光电编码器是在增量式光电编码器的基础上，增加了一个检测永磁交流伺服电机磁极位置的编码器。其中，用于检测交流伺服电机磁极位置的编码器实际上是一个绝对式编码器，其输出信号在一定精度内与磁极位置有对应关系。通常它给出相位差为 120°的相位信号，用于控制交流伺服电机定子三相电流的相位。这种检测磁极位置的方法常用于无刷 DC 伺服电机。

在旋转盘的内侧制成空间位置互成 120°的三个缝隙，光接收元件接收来自穿过间隙的发光元件的光，以产生相差 120°的三相信号，这些信号被放大和整形以输出矩形波信号 U_U、$\overline{U}_U$、U_V、$\overline{U}_V$、U_W、$\overline{U}_W$。这些信号的组合状态用于表示磁极在空间中的不同位置。

这里，每相的输出信号 U_U、$\overline{U}_U$、U_V、$\overline{U}_V$、U_W、$\overline{U}_W$ 在空间上有一个 360°的周期，每个周期可以组合成 6 个状态。每个状态代表一个 60°的空间角，即在磁极位置 360°的整个空间中，每 60°的空间位置代表一个三相输出信号状态。这种检测磁极位置的方法虽然简单可行，但会使伺服系统的低速性能变差，产生明显的步进运动。

4.2.3 光电编码器的选用

常用的光电编码器为增量型编码器；如果对位置、零位有严格要求，用绝对型编码器。绝对编码器结构复杂，价格稍贵。绝对编码器单圈从经济型 8 位到高精度 17 位或更高，价格不等。

绝对编码器多圈大部分用 25 位，输出有 SSI 总线、Profibus-DP、Can、Interbus、Devicenet，通常是串行数据输出。

增量式光电编码器选择的基本要点如下：

① 选择分辨率（P/r）。

② 外观及机械安装尺寸：轴心型、中空孔型、双轴心型，定位止口，轴径，安装孔位置；电缆出线方式；安装空间体积；工作环境保护水平是否符合要求。

③ 电气接口：常见的编码器输出方式有推拉输出（F 型 HTL 格式）、电压输出（E）、集电极开路（C 为常见，C1 为 NPN 型管输出，C2 为 PNP 型管输出）、长线驱动器输出。其输出方式应和其控制系统的接口电路相匹配。

输出信号为电压型，可以直接连接到控制器，通常是 A 相、B 相、Z 相的三根线和电源的两根线，它们与控制器的电源共用同一地；集电极开路型（NPN、PNP 型管）输出，如 NPN 型通常需要与上拉电阻连接以获得脉冲信号；推挽型（HTL 型）输出还应注意连接上拉或下拉电阻；长线驱动也称为差分长线驱动，5V 的 TTL 具有正负波形的对称形式，由于其正负电流在相反的方向上消除了外部电磁场，因此抗干扰能力很强。普通编码器的传输距离通常为 100m。如果是 24V 的 HTL 型且具有对称的负信号，则传输距离为 300～400m。通常，只有 6 根导线（A、A 反、B、B 反、Z、Z 反）连接到控制器对应的接口。

④ 电源：DC5V、12V、24V 等，请勿将 24V 功率电平串入 5V 信号线，以免损坏编码器的信号端子。

⑤ 环境特性：确定是在室温下还是在低温、高温下使用，以及在野外环境中是否存在灰尘、棉絮、油污、油气、铁屑等特殊环境，并选择合适的产品等级。

4.3 旋转变压器

4.3.1 旋转变压器工作原理

旋转变压器是一种输出电压随转子转角变化的角位移测量装置。在结构上，旋转变压器类似于两相绕线异步电动机,由定子和转子组成。定子绕组是变压器的初级侧,转子绕组是变压器的次级侧。励磁电压连接到定子绕组,其频率通常为 50Hz、400Hz、500Hz 和 1000Hz。该旋转变压器结构简单,动作灵敏,对环境的要求低,输出信号幅值大,抗干扰能力强,工作可靠。它适用于所有使用旋转编码器的场合,尤其是高温、严寒、潮湿、高速、高振动等场合。在编码器无法正常工作的情况下,在不同的自动控制系统中,旋转变压器具有多种类型和用途,它主要用作伺服控制系统中的角度传感器,被广泛用于航空、航天、雷达、火炮等军事设备,以及 CNC 机床、机器人、自动阀、汽车和纺织品等工业设备。

假设一次绕组的匝数为 N_1,二次绕组的匝数为 N_2,$k = N_1/N_2$,这是变压比,转子绕组的磁轴与定子绕组的磁轴位置转动角度为 θ,当一次侧输入交变电压为

$$U_1 = U_m \sin\omega t \tag{4-2}$$

则二次侧产生感应电压:

$$U_2 = kU_1 = kU_m \sin\omega t \sin\theta \tag{4-3}$$

式中　U_2——转子绕组的感应电压;

　　　U_1——为定子的励磁电压;

　　　U_m——为励磁电压的幅值。

旋转变压器是一台小型交流电机,二次绕组跟着转子一起旋转,由式(4-3)可知其输出电压随着转子的角向位置呈正弦规律变化。当转子绕组磁轴与定子绕组磁轴垂直时,$\theta = 0°$,不产生感应电压,$U_2 = 0$;当两磁轴平行时,$\theta = 90°$,感应电压 U_2 最大,此时的 U_2 为

$$U_2 = nU_m \sin\omega t \tag{4-4}$$

图 4.9 所示是一种旋转变压器的原理图。

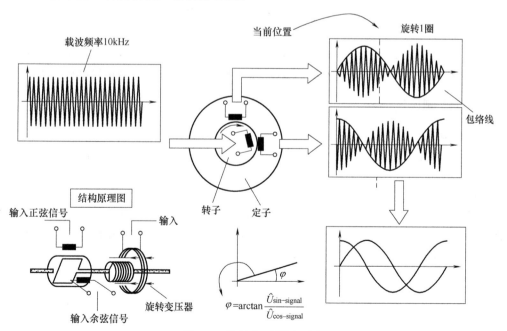

图 4.9　旋转变压器原理图

4.3.2　鉴相工作方式

在旋转变压器定子的两相正交绕组(正弦用 s、余弦用 c 表示),一般称为正弦绕组和余弦绕组上,分别输入幅值相等、频率相同的正弦余弦激磁电压:

$$U_s = U_m \sin\omega t$$
$$U_c = U_n \cos\omega t \tag{4-5}$$

两相激磁电压在转子绕组中会产生感应电动势。根据线性叠加原理，转子绕组中感应电压为

$$U = kU_s \sin\theta_机 + kU_c \cos\theta_机 = kU_m \cos(\omega t - \theta_机) \tag{4-6}$$

式中　　k——变压比。

由式（4-6）可知感应电压的相位角就等于转子的机械转角 $\theta_机$，因此只要检测出转子输出电压的相位角，就知道了转子的转角，旋转变压器的转子是和伺服电动机或传动轴连接在一起的，从而可以求得执行部件的直线位移或角位移。

4.3.3　鉴幅工作方式

给定子的两个绕组分别通上频率、相位相同，但幅值不同，即调幅的激磁电压：

$$U_s = U_m \sin\theta_电 \sin\omega t \tag{4-7}$$
$$U_c = U_m \cos\theta_电 \sin\omega t \tag{4-8}$$

则在转子绕组上得到感应电压为

$$\begin{aligned}
U &= kU_s \sin\theta_机 + kU_c \cos\theta_机 \\
&= kU_m \sin\omega t (\sin\theta_电 \sin\theta_机 + \cos\theta_电 \cos\theta_机) \\
&= kU_m \cos(\theta_电 - \theta_机)\sin\omega t
\end{aligned} \tag{4-9}$$

在实际应用中，通过不断修改激磁调幅电压值的电气角 $\theta_电$，使之跟踪 $\theta_机$ 的变化，并测量感应电压幅值，即可求得机械角位移 $\theta_机$。

4.4　测速发电机

在自动控制及计算装置中，测速发电机可以将速度信号转变成电信号，主要用于校正和检测。按照电流种类不同，测速发电机分为直流测速发电机和交流测速发电机两大类。

4.4.1　直流测速发电机

（1）结构

直流测速发电机的外形如图 4.10 所示，其基本结构与小型直流发电机的相同，也像直流伺服电动机那样，由于功率较小，一般采用他励永磁式结构。

（2）工作原理

直流测速发电机的工作原理与普通的直流发电机的基本相同，如图 4.11 所示。工作时，在励磁绕组上加上固定的电压 U_f，转子在电动机的拖动下以转速 n 旋转时，电枢绕组切割磁通 Φ 而产生电动势。

图 4.10　直流测速发电机的外形图

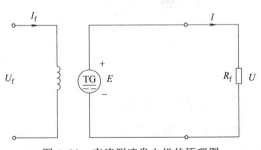

图 4.11　直流测速发电机的原理图

和普通发电机一样，当接有负载电阻 R_L 时，输出电压 U 与输出电流 I、电枢电阻 R_a、电动势 E 之间关系为 $U = E - R_a I$，负载上又有 $U = R_L I$，且 $E = C_e \Phi n$ 中，将上面三式整理后可得

$$U = \frac{C_e \Phi n}{1 + \dfrac{R_a}{R_L}} \tag{4-10}$$

只要 Φ、R_a 和 R_L 不变，直流测速发电机的输出电压 U 仍然与转速 n 成正比。改变电动机拖动直流测速发电机的转向，输出电压的正、负极性也同时改变。

（3）误差

上述 U 与 n 的线性关系是在 Φ、R_a 和 R_L 都不变的理想情况下得到的，实际上有些因素会引起这些量的变化，如变化会使励磁绕组的电阻值发生变化、负载电阻 R_L 的存在会产生电枢反应、接触电阻是随负载电流变化而变化的，这些都是引起线性误差的原因之一。为了减小温度引起的磁通变化，一般直流测速发电机的磁路设计需要足够饱和。为了减小电枢反应对输出特性的影响，应尽量采用大的负载电阻和不大的转速范围。

4.4.2　交流测速发电机

（1）结构

交流测速发电机的结构与交流伺服电机完全相同。定子上也有两个相差 90°的绕组。工作时，一个加励磁电压，称为励磁绕组；另一个用来输出电压，称为输出绕组。转子有笼式和杯形。杯形转子的转动惯量比笼式转子小，系统具有更好的快速性和灵敏度，因此经常采用杯形结构。一般情况下，励磁绕组嵌在外定子上，输出绕组嵌在内定子上。

（2）工作原理

交流测速发电机的工作原理如图 4.12 所示。当励磁绕组加上一定的交流励磁电压 $\dot{U}_f$ 时，励磁电流 $\dot{I}_f$ 通过励磁绕组产生在励磁绕组轴线方位上变化的脉振磁通势和脉振磁通 $\dot{\Phi}_d$。

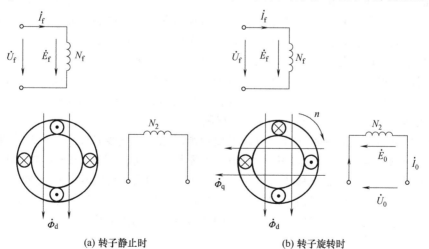

(a) 转子静止时　　　　　　　(b) 转子旋转时

图 4.12　交流测速发电机的工作原理

① 转子静止。当转子静止时，交流测速发电机类似于变压器。励磁绕组相当于变压器的初级绕组，转子绕组相当于变压器的次级绕组。磁通 $\dot{\Phi}_d$ 在励磁绕组中以参考方向产生电动势 $\dot{E}_f$，如图 4.12（a）所示，并在转子绕组中产生电动势 $\dot{E}_d$ 和电流 $\dot{I}_d$。由于磁通 $\dot{\Phi}_d$ 的

轴线垂直于输出绕组的轴线，所以在输出绕组中不会产生感应电动势，当转子静止时，即当转子转速 $n=0$ 时，输出绕组的输出电压等于零。

② 转子旋转。当转子旋转时，转子中除了上述电动势 $\dot{E}_d$ 和电流 $\dot{I}_d$，转子绕组还因切割 $\dot{\Phi}_d$ 而产生电动势 $\dot{E}_q$ 和电流 $\dot{I}_q$，由右手定可以知道电动势 $\dot{E}_q$ 和电流 $\dot{I}_q$ 的方向是上半部为 ×，下半部为・，如图 4.12（b）所示。从右手螺旋可以看出，$\dot{I}_q$ 会产生与输出绕组轴相一致的磁动势和磁通 $\dot{\Phi}_q$，磁通 $\dot{\Phi}_q$ 也是输出绕组方向的交变脉冲磁通，因此会在输出绕组中产生感应电动势 $\dot{E}_0$，输出开路电压 $\dot{U}_0$。并且由于转子中的感应电流与转速成正比，所以 $\dot{\Phi}_q$ 和 $\dot{U}_0$ 都与转速成正比，即输出电压 $\dot{U}_0$ 与转速 n 成线性关系，当转子反向旋转时，$\dot{U}_0$ 的相位反转。

③ 存在误差。输出关系的线性是在理想条件下获得的。事实上，有一些因素会导致输出电压的线性误差和相位误差，以及速度为零时的剩余电压。在实际使用中，负载阻抗应远大于测速发电机的输出阻抗，使其尽可能接近空载状态工作，以减少误差。

4.5　距离传感器

4.5.1　光栅的概念、结构与分类

直线光栅尺适用于以下领域：加工设备，如车床、铣床、镗床、磨床、电火花机床、线切割机等；测量仪器，如投影仪、图像测量仪器、工具显微镜等；对 CNC 机床上刀具运动的误差起补偿作用。光栅尺的高精度全闭环控制精度高，可输出数字信号，但价格相对昂贵，怕振动，易受油污、灰尘现场干扰。

根据制造方法和光学原理的不同，可以分为透射光栅和反射光栅。透射光栅是指使用光刻机在光学玻璃上雕刻大量具有相等宽度和距离的平行条纹产品。光源和接收装置分别放置在光栅尺的两侧，并接收由光栅尺透射的衍射光的变化来反映位置的变化。反射光栅是指在金属镜面上进行全反射和漫反射之间具有相等间隔的密集条纹产品。光源和接收装置安装在光栅尺的同一侧，并且光栅尺反射的衍射光的变化反映了位置的变化。

透射光栅的制造工艺比较简单，光栅条的边缘清晰，采用垂直入射光，光电元件可以直接接收，因此读取头的结构简单。然而，由于玻璃的强度限制，其长度受到某些限制。反射光栅由于反射光栅是金属制的，其线胀系数容易与机体保持一致，不易折断，扩展方便。其长度可以达到 100m 以上，可用于大行程位移测量。

光栅尺根据运动方式的不同分为直线光栅和圆形光栅。直线光栅用于测量线性位移，而圆形光栅用于测量角位移。根据编码输出方式的不同，分为增量式光栅尺和绝对式光栅尺。由于机床采用了绝对式光栅位移传感器，因此在重新启动后，无需执行返回参考点的操作即可立即获得每个轴的当前位置值和刀具的空间方位。因此，可以省略原点开关，甚至可以省略行程开关。绝对光栅位移传感器是高端全闭环数控机床的主流应用。

本节仅介绍直线光栅。

4.5.2　直线光栅尺的测量原理

（1）直线式透射光栅

如图 4.13 所示，它使用光电元件将两个光栅移动时产生的明暗变化转换为电流变化。长光栅安装在机床的运动部件上，称为标尺光栅；短光栅安装在机床的固定部件上，称为指

示光栅。标尺光栅和指示光栅都由窄的矩形不透明线和相同宽度的透明间隔组成。当标尺光栅相对于线纹垂直移动时，光源穿过标尺光栅和指示光栅，然后通过物镜聚焦在光电元件上。指示光栅的线型和标尺光栅透明间隔重合或交错，光电元件接收到的光通量波动产生类似于正弦波的电流，然后使用电子电路将其转换为数字以显示位移。为了识别移动方向，将指示光栅的线图案错开光栅间距的 1/4，并由方向判别电路进行判断。由于这种光栅只能通过一个透明的间隔，因此光强度弱，脉冲信号不强，经常用于光栅线较粗的场合。

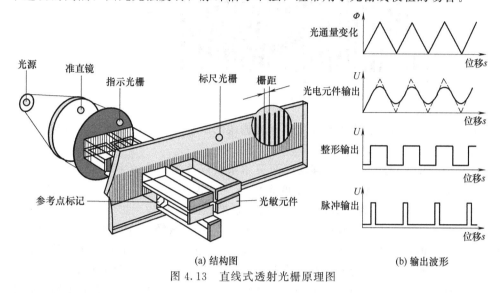

(a) 结构图　　　　　　　　　(b) 输出波形

图 4.13　直线式透射光栅原理图

透射光栅的特点是：光源可以采用垂直入射光，光电接收元件可以直接接收信号，信号幅度较大，信噪比高，光电转换元件具有一个简单的结构。同时，在透射光栅的单位长度上刻有的条纹数量相对较大，通常高达每毫米 100 条，分辨率为 0.01mm，这大大简化了检测电子电路。但是它的长度不能太长，目前可以达到 2m。

（2）莫尔条纹式光栅

如果将两个光栅靠近并略微倾斜，则在垂直于光栅的方向上可以看到非常厚的条纹，这称为莫尔条纹。莫尔条纹式光栅在本质上也类似于增量编码器，它通过波纹条纹的形成、光电转换、辨向和细化等环节来实现数字测量。

莫尔条纹的形成如图 4.14 所示。具有相同的光栅间距 W 和相同的黑白宽度的两个光栅沿着线方向保持小的角度 θ。当它们平行且相对彼此靠近时，由于遮光效应或光的衍射，光的衍射在暗线的交点处形成多个亮带和暗带，所有这些带都是菱形条纹。亮带的间隔 B（莫尔条纹宽度）与线角 θ 之间的关系为

$$B = \frac{W}{2\sin\dfrac{\theta}{2}} \approx \frac{W}{\theta} \tag{4-11}$$

莫尔条纹垂直于两条光栅线之间的角度 θ 的等分线。因为角度 θ 非常小，所以莫尔条纹大约垂直于光栅的线，因此称为横向莫尔条纹。当两个光栅在垂直于线型的方向上相对移动时，莫尔条纹在平行于线型的方向上移动。移动的方向取决于两个光栅之间的角度 θ 的方向和相对移动的方向。莫尔条纹具有以下重要特征：

① 确定运动方向。对应关系如图 4.14 所示，当光栅 1 向右移动时，莫尔条纹沿光栅 2 的光栅线向上移动；相反，当光栅 1 向左移动时，莫尔条纹沿光栅 2 的光栅线向下移动。

② 平均误差效果。莫尔条纹是由大量光栅线的组合作用产生的，它们平均对光栅的线

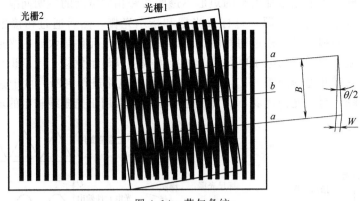

图 4.14　莫尔条纹

误差产生影响，因此可以在很大程度上消除光栅线的制造误差。光栅越长，参与工作的线越多，平均效果越好。

③ 放大。光栅以光栅间距 W 移动，而莫尔条纹以莫尔宽度 B 移动，可以从式（4-11）看到放大效果。如果两个光栅之间的角度 θ 较小，则莫尔条纹的宽度 B 将比光栅的光栅栅距 W 大得多，因此，莫尔条纹具有放大效果。如果光栅周期 $W=0.01\text{mm}$，两个光栅之间的夹角 $\theta=0.1°$，则 $B\approx5.73\text{mm}$，放大倍数为 573，大大减轻了检测电子电路的负担。当 θ 接近 0 时，条纹的宽度大于或等于干涉表面的宽度，此时，如果两个光栅相对移动，则干涉表面上看不到明暗条纹，只能看到亮带和暗带相互交替地出现。这时的莫尔条纹犹如一个闸门，因此被称为光纹莫尔条纹，根据该原理制成的光栅检测元件通常称为光电脉冲发生器。

4.5.3　磁栅尺

磁栅尺是一种通过计算磁波数进行测量的检测元件，其优点是精度高、复制简单、安装方便等，在油污、粉尘较多的场合使用，有较好的稳定性。

磁栅尺的原理与普通磁带的录音、放音原理相同，信号处理方式也类似于旋转变压器，其结构原理如图 4.15 所示。

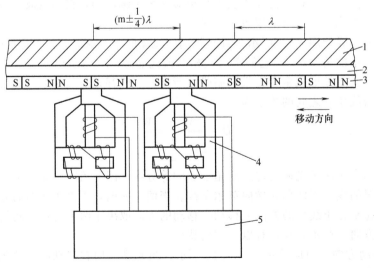

图 4.15　磁栅尺结构原理示意图

1—磁尺基体；2—抗磁镀层；3—磁性涂层；4—磁头；5—控制电路

4.5.4 测距传感器

测量某物体（介质）的距离，通常采用超声波测距传感器、激光测距传感器、红外测距传感器、毫米波传感器、激光雷达传感器等，本小节主要介绍超声波、激光、红外测距传感器。

（1）超声波测距传感器

超声波是一种振动频率高于声波的机械波，由换能晶片在电压的激励下发生振动产生，它具有频率高、波长短、绕射现象小，特别是方向性好、能够定向传播等特点。超声波测距传感器是利用超声波的特性研制而成的。超声波碰到杂质或分界面会产生显著反射形成反射回波，碰到活动物体能产生多普勒效应。

如图 4.16 所示超声波测距传感器，习惯上称为超声换能器或超声探头。超声探头主要由压电晶片组成，既可以发射超声波，也可以接收超声波。小功率超声探头多做探测作用，它有许多不同的结构，可分直探头（纵波）、斜探头（横波）、表面波探头（表面波）、兰姆波探头（兰姆波）、双探头（一个探头反射、一个探头接收）等。超声探头的核心是其塑料外套或者金属外套中的一块压电晶片。构成晶片的材料可以有许多种。晶片的大小，如直径和厚度也各不相同，因此每个探头的性能是不同的，使用前必须预先了解它的性能。

超声波测距原理：超声波发射器向某一方向发射超声波，在发射时刻的同时开始计时，超声波在空气中传播，途中碰到障碍物就立即返回来，超声波接收器收到反射波就立即停止计时。超声波在空气中的传播速度为 340m/s，根据计时器记录时间 t 就可以计算出发射点距障碍物的距离 s，即 $s=340t/2$，这就是所谓的时间差测距法。

在精度要求较高的情况下，需要考虑温度对超声波传播速度的影响，按式（4-12）对超声波传播速度加以修正，以减小误差：

$$v=331.4+0.607T \tag{4-12}$$

式中 T——实际温度，℃；

v——超声波在介质中的传播速度，m/s。

超声波传感器的主要性能指标包括工作频率、工作温度和灵敏度。

① 工作频率。工作频率就是压电晶片的共振频率。当加到它两端的交流电压的频率和晶片的共振频率相等时，输出的能量最大，灵敏度也最高。

② 工作温度。由于压电材料的居里点比较高，工作温度比较低，可以长时间地工作而不产生失效。医疗用的超声探头的温度比较高，所以需要单独的制冷设备。

③ 灵敏度。灵敏度主要取决于制造晶片本身。机电耦合系数大，灵敏度高；反之，灵敏度低。

在实际应用中，还应考虑超声波的工作范围，考虑其最小、最大和可靠检测距离以及注意超声波的全发射角（超声波传感器围绕参考轴的立体角），如图 4.17 所示。

图 4.16 超声波测距传感器

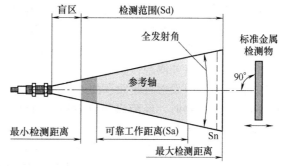

图 4.17 超声波工作范围

超声波测距传感器工作可靠、安装方便、发射夹角较小、灵敏度高，方便与工业显示仪表连接，也提供发射夹角较大的探头，常用于以下工作场合：

① 工业质量监控、直径和尺寸检测；

② 液位检测；

③ 机器人避障；

④ 汽车（泊车系统）避障；

⑤ 智能家居。

它的优势有：

① 无任何机械传动部件，不怕电磁干扰，不怕酸碱等强腐蚀性液体，稳定性较强；

② 频率高、波长短、绕射现象小，特别是方向性好，能够成为射线而定向传播；

③ 对液体、固体的穿透本领很大，尤其在阳光下不透明的固体。

它的劣势有：

① 抗干扰能力弱，任何声学噪声都可能干扰传感器的正常输出，两个相同频率的超声波传感器放在一起，会产生声学串扰，同时会受到烟雾、灰尘、雨滴的干扰；

② 报错率较高，发射角度较大，针对障碍物较多时，反射回来的声波较多，干扰较多；

③ 测量范围有限，测量范围通常在百米以内，不适合超远距离探测；

④ 测量精度低，超声波测距传感器的测量精度通常是厘米级的；

⑤ 只能检测平面介质，如声波被58°斜面接收到声音之后，声波无法正常传回接收器；

⑥ 不适用于测量高速移动的物体，由于超声波利用声音速度传播，相较于利用光学传感器测量，响应时间比较长；

⑦ 不适用于多风、真空、温度梯度较大的场合。

（2）激光测距传感器

激光测距是激光最早的应用之一，这是由于激光具有方向性强、亮度高、单色性好等优点。激光测距传感器先由激光二极管对准目标发射激光脉冲，经目标物体反射后激光向各方向散射，部分散射光返回到传感器接收器，被光学系统接收后成像到雪崩光电二极管上。雪崩光电二极管是一种内部具有放大功能的光学传感器，因此它能检测极其微弱的光信号。记录并处理从光脉冲发出到返回被接收所经历的时间，即可测定目标距离。按照测量原理，激光位移传感器原理分为激光三角测量法和激光回波分析法。激光三角测量法一般适用于高精度、短距离的测量，而激光回波分析法则用于远距离测量。

激光测距传感器的测量距离范围可在零至数百米，全程精度误差1.5mm左右。该传感器一般都具备标准的RS232、RS422等通信接口，同时具备数字信号和420mA的模拟信号输出。激光测距传感器广泛应用于工业自动化和机器人系统，如图4.18所示。

（3）红外测距传感器

红外线是介于可见光和微波之间的一种电磁波，因此，它不仅具有可见光直线传播、反射折射等特性，还具有微波的某些特性，如较强的穿透能力和能贯穿某些不透明物体等。自然界的所有物体只要温度高于绝对零度都会辐射红外线，因而，红外传感器需具有更强的发射和接收能力。红外测距传感器具有一对红外发射器与红外接收器。红外发射器通常是红外发光二极管，可以发射特定频率的红外信号，接收管接收这种频率的红外信号，当红外的检测方向遇到障碍物时，经障碍物反射后，由红外接收电路的光敏接收管接收前方物体反射光，据此判断前方是否有障碍物。

红外测距传感器常作为触摸式开关，用于卫浴设备、照明控制等；作为节能型传感器用于ATM自动取款机、复印机、自动货机、笔记本电脑、液晶显示器；另外也用于扫地机、

检测微型平垫的有无

检测卷料的剩余量

检测薄板材料的弯曲量

测量螺线管部件的插入量

测量部件的厚度

测量板厚

图 4.18　激光测距传感器应用场合

机器人、街机游戏机等。

　　红外测距的工作过程为：瞄准目标，接通电源；启动发射电路，通过发射系统，向目标物体发射红外信号；同时，采样器采样发射信号，作为计数器开门的脉冲信号；启动计数器，时钟振荡器向计数器输入计数脉冲，由目标反射回来的红外线回波作用在光电探测器上，转变为电脉冲信号，经过放大器放大进入计数器，作为计数器的关门信号；计数器停止计数，计数器从开门到关门期间，所进入的时钟脉冲个数，经过运算得到目标距离。其测距公式为

$$L=\frac{ct}{2} \tag{4-13}$$

式中　L——待测距离；

　　　c——光速；

　　　t——光脉冲在待测距离上往返传输所需要的时间。

　　只要求出光脉冲在待测距离往返传输所需要的时间就可以通过式（4-13）求出目标距离。红外脉冲的原理与结构比较简单，测距远，功耗小。

4.6　行程开关（限位开关）和接近开关

　　在位置测量系统中，除了上述可以测量物体位置连续变化的位移传感器之外，还有一种开关型和极限型位置传感器，用于检测物体的特定到达位置开关，包括限位开关、接近开关、物位传感器等。

4.6.1　行程开关（限位开关）

（1）行程开关（限位开关）的定义及分类

根据生产机械的行程发出命令以控制其运行方向或行程长度的主控电器称为行程开关。

如果行程开关安装在生产机械行程的末尾以限制行程，则称为限位开关或终点开关。行程开关广泛用于各种类型的机床和起重机械中。

根据其结构，行程开关可分为直动式、滚轮式、微动式和组合式，如图 4.19 和图 4.20 所示。

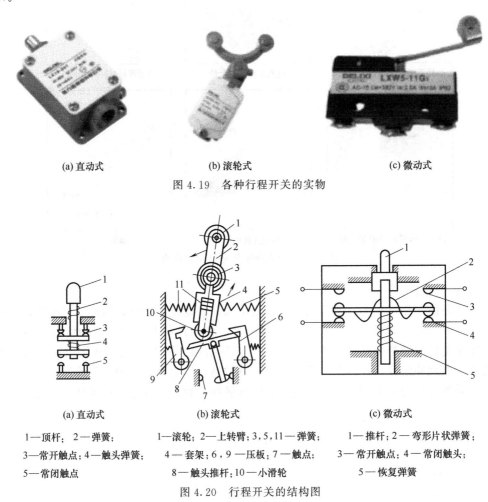

(a) 直动式　　　　　(b) 滚轮式　　　　　(c) 微动式

图 4.19　各种行程开关的实物

(a) 直动式　　　　　(b) 滚轮式　　　　　(c) 微动式

1—顶杆；2—弹簧；　　1—滚轮；2—上转臂；3,5,11—弹簧；　　1—推杆；2—弯形片状弹簧；

3—常开触点；4—触头弹簧；　4—套架；6,9—压板；7—触点；　　3—常开触点；4—常闭触头；

5—常闭触点　　　　8—触头推杆；10—小滑轮　　　　5—恢复弹簧

图 4.20　行程开关的结构图

（2）行程开关的型号及其含义

行程开关的型号及其含义如图 4.21 所示。

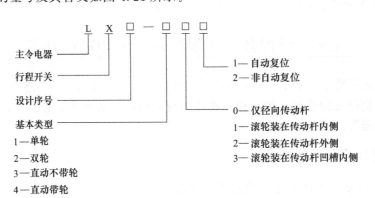

图 4.21　行程开关的型号及其含义

（3）行程开关的选用

直动式限位开关的操作原理与按钮相同，但是其缺点是打开和关闭的速度取决于生产机械的移动速度。当移动速度低于 0.4m/min 时，触头断开太慢，很容易产生电弧。此时，应使用具有碟形弹簧机构瞬时作用的滚子式行程开关。当生产机械的行程相对较小并且作用力也较小时，可以使用具有瞬时作用和较小行程的微动开关。

4.6.2　接近开关

（1）接近开关分类

接近开关，也称为无触点接近开关，是一种无需与运动部件直接机械接触即可操作的位置开关。它克服了触点行程开关可靠性差、使用寿命短和工作频率低的缺点。它采用无接触、无触点式开关，具有动作可靠性稳定、频率响应快、使用寿命长、抗干扰能力强、防水、防振、耐腐蚀等优点。接近开关可实现多种功能，如距离检测、尺寸控制、速度控制、计数控制、异常检测和产品存在检测，并且已广泛应用于自动控制系统中。根据它们的工作原理，接近开关可以分为电感式、电容式、霍尔式、光电式、超声式等。常见接近开关的特点和应用见表 4.2。

表 4.2　常见接近开关的特点及应用

接近开关类型	特　　点	应　　用
电感式	价格便宜，用户可根据实际的应用情况选择相应的形状	能检测可导电的各类金属材料
电容式	非接触测量，易受环境影响。检测非金属物体时，检测距离决定于材料的介电常数	能检测金属、非金属材料，液体或粉状物体
霍尔式	能安装在金属构件中，可透过金属进行检测。检测距离受磁场强度及检测体接近方向的影响	适用于气缸和活塞泵等的位置测定，检测对象必须是磁性物体
光电式	检测距离长，响应快，分辨力高，可进行非接触检测、颜色判别，调整方便	在机械行业中得到了广泛的应用
超声式	不受检测物体的颜色、透明度、材质的影响	可检测各种类型和形状的物体，如矿石、煤炭、塑料等

接近开关根据输出接线方式分为两线制和三线制。根据输出驱动功率的类型，可以分为交流开关型、直流开关型、交流和直流两用型。根据输出驱动方式，可分为 PNP 输出类型、NPN 输出类型和继电器输出类型。根据输出开关模式，可以分为常开输出型、常闭输出型和常开常闭输出型。常用接近开关的结构形式如图 4.22 所示。

(a) 圆柱形　　(b) 平面安装形　　(c) 方形　　(d) 槽形　　(e) 贯穿形

图 4.22　常用接近开关的结构形式

（2）电感式接近开关

电感式接近开关是利用涡流效应制成的传感器。涡流效应是指当金属物体处于交变磁场中时在金属内部产生交变涡流的物理效应，涡流将对产生它的磁场作出反应。如果交变磁场是由电感线圈产生的，则电感线圈中的电流将发生变化，以平衡由涡流产生的磁场。当被测金属物体接近电感线圈时，由涡流效应制造的传感器将产生涡流效应，这将导致振荡器的振幅或频率发生变化。传感器的信号调理电路（包括检波、放大、整形、输出等电路）将这种变化转换为开关量输出，从而达到检测的目的。其工作原理如图 4.23 所示。

（3）电容式接近开关

电容式接近开关的感测表面由两个同轴金属电极组成，非常类似于开放式电容器电极，如图 4.24 所示。电极 A 和电极 B 连接在高频振子的反馈电路中。当没有测试目标时，高频振子无法感应。当测试目标接近传感器表面时，它进入由这两个电极形成的电场，导致电极 A 和电极 B 之间的耦合电容增加，电路开始振荡。每种类型的振荡幅度都由一组数据分析电路测量，并通过检波，放大和整形来形成开关信号。

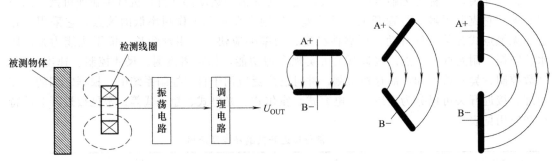

图 4.23　电感式传感器工作原理　　　　图 4.24　电容式接近开关示意图

（4）光电开关

① 光电开关介绍。光电开关是传感器的一种，将发射端与接收端之间的光强变化转换为电流变化，从而达到检测的目的。由于光电开关的输出电路和输入电路是电隔离的（即电绝缘），因此可以在许多场合中使用。

光电传感器的类型很多，包括红外发光二极管（LED）、光接收二极管、光接收三极管、阻挡弱光的光电晶体管、光接收达林顿管、光电施密特接收器、反射型光电组件、光电施密特对射组件、对射式编码检测器和条形码传感器等。光电接收器包括光电接收二极管、光电接收晶体管、阻挡弱光的光电晶体管、光电接收达林顿管、光电施密特接收管等。光电传感器的类型很多，有很多制造商。

利用集成电路技术和 SMT 表面贴装技术制造的新一代光电开关器件具有智能功能，如延时展宽、外部同步、抗干扰、高可靠性、稳定的工作区域和自我诊断。这种新颖的光电开关是一种采用脉冲调制的有源光电检测系统电子开关。它所使用的冷光源包括红外光、红光、绿光和蓝光等，可非接触、无损伤地迅速控制各种固体、液体、透明物体、黑体、软体、烟雾等物质的状态和作用，具有体积小、寿命长、精度高、响应速度快、检测距离长、抗光、电、磁干扰能力力强的优点。

光电开关利用被检测物体对光束的遮挡或反射，由同步回路选通电路，以检测物体的存在与否。对象不限于金属，可以检测到所有可以反射光的对象。光电开关在发送器上将输入电流转换为光信号，然后接收器根据接收到的光的强度或存在来检测目标对象。安防系统中常见有光电开关烟雾报警器，在工业中经常用它计算机械臂的运动次数。

光电开关在自动控制系统、自动化生产线及安全预警系统中用作光控制和光探测装置，用于物位检测、产品计数、料位检测、尺寸控制、安全报警和计算机输入接口等方面。光电开关的主要用途见表 4.3。

常用的光电开关品牌有欧姆龙、倍加福 、杭荣、基思士 KEYENCE、图尔克 TURCK、奥托尼克斯 AUTONICS、西门子 SIEMENS、欧迪龙、神视 SUNX、托克、飞凌、山式

YAMATAKE、三菱 MITSUBISHI、东泰、普瑞特思、施克 SICK 等。

表 4.3　光电开关的主要用途

分类	用途
通过检测	板料的检测,玻璃制品的检测,自动检票机的通过检测,纸、布的通过检测,硬币、纸币的检测
计数	电容等电子元件的计数,入、退场者的计数,装箱产品计数
尺寸、位置的控制	纸、板等定长切断,传输架定位,汽车洗车机定位,板料的边缘检测,电梯门区控制、换速控制
安全、报警	机床安全保护,吊车碰撞预防,工厂、家庭防盗,车辆高度控制,电梯、公共汽车乘客上下安全检测
缺陷、缺空检测	板、线材的弯曲程度检测,线断头检测供料中断检测,瓶盖检测,铁头断刃检测,片剂缺空检测
料位检测	连通管液面检测,料门、料位检测,板料的堆垒高度控制
识别、分类	传送带上箱子的标志分检,正、反判别,胶带等透明物体的接缝检测

　　② 光电开关分类。光电开关按检测方式可分为反射式、对射式和镜面反射式三种类型。表 4.4 给出了光电开关的检测分类方式及特点说明。

表 4.4　光电开关的检测分类方式及特点

检测方式		光　路	特　点
对射式	扩散		检测距离远,也可检测半透明物体的密度(透过率)
	狭角		光束发散角小,抗邻组干扰能力强
	细束		擅长捡出细微的孔径、线型和条状物
	槽形		光轴固定不需调节,工作位置精度高
	光纤	检测不透明体	适宜空间狭小、电磁干扰大、温差大、需防爆的危险环境
反射式	限距		工作距离限定在光束交点附近,可避免背景影响
	狭角		无限距型,可检测透明物后面的物体
	标志		颜色标记和孔隙、液滴、气泡检出,测电表、水表转速
	扩散	检测透明和不透明体	检测距离远,可检出所有物体,通用性强
	光纤		适宜空间狭小、电磁干扰大、温差大、需防爆的危险环境
镜面反射式			反射距离远,适宜远距检出,还可检出透明、半透明物体

　　③ 光电开关选型。光电开关在工业中的应用很广泛,现以 OMRON 公司的 F3 系列光电开关为例进行说明,其他公司的产品类似,其选型要点如下:

a. 检测物体 确认被检测物体的透明度，表面颜色和状态。对射型光电传感器不适用于检测透明物体；如果回归反射类型要检测具有光滑光泽表面的物体，则应选择具有 MSR（镜面抑制）功能的型号；如果要检测透明物体，则应选择专用型号。物体的反射检测将受到检测物体表面颜色和反射程度的影响。

b. 检测物体的尺寸 无论使用哪种形式的光电传感器，都要求检测对象大于最小检测对象的尺寸。

c. 检测距离 对射型：检测距离较长，有的可达到 60m。回归反射型：使用不同的反射器，可以实现不同的检测距离，最远距离一般不超过 4m。扩散反射型：最远的检测距离一般不超过 2m，它受对象表面颜色的影响很大。例如，当检测到相同大小的黑白物体时，前者只能达到后者的一半距离。

d. 输出形式和接线方法 请参阅"（6）接近开关的接线"。

e. 响应频率 与接近开关一样，选择光电开关时应考虑响应频率，否则会导致脉冲输出遗漏。通常，光电开关的响应频率低于 2kHz。

以上是选择光电开关时要考虑的事项。另外，选择光电开关时，可以通过样本手册找到相关参数。

（5）磁性开关

磁性开关主要用于检测气缸活塞的位置，即检测活塞的运动行程，从而确定气缸是伸出还是缩回。气缸的气缸筒由硬质磁性材料制成，如硬铝、不锈钢等。在非磁性活塞上安装有由永久磁铁制成的磁环，这样就提供了一个反映气缸活塞位置的磁场。

带触点的磁性开关使用舌簧开关作为磁场检测元件。舌簧开关成形于合成树脂块内，并且一般情况下，动作指示灯和过压保护电路也被塑料封装。其工作原理如图 4.25 所示。当气缸中随活塞移动的磁环靠近开关时，舌簧开关的两根簧片被磁化而相互吸引，触点闭合；当磁环离开开关后，簧片失磁，触点断开。在 PLC 的自动控制中，当触点闭合或断开时发出的电控制信号可用于判断推顶缸和顶推缸的运动状态或位置，以确定工件是被顶出还是返回。

磁性开关上设置的 LED 用于显示其信号状态，以进行调试。当电磁开关操作时，输出信号为"1"，LED 点亮；当电磁开关处于非活动状态时，信号为"0"，LED 熄灭。调整磁性开关安装位置的方法是松开其紧固螺栓，然后使电磁开关沿气缸滑动，在到达指定位置后拧紧紧固螺栓。

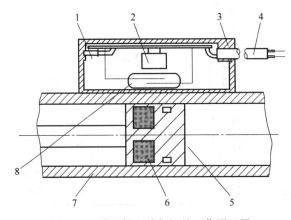

图 4.25 带磁性开关气缸的工作原理图

1—动作指示灯；2—保护电路；3—开关外壳；4—导线；5—活塞；6—磁环（永久磁铁）；7—缸筒；8—舌簧开关图

（6）接近开关的接线

图4.26是典型的三线接近开关的示意图。当被测物体不靠近接近开关，$U_B=0$，$I_B=0$，OC门被切断，并且OUT端子处于高阻抗状态（当连接负载时，它接近于电源电压高电平）；当被测物体靠近动作距离 x_{min} 时，OC门的输出端子导通到地面，而OUT端子相对于地面为低（约0.3V）；当中间继电器KA跨接 $+V_{CC}$ 和 OUT 端子时，KA 吸合；当被测物体远离接近开关并达到 x_{max} 时，OC门再次截止，KA 断电。

当没有物体被检测到时，对于常开的接近开关，由于接近开关内部的输出晶体管被切断，因此所连接的负载不起作用；当检测到物体时，内部输出晶体管导通，负载获得电源以工作。对于常闭接近开关，当没有检测到物体时，晶体管处于导通状态，负载通电工作；否则，负载断电。接近开关可以直接和计算机相连，其负载可以是继电器。

图4.27所示是一些接近开关的接线方法，从图中可以看出接近开关是如何使用的。引线的颜色：棕色是正电源（18～35V）；蓝色接地（负极电源）；黑色是输出端子。由于更多的接近开关输出级使用OC门，因此有 NPN 和 PNP 类型，以及常开和常闭之分（NPN 常开：NPN 开启和开关关闭时黑线输出为0V，当开关动作关闭时黑色和蓝色两线接通，黑色和蓝色两线电压为电源负极）。在三线制系统中，两条线连接到电源，黑线应连接到负载。对于 NPN 接近开关，负载的另一端应连接到电源的正极；对于 PNP 接近开关，应将其连接到电源的接地端子。

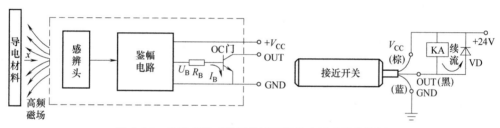

图4.26 典型直流三线型接近开关输出原理及接线图

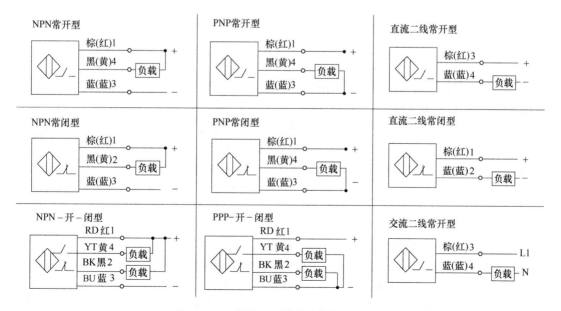

图4.27 一些接近开关的接线方法示意图

（7）接近开关的型号含义

接近开关的应用系列主要有 LJ、LXJ 等，其结构种类多，规格品种齐全。接近开关的型号组成及含义如图 4.28 所示。

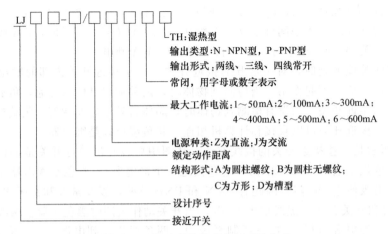

图 4.28　接近开关的型号组成及含义

（8）接近开关的安装方式

通常，接近开关有两种安装方式：齐平安装和非齐平安装。

① 齐平安装　接近开关的头部可以与金属安装支架齐平安装。

② 非齐平安装　接近开关的头部不能与金属安装支架齐平安装。

通常，可以齐平安装的接近开关也可以非齐平安装，但是可以非齐平安装的接近开关不能齐平安装。这是因为可以平齐安装的接近开关的头部被屏蔽，齐平安装时，无法检测到金属安装支架；非齐平安装的接近开关没有防护罩，齐平安装时，可以检测到金属安装。因此，非齐平安装的接近开关的灵敏度高于齐平安装的接近开关的灵敏度，可以在实际应用中根据实际需要进行选择。

（9）接近开关的选型参数

① 额定动作距离。额定动作距离是指在规定的条件下所测到的接近开关的动作距离。

② 工作距离。工作距离是指接近开关在实际使用中被设定的安装距离。在此距离内，接近开关不受环境变化、电源波动等外界干扰而产生误动作。

③ 动作滞差。动作滞差是指动作距离与复位距离之差的绝对值。滞差大，对外界的干扰能力就强。

④ 重复定位精度。重复定位精度象征多次测量动作距离，其数值的离散型的大小一般为动作距离的 1%～5%。离散性较小，重复定位精度越高。

⑤ 动作频率。动作频率指每秒连续输入接近开关的操作距离后离开的被测物体的数量或次数。如果接近开关的动作频率太低并且被测物体移动得太快，则接近开关将没有时间响应物体的运动，这可能会导致检测遗漏。

（10）接近开关的选用

根据接近开关的实际安装位置、检测体材质的不同、检测距离等，应选用不同类型的接近开关，以使其在系统中具有高的性能价格比。接近开关选择时的注意事项如下：

① 当检测体由金属材料制成时，应使用高频振荡型接近开关。这种类型的接近开关对于铁镍、A3 钢类型的检测灵敏度最高，而铝、黄铜和不锈钢类型的检测灵敏度较低。当检测灵敏度不高时，可以使用便宜的磁性接近开关或霍尔效应接近开关。

② 当检测体为木材、纸张、塑料、玻璃和水等非金属材料时，应使用电容式接近开关。

③ 当需要对金属体和非金属体进行远程检测和控制时，应使用光电接近开关或超声接近开关。

④ 当检测体为金属时，如果检测灵敏度不高，可以选择低成本的磁性接近开关或霍尔型接近开关。

4.7　霍尔传感器

4.7.1　霍尔效应

霍尔传感器是基于霍尔效应的一种传感器。霍尔效应最先在金属材料中发现，但因金属材料的霍尔现象太微弱而没有得到发展，随着半导体技术的迅猛发展和半导体显著的霍尔效应现象，霍尔传感器得以迅速发展。

所谓霍尔效应，是置于磁场中的静止载流导体，当它的电流方向与磁场方向不一致时，载流导体上垂直于电流和磁场的方向上将产生电动势的现象。

如图 4.29 所示，将厚度为 d（厚度 d 远远小于薄片的宽度和长度）的 N 型半导体薄片置于磁感应强度为 B 的磁场中，在薄片左右两端通以控制电流，那么，半导体中的载流子（电子）将沿着与电流 I 相反的方向运动。由于外磁场 B 的作用，使电子受到磁场力 F_L 发生偏转，结果在半导体的后端面上电子积累带负电，而前端面缺少电子带正电，在前后端面间形成电场。该电场产生的电场力 F_E 阻止电子继续偏转。当 F_E 和 F_L 相等时，电子积累达到动态平衡，这时在半导体前后两端面之间，即垂直于电流和磁场的方向上的电场称为霍尔电场 E，相应的电动势称为霍尔电动势 U_H，则

$$U_H = R_H \frac{IB}{d} \cos\alpha = K_H IB \cos\alpha \tag{4-14}$$

式中　R_H——霍尔系数，反映霍尔效应的强弱程度，由载流材料的性质决定；

　　　K_H——灵敏度系数，反映在单位磁感应强度和单位控制电流时霍尔电动势的大小，与载流材料的物理性质和几何尺寸有关；

　　　d——半导体薄片厚度；

　　　B——磁场磁感应强度；

　　　I——控制电流；

　　　α——磁场与薄片法线的夹角。

霍尔电势跟电流和磁场均呈线性关系。利用霍尔效应，可以检测电流或磁场。例如，可以利用霍尔开关传感器检测无刷直流电动机转子磁极位置，从而控制电机运转；利用霍尔线性传感器可以检测微小位移。

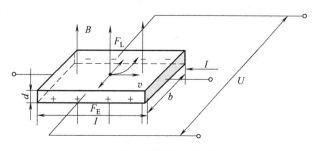

图 4.29　霍尔效应原理图

4.7.2　霍尔传感器功能

霍尔传感器具有结构简单、体积小、非接触、可靠性高、使用寿命长、频率响应范围宽（从直流到微波）、易于集成和小型化等特点，广泛用于测量技术、自动化以及信息处理。霍尔集成电路可分为线性型和开关型。较典型的线性霍尔器件有 UGN3501 系列等。较典型的开关霍尔器件有 UGN3020、3022 系列等。

（1）霍尔传感器测量位移和力

测量位移和测力位移时，将两个极性相同的永磁体彼此相对，然后将线性霍尔传感器放置在中间，如图 4.30 所示。此时，其磁感应强度为零，该点可用作位移的零点。当霍尔传感器在 Z 轴上进行 ΔZ 位移时，该传感器具有电压输出，并且电压的大小与该位移的大小成比例。如果将张力和压力等参数转换为位移，则可以测量张力和压力的大小，请参见图 4.31，这是根据此原理制成的力传感器。

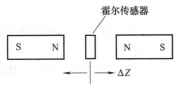

图 4.30　霍尔传感器测位移

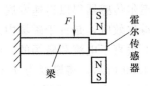

图 4.31　霍尔传感器测力

霍尔角位移测量仪的结构如图 4.32 所示。霍尔元件与被测物连接，并且霍尔元件在恒定磁场中旋转，因此霍尔电动势 E 反映了旋转角度的变化。但是，这种变化是线性的（E 与 $\cos\theta$ 成正比）。如果要求 E 与 θ 之间呈线性关系，则必须使用特定形状的磁极。霍尔元件可用于角度检测。例如，线性霍尔元件用于电动车的车把上以进行速度控制，用于汽车的油门踏板上以进行油门控制。

（2）霍尔传感器测量转速

图 4.33 显示了几种霍尔式转速传感器的结构。在测得的转速的转轴上安装转盘，当被测旋转轴旋转时，转

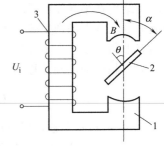

图 4.32　角位移测量仪结构示意图
1—极靴；2—霍尔器件；3—励磁线圈

盘将随之旋转。当每个小磁铁通过时，固定在转盘附近的霍尔传感器可以产生相应的脉冲，并检测到单位时间。由脉冲数可以知道测得的速度。由转换电路测量的霍尔传感器的输出信号的周期性变化，旋转体的旋转速度可以根据信号频率和旋转体上的小磁体数量来确定。

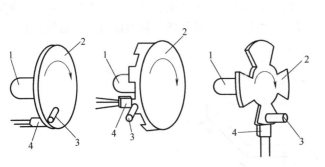

图 4.33　几种霍尔式转速传感器的结构
1—输入轴；2—转盘；3—小磁铁；4—霍尔传感器

（3）霍尔传感器测位置

图 4.34 显示了使用霍尔传感器测量物体位置的原理。在图 4.34 中，霍尔探测器 1 位于由永磁铁 2 产生的磁场中。上部空气间隙中有一块软磁铁片 3，可以上下移动，从而控制流过霍尔板的磁通量，磁通量用于测量软磁片的位置。霍尔电压由一个电子电路检测，该电路仅产生两个离散电平，即 0V 和 12V。因此，该设备可用作终端位置开关，可以无接触地监控机器零件的位置。

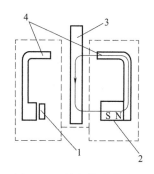

图 4.34　霍尔传感器测量
物体位置
1—带集成电路的霍尔探测器；
2—永磁铁；3—软磁片；
4—导磁铁片

4.7.3　霍尔传感器的一些典型应用

（1）霍尔无刷电动机

传统的直流电动机使用换向器来改变转子（或定子）电枢电流的方向，以维持电动机的连续运行。霍尔无刷电机省去了换向器和电刷，并使用霍尔元件检测转子和定子之间的相对位置。输出信号经过放大和整形，触发电子电路以控制电枢电流转换，维持电动机的正常运行。图 4.35 是霍尔无刷电机的结构示意图。无刷直流电动机的外转子由高性能钕铁硼稀土永磁材料制成。3 个霍尔位置传感器生成 6 个状态编码信号，以控制逆变器桥的功率管通断，从而在三相内部定子线圈和外部转子之间产生连续的转矩。由于无刷电动机具有效率高、无电火花和电刷磨损、可靠性强的优点，因此已被越来越广泛地应用于电动汽车、家用电器等电器中。

（2）霍尔电流检测

用环形或正方形的磁性材料制造铁芯，并且将其包裹在测量电流流过的电线（也称为电流母线）上，由电流感应出的磁场出现在铁芯中。在铁芯上开有一个等于霍尔传感器厚度的气隙，霍尔线性 IC 紧紧地夹在气隙的中心。电流母线通电后，磁力线穿过铁心中的霍尔 IC，输出与所测电流成比例的输出电压或电流。霍尔电流传感器可以测量直流电流，弱电电路与主电路隔离，可以输出与被测电流波形相同的"跟随电压"，易于与计算机和二次仪器连接，具有精度高、线性度好、响应时间快、频带宽、无过压等特点。霍尔电流传感器的原理和外观如图 4.36 所示。

（3）霍尔接近开关

当磁性物体移近霍尔接近开关时，由于霍尔效应，开关检测表面上的霍尔元件会改变开关的内部电路状态，从而识别附近是否存在磁性物体，然后控制其导通或关闭开关。该接近开关的检测物体必须是磁性物体。霍尔接近开关的应用示意图如图 4.37 所示。霍尔接近开关需要建立强大的闭合磁场。

在图 4.37（a）中，磁极的轴和霍尔接近开关的轴在同一直线上。当磁体与运动部件一起移动到距霍尔接近开关几毫米远时，霍尔接近开关的输出将从高电平变为低电平。驱动电路使继电器吸合或释放，并控制运动部件停止运动，否则会撞坏霍尔接近开关。

在图 4.37（b）中，磁体随运动部件一起运动。当磁体和霍尔 IC 之间的距离小于某个值时，霍尔 IC 的输出将从高电平变为低电平；当磁体继续移动时，到霍尔 IC 的距离再次增加，霍尔 IC 的输出再次跳至高电平，并且不会损坏到霍尔 IC。

霍尔接近开关具有非接触、功耗低、使用寿命长、响应频率高、价格低廉的特点。内部与环氧树脂集成在一起，可以在各种恶劣的环境中可靠地工作。

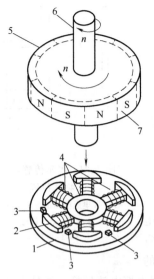

图 4.35 霍尔无刷电动机结构示意图
1—定子底座；2—定子铁心；3—霍尔元件；
4—绕组；5—外转子；6—转轴；7—磁极

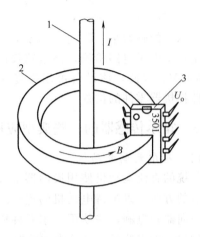

图 4.36 霍尔电流传感器原理及外形
1—被测电流母线；2—铁心；3—线性霍尔

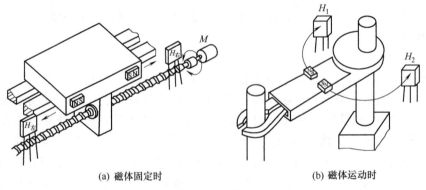

(a) 磁体固定时   (b) 磁体运动时

图 4.37 霍尔接近开关应用示意图

4.8 MEMS 传感器

4.8.1 MEMS 压力传感器

相对于传统的机械量传感器，MEMS 压力传感器的尺寸更小，最大的不超过 1cm，使性价比相对于传统"机械"制造技术大幅度提高。目前的 MEMS 压力传感器有硅压阻式压力传感器和硅电容式压力传感器，两者都是在硅片上生成的微机械电子传感器。下面介绍 MEMS 压阻式压力传感器。

MEMS 压阻式压力传感器采用压阻效应，即被测压力作用于敏感元件引起电阻变化。一般利用直流或交流电桥将电阻变化转化成电压信号。

一种 MEMS 硅压阻式压力传感器的结构如图 4.38 所示，上下二层是玻璃体，中间是硅晶片，硅晶片中部形成一应力杯，其应力杯的薄膜上部有一真空腔，形成一个典型的压力传感器。应力杯采用 MEMS 体微加工技术在单晶硅基片上刻蚀而成。

为能经受较大的机械力的作用，应力杯常由耐高温的金属，如铝、不锈钢等构成并用绝缘层与应变电阻隔离。在应力杯薄膜上应力最大处扩散杂质，形成四只应变电阻，组成如图4.39（a）所示的电桥电路。传感器电桥电路的某光刻版本如图4.39（b）所示。应变电阻的形成如图4.40所示。图中 P 形成压敏电阻，P 与金属形成低阻互连，引线孔形成金属接触孔。

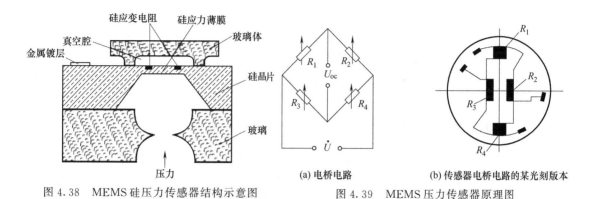

图4.38　MEMS 硅压力传感器结构示意图　　　(a) 电桥电路　　　(b) 传感器电桥电路的某光刻版本

图4.39　MEMS 压力传感器原理图

当外界的压力经引压腔进入传感器应力杯中时，应力硅薄膜会因受外力作用发生弹性变形而微微向上鼓起，四个电阻应变片因此而发生电阻变化，电桥输出与压力成正比的电压信号。

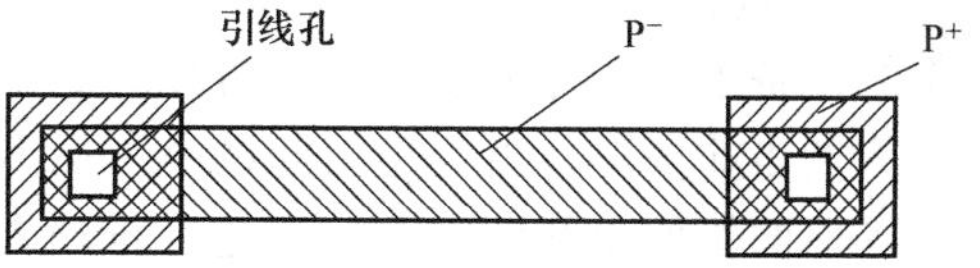

图4.40　应变电阻形成示意图

这种传感器的芯片尺寸一般不大于 1mm，输出 0～5V 模拟量，测量精度为 $0.01\%\sim0.03\%$ FS，一枚晶片可同时制作很多个力敏芯片，易于批量生产。

4.8.2　MEMS 加速度传感器

MEMS 加速度传感器尺寸小、重量轻、成本低、易集成且功耗小。据预测，MEMS 加速度计将来有可能占有中低精度加速度计的大部分市场。

MEMS 加速度传感器依据转换原理可分为压阻式、压电式、电容式、谐振式、隧穿式、热对流式和光纤式等。其中，使用最普遍的是压阻式和电容式，下面介绍 MEMS 压阻式加速度传感器。

图4.41 为一种悬臂梁压阻式加速度传感器原理图。敏感元件通常由一个平行的悬臂梁构成，梁的一端固定在边框架上，另一端固定一个小质量块（约 10μg）。当有垂直加速度时，质量块运动，对加速度敏感的力导致悬臂梁活动端发生位移。

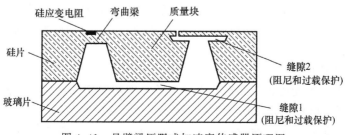

图4.41　悬臂梁压阻式加速度传感器原理图

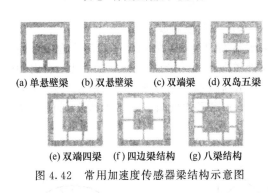

(a) 单悬壁梁　(b) 双悬壁梁　(c) 双端梁　(d) 双岛五梁

(e) 双端四梁　(f) 四边梁结构　(g) 八梁结构

图 4.42　常用加速度传感器梁结构示意图

传感器的性能主要由梁和质量块的结构决定，在质量块一定的情况下，梁越长，传感器的灵敏度越高；在梁长一定的情况下，质量块越大，传感器越灵敏。图 4.42 为常用加速度传感器的梁结构示意图。图 4.42（a）、（b）中所示的悬臂梁，灵敏度较高，固有频率较低，响应范围窄，且横向加速度灵敏度较大。图 4.42（c）～（g）所示的梁结构，有较高的固有频率、较宽的率响应范围，但其灵敏度低于悬臂梁式结构。图 4.42（g）所示的八梁结构有最低的横向灵敏度，但其灵敏度也最低。其中，五梁结构灵敏度较适中，横向效应极小。选用何种梁结构作为敏感元件，要从灵敏度、工作频率和采用何种测量电路以及工艺实现加以综合折中考虑。

4.8.3 加速度传感器选择原则

① 模拟输出还是数字输出。输出模式确定运动控制系统和加速度传感器之间的接口。通常，模拟输出的电压与加速度成正比。例如，2.5V 对应于 0g 的加速度，而 2.6V 对应于 0.5g 的加速度。数字输出通常使用脉宽调制（PWM）信号。

② 测量轴数。单轴加速度传感器已经能够满足大多数应用。如果诸如机器人之类的运动系统配备了三轴加速度计，则可以通过测量 X、Y 和 Z 的三个正交轴上的角速度来获得机器人的当前姿势。由重力引起的 X、Y 和 Z 轴上的加速度分量，可以计算出机器人相对于水平面的俯仰角和侧倾角。通过分析动态加速度，还可以得出机器人的移动方式。

③ 最大量程。如果仅需要测量运动系统相对于地面的倾斜角度，则 1.5g 加速度传感器就足够了。如果需要测量运动系统的动态性能，则 ±2g 就足够了。如果运动系统突然启动或停止，则可能需要 5g 甚至更大范围的传感器来准确测量这些高动态过程中的加速度。

④ 带宽大小。这里的带宽实际上是指刷新率。换句话说，传感器每秒读取多少个读数。对于通常只需要测量姿态的应用程序，100Hz 的带宽应该足够，也就是说，运动系统的姿态传感器信息将每秒更新 100 次。但是，由于需要测量动态性能（如振动），带宽大于 500Hz 的传感器将使测量更加准确。

⑤ 输出阻抗。对于某些微控制器上的 AD 转换器，输入阻抗受到限制。例如，与其连接的传感器的阻抗必须小于 10kΩ。

4.9　智能传感器

智能传感器将带有微处理器的，兼有信息检测和信息处理、逻辑思维与判断功能的传感器定义为智能传感器（Smart Sensor）。其最大特点就是将信息检测和信息处理功能结合在一起。智能传感器应具备的核心功能有：包含微处理器，具有信息检测、信息处理、信息记忆、逻辑思维与判断功能。这些功能具有数据检测精度高、自适应能力强、超小型化、微型化、低功耗等特点。

（1）智能传感器应用领域

① 机器人领域。智能传感器在机器人领域具有广阔的应用前景。它们可以使机器人具有类似于人的面部特征和大脑功能，感知各种现象并完成各种动作。

② 工业生产。通过使用智能传感器，可以使用神经网络专家系统技术建立数学模型来

计算和推断产品质量，并监视某些产品质量指标，如黏度、硬度、表面粗糙度、成分、颜色和口味等。

③ 医疗领域。例如，采用智能传感器技术开发的"葡萄糖手表"可以实现无血、连续、无痛的血糖检测过程，并可以实现数字分析和显示血糖检测数据。

④ 汽车电子领域。智能传感器在汽车安全驾驶系统、动力系统、汽车空调、汽车导航仪等领域具有成熟的应用，具有广阔的应用前景。

目前，智能传感器主要用于测量压力、力、振动、冲击、加速度、流量、温度和湿度等，如霍尼韦尔的DST-3000硅压阻智能传感器（图4.43）和德国的二维加速度Sterman公司的传感器均属于这种传感器。

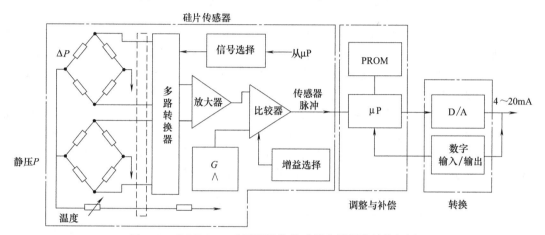

图 4.43　DST-3000 硅压阻智能传感器内部硬件结构框图

DST-3000智能传感器采用模块化构造方法，集成了传感器信号检测，转换和处理电路；微处理器和存储器集成在一起；数据A/D和D/A转换接口电路被集成。DST-3000智能传感器在采集和提取压力信号后，可以进行逻辑判断、双向通信、量程切换、自检、自校准、自补偿、自诊断、计算等操作。

（2）智能传感器功能

智能传感器与传统的传感器相比，增加了以下功能：

① 具有逻辑判断、统计处理功能。

② 具有自校准和自诊断功能。

③ 具有自适应、自调整功能。

④ 具有组态功能，使用灵活。

⑤ 具有记忆、存储功能。

⑥ 具有数据通信功能。

（3）智能传感器构建方式

当前智能传感器的设计与实现对应三种构建方式：非集成化实现方式、集成化实现方式和模块化实现方式。

① 非集成化的实现方式是在传统传感器的信号处理电路上增加一个带有数据总线接口的微处理器后，形成一个智能传感器。这是构造智能传感器相对经济且快速的方法。

② 集成化的实现方式是采用微加工技术和大规模集成电路技术，以硅为基础材料制作敏感元件、信号处理电路和微控制器单元，并将这些功能单元集成在同一芯片上（或两次集成在同一外壳中）。它通常具有信号提取、信号处理、逻辑判断、双向通信、量程切换、自

检、自校准、自补偿、自诊断、计算等功能。

③ 模块化实现方式也被称为混合化实现途径。它基于实际需求和可能性，以不同的组合方式组合了传感器系统的各个方面，如敏感单元、信号调节电路、微处理器单元和数字总线接口。它们分别集成在两个或三个芯片上以形成一个小的功能单元模块，最后组装在一个外壳中。

智能传感器发展趋势为：模糊化、微型集成化、虚拟化（软件化）、多传感器数据融合、无线化与网络化。

4.10　传感器输出信号的处理方法

测量的信号在通过传感器后会转换为电信号，如电阻、电感、电容、电荷等。这些信号必须先进行进一步转换，然后才能传输到输出设备，由输出设备执行信号显示、记录和控制。信号转换不仅包括将非能量参数信号转换为能量的电压和电流信号，还包括信号放大、调制和解调以及滤波。

传感器的信号处理与传感器的接口电路是互相关联的，往往要将传感器接口电路设计成具有一定信号预处理的功能，使经预处理后的信号成为可供测量、控制及便于向微机输入的信号形式。接口电路对不同的传感器是完全不同的，其典型的应用接口电路如表 4.5 所示。本节将介绍和分析传感器阻抗匹配、滤波器的工作原理和使用以及抗干扰技术。

表 4.5　典型的应用接口电路

接口电路	信号预处理的功能
阻抗变换电路	将传感器输出的高阻抗变换为低阻抗，以便于检测电路准确地拾取传感器输出信号
放大电路	将传感器输出的微弱信号放大
采样保持电路	将快速变化的输入信号按控制信号的周期进行"采样"，使输出准确地跟随输入信号的变化，并能在两次采样的间隔时间内保持上一次采样结束的状态
电流/电压转换电路	将传感器输出的电流信号转换成电压信号
电桥电路	将传感器输出的电阻、电容、电感变化转换成电压信号
频率/电压转换电路	将传感器输出的频率信号转换成电流或电压信号
电荷放大电路	将电场型传感器输出的电荷信号转换成电压信号
有效值转换电路	将传感器的交流输出转换为有效值
滤波电路	通过低通及带通滤波器消除传感器的噪声成分
线性化电路	在传感器特性不是线性的情况下，用来进行线性校正
对数压缩电路	当传感器输出信号的动态范围较宽时，用对数电路进行压缩

4.10.1　信号变换中的阻抗匹配

不同传感器的输出阻抗不同。一些传感器具有非常大的输出阻抗，如压电陶瓷传感器，其输出阻抗高达 $10^8\Omega$；一些传感器的输出阻抗相对较小，如电位计式位移传感器，总电阻为 1500Ω。动圈式麦克风的阻抗较低，仅为 $30\sim700\Omega$。高阻抗传感器通常使用场效应管和运算放大器来实现匹配。对于具有特别低阻抗的传感器，交变输入时往往可采用变压器匹配。

（1）传感器与放大器的阻抗匹配

该传感器用作信号源，其输出电压为 u_z，其内部电阻为 z_x，放大器的输入阻抗为 z_1，在输入端获得的电压为 u_1。传感器与放大器之间的阻抗匹配的基本原理是：将传感器的输出电压 u 尽可能多地转换为放大器的输入电压 u_1。匹配原理如图 4.44 所示。

传感器与放大器合理的阻抗匹配要求：放大器的输入阻抗应尽可能高于传感器的内阻抗，即 $z_1 > z_x$。

因此，放大器的输入阻抗通常很高。如果信号源的内部电阻 z_x 很高，以至于普通放大器不能满足 $z_1 > z_x$ 的要求，则此时需要一个特殊的放大器。例如，压电式传感器的内阻很高，就需要采用输入阻抗极高的前置放大器来做阻抗匹配。

（2）放大器与负载的阻抗匹配

放大器的输出用于驱动负载工作，并且负载需要电源才能工作。因此，放大器与负载之间阻抗匹配的基本原理是：负载获得的功率尽可能大。请注意，此处所需的是功率值，而不是功率转换率。

前级输出能量的装置简化为由内阻 R_1 和电源电压 E 串联连接的装置，其输出端为 A 和 B，如图 4.45 所示，后级接收能量的设备简化为具有输入阻抗 R_2 的设备。

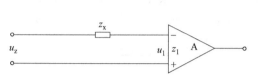

图 4.44　传感器与放大器匹配原理

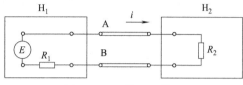

图 4.45　阻抗匹配装置

当两个装置没有连接时，前级装置的开路电压为

$$E_{AB} = E \tag{4-15}$$

当两个装置连接后，两个装置间有电流 i，则

$$i = \frac{E}{R_1 + R_2} \tag{4-16}$$

此时，A、B 两端的电压等于后级装置输入阻抗 R_2 上的电压，即

$$E_{AB} = iR_2 = E \frac{R_2}{R_1 + R_2} \tag{4-17}$$

输给后级装置 H_2 的功率

$$P = \frac{E^2_{AB}}{R_2} = \frac{E^2}{R_2} \left(\frac{R_2}{R_1 + R_2} \right)^2 = \frac{E^2 R_2}{(R_1 + R_2)^2} \tag{4-18}$$

在前级装置 H_1 输给后级装置 H_2 的能量最大时，必须满足

$$\frac{dP}{dR_2} = 0 \tag{4-19}$$

即

$$\frac{E^2(R_1 + R_2)^2 - 2(R_1 + R_2)E^2 R_2}{(R_1 + K_2)^4} = 0 \tag{4-20}$$

则得

$$R_1 = R_2 \tag{4-21}$$

式（4-21）显示，当前级设备的输出阻抗等于后级设备的输入阻抗时，前级设备传输到后级设备的功率最大。这是电路中或设备之间阻抗匹配的原理。

（3）阻抗匹配方法

在仪器设备中，电路之间的阻抗匹配是通过特殊的阻抗匹配电路来完成的。检测系统中常见的阻抗匹配设备包括匹配变压器、匹配电阻、射极跟随器放大器和电荷放大器等，在此不再赘述，请查阅相关资料。

4.10.2　采样-保持电路

采样/保持（缩写为 S/H），如果模拟量直接送到 A/D 转换器进行转换，应该考虑到任何一种 A/D 转换器都需要一定的时间来完成量化和编码操作。在转换过程中，如果模拟量发生变化，会直接影响转换精度。

特别是在同步系统中，需要从同一时刻取几个并行的参数，每个参数的 A/D 转换共用一个芯片，所以得到的参数不是同一时刻的值，无法计算比较。因此，在整个转换过程中，要求模数转换器的模拟输入保持不变，但转换后，模数转换器的输入信号需要跟随模拟变化。能够完成上述任务的器件称为采样保持器。

S/H 有两种工作模式：一种是采样模式，另一种是保持模式。在采样模式下，采样保持器的输出跟随模拟输入电压。在保持状态下，采样保持器的输出将在命令发出时保持为模拟输入值，直到保持命令被取消。此时，对保持器的输出进行采样，以再次跟踪输入信号的变化，直到下一个保持器命令到来。描述上述采样保持过程的工作方式如图 4.46 所示。

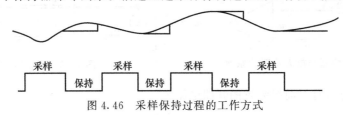

图 4.46　采样保持过程的工作方式

采样-保持器主要有以下用途：
① 保持采样信号不变，以便完成 A/D 转换。
② 同时采样几个模拟量，以便进行数据处理和测量。
③ 减少 D/A 转换器的输出毛刺，从而消除输出电压的峰值及缩短稳定输出值的建立时间。
④ 把一个 D/A 转换器的输出分配到几个输出点，以保证输出的稳定性。

最常用的采样-保持器有美国 AD 公司的 AD582、AD585、AD346、AD389、ADSHC-85，以及美国国家半导体公司的 LF198/298/398 等。下面以 LF198/298/398 为例，介绍集成电路 S/H 的工作原理，其他 S/H 的原理与其大致相同。

LF198/298/398 是由双极绝缘栅场效应管组成的采样保持电路，它具有采样速度快、下降速度慢、精度高的特点。LF198 的逻辑输入有两个控制端，它们是低输入电流的差分输入，允许与 TTL、PMOS 和 CMOS 电平直接连接。阈值为 1.4V，LF198 的电源可以是 ±5V 到 ±18V。LF198/298/398 的原理和引脚图如图 4.47 和图 4.48 所示。

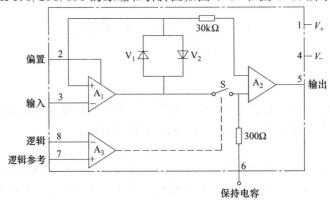

图 4.47　LF198/298/398 原理

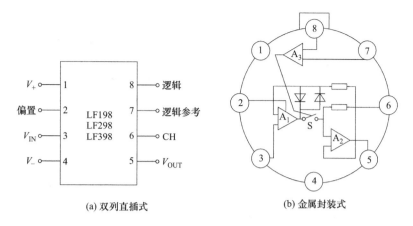

(a) 双列直插式　　　　　　(b) 金属封装式

图 4.48　LF198/298/398 引脚排列

LF198/298/398 芯片各引脚功能如下：

① V_{IN}：模拟量电压输入。

② V_{OUT}：模拟量电压输出。

逻辑和逻辑参考：逻辑和逻辑参考电平用于控制采样采样-保持器的工作模式。当引脚 8 为高电平时，开关 S 被控制逻辑电路 A_3 闭合，电路工作在采样状态。相反，当引脚 8 处于低电平时，开关 S 断开，电路进入保持状态。它可以接成差动形式（对于 LF198），或者参考电平可以直接接地，然后由引脚 8 的逻辑电平控制。

③ 偏置：偏差调整引脚，可用外接电阻调整采样-保持器的偏差。

④ CH：保持电容引脚，用来连接外部保持电容。

⑤ V_+，V_-：采样-保持电路电源引脚。电源变化范围为 ±5V 到 ±10V。

4.10.3　滤波器

在检测系统中，从传感器拾取的信号往往包含噪声和无用信号，并且信号在接下来的传输、放大、变换及其他信号调理过程中也会混入各种噪声和干扰，影响测量结果。这些噪声一般会按一定规律分布于频率域中某一特定的频带内。滤波器的基本作用是选频，即允许信号中某些频率成分通过，而抑制其他频率成分。对于滤波器，信号能够通过它的频率范围称为频率通带；被它抑制或者衰减掉的信号频率范围称为频率阻带；通带与阻带的交界点称为截止频率。

根据滤波器可以通过的频率范围，滤波器可以分为四类，即低通滤波器、高通滤波器、带通滤波器和带阻滤波器。它们的幅频特性如图 4.49 所示。在该图中，低通滤波器允许低频信号通过，同时抑制高频部分；高通滤波器正好相反，它允许高频信号通过并抑制低频信号；带通滤波器允许信号中的某个速率分量通过并抑制其余部分；相反，带阻滤波器抑制信号中的某个频率分量，并使其余频率分量通过。

（1）无源滤波电路

无源滤波电路是由电阻、电感和电容等无源器件组成的，没有有源器件。图 4.50 所示为无源一阶滤波器。

其频率从零到无穷大时的电压放大倍数为

$$A_s = \frac{U_o}{U_i} = \frac{\dfrac{1}{j\omega C}}{R + \dfrac{1}{j\omega C}} = \frac{1}{1 + j\omega RC} \tag{4-22}$$

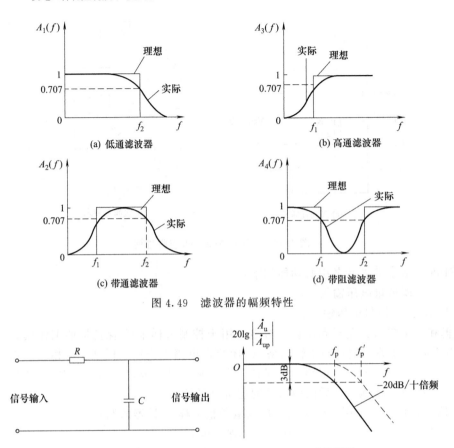

图 4.49　滤波器的幅频特性

图 4.50　无源一阶滤波器

截止频率

$$f_p = \frac{1}{2\pi T} = \frac{1}{2\pi RC} \tag{4-23}$$

$$A_u = \frac{U_o}{U_i} = \frac{R_L / \dfrac{1}{j\omega C}}{R + R_L \dfrac{1}{j\infty C}} = \frac{\dfrac{R_L}{R + R_L}}{1 + j\omega (R/R_L)C} \tag{4-24}$$

截止频率

$$f_p' = \frac{1}{2\pi (R/R_L)C} \tag{4-25}$$

　　式（4-25）表明，带负载后，通带放大率降低，通带截止频率增加。所以无源滤波电路的通带放大倍数及其截止频率随负载而变化，这一缺点往往不满足信号处理的要求，从而产生有源滤波电路。

　　（2）有源滤波电路
　　有源滤波电路一般由 RC 网络和集成运放组成，因而必须在合适的直流电源供电的情况下才能起滤波作用，与此同时，还可以进行放大。组成电路时应选用带宽合适的集成运放。有源滤波电路不适用于高电压大电流的负载，只适用于信号处理。图 4.51 所示为一阶有源低通滤波器，相对于无源滤波器，有源滤波器可以做到体积小、质量轻、损耗低，并且具有一定的增益。

低通滤波电路的通带电压增益 A_0 是 $\omega=0$ 时 U_o 与 U_i 之比。对于图 4.50 所示的电路来说，电路的通带电压增益等于同相比例放大电路的电压增益，即

$$A_0 = 1 + \frac{R_f}{R_1} \tag{4-26}$$

电路的电压增益为

$$A(\mathrm{j}\omega) = \frac{U_o(\mathrm{j}\omega)}{U_i(\mathrm{j}\omega)} = \left(1 + \frac{R_f}{R_1}\right) \cdot \frac{1}{1 + \mathrm{j}\omega RC} = \frac{A_0}{1 + \mathrm{j}\dfrac{f}{f_H}} \tag{4-27}$$

其中

$$f_H = \frac{1}{2\pi RC} = \frac{1}{2\pi r} \tag{4-28}$$

当 $f = f_H$ 时，$|A_u| = \dfrac{A_0}{\sqrt{2}} \approx 0.707 A_0$，$f_H$ 为通带截止频率。当 $f \gg f_H$ 时，$20\log|A_u|$ 按 $-20\mathrm{dB}$/十倍频程下降。类似于无源低通滤波器，可画出其幅特性，如图 4.52 所示。

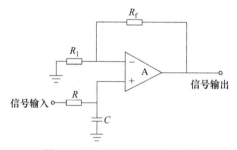

图 4.51　一阶有源低通滤波器

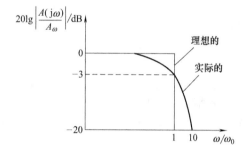

图 4.52　一阶有源低通滤波器的幅频响应

从图 4.52 中看出，一阶滤波器的滤波效果与理想情况相差很大，为了提高滤波效果，可以采用二阶或其他更高阶的有源滤波器。

一阶有源高通滤波器由一阶无源高通滤波器加上同相放大电路组成，它的电路如图 4.53（a）所示。

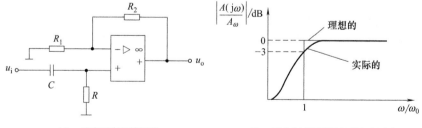

(a) 一阶有源高通滤波器　　　(b) 一阶有源高通滤波器的幅频响应

图 4.53　一阶有源高通滤波器及其幅频响应

分析它的响应情况与分析低通滤波器一样，这里直接写出它的幅频响应和相频响应，即

$$|A(\mathrm{j}\omega)| = \frac{A_\omega}{\sqrt{1 + \left(\dfrac{\omega}{\omega_0}\right)^2}} \tag{4-29}$$

$$\phi(\omega) = -\arctan(\omega/\omega_0) \tag{4-30}$$

其幅频响应如图 4.53（b）所示。

为了得到带通或者带阻有源滤波器，我们将高通滤波器与低通滤波器串联或者并联起来即可，如图 4.54 所示。

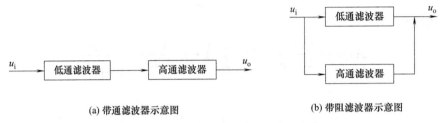

(a) 带通滤波器示意图　　　　　　(b) 带阻滤波器示意图

图 4.54　带通和带阻滤波器的实现方式

（3）实际滤波器描述

实际滤波器不可能同时获得理想的恒定振幅和理想的相位特性，但是它可以逐渐靠近理想滤波器，以满足实际的测量需求。

图 4.55 显示了实际滤波器的幅频特性。实际的滤波器在通带和阻带之间没有明显的转折点，并且存在过渡带，通带和阻带频带也不太平坦。实际的过滤器由以下参数描述：

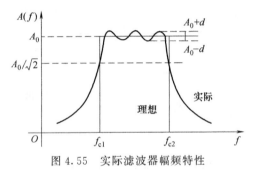

图 4.55　实际滤波器幅频特性

① 纹波幅度。滤波器顶部幅值的波动量称为纹波幅度 d，幅频特性的平均值为 A_0。d/A_0 越小越好，至少应小于 $-3\mathrm{dB}$，即 $d \leqslant A_0/\sqrt{2}$。

② 截止频率。幅频特性值 A_0 下降到 $A_0/\sqrt{2}$ 时，所对应的频率为截止频率 f_c，图 4.55 中，f_{c1}、f_{c2} 分别为上、下截止频率。

③ 带宽。上、下截止频率之间的频率范围称为滤波器带宽，因为

$$20\lg\frac{\dfrac{A_0}{\sqrt{2}}}{A_0} = -3\mathrm{dB} \tag{4-31}$$

所以，$f_{c1} - f_{c2}$ 也称"负三分贝带宽"，以 $B_{-3\mathrm{dB}}$ 表示。

④ 品质因数。通常，把中心频率 ω_0 和带宽 B 之比称为带通滤波器的品质因数，以 Q 表示，即

$$Q = \frac{\omega_0}{B} \tag{4-32}$$

$$\omega_0 = \sqrt{\omega_{c1}\omega_{c2}} \tag{4-33}$$

品质因数可以用来衡量滤波器分离部频率成分的能力。Q 值越大，滤波器的分辨力越高。

⑤ 倍频程选择性。倍频程选择性是指截止频率附近幅频特性的衰减值，即频率变化一个倍频程时的衰减量，一般用字母 W 表示。例如，带通滤波器中，在上限通带与阻带截止频率 ω_{p2} 和下限通带与阻带截止频率 ω_{p1} 附近，倍频程选择分别为

$$W_2 = -20\lg\frac{A(2\omega_{p2})}{A(\omega_{p2})} \tag{4-34}$$

$$W_1 = -20\lg \frac{A(2\omega_{p1})}{A(\omega_{p1})} \tag{4-35}$$

倍频程衰减量以 dB/oct（分贝/倍频程）表示，衰减越快（即 W 值越大），滤波器的选择性越好。

⑥ 滤波器因数。滤波器因数也是表征带宽外率成分衰减能力的参数，为 -60dB 处的带宽 $B_{-60\text{dB}}$ 与 -3dB 处的带宽 $B_{-3\text{dB}}$ 的比值，即

$$\lambda = \frac{B_{-60\text{dB}}}{B_{-3\text{dB}}} \tag{4-36}$$

当 $\lambda = 1$ 时，表示幅频特性曲线的两侧是垂直下降的，即具有理想滤波器的幅频特性。实际滤波器的 λ 值越接近 1 越好，即越接近理想滤波器。

4.10.4　抗干扰技术

在自动检测装置的设计、制造、安装和使用中应充分注意抗干扰问题，在电子测量装置电路中出现的无用的信号称为噪声。噪声会影响电路的正常工作，所以有时也将噪声称为干扰。

干扰来自于干扰源，工业现场的干扰源形式繁多，经常是几个干扰源同时作用于检测装置，只有仔细地分析其形式及种类，才能提出有效的抗干扰措施。现将常见的干扰源分析如下，并提出相应的抗干扰技术。

（1）干扰源的种类

① 外部干扰　外部干扰主要是来自自然界的干扰以及各种设备（主要是电气设备）的人为干扰。

a. 自然干扰　自然干扰来自各种自然现象，如闪电、雷击、宇宙辐射、太阳黑子活动等，即主要来自天空。因此，自然干扰主要对通信设备和导航设备产生较大影响，而对一般工业测试仪器影响不大。

b. 人为干扰　人为干扰主要是由各种用电设备所产生的电磁场、电火花（如电动机、开关的启停）造成的干扰以及电火花加热、电弧焊接、高频加热、晶闸管整流等强系统所造成的干扰。人为干扰主要通过电源影响测量设备和仪器。在大功率电源系统中，大电流传输线周围会产生交变电磁场，这会对放置在传输线附近的仪器造成干扰。如果低电平信号的部分线与输电线平行，则信号线也会对仪器造成干扰。

② 内部干扰　内部干扰是由仪表中各种组件的噪声引起的。例如，电阻中的随机电热运动引起的热噪声；半导体和电子管中载流子随机运动引起的散粒噪声；在两种不同导体的接触点（如开关和继电器触点、焊接点等）处，由于两种材料的不完全接触而导致电导率波动而引起的接触噪声；由于合理的布线、寄生参数、漏电阻等引起的寄生反馈电流的干扰；由不合理的工艺引起的干扰。

（2）几种抗干扰技术

① 屏蔽技术　用金属材料制成容器，将需要防护的电路置入其中，可以防止电场或磁场的耦合干扰，此种方法称为屏蔽。屏蔽可分为静电屏蔽、电磁屏蔽和低频磁屏蔽等几种。

a. 静电屏蔽　根据电学原理，在静电场中，封闭的空心导体内部没有电线，即内部点是等电位的。将由良好导电金属材料（如铜或铝）制成的密闭金属容器连接到地线，并在其中放置需要屏蔽的电路，以使干扰电场的电源线不会影响接地线。相反的，内部电路产生的电力线也无法逸出而影响外部电路。必须注意的是，静电屏蔽容器的壁上允许有小孔供导线进入和引出，这对屏蔽效果影响很小。

　　b. 电磁屏蔽　电磁屏蔽也使用良好的导体金属材料制成屏蔽。根据涡流原理，高频干扰电磁场在屏蔽金属中产生涡流，消耗干扰磁场的能量，并利用涡流磁场消除高频干扰磁场，从而屏蔽保护罩内的电路不受高频电磁场干扰。如果电磁屏蔽层接地，则还具有静电屏蔽功能。通常使用铜网屏蔽电缆可以同时起到电磁屏蔽和静电屏蔽的作用。

　　c. 低频磁屏蔽　在低频磁场中，涡流的影响并不明显。因此，必须使用高导磁率的材料作为屏蔽层，以便将低频干扰磁力线限制在磁阻很小的屏蔽层内部，从而保护低频磁屏蔽层的内部电路不受低频磁场耦合干扰。复合屏蔽电缆通常用于干扰严重的地方，其最外层是具有低磁导率和高饱和度的铁磁材料，内层是具有高磁导率和低饱和度的铁磁材料，最内层是铜电磁屏蔽，可以逐渐消耗干扰磁场的能量。工业上常用的方法是将屏蔽电缆放入铁蛇皮管或普通铁管中，以达到双重屏蔽的目的。

　　② 接地技术　图 4.56 是接地的电气设备的示意图。对于诸如仪器、通信和计算机之类的电子技术，"地线"是指电信号的参考电位，也称为"公共参考端子"。除了作为各级电路的电流通道外，它也是确保电路稳定运行和抑制干扰的重要环节。设备中的公共参考端子通常称为信号地。信号接地线可分为以下四种类型：

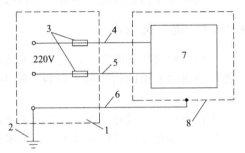

图 4.56　单相三线交流配电原理
1—接地盒；2—大地；3—熔断器；4—火线；5—中线；
6—保安地线；7—电气设备；8—外壳

　　a. 模拟信号接地线　它是模拟信号的零信号电位公共线。由于模拟信号有时较弱并且容易受到干扰，因此对模拟信号接地线的面积、走向和连接有更高的要求。

　　b. 数字信号地线　它是数字信号的零电平公共线。由于数字信号处于脉冲工作状态，动态脉冲电流在接地阻抗上产生的压降会成为微弱模拟信号的干扰源。为了避免数字信号对模拟信号的干扰，两者地线应分别设置。

　　c. 信号源地线　传感器可以看作测量装置的信号源。通常传感器设置在现场，而测量装置在离现场有一定距离的控制室内，从测量装置角度看，可以认为传感器的地线即信号源地线。它必须与测量装置进行适当的连接才能提高整个检测系统的抗干扰能力。

　　d. 负载地线　负载电流一般都较前级信号电流大很多，负载地线上的电流有可能干扰前级微弱的信号，因此负载地线必须与其他地线分开。有时两者在电气上甚至是绝缘的，信号通过磁耦合或光耦合来传输。

　　③ 隔离技术　信号隔离的目的之一是从电路上把干扰源和易干扰的部分隔离开来，使测控装置与现场仅保持信号联系，但不直接发生电的联系。隔离的实质是切断干扰通道，从而达到隔离现场干扰的目的。

　　④ 滤波技术　滤波器是一种只允许某一频带信号通过或阻止某一频带信号通过的电路，是抑制噪声干扰的有效手段之一（详见 4.10.3 节）。

　　⑤ 软件干扰抑制技术　计算机应用系统的抗干扰措施除上面介绍的硬件方法外，还可以利用软件进行数字滤出，如以下方法：

　　a. 限幅滤波　限幅滤波的原理是比较相邻（n 和 $n-1$ 时刻）的两个采样值 y_n 和 y_{n-1}，如果它们的差值太大，即超出了参数可能的最大范围，可认为发生了随机干扰，并视后一次采样值为非法值，予以剔除。其算法为

$$Ay_n = |y_n - y_{n-1}| \begin{cases} \leqslant a & y_n = y_n \\ > a & y_n = y_{n-1} \end{cases} \tag{4-37}$$

式中　a——两次采样值之差最大可能的变化范围，其值应根据实际情况确定。

b. 中值滤波 中值滤波能有效地克服因偶然因素引起的波动，或采样器不稳定引起误码造成的脉冲干扰，适用于变化缓慢的参数测量。其算法是对某一被测量连续采样 n 次（一般 m 取奇数），然后把 m 次采样值按大小排队，取中间值为本次测量值。

c. 算术平均值滤波 算术平均值滤波适用于对一般随机干扰信号进行滤波。它通常取 N 次测量值的算术平均值作为最终测量值。N 值较大时，平滑度高，灵敏度低；反之，平滑度低，灵敏度高。

d. RC 滤波 RC 滤波适用于要求滤波时间常数较大的场合，它对周期性干扰具有良好的抑制作用。其算法为

$$y_n = (1-a)y_n + ay_{n-1} \tag{4-38}$$

$$a = \frac{T_i}{T + T_i} \tag{4-39}$$

式中 y_n——未经滤波的第 n 次采样值；

     y_{n-1}——经过滤波后的第 $n-1$ 次采样值；

     T——采样周期，s；

     T_i——滤波时间常数，s。

e. 复合滤波 实际应用中所面临的干扰往往不是单一的，因此常把上述两种以上的方法结合起来使用，形成复合滤波。

4.11 传感器测量方式的选择

信号检测与信息反馈系统是机电系统的重要组成部分，它为系统运行提供必要的信息，其性能的好坏直接影响系统的控制精度和动态特性；反馈信息的数量和质量将直接影响系统的控制水平。同一物理量的测量可能有多种测量方案，同一种测量方案也可能有多种传感器供选择。采用不同的测量方案和不同的传感器会产生不同的测量效果（精度、动态特性及可靠性等），成本也会有所不同。测量方案的设计与传感器的选择同等重要，选择传感器应与测量方案设计可同时进行。

4.11.1 直接测量

直接测量方法主要有以下特点：

① 通过在执行机构的末端安装传感器直接测量输出物理量；

② 测量精度取决于传感器的精度和信号采样精度，不受传动机构精度的影响；

③ 传动机构的误差可以通过控制得到补偿；

④ 对传感器的精度要求较高，成本较高；

⑤ 传感器的选择受到安装几何条件和环境条件的限制。

4.11.2 间接测量

间接测量通过在与输出物理量有关的组件上安装传感器，测量与输出物理量有关的信息，然后通过数学计算获得输出物理量。其特点如下：

① 测量精度不仅取决于传感器的精度和信号采样精度，还取决于传动机构精度；

② 闭环外部传动机构的误差无法得到控制和补偿；

③ 对传感器的精度要求较低，成本较低；

④ 间接测量传感器易于安装且具有良好的环境适应性。

【例 4-1】 如图 4.57 所示的电机位置控制系统，已知负载力 $F=1000N$，工作台长 $L=500mm$，往复精度为 ±0.005mm，丝杠导程 $L_0=8mm$，齿轮减速比 $i=5$，试选择电机类型和确定测量方案。

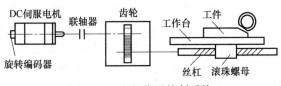

图 4.57   电机位置控制系统

解：可以选择步进电机控制或者伺服电机＋编码器控制。

1. 采用步进电机控制

所选步进电机的步距角为

$$\Delta l = \frac{L_0}{i n_s} \tag{4-40}$$

$$n_s = \frac{L_0}{i \Delta l} = \frac{8}{5 \times 0.005} = 320 \text{ 脉冲/转} \tag{4-41}$$

$$n_s = \frac{360°}{\alpha} \tag{4-42}$$

$$\alpha \gg \frac{360°}{n_s} = \frac{360°}{320} = 1.125 \tag{4-43}$$

可选 $\alpha = 1.2$。

2. 采用伺服电机＋编码器控制

有三种测量方案，即高速端间接测量、低速端间接测量和低速端直接测量方案。

（1）高速端间接测量

高速端间接测量方案的原理：在电机轴上连接一个增量编码器，通过测量电机的旋转角度来间接测量工作台的位移。

设传感器的脉冲数为 n_s，则每个脉冲对应的位移为 Δl，其计算公式为

$$\Delta l = \frac{L_0}{i n_s} \tag{4-44}$$

$$n_s = \frac{L_0}{i \Delta l} = \frac{8}{5 \times 0.005} = 320 \tag{4-45}$$

参照样本选择增量式光电编码器，可选每转脉冲数为 $n=360$。

（2）低速端间接测量

低速端间接测量方案的原理：在丝杠轴上连接增量式编码器，通过对丝杠转角的测量实现对工作台位移的间接测量，即

$$\Delta l = \frac{L_0}{n_s} \tag{4-46}$$

$$n_s = \frac{L_0}{\Delta l} = \frac{8}{0.005} = 1600 \tag{4-47}$$

参照样本选择增量式编码器，每转脉冲数为 $n=2000$。

（3）低速端直接测量

低速端直接测量传感器用于直接测量工作台的位移。根据测量精度的要求，可以选择分辨率高于 0.005mm 的直线式光尺或感应同步器作为测量元件。假设传感器的线性度为 δ，则

$$\delta = \frac{\Delta l}{S} = \frac{0.005}{250} = \frac{2}{100000} \tag{4-48}$$

根据之前的分析结果，两种间接测量方案对传感器的精度要求较低，而直接测量方法对传感器的精度要求较高。三种方案的特点如下：

方案（1）的传感器安装在电机轴上，安装简便，对传感器的精度要求不高；缺点是齿轮机构和丝杠螺母机构在闭环的外部，不能补偿其传动误差。因此，要求传动机构精度高，一般需采用间隙消除机构。

方案（2）的传感器安装在丝杠上，安装更方便，对传感器的精度要求不高。齿轮机构包含在闭环中，其传动误差可以通过闭环控制进行补偿，尽管丝杠螺母机构处于闭环状态。另外，如果使用滚珠丝杠，则传动精度会非常高，这是一种更为常用的方法。

方案（3）的传感器安装在工作台上，并直接测量工作台的位移。测量精度不受传动机构误差的影响。但是，高精度系统要求传感器的精度更高，并且安装不容易，不适合用于比较大行程工作台的位移测量。

思考题与习题

思考题

(1) 试述传感器的三个特性参数。

(2) 绝对编码器与增量编码器的区别是什么？

(3) 循环码的特点有哪些？

(4) 旋转变压器的两种工作方式各是根据什么原理？

(5) 光栅的工作原理是什么？

(6) 试述三种测距传感器的使用场合。

(7) 试述电感式接近开关、霍尔开关、光电开关和电容式接近开关的异同。

(8) 现需分别对3种工件——白色塑料、黑色塑料、银色金属进行计数。选择哪些传感器可以检测它们？说明检测过程。

习题

(1) 一个21码道的循环码码盘，其最小分辨力 θ_1 为多少？若每一个 θ_1 角所对应的圆弧长度至少为 0.001mm，且码道宽度为 1mm，则码盘直径多大？

(2) 用每转 1000 条刻线的增量编码器测电动机转速，采用如图 4.58 所示方案，已知时钟脉冲为 4MHz，在 10 个编码器脉冲间隔的时间里计数器共计 10000 个时钟脉冲，试求电动机的转速。

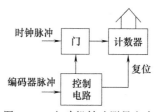

图 4.58　电动机转速测量方案

(3) 霍尔元件灵敏度 $K_H = 40$，控制电流 $I = 3.0mA$，将它置于 $1 \times 10^{-4} \sim 5 \times 10^{-4}$ 线性变化的场中，它输出的霍尔电势范围有多大？

(4) 用石英晶体加速度计及电荷放大器测量加速度。已知：加速度计灵敏度为 5PG/g，电荷放大器灵敏度为 50mV/PC，当机器加速度达到最大值时，相应输出电压幅值为 2V，试求该机器的振动加速度。

(5) 设计一个一阶高通滤波器。电路如图 4.59 所示，要求下转折频率 $f_L = 1kHz$，通带电压放大增益为 4，$C = 0.01pF$。

(6) 请分别画出一个三线 "PNP" 传感器和一个三线 "NPN" 传感器的输出来控制一个外部负载灯的接线图。

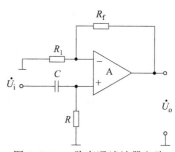

图 4.59　一阶高通滤波器电路

CHAPTER

第5章
接口技术及应用

在机电一体化系统中，接口技术是指系统中各个器件及计算机间的连接技术。在机电一体化产品中，计算机、传感器、执行装置等各组成部分需要信息交互，而它们之间却不能直接连接，需要通过线路、电路等进行连接。接口（Interface）通常指外围设备产生的数据，在硬件和软件的管理下送到计算机（输入口），或将计算机处理后的数据送到外围设备（输出口）。

计算机是机电一体化系统的大脑，对机械的信息进行处理与控制，但计算机却不能与机械直接连接，原因有：计算机工作速度快与机械工作慢相矛盾；计算机输出脉冲数字代码与机械执行器接受电流或电压的信号不匹配；计算机接受脉冲数字信号与机械通过传感器输出的模拟信号不匹配。

因此，计算机与机械之间需要一种信号转换和放大电路，即接口电路，匹配机械与计算机之间信息交互。多种元器件、部件之间也不能直接连接，需要多种"接口"把机电一体化系统的计算机、元器件、部件相连接，形成一个信息交互体。

机电一体化中的接口大致可以分成：专用输入/输出接口和通用接口两大类。

（1）专用输入/输出接口

① 开关量输入/输出接口（I/O）。用于将开关量信号转换成控制器输入软元件接点动作。将控制器输出软元件接点动作转化为开关量输出。

② 数字量转换模拟量（D/A）。把计算机输出的二进制数字信号转化为执行元件需要的连续变化的模拟电压或电流信号。

③ 模拟量转换数字量（A/D）。把传感器接收到的模拟信号转换成计算机能够处理的数字信号。

④ 总线接口。用于构建控制器和各部件信息交换的公共通道，控制器及各部件之间信息在总线交互，设计中采用总线技术简化了软硬件的系统设计。

（2）通用接口

在机电一体化系统中，普遍使用的通用接口是可编程集成或外围接口（Programmable Peripheral Interface，PPI）。PPI的输入/输出动作由计算机的程序控制，传感器、执行元件与计算机之间通过转换接口电路及PPI相连，方便了信息的输入和输出。

5.1 开关量输入/输出接口技术

5.1.1 三菱PLC基本单元及I/O扩展

三菱PLC是国内使用最广泛的PLC系列产品之一。根据应用规模，大致分为Q、A、FX系列。三代FX系列PLC性能对比见表5.1。

表 5.1　FX 系列 PLC 的性能对比

型号	I/O 点数	用户程序步数	功能指令	通信功能
FX$_{1S}$	10～30	2K 步 EEPROM	85 条	较强
FX$_{1N}$	14～128	8K 步 EEPROM	89 条	强
FX$_{2N}$ 和 FX$_{2NC}$	16～256	内置8K步RAM,最大16K步	128 条	强
FX$_{3U}$	16～256	64K 步 RAM	201 条	强

（1）FX 系列 PLC 技术特点

① 单元式结构，CPU、存储器、I/O 接口及电源等集成在单元内，体积小巧，性价比高。

② 可扩展多种特殊功能模块或单元，如 A/D、D/A、I/O、高速计数器、脉冲输出、位置控制、各类串行通信等。扩展后，可实现模拟量检测与控制、点位控制和通信等功能。

③ 有多种软元件，如辅助继电器、状态继电器、定时器、计数器、数据寄存器等。

④ 有多种功能指令，如程序流控制、传送与比较、算术与逻辑运算、移位与循环移位、数据处理、高速处理、方便命令、外部输入输出处理、外部设备通信、实数处理、点位控制、实时时钟等。

（2）FX 系列 PLC 硬件

FX 系列 PLC 硬件包括基本单元、I/O 扩展单元、扩展模块、各种特殊功能模块及外围设备等。

① 基本单元　基本单元是构成 PLC 系统的核心部件，内有 CPU、存储器、I/O 模块、通信接口和扩展接口等。

FX 基本单元有 16/32/48/64/80/128 点，6 个基本单元中的每一个单元都可以通过 I/O 扩展单元扩充为 256 I/O 点。例如，FX$_{2N}$-48MR 为基本单元内置 48 点数 I/O，基本单元见表 5.2。

表 5.2　FX$_{2N}$ 系列的基本单元

型　号			输入点数	输出点数	可扩展模块点数
继电器输出	晶闸管输出	晶体管输出			
FX$_{2N}$-16MR	FX$_{2N}$-16MS	FX$_{2N}$-16MT	8	8	32
FX$_{2N}$-32MR	FX$_{2N}$-32MS	FX$_{2N}$-32MT	16	16	32
FX$_{2N}$-48MR	FX$_{2N}$-48MS	FX$_{2N}$-48MT	24	24	64
…	…	…	…	…	…
FX$_{3U}$-128MR	—	FX$_{3U}$-128MT	64	64	368

② I/O 扩展单元和扩展模块　FX 系列具有灵活的 I/O 扩展功能，可扩展 I/O 单元或 I/O 模块。扩展的单元或模块无 CPU，必须与基本单元共用 CPU。

FX$_{2N}$ 系列的扩展单元见表 5.3。FX$_{2N}$ 系列的扩展模块见表 5.4。

表 5.3　FX$_{2N}$ 系列的扩展单元

型号	总 I/O 点数	输入			输出	
		数目	电压	类型	数目	类型
FX$_{2N}$-32ER	32	16	24V 直流	漏型	16	继电器
FX$_{2N}$-32ET	32	16	24V 直流	漏型	16	晶体管
FX$_{2N}$-48ER	48	24	24V 直流	漏型	24	继电器
FX$_{2N}$-48ET	48	24	24V 直流	漏型	24	晶体管
…	…	…	…	…	…	…

FX$_{2N}$ 系列可编程控制器的技术指标包括电源技术指标、输入技术指标、输出技术指标等，分别见表 5.5～表 5.7。

表 5.4　FX$_{2N}$ 的扩展模块

型号	总 I/O 点数	输入			输出	
		数目	电压	类型	数目	类型
FX$_{2N}$-16EX	16	16	24V 直流	漏型		
FX$_{2N}$-16EYT	16				16	晶体管
FX$_{2N}$-16EYR	16				16	继电器

表 5.5　FX$_{2N}$ 电源技术指标

项目		FX$_{2N}$-16M FX$_{2N}$-2E	FX$_{2N}$-32M FX$_{2N}$-8M FX$_{2N}$-48E	FX$_{2N}$-64M	FX$_{2N}$-80M	FX$_{2N}$-128M
电源电压		AC 100V～240V,50/60Hz				
允许瞬间断电时间		对于 10ms 以下的瞬间断电,控制动作不受影响				
电源熔断器		250V,3.15A,$\phi5\times20$mm	250V,5A,$\phi5\times20$mm			
功率/V·A		35	40(32E 35)	50(48E 45)	60	70	100
传感器	无扩展部件	DC 24V,≤250mA	DC 24V,≤460mA			
电源	有扩展部件	DC 5V 基本单元 290mA,扩展单元 690mA				

表 5.6　FX$_{2N}$ 输入技术指标

输入电压/V	输入电流/mA		输入 ON 电流/mA		输入 OFF 电流/mA		输入阻抗/kΩ		输入隔离	输入响应时间/ms
	X000～X007	X010 以内	X000～X007	X010 以内	X000～X007	X010 以内	X000～X007	X010 以内		
DC 24	7	5	4.5	3.5	≤1.5	≤1.5	3.3	4.3	光电隔离	0～60 可变

注：输入端 X0～X17 内有数字滤波器,其响应时间可由程序调整为 0～60ms。

表 5.7　FX$_{2N}$ 输出技术指标

项目		继电器输出	晶闸管输出	晶体管输出
外部电源		AC 250V,DC 30V 以下	AC 85～240V	DC 5～30V
最大负载	电阻负载	2A/1 点,8A/4 点共享,8A/8 点共享	0.3A/1 点 0.8A/4 点	0.5A/1 点 0.8A/4 点
	感性负载/V·A	80	15/AC 100V 30/AC 200V	12/DC 24V
	灯负载/W	100	30W	1.5/DC 24V
开路漏电流/mA		—	1mA/AC 100V 2mA/AC 200V	≤0.1/DC30V
响应时间/ms	OFF 到 ON	约 10	≤1	≤0.2
	ON 到 OFF	约 10	≤10	≤0.2
电路隔离		机械隔离	光电晶闸管隔离	光电耦合器隔离
动作显示		继电器通电时 LED 灯亮	光电晶闸管驱动时 LED 灯亮	光电耦合器隔离驱动时 LED 灯亮

5.1.2　输入接口

（1）输入形式

外部输入信号通过输入接口的继电器输入到 PLC 有两种源型：PNP（公共端接正极）和漏型 NPN（公共端接负极），且 NPN 形式较多见。

外部设备连接到 PLC 的输入,可接成漏型输入（NPN）,也可以接成源型输入（PNP）。

① 漏型输入。漏型输入形式的 S/S 端子连接在 DC24V 的正极,输入电流从输入端流出。

② 源型输入。源型输入形式的 S/S 端子连接在 DC24V 的负极，输入电流从输入端流入。

AC 电源型 PLC 的漏型输入和源型输入接口如图 5.1 所示，DC 电源型 PLC 的漏型输入和源型输入接口如图 5.2 所示。

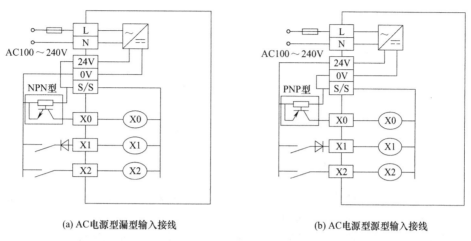

(a) AC电源型漏型输入接线　　　　　　　　(b) AC电源型源型输入接线

图 5.1　AC 电源型 PLC 的漏型输入和源型输入接口

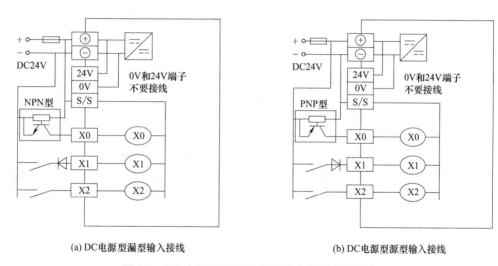

(a) DC电源型漏型输入接线　　　　　　　　(b) DC电源型源型输入接线

图 5.2　DC 电源型 PLC 的漏型输入和源型输入接口

（2）常见输入设备

常见的开关量输入设备分为无源开关和有源开关。无源开关有按钮、继电器接点、控制开关等；有源开关有接近开关、传感器、编码器等。

几种典型输入设备与 FX3U 系列 PLC 漏型输入端子接线，输入设备与 FX2N 系列 PLC 漏型输入端子接线如图 5.3 所示。

另外，可以将 TTL 电平利用外部继电器模块转成开关量，作为 PLC 输入信号。

5.1.3　输出接口

输出接口是将 PLC 内部由程序控制的标准信号转换为外部执行机构所需要的开关量。开关量输出接口可分为晶体管型（MT 型）、继电器型（MR 型）及晶闸管型（MS 型）。

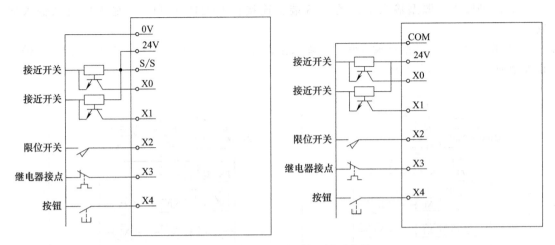

图 5.3　三菱 PLC 漏型输入端子接线

晶体管型输出用于驱动 5～30V 直流负载，驱动负载较小，但响应时间快，多用于电子线路和驱动器的控制，如高速脉冲输出控制步进驱动器。

继电器型可以驱动直流 30V 和交流 250V 以内的负载，驱动负载较大，但响应时间较慢，常用于各种电动机、电磁阀和信号灯等负载控制，也是工业现场较常应用的类型。

晶闸管型用于驱动 85～240V 交流负载，驱动负载较大，响应时间较快，综合了晶体MT 和 MR 型优点。

（1）晶体管型输出接口

晶体管型输出单元的驱动电路采用晶体管进行驱动放大，输出方式一般为集电极输出，驱动外部直流负载，一个输出点控制电流为 1A 左右。晶体管开关量输出为无触点的输出，没有机械或电弧损伤，使用寿命较长。图 5.4 是 FX_{1N} 的晶体管集电极输出示意图，框内是 PLC 内部的输出电路，框外为外部执行器连接线。各组的公共点接外接直流电流电源的负极，输出信号由输出锁存器后，再经光耦输出到晶体管，晶体管的饱和导通和截止相当于触点的接通和断开。稳压管用来抑制关断过电压和外部的浪涌电压，以保护晶体管，晶体管输出电路的延迟时间小于 1ms。场效应晶体管输出电路的结构与晶体管输出电路基本上相同。

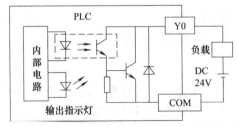

图 5.4　FX_{1N} 晶体管集电极输出示意图

（2）继电器型输出接口

图 5.5 是继电器型输出电路。内部电路使继电器的线圈通电，常开触点闭合，外部负载得电工作。继电器同时起隔离和功率放大作用，每一路只提供一对常开触点。与触点并联的 RC 电路和压敏电阻消除触点通断时产生的电弧，减轻对 CPU 的干扰和触点的损伤。继电器型输出电路的滞后时间一般在 10ms 左右。

图 5.6 是晶闸管型输出电路。它采用光控双向晶闸管，驱动外部交流负载，一个输出点控制电流为 1A 左右。双向晶闸管为无触点开关，外部负载电源可选用直流或交流电源，双向晶闸管多用于交流负载，其响应时间介于晶体管型与继电器型之间。

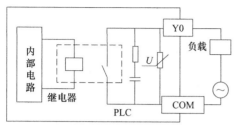 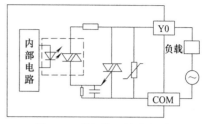

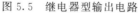

图 5.5　继电器型输出电路　　　　　　　　图 5.6　晶闸管型输出电路

【例 5-1】　PLC 一开机，共阴极数码管显示"0"；按下 SB1 时，显示从"0"开始每秒＋1 显示，到"9"时后一秒又从 0 开始，循环往复；按下 SB2 时，数码管显示停止在"0"上。梯形图如图 5.7 所示（此案例为数码管静态显示，由 MR 型调试）。

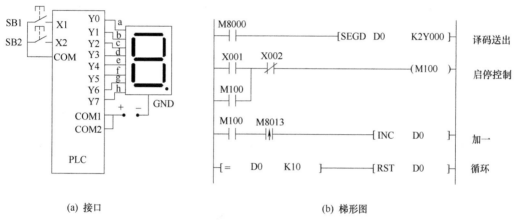

(a) 接口　　　　　　　　　　　　　　　　(b) 梯形图

图 5.7　共阴极数码管静态显示接口及梯形图

【例 5-2】　按下 SB1 时，共阴极数码管显示从"14：59"开始倒计时，循环往复；按下 SB2 时，数码管显示停止在当前值上。接口如图 5.8 所示，梯形图如图 5.9 所示（此案例为数码管动态显示，由 MR 型调试）。

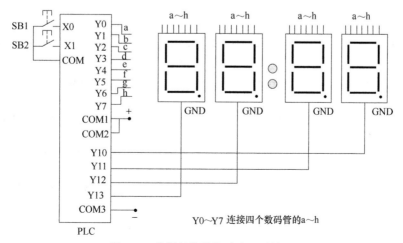

图 5.8　共阴极数码管动态显示接口

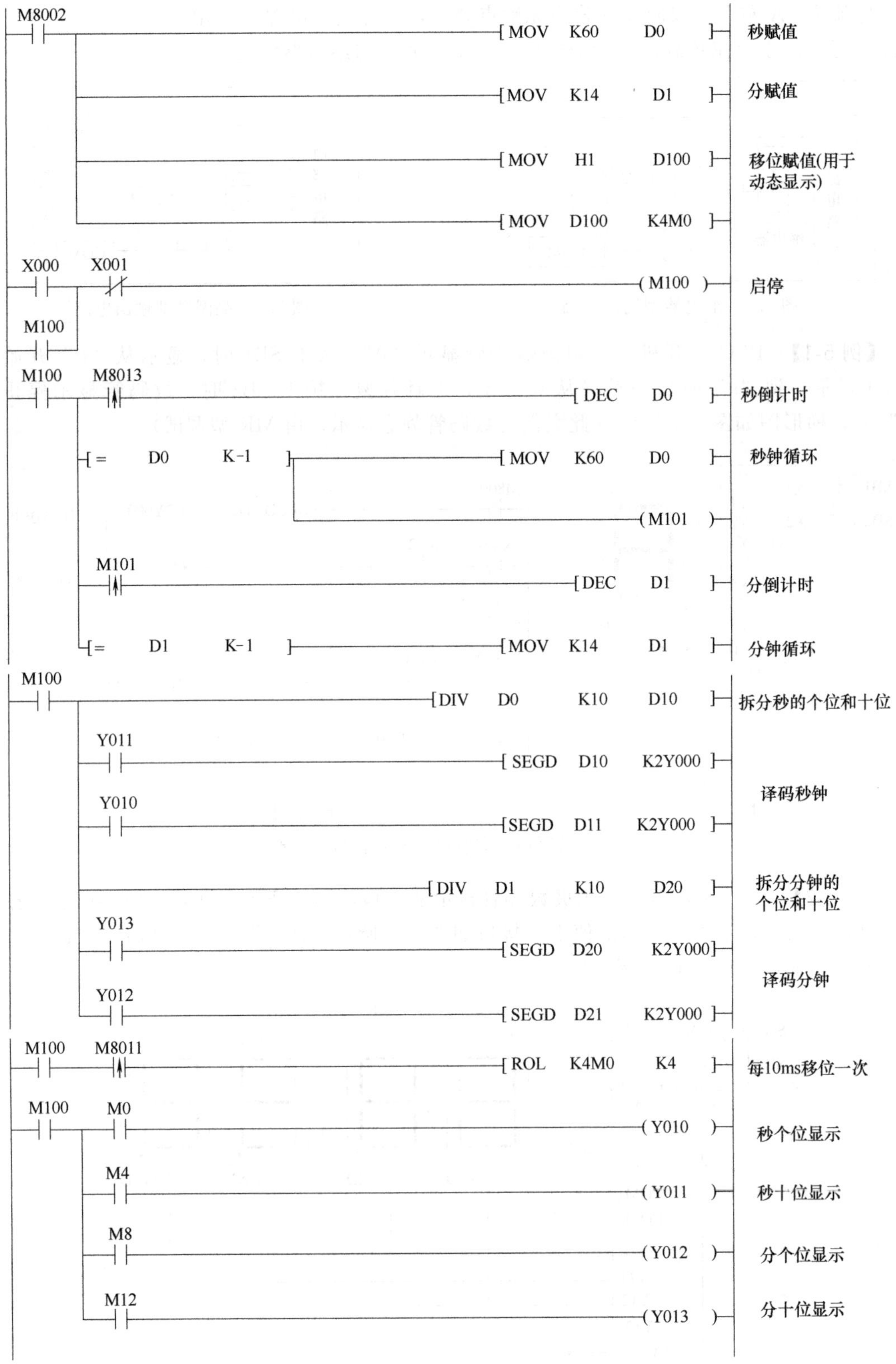

图 5.9 共阴极数码管动态显示梯形图

5.2　模拟量/数字量接口技术

模拟量输入模块用于接受传感设备传输的标准模拟量电压、电流信号，并将其转换为数字信号供 PLC 使用。FX 系列 PLC 的模拟量输入模块主要包括：FX_{2N}-4AD（4 通道模拟量输入模块）、FX_{2N}-2AD（2 通道模拟量输入模块）、FX_{0N}-3A（2 通道模拟量输入＋1 通道模拟量输出模块）等。

模拟量输出模块用于需模拟量驱动的系统。经 PLC 运算输出的数字量经过模拟量输出模块转换为标准模拟量输出。FX 系列 PLC 的模拟量输出模块主要包括 FX_{2N}-4DA（4 通道模拟量输出模块）、FX_{2N}-2DA（2 通道模拟量输出模块）、FX_{0N}-3A（1 通道模拟量输出＋2 通道模拟量输入模块）等。

为了使 PLC 能够准确地查找到指定的功能模块，每个特殊功能模块都有一个确定的地址编号，编号的方法是从最靠近 PLC 基本单元的功能模块开始顺次编号，最多可连接 8 台功能模块（对应的编号为 0～7 号），PLC 的扩展单元不记录在内。

FX_{2N}-48MR 基本单元通过扩展总线与特殊功能模块（模拟量输入模块 FX_{2N}-4AD、模拟量输出模块 FX_{2N}-4DA、FX_{0N}-3A）连接，将各个特殊功能模块按顺序连接，以确定功能模块的编号，如图 5.10 所示。

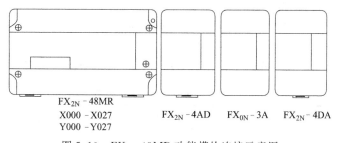

图 5.10　FX_{2N}-48MR 功能模块连接示意图

5.2.1　A/D 转换及应用

在机电控制中，除了有大量的通/断（开/关）信号以外，还有连续变化的信号，如位置、力、温湿度等。通常先用各种传感器将这些连续变化的物理量变换成电压或电流信号，将这些信号连接到模拟量输入模块的接线端上，经过 A/D 模数转换后送入 PLC。

本节主要以 FX_{2N}-4AD 和 FX_{0N}-3A 为例介绍 A/D 转换及应用。

（1）FX_{2N}-4AD

① 技术指标。FX_{2N}-4AD 为 12 位高精度模拟量输入模块，具有 4 输入 A/D 转换通道，输入信号类型可以是电压（－10～＋10V）、电流（－20～＋20mA）和电流（－4～＋20mA），每个通道都可以独立地指定为电压输入或电流输入。FX_{2N} 系列 PLC 最多可连接 8 台 FX_{2N}-4AD。FX_{2N}-4AD 的技术指标见表 5.8。

表 5.8　FX_{2N}-4AD 的技术指标

项目	电压输入	电流输入
	4 通道模拟量输入，通过输入端子变换可选电压或电流输入	
模拟量输入范围	DC－10～＋10V（输入电阻 200kΩ）绝对最大输入±15V	DC－20～＋20mA（输入电阻 250Ω）绝对最大输入±32mA
数字量输出范围	带符号位的 16 位二进制（有效数值 11 位），数值范围－2048～＋2047	

项目	电压输入	电流输入
	4 通道模拟量输入,通过输入端子变换可选电压或电流输入	
分辨率	5mV(10V×1/2000)	20μA(20mA×1/1000)
综合精度	±1%(在−10～+10V 范围)	±1%(在−20～+20mA 范围)
转换速度	每通道 15ms(高速转换方式时为每通道 6ms)	
隔离方式	模拟量与数字量间用光电隔离,从基本单元来的电源经 DC/DC 转换器隔离,各输入端子间不隔离	
模拟量用电源	DC24V ±10%　55mA	
占有的 I/O 点数	程序上为 8 点(作输入或输出点计算),由 PLC 供电的消耗功率为 5V,30mA	

② 端子连接。图 5.11 是模拟量输入模块 FX$_{2N}$-4AD 的端子接线图。当采用电流输入信号或电压输入信号时,端子的连接方法不同。输入的信号范围应在 FX$_{2N}$-4AD 规定的范围之内。

③ 缓冲寄存器及设置。模拟量输入模块 FX$_{2N}$-4AD 的缓冲寄存器 BFM 是特殊功能模块工作设定及与主机通信用的数据中介,通过 FROM/TO 指

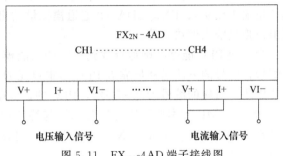

图 5.11　FX$_{2N}$-4AD 端子接线图

令达到读或写操作目标。FX$_{2N}$-4AD 的缓冲寄存器区由 32 个 16 位的寄存器组成,编号为 BFM♯0～♯31。

a. 缓冲寄存器(BFM)编号　FX$_{2N}$-4AD 模块 BFM 的分配表见表 5.9。

表 5.9　FX$_{2N}$-4AD 模块 BFM 分配表

BFM	内　　容							
* ♯0	通道初始化　默认设定值＝H0000							
* ♯1	CH1	平均值取样次数(取值范围 1～4096)默认值＝8						
* ♯2	CH2							
* ♯3	CH3							
* ♯4	CH4							
♯5	CH1	分别存放 4 通道的平均值						
♯6	CH2							
♯7	CH3							
♯8	CH4							
♯9	CH1	分别存放 4 通道的当前值						
♯10	CH2							
♯11	CH3							
♯12	CH4							
♯13、♯14 ♯16～♯19	保留							
♯15	A/D 转换速度的设置	当设置为 0 时,A/D 转换速度为 15ms/ch,为默认值						
		当设置为 1 时,A/D 转换速度为 6ms/ch,为高速值						
* ♯20	恢复到默认值或调整值　默认值＝0							
* ♯21	禁止零点和增益调整　默认设定值＝0,1(允许)							
* ♯22	零点(Offset)、增益(Gain)	b7	b6	b5	b4	b3	b2	b1	b0
	调整	G4	O4	G3	O3	G2	O2	G1	O1
* ♯23	零点值　默认设定值＝0							
* ♯24	增益值　默认设定值＝5000							

BFM	内　　　容
♯25～♯28	保留
♯29	出错信息
♯30	识别码 K2010
♯31	不能使用

注：1. 带 * 号的缓冲寄存器中的数据可由 PLC 通过 TO 指令改写。

2. 从指定的模拟量输入模块读入数据前应先将设定值写入，否则按默认设定值执行。

3. PLC 用 FROM 指令可将不带 * 号的 BFM 内的数据读入。

　　b. 缓冲寄存器（BFM）的设置

• 在 BFM ♯0 中写入十六进制 4 位数字 H0000 使各通道初始化，最低位数字控制通道 CH1，最高位数字控制通道 CH4。H0000 中每位数值表示的含义为

位（bit）＝0：设定输入范围－10～＋10V；

位（bit）＝1：设定输入范围＋4～＋20mA；

位（bit）＝2：设定输入范围－20～＋20mA；

位（bit）＝3：关闭该通道。

例如：BFM♯0＝H3310，则

CH1：设定输入范围－10～＋10V；

CH2：设定输入范围＋4～＋20mA；

CH3、CH4：关闭。

• 输入的当前值送到 BFM♯9～♯12，输入的平均值送到 BFM♯5～♯8。

• 各通道平均值取样次数分别由 BFM♯1～♯4 来指定。取样次数范围为 1～4096，若设定值超过该数值范围时，按默认设定值 8 处理。

• 当 BFM♯20 置为 1 时，整个 FX$_{2N}$-4AD 的设定值均恢复到默认设定值。这是快速地擦除零点和增益的非默认设定值的方法。

　　若 BFM♯21 的 b1、b0 分别置为 1、0，则增益和零点的设定值禁止改动。要改动零点和增益的设定值时，必须令 b1、b0 的值分别为 0、1，缺省设定为 0、1。

　　零点：数字输出为 0 时的输入值。

　　增益：数字输出为＋1000 时的输入值。

• 在 BFM♯23 和 BFM♯24 内的增益和零点设定值会被送到指定的输入通道的增益和零点寄存器中。需要调整的输入通道由 BFM♯22 的 G、O（增益-零点）位的状态来指定。

• BFM♯30 中存的是特殊功能模块的识别码，PLC 可用 FROM 指令读入。FX$_{2N}$-4AD 的识别码为 K2010，可利用编程读入识别码到 PLC 的数据寄存器，再通过比较真实的 K2010 确认模块。

• BFM♯29 中有 16 个位，各对应各自的出错信息，PLC 读入 BFM♯29 各位赋值到 M 元件的状态，即可进行差错或控制 A/D 转换许可。BFM♯29 中各位的状态信息见表 5.10。

表 5.10　BFM♯29 中各位的状态信息

BFM♯29 的位	ON	OFF
b0	当 b1～b3 任意为 ON 时	无错误
b1	表示零点和增益发生错误	零点和增益正常
b2	DC24V 电源故障	电源正常
b3	A/D 模块或其他硬件故障	硬件正常
b4～b9	未定义	
b10	数值超出范围－2048～＋2047	数值在规定范围

BFM＃29 的位	ON	OFF
b11	平均值采用次数超出范围 1～4096	平均值采用次数正常
b12	零点和增益调整禁止	零点和增益调整允许
b13～b15	未定义	

（2）FX$_{0N}$-3A

① 技术指标。FX$_{0N}$-3A 为 8 位模拟量输入输出混合模块，具有 2 路输入 A/D 转换通道和 1 路输出 D/A 转换通道，输入信号类型可以是电压（DC0～10V）、电流（DC4～20mA），输出信号类型可以是电压（DC0～10V）、电流（DC4～20mA），最大转换值为 255。

模拟量输入模块 FX$_{0N}$-3A 的缓冲寄存器 BFM 是特殊功能模块工作设定及与主机通信用的数据中介单元，是 FROM/TO 指令读和写的操作目标。FX$_{0N}$-3A 的缓冲寄存器区由 32 个 16 位的寄存器组成，编号为 BFM＃0～＃31。

FX$_{0N}$-3A 模块 BFM 的分配见表 5.11。

表 5.11　FX$_{0N}$-3A 模块 BFM 的分配

BMF	b15～b8	b7	b6	b5	b4	b3	b2	b1	b0
＃0	当前 A/D 转换输入通道 8 位数据								
＃1～＃15									
＃16	当前 D/A 转换输出通道 8 位数据								
＃17					D/A 转换起动		A/D 转换起动		A/D 转换通道选择
＃18～＃31									

注：BFM＃0 是转换的数字量存放缓存，BFM＃17 是初始化设置的关键缓存。

② FX$_{0N}$-3A 模块 BFM＃17。FX$_{0N}$-3A 模块 BFM＃17 的定义见表 5.12。

＃17：

b0＝0：选择输入通道 1；

b0＝1：选择输入通道 2；

b1＝0→1：起动 A/D 转换；

b1＝1→0：复位 A/D 转换；

b2＝0→1：起动 D/A 转换；

b2＝1→0：复位 D/A 转换。

（模拟量连续输入输出条件：0→1→0）

表 5.12　FX$_{0N}$-3A 模块 BFM＃17 定义

十六进制	二进制			说　　明
	b2	b1	b0	
H000	0	0	0	选择输入通道 1 且复位 A/D 和 D/A 转换
H001	0	0	1	选择输入通道 2 且复位 A/D 和 D/A 转换
H002	0	1	0	保持输入通道 1 的选择且起动 A/D
H003	0	1	1	保持输入通道 2 的选择且起动 A/D
H004	1	0	0	起动 D/A 转换

（3）应用举例

【例 5-3】　FX$_{2N}$-4AD 模拟量输入模块连接在最靠近基本单元 FX$_{2N}$-48MR 的地方，如图 5.10 所示。仅开通 CH1 和 CH2 两个通道作为电压量输入通道，平均值采样次数为 4，将转化的平均值存入 PLC 的数据寄存器 D0 和 D1 中。

解：由题意知，FX$_{2N}$-4AD 模拟量输入模块编号为 0 号。按照控制要求设计的梯形图及有关注释如图 5.12 所示。

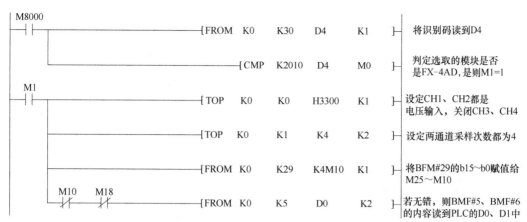

图 5.12　FX_{2N}-4AD 模拟量输入梯形图

【例 5-4】 FX_{0N}-3A 模拟量输入输出模块连接在 FX_{2N}-4AD 一侧的地方，如图 5.10 所示。传感器接入通道 1，每秒采样并转换模拟量信号（DC0～10V），将数字值读进 PLC 的 D10。

解： 由题意知，FX_{0N}-3A 模拟量输入模块连接在 FX_{2N}-4AD 一侧，FX_{2N}-4AD 模拟量输入模块编号为 0 号，则 FX_{0N}-3A 模拟量输入输出模块编号为 1 号。按照控制要求设计的梯形图及有关注释如图 5.13 所示。

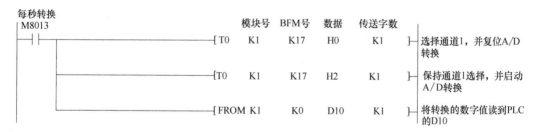

图 5.13　FX_{0N}-3A 模拟量输入梯形图

5.2.2　D/A 转换及应用

在机电控制中，有些现场设备需要用模拟电压或电流作为给定信号或驱动信号。例如，直流调速装置和交流变频调速装置就需要模拟电压或电流信号来对电机进行调速，PLC 模拟量输出模块（D/A 功能模块）的输出端就能根据需要提供这种电压信号或电流信号。

本节主要以 FX_{2N}-4DA 和 FX_{0N}-3A 为例介绍 D/A 转换及应用。

（1）FX_{2N}-4DA

① FX_{2N}-4DA 技术指标。FX_{2N}-4DA 为 12 位高精度模拟量输出模块，具有 4 输出 D/A 转换通道，输出信号类型可以是电压（－10～＋10V）、电流（0～＋20mA）和电流（＋4～＋20mA），每个通道都可以独立地指定为电压输出或电流输出。FX_{2N} 系列可编程控制器最多可连接 8 台 FX_{2N}-4DA。FX_{2N}-4DA 的技术指标见表 5.13。

表 5.13　FX_{2N}-4DA 技术指标

项目	电压输出	电流输出
	4 通道模拟量输出。根据电流输出还是电压输出，对端子进行设置	
模拟量输出范围	DC－10～＋10V （外部负载电阻 1kΩ～1MΩ）	DC＋4～＋20mA （外部负载电阻 500Ω 以下）

项目	电压输出	电流输出
	4 通道模拟量输出。根据电流输出还是电压输出,对端子进行设置	
数字输入	电压＝－2048～＋2047	电流＝0～＋1024
分辨率	5mV(10V×1/2000)	20μA(20mA×1/1000)
综合精确度	满量程 10V 的 ±1%	满量程 20mA 的 ±1%
转换速度	2.1ms(4 通道)	
隔离方式	模拟电路与数字电路间有光电隔离,与基本单元间是 DC/DC 转换器隔离,通道间没有隔离	
模拟量用电源	DC24V±10% 130mA	
I/O 占有点数	程序上为 8 点(作输入或输出点计算),由 PLC 供电的消耗功率为 5V,30mA	

② 端子连接。模拟量输出模块 FX$_{2N}$-4DA 的端子接线如图 5.14 所示,采用不同的电流输出或电压输出接线方法,其输出负载的类型、电压、电流和功率应在 FX$_{2N}$-4DA 规定的范围之内。

③ 缓冲寄存器及设置。模拟量功能模块 FX$_{2N}$-4DA 的缓冲寄存器 BFM 由 32 个 16 位的寄存器组成,编号为 BFM♯0～♯31。

a. 缓冲寄存器(BFM)编号　FX$_{2N}$-4DA 模块的 BFM 分配见表 5.14。

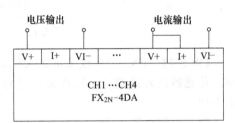

图 5.14　FX$_{2N}$-4DA 端子接线图

表 5.14　FX$_{2N}$-4DA 模块的 BFM 分配

BFM	内　　　容	
*♯ 0(E)	模拟量输出模式选择　默认值＝H0000	
*♯ 1	CH1 输出数据	
*♯ 2	CH2 输出数据	
*♯ 3	CH3 输出数据	
*♯ 4	CH4 输出数据	
*♯ 5(E)	输出保持或回零　默认值＝H0000	
♯(6)♯ 7	保留	
*♯ 8(E)	CH1、CH2 的零点和增益设置命令,初值为 H0000	
*♯ 9(E)	CH3、CH4 的零点和增益设置命令,初值为 H0000	
*♯ 10	CH1 的零点值	
*♯ 11	CH1 的增益值	
*♯ 12	CH2 的零点值	
*♯ 13	CH2 的增益值	单位为 mV 或 mA
*♯ 14	CH3 的零点值	
*♯ 15	CH3 的增益值	例:采用输出模式 3 时各通道的初值:零点值＝0　增益值＝5000
*♯ 16	CH4 的零点值	
*♯ 17	CH4 的增益值	
♯ 1(8)♯ 19	保留	
*♯ 20(E)	初始化　初值＝0	
*♯ 21(E)	I/O 特性调整禁止,初值＝1	
♯ 2～♯ 28	保留	
♯ 29	出错信息	
♯ 30	识别码 K3010	
♯ 31	保留	

注:1. 带 * 号的 BFM 缓冲寄存器可用 TO 指令将数据写入。

2. 带 E 表示数据写入 EEPROM 中,具有断电记忆。

b. 缓冲寄存器（BFM）的设置

• BFM♯0 中的 4 位十六进制数 H0000 分别用来控制 4 通道的输出模式，由低位到最高位分别控制 CH1、CH2、CH3 和 CH4。在 H0000 中：

位（bit）= 0 时，电压输出（-10～+10V）；

位（bit）= 1 时，电流输出（+4～+20mA）；

位（bit）= 2 时，电流输出（0～+20mA）。

例如，H2110 表示 CH1 为电压输出（-10～+10V），CH2 和 CH3 为电流输出（+4～+20mA），CH4 为电流输出（0～+20mA）。

• 输出数据写入 BFM♯1 到 BFM♯4。其中：

BFM♯1 为 CH1 输出数据（默认值=0）；

BFM♯2 为 CH2 输出数据（默认值=0）；

BFM♯3 为 CH3 输出数据（默认值=0）；

BFM♯4 为 CH4 输出数据（默认值=0）。

• PLC 由 RUN 转为 STOP 状态后，FX$_{2N}$-4DA 的输出是保持最后的输出值还是回零点，取决于 BFM♯5 中的 4 位十六进制数值，其中 0 表示保持输出值，1 表示恢复到 0。

例如：

H1100——CH4=回零，CH3=回零，CH2=保持，CH1=保持；

H0101——CH4=保持，CH3=回零，CH2=保持，CH1=回零。

• BFM♯8 和♯9 为零点和增益调整的设置。

通过♯8 和♯9 中的 4 位十六进制数指定是否允许改变零点和增益值。其中，BFM♯8 中 4 位十六进制数（b3 b2 b1 b0）对应 CH1 和 CH2 的零点和增益调整的设置命令，见图 5.15（a）（b=0 表示不允许调整，b=1 表示允许调整）；BFM♯9 中 4 位十六进制数（b3 b2 b1 b0）对应 CH3 和 CH4 的零点和增益调整的设置命令，见图 5.15（b）（b=0 表示不允许调整，b=1 表示允许调整）。

b3	b2	b1	b0
G2	O2	G1	O1

(a)BFM♯8

b3	b2	b1	b0
G2	O2	G3	O3

(b) BFM♯9

图 5.15　BFM♯8 和♯9 为零点和增益调整的设置命令

• BFM♯10～♯17 为零点和增益数据。

当 BFM 的♯8 和♯9 中允许零点和增益调整时，可通过写入命令 TO 将要调整的数据写在 BFM♯10～♯17 中（单位为 mA 或 mV）。

• BFM♯20 为复位。

当将数据 1 写入 BFM♯10 时，缓冲寄存器 BFM 中的所有数据恢复到出厂时的初始设置，其优先权大于 BFM♯21。

• BFM♯21 为 I/O 状态禁止调整。

当 BFM♯21 不为 1 时，BFM♯21 到 BFM♯1 的 I/O 状态禁止调整，以防止由于疏忽造成的 I/O 状态改变。当 BFM♯21=1（初始值）时允许调整。

• BFM♯29 中有 16 个位，各位对应各自的出错信息，PLC 读入 BFM♯29 各位赋值到 M 元件的状态，即可进行差错或控制 D/A 转换许可。各位表示的含义与 FX$_{2N}$-4AD 相近。

• BFM♯30 存放 FX$_{2N}$-4DA 识别码为 K3010，可利用编程读入识别码到 PLC 的数据寄存器，再通过比较真实的 K3010 以确认模块。

（2）FX$_{0N}$-3A

① 技术指标。参见 5.2.1 小节的 FX$_{0N}$-3A。FX$_{0N}$-3A 模块 BFM♯17 定义见表 5.12。

② D/A 输出程序。

LD　M100　　　　　　　　　　M100 为 ON 时

TO　K0　K16　D0　K1　　　D/A 转换对应值 D0 写入 BFM♯16

TO　K0　K17　H04　K1　　H04 写入 BFM♯17，启动 D/A 转换

TO　K0　K17　H00　K1　　H00 写入 BFM♯17，复位 D/A 转换

程序表明：当 M100＝ON 时，输出通道 D/A 转换对应值为 PLC 的 D0 值。

（3）应用举例

【例 5-5】　在图 5.10 中，FX$_{2N}$-4DA 模拟量输出模块接在 2 号模块位置，CH1 设定为电压输出（PLC 中 D0 转换值），CH2 设定为电流输出（PLC 中 D1 转换值），并要求当 PLC 从 RUN 转为 STOP 状态后，最后的输出值保持不变。

按照控制要求设计的梯形图及有关注释如图 5.16 所示。

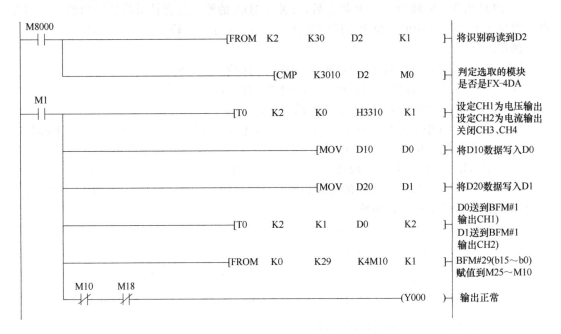

图 5.16　FX$_{2N}$-4DA 模拟量输出梯形图

【例 5-6】　在图 5.10 中，FX$_{0N}$-3A 模拟量输入输出模块作为 1 号模块。将 PLC 的 D11 转换值，从输出通道输出。

按照控制要求设计的梯形图及有关注释如图 5.17 所示。

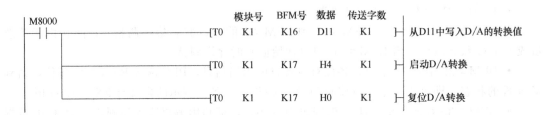

图 5.17　FX$_{0N}$-3A 模拟量输出梯形图

5.2.3 电压与频率的转换

（1）电压-频率（V/f）转换

将传感器检测被测量（如位移、力等）的电压信号，利用 V/f 转换将电压转化为与之成正比的频率，呈脉冲信号输出。在机电一体化设计中，利用 V/f 转换获取的脉冲信号输入 PLC，PLC 通过在约定时间内统计脉冲个数，获得脉冲频率，从而获得传感器的检测信息。

（2）频率-电压（f/V）转换

f/V 是 V/f 的逆过程，将传感器检测被测量（如角速度、线速度等）的频率信号，利用 f/V 转换将频率转化为与之成正比的电压，呈模拟信号输出。在机电一体化设计中，将模拟信号输入 PLC 的 A/D，PLC 通过读取 A/D 缓存的数字量，从而获得传感器的检测信息。

（3）电压/频率转换电路

电压/频率转换是将一定的输入电压信号按线性的比例关系转换成频率信号，当输入电压变化时，输出信号频率呈响应变化。我们只分析如何将电压转换成 200～1000Hz 的频率信号。

V/f 转换集成芯片有很多，以 LM331 芯片为例，LM331 由美国 NS 公司生产，是目前常用的电压/频率转换器，也可用作频率/电压转换器、A/D 转换器、线性频率调制解调、长时间积分器及其他相关器件。LM331 采用了新的温度补偿能隙基准电路。LM331 的动态范围宽，线性度好，最大非线性失真小于 0.01%，频率输出为 1～100kHz；变换精度高，数字分辨率可达 12 位；外接电路简单，计算和接入几个外部元件，就可构成不同幅值信号输入输出值的 V/f 或 f/V 等转换电路。LM331 的内部电路组成由输入比较器、定时比较器、R-S 触发器、输出驱动管、复零晶体管、能隙基准电路、精密电流源电路、电流开关、输出保护管等部分组成，输出驱动管采用集电极开路形式，因而可以通过选择逻辑电流和外接电阻，灵活改变输出脉冲的逻辑电平。LM331 可采用双电源或单电源供电，可工作在 4～40V 之间，输出可高达 40V。LM331 电压/频率变换器如图 5.18 所示。

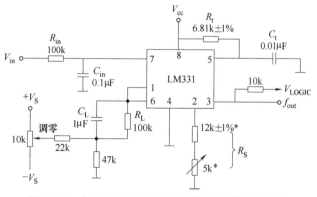

图 5.18 由 LM331 组成的典型的电压/频率变换器

其输出频率与电路参数的关系为

$$f_{out} = \frac{V_{in} R_S}{2.09 R_L R_t C_t} \tag{5-1}$$

可见，在参数 R_S、R_L、R_t、C_t 确定后，输出脉冲频率 f_{out} 与输入电压 V_{in} 成正比，从而实现了电压-频率的线性变换。改变式中 R_S 的值，可调节电路的转换增益，即 V_{in} 和 f_{out} 之间的线性比例关系。若将 1～5V 的电压转换成 200～1000Hz 的频率信号，电路参数理论值为 $R_t = 18k\Omega$，$C_t = 0.022\mu F$，$R_L = 100k\Omega$，$R_S = 16.5528k\Omega$，由于元器件与标称值存在误差，在电路参数基本确定后，通过调节 R_S 的电位器，可以实现所需 V/f 线性变换。

由公式可知，电阻 R_S、R_L、R_t 和电容 C_t 直接影响转换结果 f_{out}，因此对元件的精度要有一定的要求，可根据转换精度适当选择，其中 R_t、C_t、R_S、R_L 要选用低温漂的稳定元件，C_{in} 可根据需要选择 $0.1\mu F$ 或 $1\mu F$。电容 C_L 对转换结果虽然没有直接的影响，但应选择漏电流小的电容器。电阻 R_L 和电容 C_L 组成低通滤波器，可减少输入电压中的干扰脉冲，有利于提高转换精度。电路中的 47Ω 电阻对确保电路线性失真度小于 0.03% 是必需的。

（4）频率/电压转换电路

LM331 构成的频率/电压转换电路如图 5.19 所示，经放大整形后的信号 f_{in} 经过 R_1、C_3 组成的微分电路加到 LM331 的 6 脚。当 f_{in} 的下降沿到来时经过微分电路将在 6 脚产生负向尖峰脉冲，当负向尖峰脉冲大于 V_{CC} 时，LM331 的内部触发器将置位，其内部的电流源对电容 C_L 充电，同时电源 V_{CC} 通过 R_t 对电容 C_t 充电。当 C_L 上的电压大于 V_{CC} 时，LM331 内部的触发器复位，C_L 通过 R_L 放电，同时定时电容 C_t 迅速放电，完成一次充放电过程。此后，每经过一次充放电过程电路重复上面的工作过程，就实现了频率/电压的转换。LM331 输出的电压 V_{out} 与输入信号频率 f_{in} 的关系可表示为

$$V_{out} = \frac{2.09 R_L R_t C_t f_{in}}{R_S} \qquad (5\text{-}2)$$

式中，$R_S = R_{S1} + R_{S2}$。由式可知，只要合理调节电容值和电阻值就可以使输出电压随输入频率线性变化。

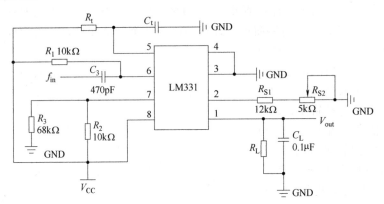

图 5.19　由 LM331 组成的典型的频率/电压变换器电路

5.3　通信接口技术

FX 系列各种通信模块、通信功能扩展板、通信特殊功能模块，支持在 FX 系列 PLC 间方便地构建简易数据连接和与 RS-232C、RS-485 设备的通信功能，还能够根据控制内容，以 FX 系列 PLC 为主站，构建 CC-Link 的高速现场总线网络。

本节介绍以 FX_{2N} 系列为主的通信模块、通信功能扩展板、通信特殊功能模块。

5.3.1　RS-232C 通信

（1）FX_{2N}-232-BD 通信功能扩展板

FX_{2N}-232-BD（以下简称 232BD）通信功能扩展板（以下简称通信板），可安装于 FX_{2N} 系列 PLC 的基本单元中，用于 RS-232C 通信。

① 特点。

a. 在 RS232C 设备之间进行数据传输，如个人电脑、条形码阅读机和打印机。

b. 在 RS232C 设备之间使用专用协议进行数据传输。

c. 连接编程工具。

② 外形和端子。232BD 的端子定义如图 5.20 所示。

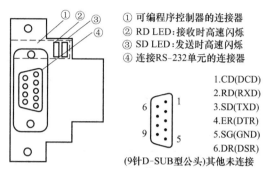

① 可编程序控制器的连接器
② RD LED：接收时高速闪烁
③ SD LED：发送时高速闪烁
④ 连接RS-232单元的连接器

1.CD(DCD)
2.RD(RXD)
3.SD(TXD)
4.ER(DTR)
5.SG(GND)
6.DR(DSR)

(9针D-SUB型公头)其他未连接

图 5.20　232BD 的端子定义

③ 主要技术参数。FX_{2N}-232-BD 通信板的主要技术参数见表 5.15。

表 5.15　FX_{2N}-232-BD 通信板的主要技术参数

项　目		规　　格
接口标准		RS-232C
绝缘方式		非绝缘
显示(LED)		RD、SD
传送距离		最大 15m
消耗电流		20mA/DC5V（由 PLC 供电）
通信方式		全双工双向（ FX2N 在 V2.0 版以下为半双工双向）
通信协议		无协议/专用协议（格式 1 或格式 4）/编程通信
通信格式	数据长度	7 位/8 位
	奇偶校验	没有/奇数/偶数
	停止位	1 位/2 位
	波特率	300/600/1200/2400/4800/9600/19200/38400bps
	标题	没有或任意数据
	控制线	无/硬件/调制解调器方式
	和校验	附加和码/不附加和码
	结束符	没有或任意数据

（2）FX_{2NC}-232ADP 通信模块

FX_{2NC}-232ADP 通信模块是可与计算机通信的绝缘型特殊适配器。

① 特点。

a. 用于以计算机为主机的计算机链接（1：1）专用协议通信用接口。

b. 与计算机、条形码阅读机、打印机和测量仪表等配备 RS-232C 接口的设备进行 1：1 无协议通信的接口。

c. 采用 RS-232C 通信方式，连接编程用计算机和 GOT 的接口。

② 外形和端子。FX_{2NC}-232ADP 的外形和端子如图 5.21 所示。

③ 主要技术参数。FX_{2NC}-232ADP 通信模块的主要技术参数见表 5.16。

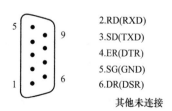

2.RD(RXD)
3.SD(TXD)
4.ER(DTR)
5.SG(GND)
6.DR(DSR)

其他未连接

D-SUB型9针公头

图 5.21　FX_{2NC}-232ADP 通信
模块连接器端子图

将个人计算机（PC）与 PLC 结合起来使用，可以使两者优势互补，组成高性价比的控制系统。通过 RS-232 连接器，可直接与上位机通信，利用上位机 VB 和 PLC 进行通信。

表 5.16   FX$_{2NC}$-232ADP 通信模块主要技术参数

项目		规　格	
		FX$_{0N}$-232ADP	FX$_{2NC}$-232ADP
接口标准		RS-232C	
绝缘方式		光电隔离	
显示（LED）		POWER、RD、SD	
传送距离		最大 15m	
消耗电流		200mA/DC5V（由 PLC 供电）	100mA/DC5V（由 PLC 供电）
通信方式		全双工双向（FX$_{2N}$ 在 V2.0 版以下为半双工双向）	
通信协议		无协议/专用协议（格式 1 或格式 4）/编程通信	
通信格式	数据长度	7 位/8 位	
	奇偶校验	没有/奇数/偶数	
	停止位	1 位/2 位	
	波特率	300/600/1200/2400/4800/9600/19200/38400bps	
	标题	没有或任意数据	
	控制线	无/硬件/调制解调器方式	
	和校验	附加和码/不附加和码	
	结束符	没有或任意数据	

（3）串行通信

PLC 与 PC 通信采用半双工串行异步通信方式。在串行通信中，通信的过程是传输一连串的以电信号组成的数据。

在 RS-232 的通信中，所有的电气信号转换为 0 或 1 来表示，但这些 0 或 1 信号无法直观表示出所接收的数据。因为平时接收的数据大多是以字符来表示的，所以，如何将通信得到的一连串的 0 或 1 信号转换为常用的字符来表示形式，这就必须要遵循 ASCII 码标准。

在串行通信中，接收端得到的数据是以一连串的 0 或 1 信号表示的，此时计算机会将每一个 0 或 1 的状态称为一个位（Bit），并将每 8 个位形成一个字节。在这个字节中，总共可表示 256（2^8）种数值，而这 256 种数值即可利用 ASCII 码对照出所代表的字符（部分的字符用作控制码）。所以，RS-232 的通信实际上是这 256 个字符或控制码的数据通信。

异步式串行通信是以起始位（Start Bit）及停止位（Stop Bit）作为通信的开始及介绍的判断依据，且异步传输中只要有 9 支引脚。

在异步串行通信中，因通信口的各引脚最初应用数据终端设备（Data Terminal Equipment，DTE，如计算机）与数据电路终端设备（Data Circuit-terminating Equipment，DCE，如数据机）的通信，所以其引脚意义通常也与数据机的通信有关。这些引脚说明如下：

CD：Carrier Detect，载波检测；

RXD：Receive，数据接收；

TXD：Transmit，数据发送；

DTR：Data Terminal Ready，终端准备好即发送请求；

SG：Signal Ground，信号地；

DSR：Data Set Ready，接收准备好即发送请求；

RTS：Request To Send，发送请求；

CTS：Clear To Send，发送请求回答；

RI：Ring Indicator，呼叫指示；

FG：Frame Ground，外壳的地线。

① FX 系列 PLC 的通信协议。VB 编程对控件的状态需要进行处理,再通过通信将信息移植到 PLC 的辅助继电器元件 M 上,上位机与 PLC 通信必须遵守通信协议,它的数据传输格式如下:

三菱 FX 系列 PLC 采用异步格式,由 1 位起始位、7 位数据位、1 位偶校验位及 1 位停止位组成,波特率为 9600bps,字符为 ASCII 码。

a. 通信命令 FX 系列 PLC 有 4 条通信命令,即读命令、写命令、强制通命令、强制断命令。表 5.17 为 PLC 软元件元件命令码。

表 5.17 PLC 软元件元件命令码

命令	命令码 CMD	数据段 PLC 软元件
读命令	0	X、Y、M…
写命令	1	X、Y、M…
强制通命令	7	X、Y、M…
强制断命令	8	X、Y、M…

b. 通信格式 通信格式见表 5.18。

表 5.18 通信格式

STX	CMD	数据段	ETX	SUMH	SUML

起始字元 STX:ASCII 码的起始字元 STX 对应的 16 进制数为 02H,无论是命令信息还是回应信息,他们的起始字元均为 STX,接收方以此来判断传输资料的开始。

命令号码:为两位 16 进制数,所谓命令号码是指上位机要求下位机所执行的动作类别,如要求读取或写入单点状态、写入或读取暂存器资料、强制设定、运行、停止等。在回应信息中,下位机会将接收的命令号码原原本本地随同其他信息一同发送给上位机。

元件首地址:对应要操作的元件的相应的地址。例如,PLC 的 M_0 元件地址为 0800,通信时把对应地址发给 PLC。

元件个数:一次读取位元件或字元件的数量。

结束字元(ETX):ASCII 码的结束 EXT 对应的 16 进制数为 03H。无论命令信息还是回应信息,它们的结束字元均为 ETX,接收方以此来判知此次通信已结束。

校验码:校验码是将 STX-ETX 之间的 ASCII 字元的 16 进制数值求和,取低两位为校验码,当下位机接收到信息后,用同样的方法计算接收信息的校验码,如果两个校验码相同,则说明传送正确。

PLC 与计算机之间的通信是以主机发出的初始命令,PLC 对其作出回答响应进行通信的,PLC 无权命令。

② 控制界面设计。若在上位机(PC 机)的控制界面上添加按钮和监测指示灯,步骤为:

a. 添加串口通信控件 MSComm 和时钟控件 Timer。

b. 添加控件:1 个 Shape 控件、1 个 Label 控件。

③ VB 通信初始化程序。设置完成以上窗体、控件对象的参数后,需要对各个控件进行代码设计,通过设计的代码来完成串口通信的初始化和定义控件所要表达的功能,从而实现对整个生产线的监控,完成设计要求。

a. 通信控制字符 FX 系列 PLC 采用面向字符的传输规程,用到 5 个通信控制字符,见表 5.19。

表 5.19　FX 系列 PLC 与 PC 机通信所用的控制字符

字符	ASCII 码	VB 表示	说明
ENQ	05H	Chr(5)	PC 对 PLC 的请求信号
ACK	06H	Chr(6)	PLC 正确响应
NAK	15H	Chr(21)	PLC 错误响应
STX	02H	Chr(2)	报文开始
ETX	03H	Chr(3)	报文结束

b. PC 通信程序　MSComm 控件简介：VB 带有专门管理串行通信的 MSComm 控件，只需设置几个主要参数就可以实现 PC 机与 PLC 之间的串行通信。要完成通信必须设置 MSComm 的相关属性值，即通信口初始化，其步骤如下：

CommPort：设置或传回通信连接端口代号；

Settings：设置初始化参数，以字符串的形式设置或传回连接速度、奇偶校验、数据位、停止位等 4 个参数；

PortOpen：设置或传回通信连接端口的状态；

Input：从输入寄存器传回并移除字符；

Output：将一个字符串写入输出寄存器；

InputLen：指定由串行端口读入的字符串长度；

InBufferCount：传回在接收寄存器中的字符数。

串口通信初始化主要代码如下：

```
MSComm1.CommPort= 1                      COM1 为通信端口
MSComm1.Settings= "9600, E, 7, 1"        串口参数设置，初始化参数
MSComm1.InputLen= 0                      设为 0 时读缓冲区
MSComm1.OutBufferCount= 0                串口清空
MSComm1.InBufferCount= 0
MSComm1.InputMode= comInputMode-Text
MSComm1.PortOpen= True                   打开串口
```

④ 上位机控制程序。根据 FX 系列 PLC 的通信协议：STX 以 ASCII 值 2 为请求开始标志，是 FX 系列 PLC 专用协议的约定，VB 中以 chr（2）表示。CMD 以"7"为强制通命令，"8"为强制断命令。数据段为 CMD 命令的对象，控件通信对象之一为 PLC 的 M8，M8 地址为 0808。通信时，要求低位数据段先发，高位数据段后发，即 0808 描述为 0808。强制时的 PLC 地址计算见表 5.20。

表 5.20　强制时的 PLC 地址计算

元件实际地址	元件计算地址	元件实际地址	元件计算地址
X0-X17	0400-040F	M0-M1023	0800-0BFF
Y0-Y17	0500-050F		

ETX 以 ASCII 值 3 为请求停止标志，是 FX 系列 PLC 专用协议的约定，VB 中以 chr（3）表示。SUMH、SUML 为 PLC 侧响应码的和效验，是指从 CMD 到 ETX 之间各代码的 ASCII 码累加和，转成 16 进制，取低两位，溢出不计，用于检验数据传输的正确性。本书采用的键值、ASCII 码及 16 进制值见表 5.21。

表 5.21　键值、ASCII 码及 16 进制值

键值	0	1	2	3	4	5	6	7	8	9	A	B	C	D
ASCII 码	48	49	50	51	52	53	54	55	56	57	65	66	67	68
16 进制值	30	31	32	33	34	35	36	37	38	39	41	42	43	44

CMD 对 PLC 的 M8 强制通命令 "7" 的 ASCII 码为 55，数据段 0808 的 ASCII 码为 48、56、48、56，ETX 的 ASCII 码为 3，分别转化为 16 进制并累加为：37H＋30H＋38H＋30H＋38H＋03H＝10AH，取后两位 0A 为校验码。

CMD 对 PLC 的 M8 强制断命令 "8" 的 ASCII 码为 56，数据段及 ETX 的 ASCII 码同命令 "7"，累加和为：38H＋30H＋38H＋30H＋38H＋03H＝10BH，取后两位 0B 为校验码。

CMD 对 PLC 的 M9 强制通命令 "7" 的 ASCII 码为 55，数据段 0908 的 ASCII 码为 48、57、48、56，ETX 的 ASCII 码为 3，分别转化为 16 进制并累加为：37H＋30H＋39H＋30H＋38H＋03H＝10BH，取后两位 0B 为校验码。

CMD 对 PLC 的 M9 强制断命令 "8" 的 ASCII 码为 56，数据段及 ETX 的 ASCII 码同命令 "7"，累加和为：38H＋30H＋39H＋30H＋38H＋03H＝10CH，取后两位 0C 为校验码。

以通断（点动）PLC 的 M8 命令为例，其主要程序代码为：

```
dat= "7"+ "0808"+ Chr(3)                 强制通 M8
MSComm1.Output= Chr(2)+ dat+ "0A"        发送
Tim= Timer
Do
If Timer> Tim+ 1 Then Exit Do            延时 1s
Loop
dat= "8"+ "0808"+ Chr(3)                 强制断 M8
MSComm1.Output= Chr(2)+ dat+ "0B"        发送
```

程序表明：当按下控件按钮时，PLC 端的 M8 软元件响应接通，1s 后自动断开。

同理，其他按键方式（如 M9）也类似。由此，控制界面各个控件分别移植到 PLC 辅助继电器 M 的通断上，各站通元件地址及通信参数见表 5.22。

表 5.22　各站通元件地址及通信参数

控件名称	通元件名称	计算地址	通信地址	通累加和	断累加和	通校验和	断校验和
按钮	M8	0808	0808	10AH	10BH	0A	0B
按钮	M9	0809	0908	10BH	10CH	0B	0C

⑤ 上位机监控程序。CMD 的内容 "0" 即为元件读出指令，这个指令可读出 X、Y、M、S、T、C 输出线圈的 ON/OFF 状态，即 S、T、C 的现在值。读出时的通信字符格式见表 5.23。

表 5.23　读出时的通信字符格式

STX	CMD	元件位置位数				位数		ETX	总和	
02H	30H							03H		

M0 的元件地址为 0100，数据段 0100 的 ASCII 码为 30、31、30、30，位数 01 的 ASCII 码为 30、31，ETX 的 ASCII 码为 3，分别转化为 16 进制并累加为：30H＋30H＋31H＋30H＋30H＋30H＋32H＋03H ＝156H，取后两位 56 为校验码。PLC 的回答句见表 5.24。

表 5.24　PLC 的回答句

STX	第一笔资料		第二笔资料		ETX	总和	
02H					03H		

以读 PLC 的 M0 状态为例，第一笔资料为 01，第二笔资料为 00，ETX 的 ASCII 码为 3，分别转化为 16 进制并累加为：30H＋31H＋30H＋30H＋03H＝C4H，取后两位 C4 为校验码。其主要程序代码为：

```
MSComm1.InBufferCount= 0                    清空接收缓冲区
MSComm1.OutBufferCount= 0                   清空发送缓冲区
MSComm1.Output= Chr(2)+ "0"+ "0100"+ "02"+ Chr(3)+ "56"  发送
Tim= Timer
Do
DoEvents
Loop Until MSComm1.InBufferCount= 4 Or Timer> Tim+ 0.02
If MSComm1.Input= Chr(2)+ "0100"+ Chr(3)+ "C4" Then  读 M0 接通时的状态
Shape1.FillColor= RGB(255,0,0)   Shape 控件变为红
End If
MSComm1.Output= Chr(2)+ "0"+ "0100"+ "02"+ Chr(3)+ "56"
Tim= Timer
Do
DoEvents
Loop Until MSComm1.InBufferCount= 4 Or Timer> Tim+ 0.02
If MSComm1.Input= Chr(2)+ "0000"+ Chr(3)+ "C3" Then  读 M0 断开的状态
Shape1.FillColor= RGB(0,255,0)   Shape 控件变为绿色
End If
```

程序表明，在 VB 界面上按下按钮指令后，PLC 程序指令 M0 软元件动作，使 Shape1 控件的颜色由绿变红。当 M0 断开时，Shape1 控件的颜色变成绿色，运行结果为对应的 Shape 控件颜色就会发生相应的变化，红色代表 M0 处于 OFF 状态，绿色代表 M0 处于 ON 状态，通过这种方式实现监控。

各站状态通元件、第一笔资料、第二笔资料、累加和及校验和分别见表 5.25。

表 5.25 各站状态通元件、第一笔资料、第二笔资料、累加和及校验和

状态名称	通元件	第一笔资料	第二笔资料	累加和	校验和
Shape1 控件	M0	01	00	C4	C4
Shape2 控件	M1	02	00	C5	C5
…	M2	04	00	C7	C7

5.3.2 RS-485 通信

（1）FX$_{2N}$-485-BD 通信功能扩展板

FX$_{2N}$-485-BD（以下简称 485BD）通信功能扩展板，可安装于 FX$_{2N}$ 系列 PLC 的基本单元中，用于 RS-485 通信。

① 外形和端子。485BD 的外形和端子如图 5.22 所示。

② 主要技术参数。FX$_{2N}$-485-BD 通信板的主要技术参数见表 5.26。

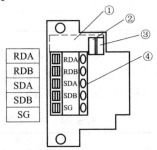

① 可编程序控制器的连接器
② SD LED：发送时高速闪烁
③ RD LED：接收时高速闪烁
④ 连接 RS-485 单元的端子

图 5.22 FX$_{2N}$-485-BD 通信板的外形和端子图

表 5.26 FX$_{2N}$-485-BD 通信板主要技术参数

项 目		规 格
接口标准		RS-485/RS-422
显示(LED)		SD、RD
绝缘方式		非绝缘
传送距离		最大 50m
消耗电流		60mA/DC5V(由 PLC 供电)
通信方式		半双工双向
通信协议		无协议/专用协议(格式 1 或格式 4)/N:N 网络/并行连接
波特率	无协议/专用协议	300/600/1200/2400/4800/9600/19200bps
	并行连接	19200bps
	N:N 网络	38400bps
通信格式	数据长度	7 位/8 位
	奇偶校验	没有/奇数/偶数
	停止位	1 位/2 位
	标题	没有或任意数据
	结束符	没有或任意数据

（2）FX$_{0N}$-485ADP/FX$_{2NC}$-485ADP 通信模块

FX$_{0N}$-485ADP/FX$_{2NC}$-485ADP 通信模块是可与计算机通信的绝缘型特殊适配器。如与 FX$_{2N}$-CNV-BD 连接板一起使用，可与 FX$_{2N}$ 系列 PLC 连接。

① 特点。

a. 用于 PLC 之间 N:N 网络的接口。

b. 用于并行连接（1:1）的接口。

c. 以计算机为主机的计算机链接专用协议通信用接口。

d. 与条形码阅读机、打印机和测量仪表等配备 RS-485 接口的设备进行 1:1 无协议通信的接口。

e. 用于 N:N、并行连接时的传输距离比用 485BD 功能扩展板时更长。

② 外形和端子。FX$_{0N}$-485ADP/FX$_{2NC}$-485ADP 通信模块的外形和端子如图 5.23 所示。

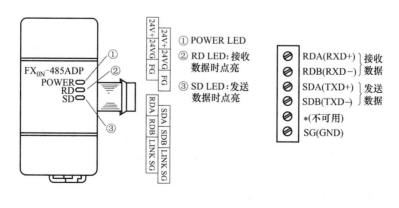

(a) FX$_{0N}$-485ADP端子图   (b) FX$_{2NC}$-485ADP端子图

图 5.23 FX$_{0N}$-485ADP/FX$_{2NC}$-485ADP 通信模块的外形和端子图

③ 主要技术参数。FX$_{0N}$-485ADP/FX$_{2NC}$-485ADP 通信模块的主要技术参数见表 5.27。

表 5.27　FX$_{0N}$-485ADP/FX$_{2NC}$-485ADP 通信模块主要技术参数

项　　目		规　　格	
		FX$_{0N}$-485ADP	FX$_{2NC}$-485ADP
接口标准		RS-485/RS-422	
显示(LED)		POWER、RD、SD	
绝缘方式		光电隔离	
传送距离		最大 500m	
消耗电流		60mA/DC5V（由 PLC 供电）	150mA/DC5V（由 PLC 供电）
通信方式		半双工双向	
通信协议		无协议/专用协议（格式 1 或格式 4）/N：N 网络/并行连接	
波特率	无协议/专用协议	300/600/1200/2400/4800/9600/19200 bps	
	并行连接	19200bps	
	N：N 网络	38400bps	
通信格式	数据长度	7 位/8 位	
	奇偶校验	没有/奇数/偶数	
	停止位	1 位/2 位	
	标题	没有或任意数据	
	结束符	没有或任意数据	

（3）1：1 网络数据传输

1：1 并联链接，就是链接两台同系列 PLC，链接是通过两台 PLC 共有的数据共享软元件 M800-M999、D490-D509 通信的。若主站 PLC 希望获得从站数据，从站先将数据发送到 D500，主站读取 D500 数据就获得了从站数据；若从站 PLC 希望从主站获得 X0～X3 信息，主站先将 X0～X3 信息发送到 M800～M803，从站读取 M800～M803 就获得了主站 X0～X3 信息。1：1 网络数据传输如图 5.24 所示。

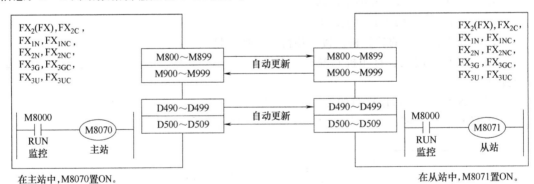

图 5.24　1：1 网络数据传输

（4）N：N 网络进行数据传输

① 特点。

a. 使用 N：N 网络进行数据传输　通过 FX$_{2N}$ PLC，可在 N：N 基础上进行数据传输。

b. 使用并行连接进行数据传输　通过 FX$_{2N}$ PLC，可在 1：1 基础上对 100 个辅助继电器和 10 个数据寄存器进行数据传输。

c. 使用专用协议进行数据传输　使用专用协议，可在 1：N 基础上通过 RS-485（422）进行数据传输。

d. 使用无协议进行数据传输　使用无协议，通过 RS-485（422）转换器可在各种带有 RS-232C 单元的设备之间进行数据通信，如个人电脑、条形码阅读机和打印机。在这种应用中，数据的发送和接收是通过由 RS 指令指定的数据寄存器来进行的。

② PLC 与 PLC 之间的通信。PLC 与 PLC 之间有两种类型的通信网络，即 N∶N 网络和并行链接，它们是在 PLC 基本单元上增加 RS-485 通信设备后构成。

a. N∶N 网络的系统配置　N∶N 网络的系统配置如图 5.25 所示。

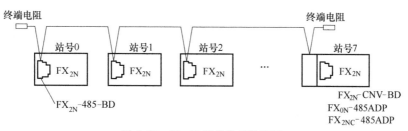

图 5.25　N∶N 网络的系统配置

b. 接线　RS-485 的连接导线使用屏蔽双绞线，连线可以是一对或两对导线。N∶N 网络只能采用一对导线连接，如图 5.26 所示。

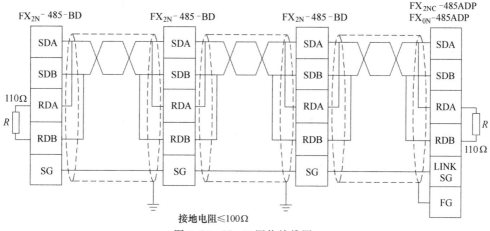

图 5.26　N∶N 网络接线图

c. 通信规格和链接规格。

通信规格：N∶N 网络的通信按照表 5.28 的规格（固定）执行，不能更改。

链接规格：在 N∶N 网络的每个站点，位软元件 M（0～64 点）和字软元件 D（4～8 点）被自动数据链接，通过被分配到各站点的软元件地址，在其中的任一站点可以知道其他各站点的 ON/OFF 状态和数据寄存器中的数据。

链接模式：指各站点用于 N∶N 通信的软元件点数和地址范围。

链接点数：指根据链接模式和使用的从站数量，每站点用于 N∶N 通信占用的总软元件点数（软元件刷新范围）。在每种模式下使用的软元件被 N∶N 网络的所有站点占用。链接模式和链接点数见表 5.28。

表 5.28　链接模式和链接点数

站号		模式 0		模式 1		模式 2	
		位元件	字元件	位元件	字元件	位元件	字元件
		0 点	各站 4 点	各站 32 点	各站 4 点	各站 64 点	各站 8 点
主站	站号 0	—	D0～D3	M1000～M1031	D0～D3	M1000～M1063	D0～D7
从站	站号 1	—	D10～D13	M1064～M1095	D10～D13	M1064～M1027	D10～D17
	站号 2	—	D20～D23	M1128～M1159	D20～D23	M1028～M1191	D20～D27
	站号 3	—	D30～D33	M1192～M1223	D30～D33	M1192～M1255	D30～D37

站号		模式 0		模式 1		模式 2	
		位元件	字元件	位元件	字元件	位元件	字元件
		0 点	各站 4 点	各站 32 点	各站 4 点	各站 64 点	各站 8 点
从站	站号 4	—	D40～D43	M1256～M1287	D40～D43	M1256～M1319	D40～D47
	站号 5	—	D50～D53	M1320～M1351	D50～D53	M1320～M1383	D50～D57
	站号 6	—	D60～D63	M1384～M1415	D60～D63	M1384～M1447	D60～D67
	站号 7	—	D70～D73	M1448～M1479	D70～D73	M1448～M1511	D70～D77

链接时间：链接时间是指刷新链接用软元件的循环时间。

d. 相关标志和特殊数据寄存器。

特殊辅助继电器：用于 N∶N 网络标志的特殊辅助继电器见表 5.29。

表 5.29　FX$_{2N}$ 系列 PLC N∶N 网络标志用特殊辅助继电器

软元件编号	名　称	内　容	响应类型	R/W
M8038	通信参数设定	用于通信参数的设定	M,L	R
M8183	主站通信错误	当主站产生通信错误时 ON	L	R
M8184～M8190	从站通信错误	当从站产生通信错误时 ON	M,L	R
M8191	正在执行数据通信	当与其他站点通信时 ON	M,L	R

特殊数据寄存器：用于 N∶N 网络参数设定、参数设定确认和通信状态（数值和代码）存储的特殊数据寄存器见表 5.30。

表 5.30　FX$_{2N}$ 系列 PLC N∶N 网络参数用特殊数据寄存器

软元件编号	名　称	内　容	默认值	响应类型	R/W
D8173	站点号	存储本站的站点号	—	M,L	R
D8174	从站点总数	存储从站点的总数	—	M,L	R
D8175	刷新范围	存储刷新范围	—	M,L	R
D8176	站点号设置	设置本站的站点号	0	M,L	W
D8177	总从站点数设置	设置从站点的总数	7	M	W
D8178	刷新范围设置	设置刷新范围	0	M	W
D8179	重试次数设置	设置重试次数	3	M	R/W
D8180	通信超时设置	设置通信超时	5	M	R/W
D8201	当前网络扫描时间	存储当前网络扫描时间	—	M,L	R
D8202	最大网络扫描时间	存储最大网络扫描时间	—	M,L	R
D8203	主站点的通信错误数目	主站点发生通信错误的次数	—	L	R
D8204～D8210	从站点的通信错误数目	从站点发生通信错误的次数	—	M,L	R
D8211	主站点的通信错误代码	存储主站点通信错误的代码	—	L	R
D8212～D8218	从站点的通信错误代码	存储从站点通信错误的代码	—	M,L	R

e. 参数设置。

站号设定（D8176）：主站及各从站的对应值见表 5.31。

表 5.31　站号设定值（D8176）

站号	主站 0	从站 1	从站 2	从站 3	从站 4	从站 5	从站 6	从站 7
设定值	0	1	2	3	4	5	6	7

从站总数设定（D8177）：在主站（从站不需设定）的特殊数据寄存器 D8177 中设定，对应值见表 5.32。

表 5.32　从站总数设定值（D8177）

从站数	1 台从站	2 台从站	3 台从站	4 台从站	5 台从站	6 台从站	7 台从站
设定值	1	2	3	4	5	6	7

刷新范围设定（D8178）：在主站（从站不需设定）的特殊数据寄存器 D8178 中设定，对应值见表 5.33。

表 5.33　刷新范围设定值（D8178）

项　目	刷　新　范　围		
模　式	模式 0	模式 1	模式 2
设定值	0	1	2

重试次数设定（D8179）：在主站（从站不需设定）的特殊数据寄存器 D8179 中设定 0～10 的数值（默认值为 3）。

通信超时设定（D8180）：在主站（从站不需设定）的特殊数据寄存器 D8180 中设定 5～255 的数值（默认值为 5）。

主站参数设定程序示例如图 5.27 所示。

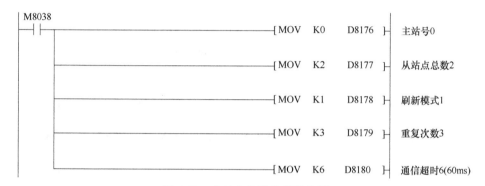

图 5.27　主站参数设定程序示例

【例 5-7】　建立一个主站 PLC 和两个从站 PLC 的通信网络，如图 5.28 所示。

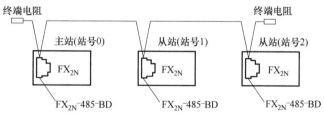

图 5.28　【例 5-7】系统配置

（1）参数设置

① 刷新范围：模式 1。

② 重试次数：3 次。

③ 通信超时：5（50ms）。

（2）操作任务

① 主站 X0～X3 送到从站 1 和从站 2 的 Y10～Y13。

② 从站 1 的 X0～X3 送到从站 2 的 Y14～Y17。

③ 从站 2 的 X0～X3 送到从站 1 的 Y20～Y23。

④ 主站 D1 设定从站 1 的 C1 计数值，且 C1 常开控制各从站 Y5。

⑤ 主站 D2 设定从站 2 的 C2 计数值，且 C2 常开控制各从站 Y6。

⑥ 将从站 1 的 D10 与从站 2 的 D20 相加，送到主站的 D3。

⑦ 将主站的 D0 与从站 2 的 D20 相加，送到从站 1 的 D11。

⑧ 主站的 D0 与从站 1 的 D10 相加，送到从站 2 的 D21。

（3）程序编写

下面将程序分为"参数设定程序""出错显示程序"和"动作程序部分"三部分。

① 主站程序的编写　主站参数设定程序如图 5.29 所示。

主站动作程序如图 5.30 所示。

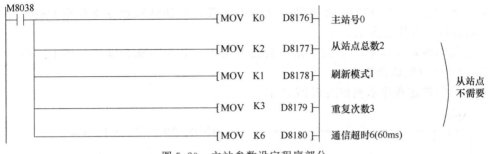

图 5.29　主站参数设定程序部分

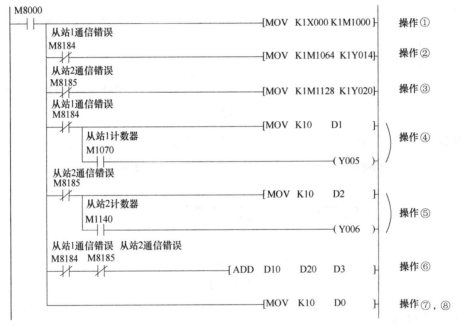

图 5.30　主站动作程序部分

② 从站 1 程序的编写　从站 1 参数设定程序如图 5.31 所示。从站 1 动作程序如图 5.32 所示。

图 5.31　从站 1 参数设定程序部分

③ 从站 2 程序的编写　从站 2 参数设定程序如图 5.33 所示。从站 2 动作程序如图 5.34 所示。

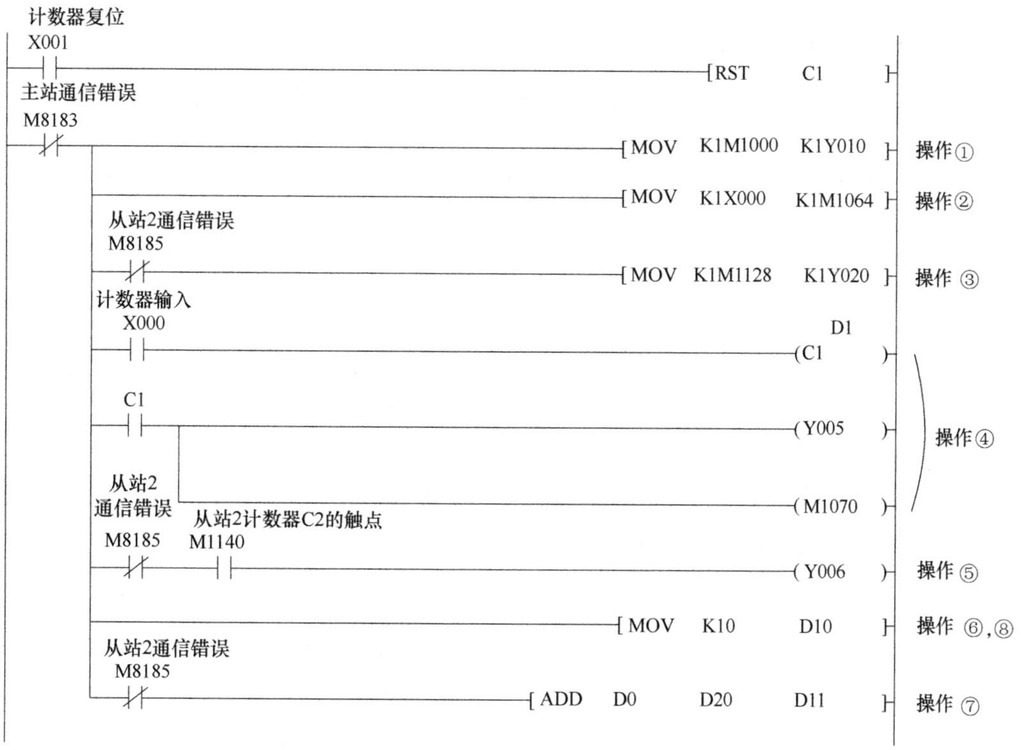

计数器复位
X001

———| |——[RST   C1]

主站通信错误
M8183

———|/|——[MOV   K1M1000   K1Y010] 操作①

      ———————————————————————————————————————[MOV   K1X000   K1M1064] 操作②

从站2通信错误
M8185

  ———[MOV   K1M1128   K1Y020] 操作③

计数器输入
X000
                                       D1

  ———| |——(C1)

C1
  ———| |——(Y005)

从站2
通信错误
M8185 从站2计数器C2的触点
                           ————————————————————————————(M1070)
M8185 M1140

  ———|/|———| |———(Y006) 操作⑤

  ——[MOV   K10   D10] 操作⑥,⑧

从站2通信错误
M8185

  ———|/|————————————————————————————————[ADD   D0   D20   D11] 操作⑦

图 5.32 从站1动作程序部分

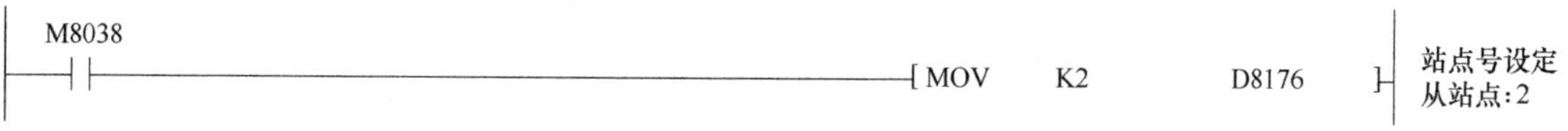

M8038

——| |———[MOV   K2   D8176] 站点号设定
                                                   从站点:2

图 5.33 从站2参数设定程序

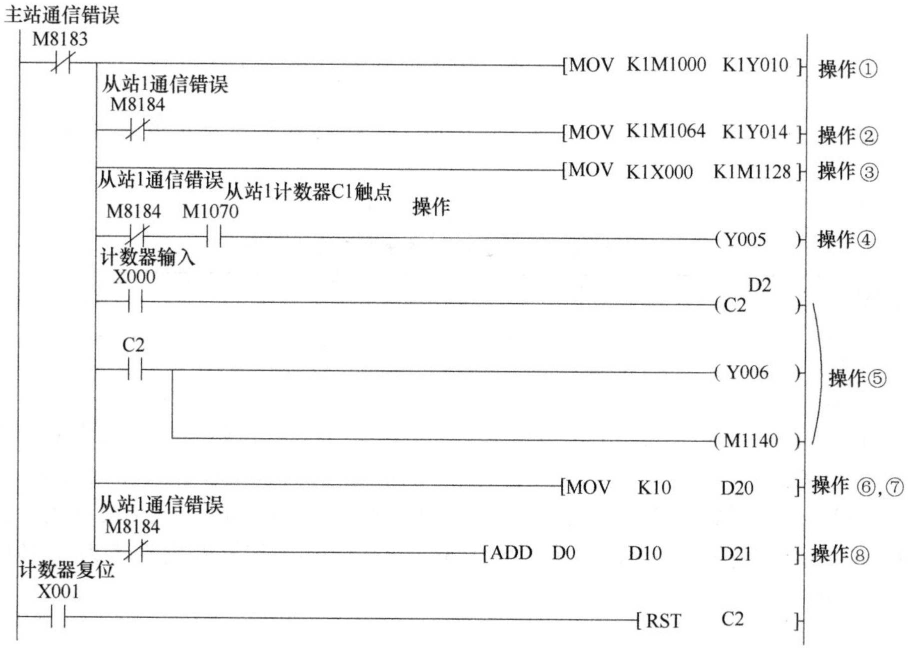

主站通信错误
M8183

——|/|——[MOV   K1M1000   K1Y010] 操作①

从站1通信错误
M8184

  ———|/|——————————————————————————————————————[MOV   K1M1064   K1Y014] 操作②

从站1通信错误
                             ————————————————[MOV   K1X000   K1M1128] 操作③

从站1通信错误 从站1计数器C1触点   操作
M8184 M1070

  ———|/|———| |——(Y005) 操作④

计数器输入
X000
                                      D2

  ———| |——(C2)

C2
  ———| |——(Y006) 操作⑤

  ——(M1140)

从站1通信错误
M8184

  ———|/|——————————————————————————————————————[MOV   K10   D20] 操作⑥,⑦

  ——[ADD   D0   D10   D21] 操作⑧

计数器复位
X001

———| |——[RST   C2]

图 5.34 从站2动作程序

5.3.3 CC-Link 现场总线

CC-Link 是 Control&Communication Link（控制与通信链路系统）的缩写，在 1996 年 11 月，由三菱电机为主导的多家公司推出。在其系统中，可以将控制和信息数据同时以 10Mbit/s 高速传送至现场网络，具有性能卓越、使用简单、应用广泛、节省成本等优点。CC-Link 不仅解决了工业现场配线复杂的问题，同时具有优异的抗噪性能和兼容性。

CC-Link 是一个以设备层为主的网络，同时也可覆盖较高层次的控制层和较低层次的传感层。

【例 5-8】 一个 CC-Link 通信的应用。

一控制系统，配有两台 FX_{2N}-32MT，要求主站 PLC 发出控制信息，显示控制信息。同理，远程设备从站 PLC 发出控制信息，主站 PLC 接收信息后，显示控制信息。

1. 硬件配置

硬件有：编程电缆；2 台 FX_{2N}-32MT；1 台电动机；1 根 CC-Link 屏蔽线；FX_{2N}-16CCL-M 模块。CC-Link 接线如图 5.35 所示。

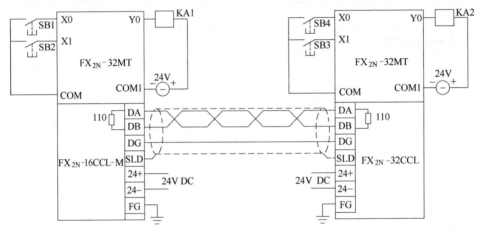

图 5.35　CC-Link 接线

由于 CC-Link 通信的物理层是 RS-485，所以第一站与最末一站都要接终端电阻，本例为 110Ω。

（1）CC-Link 模块设置：传输速度与通信距离相关，见表 5.34。

表 5.34　CC-Link 通信传送速度与最大距离

传送速度	最大传送距离/m	传送速度	最大传送距离/m
156kbps	1200	5Mbps	150
625kbps	600	10Mbps	100
2.5Mbps	200		

CC-Link 模块上有速度选择的旋转开关。当旋转开关指向 0 时，代表传送速度是 156kbps；当旋转开关指向 1 时，代表传送速度是 625kbps；当旋转开关指向 2 时，代表传送速度是 2.5Mbps；当旋转开关指向 3 时，代表传送速度是 5Mbps；当旋转开关指向 4 时，代表传送速度是 10Mbps。如图 5.36 所示，旋转开关指向 0，传送速度设定为 2.5Mbps 时，需将旋转开关指向 2。

（2）站地址的设置

站号的设置旋钮有 2 个，如图 5.36 所示，左边的是 "×10" 挡，右边的是 "×1" 挡。

例如，要把站号设置成 2，则把"×10"挡的旋钮旋到 0，把"×1"挡的旋钮旋到 2，0×10+2=2，2 就代表站号。

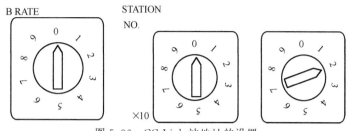

图 5.36 CC-Link 站地址的设置

（3）主站模块和 PLC 之间"RX/RY"数据交换

主站模块和 PLC 之间通过主站中的临时空间"RX/RY"进行数据交换。在 PLC 中，使用 FROM/TO 指令来进行读写，当电源断开的时候，缓冲存储的内容会恢复到默认值。主站和远程设备站（从站）之间的数据传送过程如图 5.37 所示。

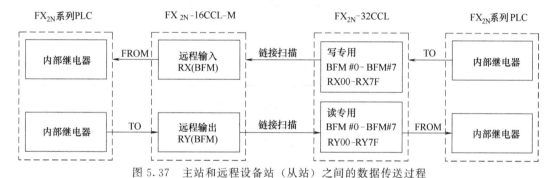

图 5.37 主站和远程设备站（从站）之间的数据传送过程

图 5.37 中通信的过程是：远程 PC 通过 TO 指令将 PC 的输入端 X 的信息写入远程设备站中的 RX 中，实际就是存储在 FX_{2N}-32CCL 的 BFM 中，每次链接扫描远程设备站又将 RX 的信息传送到主站对应的 RX 中，实际就是存储在 FX_{2N}-16CCL-M 的 BFM 中，主站的 PLC 通过 FROM 指令信息读入到 PLC 的内部继电器中。

主站 PLC 通过 FROM 指令将 PLC 的输出端 Y 的信息写入主站中的 RY 中，实际就是存储在 FX_{2N}-16CCL-M 的 BFM 中，每次链接扫描远程设备站又将 RY 的信息传送到远程设备站对应的 RY 中，实际就是存储在 FX_{2N}-32CCL 的 BFM 中，远程设备站的 PLC 通过 FROM 指令将信息读入到 PLC 的内部继电器中。

从 CC-Link 的通信过程可以看到，BFM 在通信过程中起到了重要的作用，几个常用的 BFM 地址见表 5.35。

表 5.35 常用的 BFM 地址

BFM 编号	内容	描述	备注
♯01H	连续模块数量	设定所连接的远程模块数量	默认 8
♯02H	重复次数	设定一个故障站的重试次数	默认 3
♯03H	自动返回模块数量	每次扫描返回系统中的远程站模块的数量	默认 1
♯AH～♯BH	I/O 信号	控制主站模块的 I/O 信号	
♯E0H～♯FDH	远程输入（RX）	存储一个来自远程站的输入状态	
♯160H～♯17DH	参数信息区	将输出状态存储到远程站中	
♯600H～♯7FFH	链接特殊寄存器（SW）	存储数据链接状态	

♯AH 控制主站模块的 I/O 信号，在 PLC 向主站模块读入和写出时各位含义还不同，理解其含义非常重要，见表 5.36。

表 5.36 BFM 中 # AH 的各位含义

BFM 的读取位	说明
PLC 读取主站模块式	
b0	模块错误,0 表示正常
b1	数据链接状态,1 表示正常
b8	1 表示通过 EEPROM 的参数起动数据链接正常完成
b15	模块准备就绪
PLC 写入主站模块式	
b0	写入刷新,0 表示正常
b4	要求模块复位
b8	1 表示通过 EEPROM 的参数起动数据链接正常完成

远程输入 RX、远程输出 RY 与站号、缓存的对应关系见表 5.37 和表 5.38。

表 5.37 远程输入 RX 与站号、缓存的对应关系

站号	BFM 地址	b0~b15
1	E0H	RX0~RXF
	E1H	RX10~RX1F
2	E2H	RX20~RX2F
	E3H	RX30~RX3F
...	...	...
15	ECH	RX1C0~RX1CF
	EDH	RX1D0~RX1DF

表 5.38 远程输出 RY 与站号、缓存的对应关系

站号	BFM 地址	b0~b15
1	E160H	RY0~RYF
	E161H	RY10~RY1F
2	E162H	RY20~RY2F
	E163H	RY30~RY3F
...	...	...
15	17CH	RY1C0~RY1CF
	17DH	RY1D0~RY1DF

2. 程序

（1）主站通信程序如图 5.38 所示。

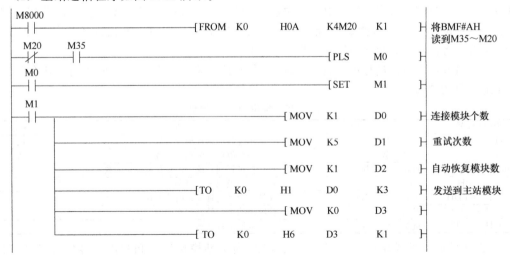

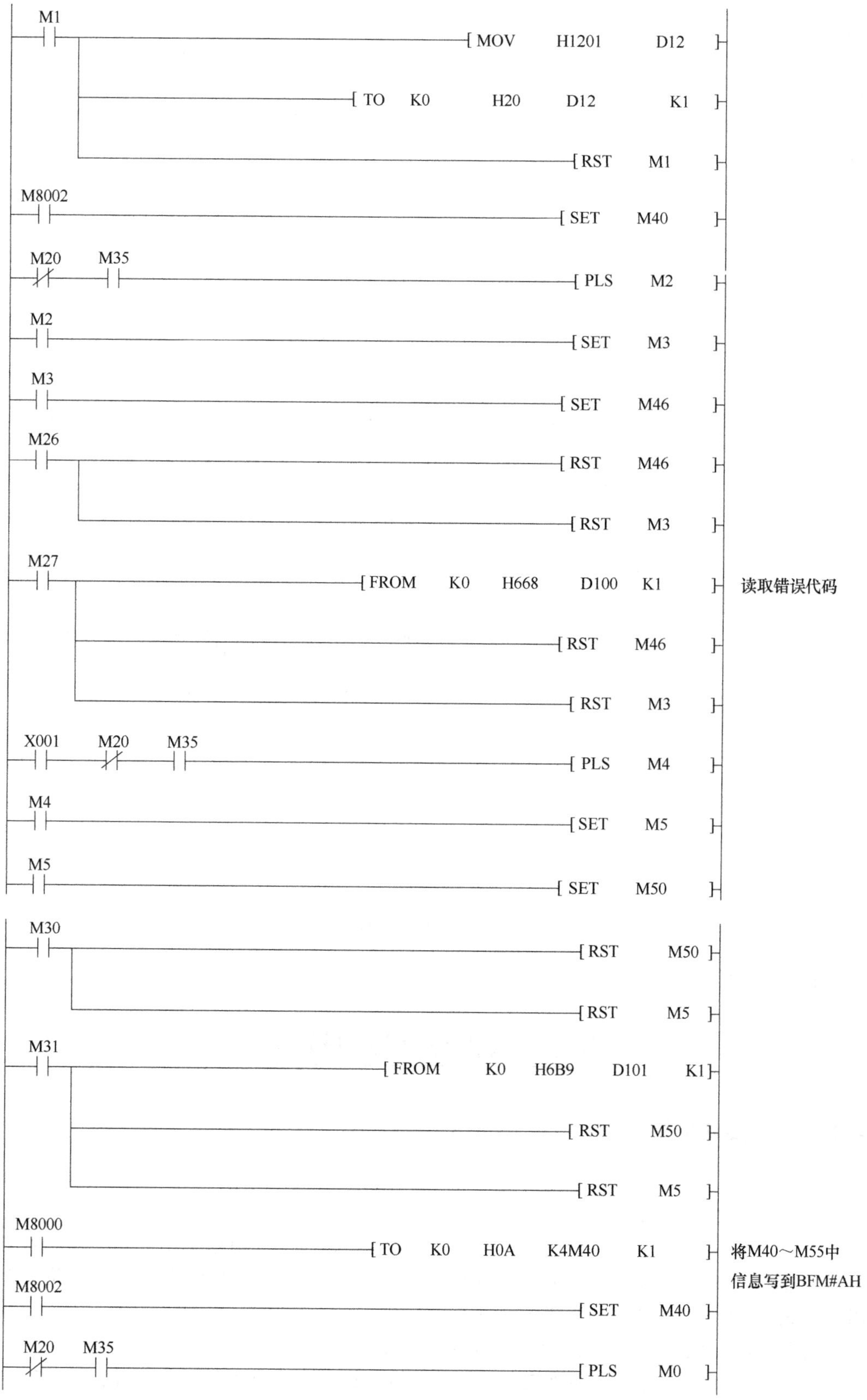

```
 M1
─┤├─────────────────────────────────[ MOV    H1201    D12    ]─

     ────────────────────[ TO    K0    H20    D12    K1 ]─

              ────────────────────────────────[ RST    M1  ]─

 M8002
─┤├──────────────────────────────────────────[ SET    M40 ]─

 M20  M35
─┤/├──┤├──────────────────────────────────────[ PLS    M2  ]─

 M2
─┤├──────────────────────────────────────────[ SET    M3  ]─

 M3
─┤├──────────────────────────────────────────[ SET    M46 ]─

 M26
─┤├──────────────────────────────────────────[ RST    M46 ]─

              ────────────────────────────────[ RST    M3  ]─

 M27
─┤├───────────────────[ FROM   K0    H668   D100   K1 ]─     读取错误代码

              ────────────────────────────────[ RST    M46 ]─

         ─────────────────────────────────────[ RST    M3  ]─

 X001  M20  M35
─┤├───┤/├──┤├────────────────────────────────[ PLS    M4  ]─

 M4
─┤├──────────────────────────────────────────[ SET    M5  ]─

 M5
─┤├──────────────────────────────────────────[ SET    M50 ]─


 M30
─┤├──────────────────────────────────────────[ RST    M50 ]─

              ────────────────────────────────[ RST    M5  ]─

 M31
─┤├───────────────────[ FROM   K0    H6B9   D101   K1 ]─

              ────────────────────────────────[ RST    M50 ]─

         ─────────────────────────────────────[ RST    M5  ]─

 M8000
─┤├──────────────────[ TO    K0    H0A    K4M40   K1 ]─     将M40～M55中

 M8002                                                      信息写到BFM#AH
─┤├──────────────────────────────────────────[ SET    M40 ]─

 M20  M35
─┤/├──┤├──────────────────────────────────────[ PLS    M0  ]─
```

图 5.38

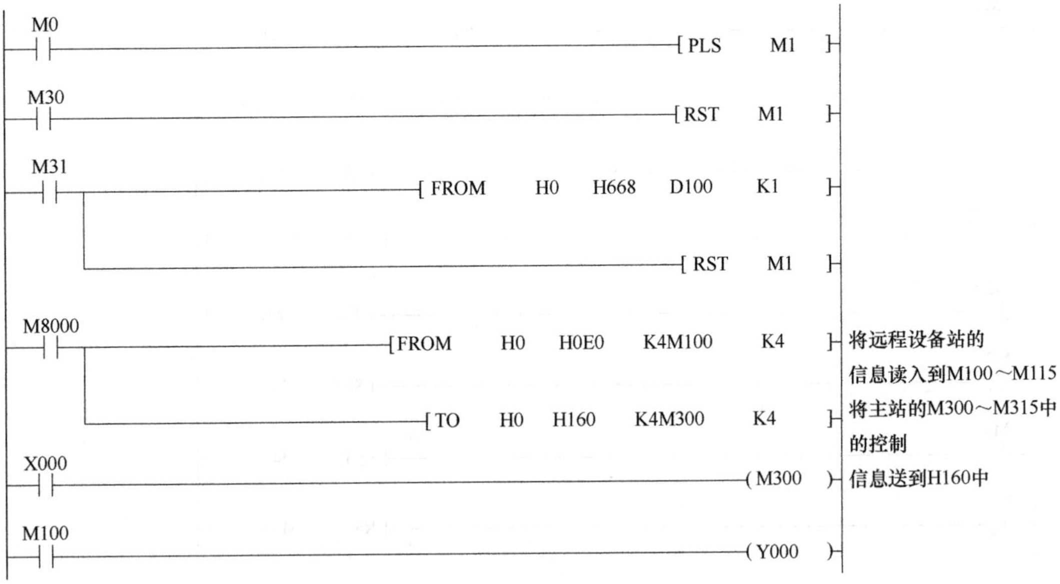

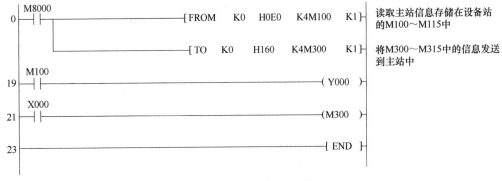

图 5.38　主站通信程序

（2）从站通信程序如图 5.39 所示。

图 5.39　从站通信程序

以上主站设定开关：0（×10），0（×1）；从站设定开关：0（×10），1（×1）。

5.4　人机交互接口技术

5.4.1　键盘接口及编程

（1）十字键

十字键用于使用 10 个按钮输入数字 0～9，如图 5.40 所示。

当 X12＝1 时，使用 X0～X11 的 10 个按钮分别输入 0～9 及对应的继电器动作；若依次按下 X5、X2、X4、X1 按钮，则输入十进制 5241 到 D0 中；若再按下 X4，则第一位数 5 被溢出，变成 2414。十字键程序如图 5.41 所示。

使用 DTKY 指令可输入 8 位十进制数到 D0、D1 中。

当 X0～X11 中某个输入按钮被按下时，对应的 M10～M19 继电器动作，并保持到下一个按钮按下复位。当某个按钮按下时，继电器 M20 动作，按钮松开时复位，用于按钮动作监控。

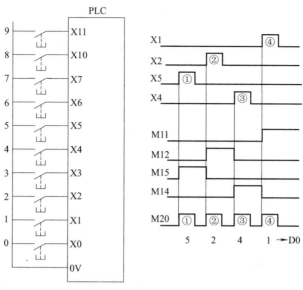

图 5.40　十字键连接

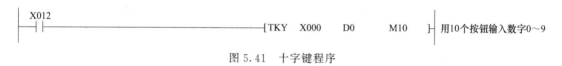

图 5.41　十字键程序

当 X12＝0 时，D0 数据不变，但 M10～M19 全部复位，按钮按下无效。数字按钮对应关系见表 5.39。

表 5.39　数字按钮对应关系（十字键）

数字按钮	X0	X1	X2	…	X7	X10	X11	—
输入数字	0	1	2	…	7	8	9	—
对应继电器	M10	M11	M12	…	M17	M18	M19	M20

（2）十六字键

十六字键用于使用 4×4 个按钮输入矩阵，如图 5.42 所示。

当 X4＝1 时，由 X0～X3 和 Y0～Y3 组成 4×4 输入矩阵，使用 0～9 输入按钮输入 4 位数据 0～9 到 D0 中，若超过 4 位，则高位溢出。由 A～F 输入按钮控制 M0～M5，当某个按钮按下时，对应继电器动作，并保持到下一个按钮按下时复位。

当某个数字按钮按下时，M7 动作，松开复位。

当某个字母按钮按下时，M6 动作，松开复位。

当 X4＝0 时，D0 数据不变，但 M0～M7 全部复位，按钮按下无效。

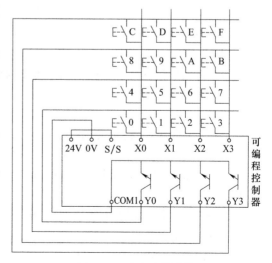

图 5.42　十六字键连接

当 M8167＝1 时，将十六进制数 0～F 写入 D0。梯形图如图 5.43 所示。

图 5.43　十六字键梯形图

十六字键数字按钮对应关系见表 5.40。

表 5.40　数字按钮对应关系（十六字键）

输入按钮	F	E	D	C	B	A
被控继电器	M5	M4	M3	M2	M1	M0

5.4.2　人机界面组态

（1）GOT 编程软件

GOT 编程软件包 GT-Works2 是用于整个 GOT1000 系列的绘图套装软件，并向下兼容。GT-Works2 主要包含 GT-Designer2 画面设计软件和 GT-Simulator2 仿真软件。

① 画面设计软件的主要特点。

a. 工作树　GT-Designer2 将一个工程内的设定项目分为"工程""系统"和"画面"三大类，并采用树状结构显示所有内容，可以迅速查找到相应项目。

b. 工具栏　使用图标和文字显示绘图工具，并可记住上次选择的内容，提高绘图效率。

c. 元件库　以树状形式显示图库数据清单，方便查找。

d. 对话框　使用简明的用语来显示项目，指示灯、触摸开关等的 ON/OFF 状态以及范围全部显示，可以边预览边设置。

e. 编辑区　可拖拽配置对象，可以用"连续复制"，按照指定方向、指定个数一次性复制多个对象。对于包含软元件的对象，可以通过设定增量数自动分配软元件编号。可以成批更改软元件、颜色、图形和通道号；可选择多个对象，成批进行尺寸调整及定位。

f. 与 GOT 的通信　可根据画面数据（工程）的内容，自动选择使用 GOT 时必须的GOT 专用系统文件（OS），将画面数据传送到 GOT。

② 仿真软件的主要特点。GT-Simulator2 可在一台个人电脑上对 GOT 的画面进行仿真，以调试该画面。如果调试的结果认为必须修改画面，则此更改可用 GT-Designer2 来完成，并可立即用 GT-Simulator2 进行测试，这样可大幅度缩短调试时间。

a. 可在一台个人电脑上进行与实际图像类似的调试　在用 GT-Simulator2 和 GX-Simulator（梯形逻辑测试软件）创建的顺控程序的仿真过程中，可显示软元件值的更改。

b. 用鼠标进行触摸开关输入仿真　通过用鼠标单击 GT-Simulator2 上的触摸开关，可类比触摸开关的输入。

通过 GT-Simulator2、GX-Simulator 上的软元件监视画面，或 GX-Developer 上的梯形图监视显示的变化，可确认触摸开关的输入结果。

c. 通过功能的改善，使用更方便　GT-Simulator2 支持 MELSEC-A/Q/QnA/FX 系列的 CPU。

【例 5-9】　设计一个简单的 PLC 程序：利用 M0 控制启动，M1 控制停止，Y0 启动执行，D0 数据显示。

① 如图 5.44 所示，在 GX-Developer 中编写 PLC 程序。

② GT-Designer2 画面设计　在 GT-Designer2 启动工程向导设置中，设定 PLC 型号，

图 5.44 一个简单 PLC 程序

如 MELSEC-FX。

在工具箱中拖动两个按钮、一个指示灯、一个数值显示到界面，再按表进行设置。按表 5.41 控件定义的画面设计如图 5.45 所示。

表 5.41 GT-Designer2 画面控件定义

	按钮	按钮	指示灯	数字显示
基本属性（软元件）	M0	M1	Y0	D0
基本属性（动作）	点动	点动	—	—
显示方式	—	—	ON 红色 OFF 黑色	十进制数

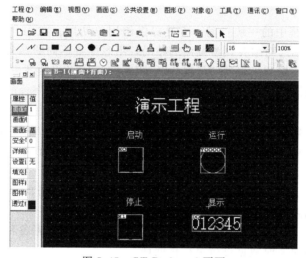

图 5.45 GT-Designer2 画面

③ GT-Simulator2 仿真 GT-Designer2 设计后，将其保存为演示工程，在 GX-Developer 中点击仿真按钮，进行虚拟装载；用 GT-Simulator 打开演示工程，在界面上可执行操作及监控，实现仿真。仿真界面如图 5.46 所示。

（2）MCGS 组态软件

① MCGS 系统的构成。MCGS 体系结构分为开发环境、模拟运行环境和运行环境三部分。

开发环境和模拟运行环境相当于一套完整的工具软件，可以在 PC 机

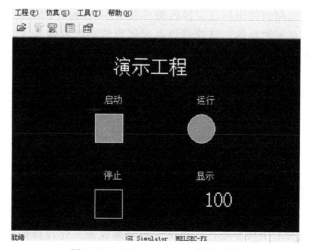

图 5.46 GT-Simulator2 仿真界面

上运行，用户可根据实际需要裁减其中内容。它帮助用户设计和构造自己的组态工程并进行功能测试。

运行环境则是一个独立的运行系统，它按照开发工程中用户指定的方式进行各种处理，完成用户开发设计的目标和功能。运行环境本身没有任何意义，必须与开发工程一起作为一个整体，才能构成用户应用系统。一旦开发工作完成，并且将开发好的工程通过串口或以太网下载到下位机的运行环境中，开发工程就可以离开开发环境而独立运行在下位机上，从而实现控制系统的可靠性、实时性、确定性和安全性。

② MCGS 系统构成及功能。由 MCGS 生成的用户应用系统，其结构由主控窗口、设备窗口、用户窗口、实时数据库和运行策略五个部分构成。

a. 主控窗口构造了应用系统的主框架。主控窗口确定了工业控制中工程作业的总体轮廓，以及运行流程、特性参数和启动特性等内容，是应用系统的主框架。

b. 设备窗口是 MCGS 嵌入版系统与外部设备联系的媒介。设备窗口专门用来放置不同类型和功能的设备构件，实现对外部设备的操作和控制。设备窗口通过设备构件把外部设备的数据采集进来，送入实时数据库，或把实时数据库中的数据输出到外部设备。一个应用系统只有一个设备窗口，运行时，系统自动打开设备窗口，管理和调度所有设备构件正常工作，并在后台独立运行。

c. 用户窗口是屏幕中的一块空间，直接提供给用户使用。在用户窗口内，用户可以放置不同的构件，创建图形对象并调整画面的布局，组态配置不同的参数以完成不同的功能。

用户窗口实现了数据和流程的"可视化"。用户窗口中可以放置三种不同类型的图形对象：图元、图符和动画构件。图元和图符对象为用户提供了一套完善的设计制作图形画面和定义动画的方法。动画构件对应于不同的动画功能，它们是从工程实践经验中总结出的常用的动画显示与操作模块，用户可以直接使用。通过在用户窗口内放置不同的图形对象，搭制多个用户窗口，用户可以构造各种复杂的图形界面，用不同的方式实现数据和流程的"可视化"。

在 MCGS 中，每个应用系统只能有一个主控窗口和一个设备窗口，但可以有多个用户窗口和多个运行策略，实时数据库中也可以有多个数据对象。MCGS 用主控窗口、设备窗口和用户窗口来构成一个应用系统的人机交互图形界面，组态配置各种不同类型和功能的对象或构件，同时可以对实时数据进行可视化处理。

d. 实时数据库是 MCGS 嵌入版系统的核心。实时数据库相当于一个数据处理中心，同时也起到公用数据交换区的作用。MCGS 嵌入版使用自建文件系统中的实时数据库来管理所有实时数据。从外部设备采集来的实时数据送入实时数据库，系统其他部分操作的数据也来自于实时数据库。实时数据库自动完成对实时数据的报警处理和存盘处理，同时它还根据需要把有关信息以事件的方式发送给系统的其他部分，以便触发相关事件，进行实时处理。因此，实时数据库所存储的单元，不单单是变量的数值，还包括变量的特征参数（属性）及对该变量的操作方法（报警属性、报警处理和存盘处理等）。这种将数值、属性、方法封装在一起的数据我们称之为数据对象。实时数据库采用面向对象的技术，为其他部分提供服务，提供了系统各个功能部件的数据共享。

e. 运行策略是对系统运行流程实现有效控制的手段。运行策略本身是系统提供的一个框架，里面放置有策略条件构件和策略构件组成的"策略行"，通过对运行策略的定义，系统能够按照设定的顺序和条件操作实时数据库，控制用户窗口的打开、关闭，并确定设备构件的工作状态等，从而实现对外部设备工作过程的精确控制。

总之，一个应用系统有三个固定的运行策略：启动策略、循环策略和退出策略。启动策略在应用系统开始运行时调用，退出策略在应用系统退出运行时调用，循环策略由系统在运行过程中定时循环调用，用户策略供系统中的其他部件调用。

组态工作开始时，系统只为用户搭建了一个能够独立运行的空框架，提供了丰富的动画部件与功能部件。如果要完成一个实际的应用系统，应主要完成以下工作：

首先，要像搭积木一样，在组态环境中用系统提供的或用户扩展的构件构造应用系统，配置各种参数，形成一个有丰富功能、可实际应用的工程；

然后，把组态环境中的组态结果提交给运行环境。运行环境和组态结果一起就构成了用户应用系统。

【例 5-10】 设计一个简单 PLC 程序：利用 M0 控制启动，M1 控制停止，Y0 启动执行，D0 数据显示。

（1）PLC 程序如图 5.44 所示。

（2）MCGS 组态（组态中界面的软控件不用 X 元件，要用 M 元件）。

① 实时数据库 实时数据库是对控制界面的所有控件进行定义。在新增对象里建立"启动""停止""运行""显示"四个控件数据库，分别修改控件类型，如图 5.47 所示。

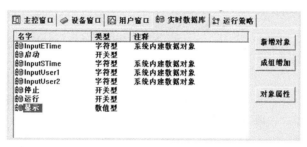

图 5.47 MCGS 实时数据库

② 用户窗口 用户窗口用于对控制界面进行设计。先新建窗口 0，再通过属性将其修改为"演示工程"，如图 5.48 所示。

图 5.48 MCGS 用户窗口

打开"演示工程"后，从工具箱中添加控件到用户窗口的界面，如图 5.49 所示。

用户窗口的界面控件链接到数据库的步骤如图 5.50 所示，具体如下：

a. 将控件上按钮的操作属性-数据操作对象按需求修改，并链接到数据库的"启动"；

b. 将控件下按钮的操作属性-数据操作对象按需求修改，并链接到数据库的"停止"；

c. 将控件圆图形颜色属性-颜色动画链接-填充颜色属性按需求修改，并链接到数据库的"运行"；

d. 将控件输入框操作属性链接到数据库的"显示"。

③ 设备窗口 设备窗口是对组态界面与 PLC 建立通信链接。先在设备工具箱的设备管理中调入"通用串口父设备"，再在设备工具箱的设备管理中调入"三菱 FX 系列编程口"，如图 5.51 所示。

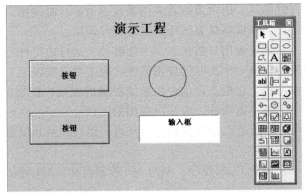

图 5.49　用户窗口的控件界面

图 5.50　用户窗口的界面控件链接到数据库

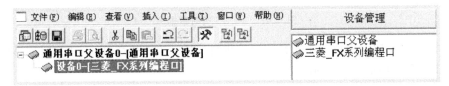

图 5.51　设备窗口

分别打开"通用串口父设备"和"三菱 FX 系列编程口",对其进行基本属性设定,如图 5.52 所示。

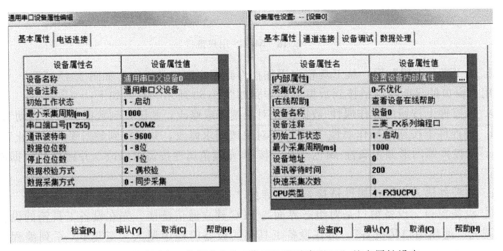

图 5.52　"通用串口父设备""三菱 FX 系列编程口"基本属性设定

在"三菱 FX 系列编程口"设置界面中选择 PLC 型号，并在基本属性-设置设备内部属性设置中，新建四个通道，分别为 M0、M1、Y0、D0，如图 5.53 所示。

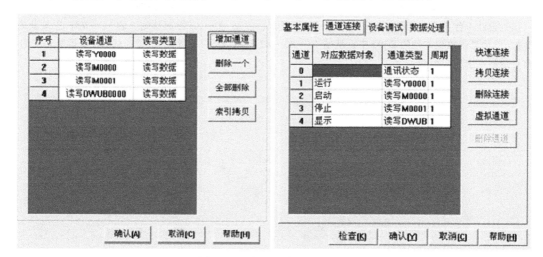

图 5.53 建立通道与通道连接

在通道连接中，将数据库中的"启动""停止""运行""显示"一一连接到对应的 M0、M1、Y0、D0 通道中。

连接好下载线后，工程设置选择触摸屏型号，进入运行环境，选择 USB 联机运行，将"演示工程"下载到触摸屏。

连接好触摸屏与 PLC 后，在触摸屏上可执行操作及监控。

思考题与习题

思考题

(1) 三菱 PLC 的基本 I/O 单元和扩展 I/O 单元有哪些？各有什么特点？

(2) 简述 FX$_{2N}$ 输入输出的技术指标。

(3) PLC 漏型输入和源型输入接线方式有什么不同？

(4) 简述电压/频率（U/f）转换的原理。

(5) RS-232 和 RS-485 通信的联系和区别是什么？

(6) 简述 FX$_{2NC}$-232ADP 通信模块连接器端子管脚含义。

(7) 简述 FX$_{2N}$-485-BD 通信板端子管脚含义。

(8) 简述 CClink 现场总线特点。

(9) 说明十六字键程序的含义。

习题

(1) PLC 一开机，共阴极数码管显示"0"，按下 SB1 时，从"0"开始每秒＋1 显示，到"50"时后一秒又从 0 开始，循环往复；按下 SB2 时，数码管显示停止在当前显示上，再按下 SB1 时，数码管继续＋1 显示。设计输入输出元件与 PLC 连接，编写梯形图。

(2) FX$_{2N}$-4AD 作为 0♯功能模块，利用 PLC 开通 4 个通道，平均采样次数都为 4 次，将 CH1、CH2 通道传感器的电流（4～20mA）和 CH3、CH4 通道的电压（0～10V）信号的 AD 平均值读进 PLC 的 D10～D13。设计 A/D 与 PLC 连接，编写梯形图。

(3) PLC 与 FX_{2N}-DA 控制一台变频器，使交流电机按一定模拟量变频调速。当按下 SB1 时，电机正转并以一定的频率（由模拟量设定）运行；延时后，以另外的频率运行；当按下 SB2 时，电机停止运行。设计 PLC 输入、PLC 与 A/D 连接、A/D 与变频器、变频器与电机连接，编写梯形图。

(4) 设计 1 台 PLC 为主站，2 台 PLC 为从站。要求：主站 X0～X3 控制从站 1 的 Y0～Y3；主站获取从站 2 的 D0 信息存放到本地的 D100 中；从站 1 的 X0～X3 控制从站 2 的 Y10～Y13；从站 1 获取从站 2 的 D0 信息存放到本地的 D20 中。

第6章
工业控制计算机系统

工业控制计算机也称工业计算机（Industrial Personal Computer，IPC），简称工控机。工控机是以计算机为核心的测量和控制系统，处理来自工业系统的输入信号，再根据控制要求将处理结果输出到控制器，去控制生产过程，同时对生产进行监督和管理。工控机与个人计算机的差别主要体现在：取消了 PC 的主板，将原来的大主板变成通用的底板总线插座系统；将主板分成几块 PC 插件，如 CPU 板、存储器板等；在结构上又采用了 PC 总线、STD 总线等总线结构；把原来的 PC 电源改造成工业电源；采用密封机箱，并采用内部正压送风。而在软件上，利用熟知的系统软件和工具软件，编制或组态相应的应用软件，就可以非常便捷地完成对生产过程的集中控制与调度管理。

6.1　工控机的结构组成

普通电脑主要是民用级的，对物理环境的要求并不是很多。工控机一般使用在环境比较恶劣的地方，对数据的安全性要求也更高，所以工控机通常会进行加固、防尘、防潮、防腐蚀、防辐射等特殊设计。

典型工控机由以下部分组成：

① 加固型工业机箱。工控机的机箱能够防振、防冲击、防尘和良好的屏蔽可适应宽的温度和湿度范围。

② 工业电源。工控机的电源能够防冲击、过电压、电流保护，达到电磁兼容性标准。

③ 主板。工控机主板上的所有元器件满足工业环境，采用标准总线，并且是一体化主板（All-in-One），以便于更换。

④ 显示卡。要求分辨率在 SVGA 以上。

⑤ 其他。包括显示器、硬盘、键盘、鼠标、各种输入输出接口模板、打印机等。

6.1.1　工控机机箱

一般工控机的全钢机箱采用符合 EIA 标准的全钢化工业机箱，增强了抗电磁干扰能力。内部可安装同 PC 总线兼容的无源底板、带滤网和 EMI 弹片减振、CPU 卡压条及加固压条装置，在机械振动较大的环境中仍能可靠运行。高功率双冷风扇配置，一方面可解决高温下的散热问题；另一方面使机箱内始终保持空气正压，并装有滤尘网以减少粉尘侵入。图 6.1 为某工控机正背面图。

工控机安装机柜都按国际机柜标准进行设计，大多是卧式结构类型，宽度为 19in❶，高度以 U❷ 为单位，通常有 1U、2U、3U、4U、5U 和 7U 几种标准，采用通用的工业标准。

---

❶ 1in＝25.4mm。
❷ 1U＝1.75in＝44.45mm。

机柜内有可拆卸的滑动拖架，用户可以根据工控机的标高灵活调节高度。这样可把设备一起安装在一个大型的立式标准机柜中。

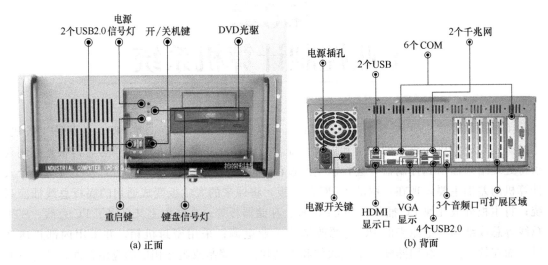

(a) 正面　　　　　　　　　　　(b) 背面

图 6.1　工控机正背面图

6.1.2　无源底板

底板也称为背板，装设在空机箱的中间空白处。无源底板由一些连接器和无源器件组成，一般以总线结构形式（如 STD、ISA、PCI 总线等）设计成多插槽的底板，所有的电

图 6.2　工控机无源底板图

子组件均采用模块化设计，如图 6.2 所示。无源底板的插槽由 ISA 和 PCI 总线的多个插槽组成，底板可插接各种板卡，包括 CPU 卡、显示卡、控制卡、IO 卡等。带有 CPU 的主板要插在这个母板上特殊的插槽里，其他的扩展板也要插在母板上，而不是主板上，提高了系统的可扩展性，最多可扩展到 20 块板卡；板卡插拔方便，快速修复时间短；使升级更简便，并使整个系统更有效。下面为某无源底板的技术参数：

产品型号：YPG-6114P12；

产品规格：15 槽 PICMG PCI/ISA 工业无源底板；

产品说明：9 个 PCI 槽通过桥芯片扩展；

适配主板：YPG-8198 BL/YPG-8290/NPG-8275；

插槽：12 个 PC 槽、2 个 PICMG 槽、1 个 ISA 槽；

PCB：4 层 PCB 板带地线层/电源层；

电源：标准 AT/ATX 电源插座；

指示灯：±12V、±5V、+3.3V 电源 LED 指示灯；

尺寸：322mm×300mm。

6.1.3　CPU 卡的基本功能与分类

CPU 卡也就是主板，基本功能是执行程序和处理数据，是计算机系统的核心。

CPU 卡所具有的功能是发展变化的，因 CPU 的不同而不同。CPU 卡可简单到只装有

CPU 及其支持部件，也可复杂到一个功能完善的 PC 板。它提供标准的系统功能扩展总线，如 PCI、ISA 等。CPU 卡可以通过底板供电或直接供电，具有标准的机械结构 PICMG、Compact PCI 等。

现在的工业计算机主板将所有可能的功能都集成在一个主板中，用户不需要另外再去连接其他的接口，即可很快地组合及使用一部计算机。例如，显示卡、网卡、IO 卡、USB 等的功能芯片均已含在其中，这样的设计也使得单板主板可以在最小的空间就可以拥有最大最多的功能。工控机主板一般均设计了"看门狗"（Watchdog）功能，支持远程唤醒，自动复位；工作温度为 0~600℃；低功耗，最大时为 5W、2.5A。

工控机的 CPU 卡有多种，可根据安装方式、尺寸、接口、处理器（CPU）性能、主板结构等进行分类。

① 从安装来分，工控机的 CPU 主板通常有两种形式：一种是插卡型的，即 CPU 做成插卡形式插在机箱底部的无源底板上；另一种是母板型，即 CPU 做成有源的大底板直接安装在机箱底部。工控机的 CPU 主板一般应能在 0~600℃的温度下工作，平均无故障时间一般应超过 5 万小时，即至少在 5 年以上。

② 从尺寸来分，CPU 卡有长卡 CPU 卡、短卡 CPU 卡、嵌入式 CPU 卡 3 种。长卡 CPU 卡与底板采用 PICMG 总线，速度快，性能高，支持的 CPU 速度也较半长 CPU 卡高，连接底板可扩展 ISA 卡和 PCI 卡，如果系统要求高速度或需使用 PCI 卡，就必须选用长卡 CPU 卡。短卡 CPU 卡与底板采用 ISA 总线，体积小，连接底板只能扩充 ISA 卡，适用于速度要求不高、不使用 PCI 卡的系统，对于体积小的系统也可选用半长 CPU 卡节省空间。嵌入式 CPU 卡采用单板结构，单＋5V 电源低功耗，扩展槽有限，但功能完善，适用于嵌入式系统。

③ 从接口来分，有集成 VGA、LCD、Network、Diskonchip、PC/104、IDE、FDD、USB、COM 等接口的全功能 CPU 卡；有些 CPU 卡设有集成网络功能；有些 CPU 卡设有 PC/104 功能接口。在满足系统要求和预留升级的情形下，功能越少越好。因为功能越多，卡的可靠性就越低；相反，功能越少，卡的可靠性就越高。

6.2　基于 PC 的工控机系统

基于 PC 的工控机系统可以理解为基于 PC/IPC 的计算机控制系统。它有两种组成形式：一种是基于板卡的集中式采集，一种是基于分布式 I/O 模块的分布式采集。两者的主要区别是使用数据采集卡还是使用分布式采集模块。基于 PC 的工控机系统结构如图 6.3 所示。

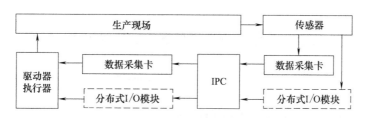

图 6.3　基于 PC 的工控机系统结构

典型工控机系统由下列几部分组成：

① 工控机主机。包括主板、显示卡、无源多槽 ISA/PCI 底板、电源、机箱等。

② 输入/输出接口板。包括模拟量输入/输出、数字量输入/输出等。

③ 信号调理及数据采集板。包括对输入信号的隔离、放大、多路转换、输出信号的电压转换、A/D 和 D/A 转换等。

④ 远程采集模块。现场采集模块能够对现场信号直接进行处理，并通过现场总线与工控机通信连接。

⑤ 工控软件包。它支持数据采集、数据显示、远程控制、故障报警和通信等功能。

随着技术的进步，由 IPC、I/O 装置、监控装置、控制网络组成的基于 PC 的工控机系统得到了迅速普及，IPC 不断向微型化、分散化、个性化和专用化的方向发展，基于 PC 的工控机系统不断向网络化、集成化、综合化和智能化的方向发展。

6.2.1　基于 PC 的工控机集中式控制系统的特点

随着计算机和总线技术的发展，越来越多的科学家和工程师采用基于 PC 的数据采集系统来完成实验室研究和工业控制中的测试测量任务。

基于 PC 的工控机集中式控制系统的基本特点是：I/O 模块与计算机的系统总线相连。这些 I/O 模块往往按照某种标准由第三方批量生产，开发者或用户可以直接在市场上购买，也可以由开发者自行制作。一块板卡的点数（指测控信号的数量）少则几点，多则可达 24 点、32 点，甚至更多。图 6.4 为工控机集中式控制系统图。

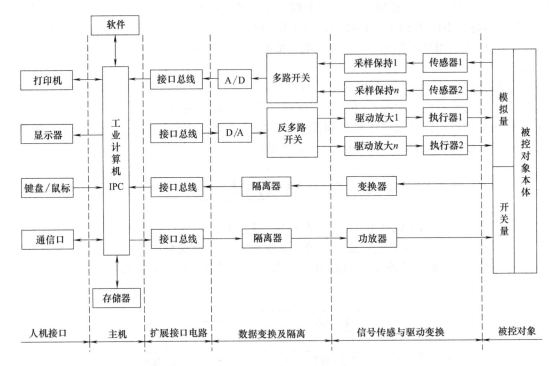

图 6.4　工控机集中式控制系统图

6.2.2　基于 PC 的工控机分布式控制系统

集中式控制系统需要在现场采集、处理和控制数据，实时性高，但不能满足远程访问的需求，传感器输出的微弱电压信号或电流信号容易受到现场干扰。分布式控制系统很好地解决了这个问题。它从现场设备收集数据，将模拟信号转换成数字信号，并通过现场总线上传到工控机。数据处理后，控制现场设备。

为了实现这一目的，要求现场设备满足以下几个条件：

① 高可靠性，能在现场稳定运行。

② 自身要有信号处理电路，能够进行传感器信号的预处理。

③ 自身要有处理器，能实现 A/D 和 D/A 的转换。

④ 内置看门狗可以自动复位模块，降低维护要求。

⑤ 需要实现多种通信功能，尤其是与 RS-485 网络的通信。

图 6.5 为一个基于 PC 的工控机分布式控制系统连接图。

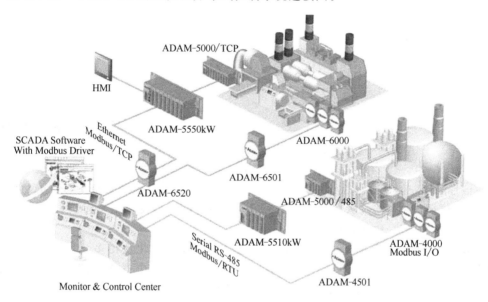

图 6.5　基于 PC 的工控机分布式控制系统连接图

ADAM-4000 模块是构建高性价比远程输入输出系统的绝佳选择。凭借接线简单的优势，客户可以从 ADAM-4000 模块中受益，只有两条连接线就可以与所属的控制器或其他 RS-485 模块设备通信。ADAM-4000 模块采用 EIAG RS-485 通信协议。这种在工业上广泛使用的双向平衡传输线适用于工业环境。

ADAM-5000 系列可以通过多通道输入输出模块控制、监控和收集数据，其外壳是固体工业级塑料包装。该系统可提供智能信号调理、模拟输入输出、数字输入输出、RS-232 和 RS-485 通信。系统本身包括电源板、CPU 板、4 插槽/8 插槽底座、232 通信端口、一对 485 通信端口等。CPU 是系统的核心部分，完成了 ADAM-5000 系列的基本功能。I/O 模块支持 DI/D0/AI/AO/Counter 等功能。

ADAM-6000 系列某品牌智能以太网 I/O 模块包括模拟和数字输入/输出模块，通过创新的互联网技术实现系统集成，从而灵活远程监控设备状态。ADAM-6000 模块具有点对点（P2P）和图形条件逻辑（GCL）功能，可用作独立的测量、控制和自动化产品。配置可以通过直观的图形应用程序快速完成，无需额外的控制器或编程工具。

6.2.3　数据采集卡

在基于 PC 的工业计算机系统中，除了 IPC 主板外，还应配备各种用途的数据采集组件。数据采集（DAQ）是指通过各种传感器适当转换被测对象的各种参数，然后通过信号调节、采样、量化、编码和传输将它们传输到控制器的过程。数据采集卡是实现数据采集功能的计算机设备，通过 PCI、USB、RS-485、RS-232、以太网等总线与计算机相连。数据采集卡通常包括模拟 I/O 功能和数字 I/O 功能。

（1）模拟量输入通道

模拟量输入通道的作用是将被控对象的模拟信号转换成计算机可以接收的数字信号。模拟量输入通道一般由多路转换器、前置放大器、采样保持器、A/D 转换器、接口和控制器组成，其核心是 A/D 转换器，所以模拟输入通道简称 A/D 通道。模拟量输入通道的组成如图 6.6 所示。

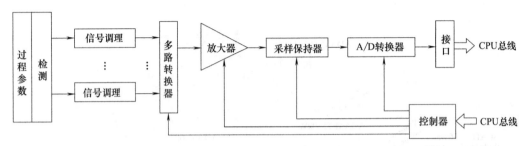

图 6.6　模拟量输入通道的组成

① 信号调理。信号调理是整个控制系统的重要组成部分，关系到整个系统的精度。信号调理主要包括：小信号放大、信号滤波、信号衰减、阻抗匹配、电平转换、非线性补偿、频率/电压转换、电流/电压转换等。

② 多路转换器。由于计算机的工作速度比被测参数的变化快得多，一个计算机系统可以用于几十个检测电路，但计算机在某一时刻只能接收一个电路的信号。因此，必须使用多路模拟开关来实现独一无二的操作，多路输入信号必须依次切换到后续电路。多路复用器将每个模拟量连接到同一个 A/D 转换器进行转换，实现 CPU 及时采样每个模拟量。

③ 放大器。当多通道输入的信号源电平相差较大时，使用相同增益的放大器有可能降低低电平信号的测量精度，而高电平信号可能会超出 A/D 转换器的输入范围。使用可编程增益放大器，可以通过程序调节放大倍数，使 A/D 转换信号的满量程均衡，提高多通道数据采集的精度。

④ 采样保持器。当某一通道进行 A/D 转换时，由于 A/D 转换需要一定的时间，如果输入信号变化较快，而 A/D 转换都要花一定的时间才能完成转换过程，这样就会造成一定的误差，使转换所得到的数字量不能真正代表发出转换命令那一瞬间所要转换的电平。采用采样保持器对变化的模拟信号进行快速"采样"，在保持期间，启动 A/D 转换器，从而保证 A/D 转换时的模拟输入电压恒定，确保 A/D 转换精度。

⑤ A/D 转换器。A/D 转换器是将模拟信号转换成数字信号的器件。A/D 转换过程是幅度量化的过程，它使用一组二进制码来近似离散模拟信号的幅度，并将其转换成数字信号。二进制数的大小与量化单位有关。

⑥ 编码。N 位二进制数可以表示 2^n 个值，这 2^n 个二进制数中的每一个对应的原始信号值是明确定义的，即对信号进行编码。

⑦ 模拟量输入的主要指标。

a. 输入信号量程：可转换的电压（电流）范围为 0～200mV、0～5V、（0～10V）±2.5V、0～10mA 和 4～20mA 等多种。

b. 分辨率：基准电压与 2^{n-1} 的比值，其中 n 为 A/D 转换的位数，有 8 位、10 位、12 位、16 位之分。分辨率越高，转换时对模拟输入信号变化的反应就越灵敏。

c. 精度：A/D 转换器实际输出电压与理论值之间的误差，有绝对精度和相对精度两种表示法。通常采用数字量的最低有效位作为度量精度的单位，如 $\pm$LSB。

d. 采样速率：指在单位时间内数据采集卡对模拟信号的采样次数。

e. 输入信号类型：电压或电流型；单端输入或差分输入。

f. 输入通道数：单端/差分通道数，与扩充板连接后可扩充通道数。

g. 转换速率：30000 采样点/秒，50000 采样点/秒，或更高。

h. 可编程增益：1～1000 增益系数编程选择。

（2）模拟量输出通道

在计算机控制系统中，模拟输出通道的作用是将计算机输出的数字控制信号转换成模拟电压或电流信号，从而驱动相应的执行器，达到控制目的。

模拟输出主要由一个 D/A 转换器和一个输出保持器组成。多通道模拟输出通道的结构主要取决于输出保持器的结构形式，采集卡通常采用一个通道设置一个 D/A 转换器的形式。

模拟量输出的主要指标如下：

① 分辨率：基准电压与 2^{n-1} 的比值。

② 稳定时间：又称转换速率，是指 D/A 转换器中代码有满度值的变化时，输出达到稳定（一般稳定到与 $\pm\frac{1}{2}$ 最低位值相当的模拟量范围内）所需的时间，一般为几十毫微秒到几毫微秒。

③ 输出电平：不同型号的 D/A 转换器的输出电平相差较大，一般为 5～10V，也有些高压输出型为 24～30V；电流输出型为 4～20mA，有的高达 3A。

（3）数字量 I/O

数字量 I/O 实现了工业领域各种开关信号的输入/输出控制，分为非隔离型和隔离型。隔离型一般采用光电隔离法，少数采用磁电隔离法。DI 模块将被控对象的数字信号或开关状态信号发送给计算机，或将二进制逻辑的开关值转换成计算机可接收的数字值。执行机构模块将计算机输出的数字信号传输到开关型执行机构，以控制它们的开/关等。典型的数字 I/O 模块是研华科技的 PCI-722。

（4）数据采集卡选择方法

第一步：确定自己的基本目标。

确定所用的数据采集系统主要是用于测量、监测、控制、分析，还是其他目的。了解处理过程对数据的要求，以及系统中数据采集控制点的个数；了解所要求的数据采集速率、采样频率、测量的类型（生成的电压或电流以及每一个数据采集控制点所要求的精度和输出分辨率）；最后，还应了解系统中事件发生时间以及任何特定环境条件下可能发生的事件。

第二步：硬件选择。

选择能够达到基本目标的硬件，决定用于模拟量到数字量、数字量到模拟量、数字量输入/输出还是 RS-232 或 RS-485 通信。同时考虑是 ISA 还是 PCI 总线。硬件选择应该基于以下五个主要标准：

① 通道的类型及个数；

② 差分或单端输入；

③ 分辨率；

④ 速度；

⑤ 软件与硬件的兼容性。

第三步：附件选择。

多数的应用要求额外的附件。这些附件是可分开使用的。它们包括：

① 在系统中添加通道的扩展外设；

② 电缆、信号调理器以及螺丝端子或 BNC 附件这样的外置盒子。

第四步：软件选择。

软件所影响的不只是一个因素。它将决定系统的启动时间、自身的执行效率、对于应用的适用性以及修改的难易度确定。选择软件的三个主要标准有：

① 所使用的操作系统；

② 用户的编程经验；

③ 软件与硬件的容性。

表 6.1 为某品牌数据采集控制卡系列参数。

（5）数据采集卡通信连接方式

以某品牌 PCI-1710 采集卡构成的控制系统框图如图 6.7 所示。

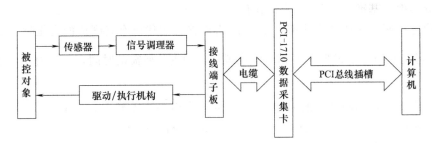

图 6.7   以 PCI-1710 采集卡构成的控制系统框图

需要端子板和通信电缆与数据采集卡组成一个完整的控制系统。PCL-10168 屏蔽电缆是专门为 PCI-1710/1710HG 设计的，用于降低模拟信号的输入噪声。电缆采用双绞线，模拟信号线和数字信号线分开屏蔽。端子板采用 ADAM-3968 型，如图 6.8 所示，是安装在 DIN 导轨上的 68 芯 SCSI-1 端子板，用于连接各种输入输出信号线。

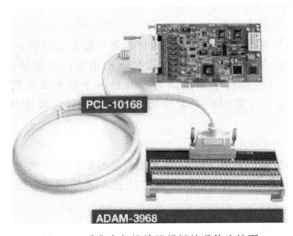

图 6.8   采集卡与接线端子板的通信连接图

表 6.1　某品牌数据采集控制卡系列参数

总线			PCI						
分类			多功能						
型号			PCI-1710/1710L	PCI-1710HG/HGL	PCI-1711/1711L	PCI-1712/1712L	PCI-1716/1716L	PCI-1718HDU/HGU	PCI-1741U
一般规格	分辨率		12 位	12 位	12 位	12 位	16 位	12 位	16 位
	通道		16 路单端/8 路差分	16 路单端/8 路差分	16 路单端	16 路单端/8 路差分	16 路单端/8 路差分	16 路单端/8 路差分	16 路单端/8 路差分
	板载 FIFO		4K 采样	4K 采样	1K 采样	1K 采样	1K 采样	4K 采样	1K 采样
	采样速率		100kS/s	100kS/s	100kS/s	1MS/s	250kS/s	100kS/s	250kS/s
	自动通道扫描		√	√	√	√	√	√	√
模拟量输入	输入范围	单极性输入/V	0~10,0~5, 0~2.5,0~1.25	0~10,0~1, 0~0.1,0~0.01	—	0~10,0~5, 0~2.5,0~1.25	0~10,0~5, 0~2.5,0~1.25	0~10,0~5, 0~2.5,0~1.25 (PCI-1718HDU) 0~10,0~0.1, 0~0.01 (PCI-1718HGU)	0~10,0~5, 0~2.5,0~1.25
		双极性输入/V	±10,5,2.5, 1.25,0.625	±10,5,1,0.5,0.1, 0.05,0.01,0.005	±10,5,2.5, 1.25,0.625	±10,5,2.5, 1.25,0.625	±10,5,2.5, 1.25,0.625	±10,5,2.5,1.25, 0.625(PCI-1718HDU) ±10,5,1,0.5, 0.1,0.05,0.01,0.005 (PCI-1718HGU)	±10,5,2.5, 1.25,0.625
		通道可配置	√	√	√	√	√	√	√
	触发模式	触发器/软件	√	√	√	√	√	√	√
		外部脉冲	—	√	—	√	√	√	—
		模拟量触发 预触发	√	√	—	√	√	√	√
		后触发	√	√	—	√	√	√	√
		匹配触发	√	√	—	√	√	√	√
	数据传输模式	软件	√	√	√	√	√	√	√
		DMA	√	√	—	总线主控	总线主控	√	√
模拟量输出	分辨率		12 位	12 位	12 位	12 位	16 位	12 位	16 位
	通道数量		2 (仅 PCI-1710)	2 (仅 PCI-1710HG)	2 (仅 PCI-1711)	2 (仅 PCI-1712)	2 (仅 PCI-1716)	1	—
	板载 FIFO		—	—	—	32K 采样	—	—	—

续表

总线	PCI						
分类	多功能						
型号	PCI-1710/1710L	PCI-1710HG/HGL	PCI-1711/1711L	PCI-1712/1712L	PCI-1716/1716L	PCI-1718HDU/HGU	PCI-1741U
模拟量输出　输出范围/V	0~5,0~10	0~5,0~10	0~5,0~10	0~5,0~10,±5,±10	0~5,0~10,±5,±10	0~5,0~10	−5~5V　−10~10V
吞吐量	38kS/s(典型)	38kS/s(典型)	38kS/s(典型)	1MS/s	200kS/s(典型)	100kS/s(典型)	200kS/s(典型)
DMA 传输	—	—	—	—	—	—	—
数字量 I/O　输入通道	16	16	16	16(混合)	16	16	16
输出通道	16	16	16	—	—	16	16
通道	1	1	1	3	1	1	1
定时器/计数器　分辨率	16 位	16 位	16 位	16 位	16 位	16 位	16 位
时基	10MHz	10MHz	10MHz	10MHz	10MHz	10MHz	10MHz
隔离电压	—	—	—	—	—	—	—
自动校准	√	√	√	√	√	√	√
BoardID™ 开关	—	—	—	—	—	—	—
尺寸/mm	175×100	175×100	175×100	175×100	175×100	175×100	175×100
接口	68 针 SCSI-Ⅱ	68 针 SCSI-Ⅱ	68 针 SCSI-Ⅱ	68 针 SCSI-Ⅱ	68 针 SCSI-Ⅱ	DB-37	68 针 SCSI-Ⅱ
Windows* 98/2000/XP DLL 驱动程序	√	√	√	√	√	√	√
Windows* 98/2000/XP 测试工具	√	√	√	√	√	√	√
VC++、VB & Delphi 例程	√	√	√	√	√	√	√
Advantech ActiveDAQ	√	√	√	√	√	√	√
LabView I/O 驱动程序 (版本 6i 和 7.0)	√	√	√	√	√	√	√
MathWorks MATLAB & Simulink Data Acquisition Tool Box 2.5.1	√	√	√	√	—	√	—
页码	6-10	6-10	6-12	6-14	6-16	6-18	6-20

6.3　运动控制及运动控制卡

6.3.1　运动控制

运动控制是指使用伺服机构（如液压泵或马达等）来控制机器的位置和速度，即在一定条件下，将预定的控制方案和指令转换成所需的机械运动，实现机械运动的精确位置控制、速度控制或扭矩控制。

典型的运动控制系统通常具有以下功能：点对点控制，实现运动过程中的点对点运动轨迹和速度控制；电子齿轮（或电子凸轮）控制，实现从动轴位置在机械上跟随主动轴位置的变化而变化的控制。电子凸轮比电子齿轮复杂，使主动轴和从动轴之间的随动关系曲线成为一个函数。

基于 PC 机的工业计算机运动控制产品在价格上比数控系统有明显的优势。与可编程控制器相比，它在功能上可以实现更复杂的运动控制。同时，原始设备制造商在购买产品后，可以使用基于 PC 的工业控制计算机系统制造商提供的底层函数库进行灵活的二次开发和编程。在编程语言上，基于 PC 的工业计算机系统的运动控制产品除了传统的 PLC 语言外，还为开发者提供了丰富的 C♯、C 和 basic 等计算机语言。

随着工控机的发展，采用 PC 机加运动控制卡作为上位控制方案是运动控制系统的主要发展趋势。该方案可以充分利用计算机资源，适用于运动过程和轨迹复杂、灵活性强的机器设备。伺服卡的脉冲输出频率高（高达几兆赫），可以满足伺服电机的控制，也适合控制步进电机。

基于 PC 机的工控机运动控制系统有闭环和开环两种形式。它主要由主机、运动控制器、驱动器或放大器、反馈元件和传动机构组成。

6.3.2　运动控制卡

运动控制卡是实现基于 PC 的工控机系统运动控制的核心，是一种基于 IPC 的上位控制单元（运动控制器），适用于各种运动控制场合（包括位移、速度、加速度等）。它有多种类型，如 PCI 总线、PCI-E 总线、USB 总线等，不是狭义上的计算机内部的插卡。

运动控制卡和 PC 机构成主从控制结构。运动控制核心采用专业运动控制芯片或高速 DSP。通过控制步进电机或伺服电机，可以同时实现 1～8 个轴的运动控制。运动控制卡可以完成运动控制过程中的所有细节：脉冲和方向信号的输出，自动加减速的处理，原点、极限等信号的检测。

确定粒子的空间位置需要三个坐标，确定刚体的空间位置需要六个坐标。运动控制系统可以控制的坐标数称为运动控制系统的轴数。运动控制系统可以同时控制运动的坐标数称为运动控制系统可以联动的轴数。高性能多轴运动控制卡支持插值功能，如线性、圆形和弧形 2D 和 3D 插值。实现插补功能时，需要多轴联动，各轴的运动轨迹需要保持一定的函数关系，如直线、圆弧、抛物线、正弦曲线等。数控机床涉及两轴联动、三轴联动、五轴联动。

例如，PCI-1240 是一款轴步进/脉冲型伺服电机控制卡，专门用于常规的精确运动。PCI-1240 为高速 4 轴运动 PCI 控制卡，简化了步进和脉冲伺服运动控制，可以显著提高电机的运动性能。该卡是用了智能 NOVA MCX314 运动 ASIC 芯片，能够提供各种运动控制功能，如 2/3 轴线性插补、2 周圆弧插补、T/S 曲线加速/加速等。此外，PCI-1240 在执行这些运动控制功能控制电机时，不会增加处理器的负担。

表 6.2 为某品牌运动控制卡系列参数。

表 6.2　某品牌运动控制卡系列参数

总线	PCI							ISA		
分类	脉冲类型					电压类型	编码器卡	脉冲类型		编码器卡
型号	PCI-1240	PCI-1240U	PCI-1242	PCI-1243U	PCI-1261	PCI-1241	PCI-1784	PCL-839+	PCM-3240	PCL-833
轴数	4	4	4	4	6	4	—	3	4	—
线性插补	√	√	√	—	√	√	—	—	√	—
2 轴圆弧插补	√	—	√	—	√	√	—	—	—	—
3 轴圆弧插补	—	—	√	—	√	—	—	—	—	—
编码器通道	4	4	5	8	6	5	4	6	4	3
限位开关输入通道	8	8	8	8	12	8	—	6	8	—
原点输入通道	4	4	4	4	6	4	—	3	4	—
紧急停止输入通道	1	1	1	1	1	1	—	—	1	—
减速限位开关	8	8	—	8	—	—	—	6	8	4
普通脉冲 DI 通道	—	—	—	8	—	—	4	16	4	—
伺服脉冲开关	4	4	4	—	6	4	—	—	4	—
普通脉冲 DO 通道	4	4	—	8	—	—	4	16	4	—
BoardID 开关	√	√	√	√	√	√	√	—	—	—
位置比较事件	—	√	√	√	√	√	—	—	—	—
远程 IO	—	—	√	—	√	√	—	—	—	—
尺寸/mm	175×100	175×100	175×100	175×100	175×100	175×100	175×100	185×100	96×90	185×100
接口	100 针 SCSH	100 针 SCSH	168 针 SCSH	DB-62	100 针 SCSH	168 针 SCSH	DB-37	1×DB-372×20 针	PCL-10150-1	1×DB-25
接线板	ADAM-3952, ADAM-3952-J2S	ADAM-3952, ADAM-3952-J2S	ADAM-3968, ADAM-3941	ADAM-3962	ADAM-39100, ADAM-3961	ADAM-3968, ADAM-3941	ADAM-3937	ADAM-3937, ADAM-3920	ADAM-3950, ADAM-3952-J2S	ADAM-3925
页码	9-13	9-13	9-15	9-22	9-16	9-23	9-18	9-20	9-24	9-21

注：左侧项目中，"轴数、线性插补、2 轴圆弧插补、3 轴圆弧插补" 属于"轴"类；"编码器通道、限位开关输入通道、原点输入通道、紧急停止输入通道、减速限位开关、普通脉冲 DI 通道、伺服脉冲开关、普通脉冲 DO 通道、BoardID 开关、位置比较事件、远程 IO" 属于"高级功能"类。

6.4　工控机的选配

（1）工控机厂商

大陆老牌工控机厂商主要有康拓、华控、同维、华远等；中国台湾工控机厂商主要有研华、威达、艾讯、磐仪、大众、博文等；国外工控机厂商主要有美国 ICS、德国西门子、日本康泰克等，市场定位高低不同。

（2）主要产品品种类型

目前有一定市场规模和发展前景的产品主要有：IPC、PC/104 或 PC/104-plus、VME/VXI、AT96、Compact PCI 以及其他专用单板计算机（包括基于 RISC、DSP 和单片机的嵌入式专用计算机）等。

PC/104 凭借小尺寸优势，在小型军事和医疗设备领域还有进一步扩大市场的可能。PC/104 通过 PC/104- plus 兼容 PCI 总线，向高性能应用拓展。

VME/VXI 总线在军事设备和大型测试系统方面占有很大的市场份额，标准 AT96 总线工控机在军事装备和工业现场得到进一步应用。

随着 Compact PCI 总线冗余设计技术、热插拔技术、自诊断技术的成熟，构造高可用性系统的简化，Compact PCI 总线工控机技术将得到迅速普及和广泛应用，成为国内继 STD 总线工控机、PC 工控机之后最具普及前景的新一代高性能工控机。

6.5　集中式控制系统的软件

上位机软件使 PC 和数据采集、运动控制硬件形成了一个完整的数据采集分析、运动控制和显示系统。VC++、VB、Delphi 等传统软件开发平台为众多编程人员所熟悉，也可以用来开发上位机软件，但这种开发方式对开发人员的编程能力要求很高。基于这种平台开发测试软件难度大、周期长、费用高、可扩展性差，可以采用组态王等组态软件来做上位机软件，也可以采用 LabVIEW 图形化编程软件作为测控开发平台编程环境。

LabVIEW 其全称是实验室虚拟仪器工程平台（Laboratory Virtual Instrument Engineering Workbench），是一种基于图形化编程语言的（Graphics Language，G 语言）的测试系统软件开发平台。NI 公司生产基于计算机技术的软、硬件产品，其产品帮助工程师和科学家进行测量、过程控制、数据分析和存储。目前，LabVIEW 已经成为测试领域应用最广泛和最有前途的软件开发平台之一。

LabVIEW 本身是一个功能完整的软件开发环境，同时也是一种功能强大的编程语言。由于 LabVIEW 采用基于流程图的图形化编程方式，也被称为 G 语言（Graphical Language）。

与其他编程语言相同，G 语言既定义了数据类型、结构类型、语法规则等编程语言的基本要素，也提供了包括断点设置、单步调试和数据探针在内的程序调试工具，在功能完整性和应用灵活性上不逊于任何高级语言。对测试工程师而言，LabVIEW 的优势表现在两个方面：一方面是编程简单，易于理解，尤其是对熟悉仪器结构和硬件电路的工程技术人员，变得就像设计电路一样，上手快，效率高；另一方面，LabVIEW 针对数据采集、仪器控制、信号分析和数据处理等任务，设计提供了丰富完善的功能图标，用户只需直接调用，可免去自己编写程序的繁琐。LabVIEW 作为开放的工业标准，还提供了各种接口总线和常用仪器的驱动程序，是一个通用的软件开发平台。

　　LabVIEW 提出的虚拟仪器概念是一种程序设计思想。这种思想可以简单表述为：一个 VI 可以由前面板、程序框图和图标连接端口组成。当新建或打开一个现有 VI，会自动弹出两个窗口，位于前面、有网格的窗口是前面板，其后的空白窗口是程序框图，通过"任务栏>窗口"或者"Ctrl＋E"可以进行切换。在两个窗口中单击右键分别出现控件选板和函数选板，各自包含了种类众多的图标，能够从它们的外观直观地猜测到功能，非常便于理解和记忆。

　　（1）前面板

　　图 6.9 为前面板窗口是 VI 的用户界面，是输入数据到程序和输出程序产生数据的一个交互面板，简单来说，数据是通过前面板进出程序的。例如，想要做出一台虚拟仪器，先不管它的内部结构如何，在程序运行时展现的便是前面板，前面板相当于这台仪器的外壳。使用时需要控制这台仪器开始和结束工作，以某一种模式在运行，输入采集到的或已有的数据，以图形的方式显示出结果，这些工作都是在前面板上完成的。

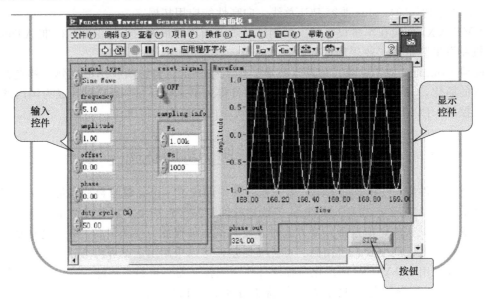

图 6.9　LabVIEW 前面板

　　（2）控件选板

　　控件选板包含输入控件和显示控件，用于创建前面板。在前面板窗口单击"查看>控件选板"，或右键单击空白处即可打开控件选板。控件选板包含各类控件，可根据需要选择显示全部或部分类别。图 6.10 中控件选板显示了所有控件类别。如要显示或隐藏类别（子选板），请点击"自定义"按钮，选择"更改可见选板"。

　　将输入控件和显示控件放置在 VI 前面板上即可创建一个用户界面。前面板用作用户界面交互时，可在输入控件里修改输入值，然后在显示控件里查看结果。也就是说，输入控件决定输入，显示控件显示输出。

　　典型的输入控件有旋钮、按钮、转盘、滑块和字符串。输入控件模拟物理输入设备，为 VI 的程序框图提供数据。典型的显示控件有图形、图表、LED 灯和状态字符串。显示控件模拟了物理仪器的输出装置，显示程序框图获取或生成的数据。

　　（3）程序框图

　　程序框图对象包括接线端、子 VI、函数、常量、结构和连线，如图 6.11 所示。连线用

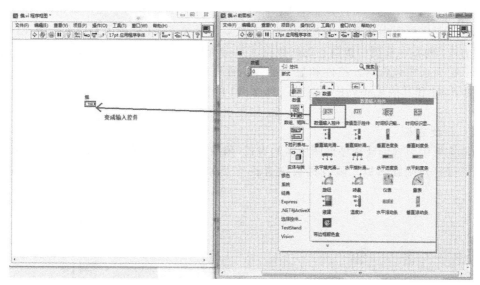

图 6.10　LabVIEW 控件选板

于在程序框图对象间传递数据。创建前面板后，需要添加图形化函数代码来控制前面板对象。程序框图窗口中包含了图形化的源代码。

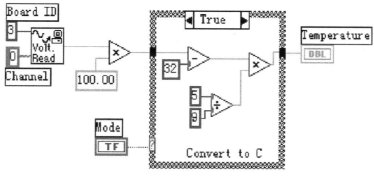

图 6.11　LabVIEW 程序框图

（4）接线端

前面板上的对象在程序框图中显示为接线端。接线端是前面板和程序框图交换信息的输入输出端口。接线端类似于文本编程语言的参数和常量。接线端的类型有输入/显示控件接线端和节点接线端。输入/显示控件接线端属于前面板上的输入控件和显示控件。用户在前面板控件中输入的数据通过输入控件接线端进入程序框图。然后，数据进入加和减函数。加减运算结束后，输出新的数据值。新数据进入显示控件接线端，然后更新前面板上显示控件中的值。

（5）程序框图节点

节点是程序框图上拥有输入/输出并在 VI 运行时执行某些操作的对象节点，相当于文本编程语言中的语句、运算、函数和子程序。节点可以是函数、子 VI、Express VI 或结构。结构是指过程控制元素，如条件结构、For 循环和 While 循环。

（6）子 VI

一个 VI 创建好后可将它用在其他 VI 中，被其他 VI 调用的 VI 称为子 VI。子 VI 可以重复调用。要创建一个子 VI，首先要为子 VI 创建连线板和图标。子 VI 节点类似于文本编程语言中的子程序调用。节点并非子 VI 本身，就如文本编程中的子程序调用指令并非程序本身一样。程序框图中相同的子 VI 出现了几次就表示该子 VI 被调用了几次。子 VI 的控件从调用方 VI 的程序框图中接收和返回数据。双击程序框图中的子 VI，可打开子 VI 的前面板窗口。前面板中包含输入控件和显示控件。程序框图中包含子 VI 的连线、图标、函数、子 VI 的子 VI 和其他 LabVIEW 对象。每个 VI 的前面板和程序框图窗口右上角都有一个图标。

　　（7）函数选板

　　函数选板中包含创建程序框图所需的 VI、函数和常量。在程序框图中选择"查看＞函数选板"可打开函数选板。函数选板包含许多类别，可根据需要显示或隐藏。如图 6.12 所示。

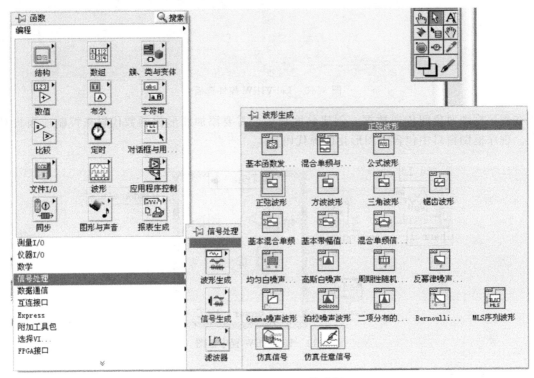

图 6.12　LabVIEW 函数选板

　　本书将在第 8 章给出一个工控机采用 LabVIEW 做上位软件测控的详例。

思　考　题

　　(1) 典型的工控机由哪几个部分组成？

　　(2) 工控机为什么采用无源底板结构？

　　(3) 典型的工控机系统由哪几个部分组成？

　　(4) 工控机的接口卡有哪些类型？各有什么功能？

　　(5) 简述远程数据采集和控制模块 ADAM4000 的用途和特点。

　　(6) 简述模拟量输入通道组成。

　　(7) 什么是组态？举例几种组态软件。组态软件的特点是什么？

第7章
数字控制器的模拟化设计

在模拟控制系统中，系统的控制器是一个连续模拟环节，亦称为模拟调节器。而在数字控制系统中，使用数字控制器来代替模拟调节器。其控制过程是先通过模拟量输入通道对控制参数进行采样并将其转换成数字量，然后计算机按一定控制算法进行运算处理，运算结果由模拟量输出通道输出，并通过执行机构去控制生产过程，以达到期望的效果。这里，计算机执行按某种算法编写的程序来控制和调整被控对象，称为数字控制器。

有了模拟调节器，为什么还要用计算机来实现数字控制呢？这是因为：

① 模拟调节器调节能力有限，当控制规律较为复杂时，就难以实现，甚至无法实现控制。而数字控制器能实现复杂控制规律的控制。

② 计算机具有分时控制能力，可实现多回路控制。

③ 数字控制器具有灵活性。其控制规律灵活多样，可用一台计算机对不同的回路实现不同的控制方式，并且修改控制参数或改变控制方式一般只改变控制程序即可，使用起来简单方便，可改善调节品质，提高产品的产量和质量。

④ 采用计算机除实现 PID 数字控制外，还能实现监控、数据采集、数字显示等其他功能。

模拟化设计方法的基本思路是，当系统的采样频率足够高时，采样系统的特性接近于连续变化的模拟系统，因而采样开关和保持器可以忽略不计，整个系统可以看作是连续变化的模拟系统，从而用 S 域的方法设计校正装置 $D(s)$，然后用从 S 域到 Z 域的离散化方法求得离散传递函数 $D(z)$。设计的实质是将模拟调节器离散化，用数字控制器代替。设计的基本步骤是根据系统已有的连续模型，按照连续系统理论设计模拟调节器，然后将模拟调节器按照一定的对应关系离散化，得到等价的数字控制器，从而确定计算机的控制算法。

用经典方法设计连续系统已为工程技术人员所熟悉，且积累有一定经验，因此模拟化设计方法在实际中被广泛采用。

7.1 数字控制器的模拟化设计步骤

在图 7.1 所示的计算机控制系统中，$G_0(s)$ 是被控对象的传递函数，$H(s)$ 是零阶保持器，$D(z)$ 是数字控制器。现在的设计问题是：根据已知的系统性能指标和 $G_0(s)$ 来设

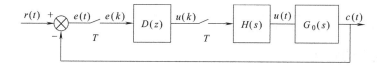

图 7.1 计算机控制系统的结构图

计数字控制器 $D(z)$。本节先介绍 Z 变换的相关基础知识，随后具体阐述数字控制器的模拟化设计步骤。

7.1.1　Z变换的定义

设连续时间函数 $f(t)$ 可以进行拉氏变换，对应的拉氏变换为 $F(s)$。类似地，已知连续信号 $f(t)$ 变成离散的脉冲序列函数 $f^*(t)$，即经过采样周期为 T 的采样开关后的采样信号为

$$f^*(t) = \sum_{k=0}^{\infty} f(kT)\delta(t - kT) \tag{7-1}$$

对上式进行拉氏变换，得

$$F^*(s) = L[f^*(t)] = \int_{-\infty}^{+\infty} f^*(t)e^{-Ts}\,dt = \sum_{k=0}^{\infty} f(kT)e^{-kTs} \tag{7-2}$$

上式中，$F^*(s)$ 是离散时间函数的拉氏变换，因复变量 s 含在指数 e^{-kTs} 中是超越函数，不便计算，故引入一个新变量，设 $z = e^{sT}$，并将 $F^*(s)$ 记为 $F(z)$，则

$$F(z) = F^*(s) = \sum_{k=0}^{\infty} f(kT)z^{-k} \tag{7-3}$$

从 Z 变换的推导过程可以看出，Z 变换本质上是拉氏变换的推广，所以也称为采样拉氏变换或离散拉氏变换，它是分析和研究计算机控制系统强有力的数学工具。

7.1.2　常用信号的Z变换

① 单位脉冲信号 $f(t) = \delta(t)$，有

$$F(z) = \sum_{k=0}^{\infty} \delta(kT)z^{-k} = 1 \tag{7-4}$$

② 单位阶跃信号 $f(t) = 1(t)$，有

$$F(z) = \sum_{k=0}^{\infty} 1(kT)z^{-k} = 1 + z^{-1} + z^{-2} + \cdots = \frac{1}{1 - z^{-1}} = \frac{z}{z-1},\ |z| > 1 \tag{7-5}$$

③ 单位速度信号 $f(t) = t$，有

$$F(z) = \sum_{k=0}^{\infty} kTz^{-k} = T(z^{-1} + 2z^{-2} + 3z^{-3} + \cdots) = \frac{Tz}{(z-1)^2},\ |z| > 1 \tag{7-6}$$

④ 单位脉冲信号 $f(t) = e^{-at}$，有

$$F(z) = \sum_{k=0}^{\infty} e^{-kaT}z^{-k} = 1 + e^{-aT}z^{-1} + e^{-2aT}z^{-2} + \cdots = \frac{1}{1 - e^{-aT}z^{-1}} = \frac{z}{z - e^{-aT}} \tag{7-7}$$

⑤ 单位脉冲信号 $f(t) = \sin\omega t$，有

$$\sin\omega t = \frac{1}{2j}(e^{j\omega t} - e^{-j\omega t})$$

$$\begin{aligned} F(z) &= L\left[\frac{1}{2j}(e^{j\omega t} - e^{-j\omega t})\right] = \frac{1}{2j}\left(\frac{z}{z - e^{j\omega T}} - \frac{z}{z - e^{-j\omega T}}\right) \\ &= \frac{1}{2j} \times \frac{e^{j\omega T} - e^{-j\omega T}}{z^2 - (e^{j\omega T} + e^{-j\omega T})z + 1} = \frac{z\sin\omega T}{z^2 - 2z\cos\omega T + 1} \end{aligned} \tag{7-8}$$

7.1.3　脉冲传递函数的定义

脉冲传递函数定义为输出采样信号的 Z 变换与输入采样信号 Z 变换之比。典型的计算

机控制系统如图 7.1 所示，它是一个带有单位反馈的闭环控制系统，数字部分的脉冲传递函数为 $D(z)$，连续部分的脉冲传递函数为

$$G(s) = H(s)G_0(s) = \frac{1-e^{-sT}}{s} \times G_0(s) \tag{7-9}$$

即

$$G(z) = \frac{C(z)}{U(z)} = z[H(s)G_0(s)] = z\left[\frac{1-e^{-sT}}{s}G_0(s)\right] = (1-z^{-1})z\left[\frac{1}{s} \times G_0(s)\right] \tag{7-10}$$

计算机控制系统的闭环脉冲传递函数为

$$W(z) = \frac{C(z)}{R(z)} = \frac{D(z)G(z)}{1+D(z)G(z)} \tag{7-11}$$

7.1.4 具体设计步骤

（1）连续控制器 $D(s)$ 的设计

人们对连续系统的设计方法比较熟悉，所以可以先设计如图 7.2 所示的假想连续控制系统，如利用连续系统的频率特性法、根轨迹法等设计出假想连续控制器 $D(s)$。关于连续系统设计 $D(s)$ 的各种方法可参考有关自动控制原理方面的资料，这里不再讨论。

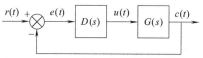

图 7.2 假想的连续控制系统结构图

（2）采样周期 T 的选择

香农（Shannon）采样定理给出了从采样信号恢复连续信号的最低采样频率。在计算机控制系统中，信号恢复功能一般由零阶保持器实现。零阶保持器的传递函数为

$$H(s) = \frac{1-e^{-sT}}{s} \tag{7-12}$$

其频率特性为

$$H(j\omega) = \frac{1-e^{-j\omega T}}{j\omega} = T\frac{\sin\frac{\omega T}{2}}{\frac{\omega T}{2}} \angle -\frac{\omega T}{2} \tag{7-13}$$

从式（7-13）可以看出，零阶保持器将对控制信号产生附加相移（滞后）。对于小的采样周期，可把零阶保持器 $H(s)$ 近似为

$$H(s) = \frac{1-e^{-sT}}{s} \approx \frac{1-1+sT-\frac{(sT)^2}{2}+\cdots}{s} = T(1-s\frac{T}{2}+\cdots) \approx Te^{-s\frac{T}{2}} \tag{7-14}$$

式（7-14）表明，零阶保持器 $H(s)$ 可用半个采样周期的时间滞后环节来近似。假定相位裕量可减少 $5°\sim15°$，则采样周期应选为

$$T = (0.15\sim0.5)\frac{1}{\omega_c} \tag{7-15}$$

其中，ω_c 是连续控制系统的剪切频率。根据式（7-15）的经验方法，采样周期相当短。因此，采用连续化设计方法，用数字控制器逼近连续控制器，需要相当短的采样周期。

（3）将 $D(s)$ 离散化为 $D(z)$

将连续控制器 $D(s)$ 离散化为数字控制器 $D(z)$ 的方法有很多，如双线性变换法、后向差分法、前向差分法、冲击响应不变法、零极点匹配法、零阶保持法等。这里我们介绍常

用的双线性变换法、前向差分法和后向差分法。

① 双线性变换法。由 Z 变换的定义可知，$Z = \mathrm{e}^{sT}$，利用级数展开可得

$$z = \mathrm{e}^{sT} = \frac{\mathrm{e}^{\frac{sT}{2}}}{\mathrm{e}^{\frac{-sT}{2}}} = \frac{1 + \frac{sT}{2} + \cdots}{1 - \frac{sT}{2} + \cdots} \approx \frac{1 + \frac{sT}{2}}{1 - \frac{sT}{2}} \tag{7-16}$$

式（7-16）称为双线性变换或塔斯廷（Tustin）近似。

为了由 $D(s)$ 求解 $D(z)$，由式（7-16）可得

$$s = \frac{2}{T} \times \frac{z-1}{z+1} \tag{7-17}$$

且有

$$D(z) = D(s) \Big|_{s = \frac{2}{T} \times \frac{z-1}{z+1}} \tag{7-18}$$

式（7-18）就是利用双线性变换法由 $D(s)$ 求解 $D(z)$ 的计算公式。

双线性变换也可从数值积分的梯形法对应得到。设积分控制规律为

$$u(t) = \int_0^t e(t)\mathrm{d}t \tag{7-19}$$

两边求拉普拉斯变换后可推导得出控制器为

$$D(s) = \frac{U(s)}{E(s)} = \frac{1}{s} \tag{7-20}$$

当用梯形法求积分运算可得

$$u(k) = u(k-1) + \frac{T}{2}[e(k) - e(k-1)] \tag{7-21}$$

上式两边求 Z 变换后可推导出控制器为

$$D(z) = \frac{U(z)}{E(z)} = \frac{1}{\frac{2}{T} \times \frac{z-1}{z+1}} = D(s) \Big|_{s = \frac{2}{T} \times \frac{z-1}{z+1}} \tag{7-22}$$

【例 7-1】 已知模拟控制器 $D(s) = \dfrac{a}{s+a}$，试用双线性变换法求数字控制器 $D(z)$。

解：

用 $s = \dfrac{2}{T} \times \dfrac{1-z^{-1}}{1+z^{-1}}$ 代入 $D(s)$ 得到

$$D(z) = \frac{a(1+z^{-1})}{\left(\frac{2}{T}+a\right)\left(1 + \dfrac{a - \frac{2}{T}}{a + \frac{2}{T}} \times z^{-1}\right)}$$

② 前向差分法。利用级数展开可将 $Z = \mathrm{e}^{sT}$ 写成以下形式

$$Z = \mathrm{e}^{sT} = 1 + sT + \cdots \approx 1 + sT \tag{7-23}$$

式（7-23）称为前向差分法或欧拉法的计算公式。

为了由 $D(s)$ 求解 $D(z)$，由式（7-23）可得

$$s = \frac{z-1}{T} \tag{7-24}$$

且

$$D(z) = D(s)\Big|_{s=\frac{z-1}{T}} \tag{7-25}$$

式（7-25）便是向前差分法由 $D(s)$ 求取 $D(z)$ 的计算公式。

前向差分法也可由数值微分得到。设微分控制规律为

$$u(t) = \frac{\mathrm{d}e(t)}{\mathrm{d}t} \tag{7-26}$$

两边求拉普拉斯变换后可推导出控制器为

$$D(s) = \frac{U(s)}{E(s)} = s \tag{7-27}$$

对式（7-26）采用前向差分近似可得

$$u(k) \approx \frac{e(k+1) - e(k)}{T} \tag{7-28}$$

上式两边求 Z 变换后可推导出数字控制器为

$$D(z) = \frac{U(z)}{E(z)} = \frac{z-1}{T} = D(s)\Big|_{s=\frac{z-1}{T}} \tag{7-29}$$

【例 7-2】 已知模拟控制器 $D(s) = \dfrac{k}{s+a}$，试用前向差分法求数字控制器 $D(z)$。

解：

用 $s = \dfrac{z-1}{T}$ 代入 $D(s)$ 得到

$$D(z) = \frac{kT}{z+aT-1} = \frac{kTz^{-1}}{1+(aT-1)z^{-1}}$$

③ 后向差分法。利用级数展开还可将 $Z = \mathrm{e}^{sT}$ 写成以下形式

$$Z = \mathrm{e}^{sT} = \frac{1}{\mathrm{e}^{-sT}} \approx \frac{1}{1-sT} \tag{7-30}$$

由式（7-30）可得

$$s = \frac{z-1}{Tz} \tag{7-31}$$

且有

$$D(z) = D(s)\Big|_{s=\frac{z-1}{Tz}} \tag{7-32}$$

式（7-32）便是利用后向差分法求取 $D(z)$ 的计算公式。

后向差分法也同样可由数值微分计算中得到。对式（7-26）采用向后差分近似可得

$$u(k) \approx \frac{e(k) - e(k-1)}{T} \tag{7-33}$$

上式两边求 Z 变换后可推导出数字控制器为

$$D(z) = \frac{U(z)}{E(z)} = \frac{z-1}{Tz} = D(s)\Big|_{s=\frac{z-1}{Tz}} \tag{7-34}$$

【例 7-3】 已知模拟控制器 $D(s) = \dfrac{k}{s+a}$，试用后向差分法求 $u(k)$。

解：

用 $s = \dfrac{z-1}{Tz}$ 代入 $D(s)$ 得到

$$D(z) = \frac{kTz}{(1+aT)z-1} = \frac{kT}{(1+aT)-z^{-1}} = \frac{U(z)}{E(z)}[(1+aT)-z^{-1}]U(z)$$

$$= kTE(z)$$

将上式取 Z 反变换，可得 $u(k)$ 的差分方程为

$$u(k) = \frac{1}{1+aT}u(k-1) + \frac{kT}{1+aT} \times e(k)$$

双线性变换的优点是它把左半 S 平面转换到单位圆内。如果采用双线性变换，稳定的连续控制系统在变换后会保持稳定；而采用前向差分法，有可能将其转化为一个不稳定的离散控制系统。

（4）控制算法的实现

设数字控制器 $D(z)$ 的一般形式为

$$D(z) = \frac{U(z)}{E(z)} = \frac{b_0 + b_1 z^{-1} + \cdots + b_m z^{-m}}{1 + a_1 z^{-1} + \cdots + a_n z^{-n}} \qquad (7\text{-}35)$$

式中，$n \geq m$，各系数 a_i、b_i 为实数，且有 n 个极点和 m 个零点。

式（7-35）可写为

$$U(z) = (-a_1 z^{-1} - a_2 z^{-2} - \cdots - a_n z^{-n})U(z) + (b_0 + b_1 z^{-1} + b_2 z^{-2} + \cdots + b_m z^{-m})E(z)$$

上式用时域表示为

$$u(k) = -a_1 u(k-1) - a_2 u(k-2) - \cdots - a_n u(k-n) + b_0 e(k) + b_1 e(k-1) + \cdots + b_m e(k-m)$$

$$(7\text{-}36)$$

利用式（7-36）即可实现计算机编程，因此式（7-36）称为数字控制器 $D(z)$ 的控制算法。

（5）系统的校验

控制器 $D(z)$ 设计完并求出控制算法后，需要根据图 7.1 所示的计算机控制系统，检验其闭环特性是否符合设计要求。这一步可以通过计算机控制系统的数字仿真计算来验证，如果满足设计要求，设计结束；否则，应修改设计。

7.2　PID 控制规律

在工业生产过程的实时控制中，系统中总会存在外界的干扰和各种参数的变化，它们会使系统性能变差。对工业对象和生产过程的静态特性、动态特性的研究表明：大部分系统中都存在贮能部件，这使系统对外作用有一定的惯性，这种惯性可以用时间常数来表征。另外，在能量和信息传输时还会因管道、长线等原因引入一些时滞。因此，就有了消除这些偏差的许多控制算法，这就是采用 PID 控制的背景。

在工业自动控制的发展过程中，自二十世纪三十年代末出现的按偏差的比例（Proportional）、积分（Integral）、微分（Differential）组合方式（简称 PID）对反馈闭环系统实施控制的历史最长、技术最成熟、生命力最强，也是应用最广泛的基本控制方式。PID 调节器是一种理想调节器，因而它是工业中最常用的一种调节方法。随着科学技术的发展，特别是电子计算机的诞生和发展，出现了许多新的控制方法，但 90% 以上的工业控制系统仍采用传统的 PID 控制策略，这是因为 PID 控制策略有以下优点：①技术成熟；②结构简单，在

线控制实时性好；③不依赖精确的数学模型；④软件系统灵活，易修改和完善，控制效果令人满意。图 7.3 是 PID 控制系统原理框图，这是由一个模拟 PID 控制器和被控对象组成的简单控制系统。下面简述比例、积分、微分及其组合的控制规律和作用。

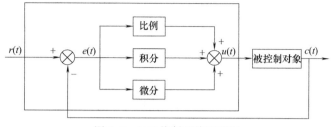

图 7.3 PID 控制系统原理图

7.2.1 比例控制

比例控制作用是指控制器的输出与输入偏差成正比例关系。其数学表达式为

$$u(t)=K_\mathrm{P}e(t) \tag{7-37}$$

式中　$u(t)$——控制器的输出；

　　　$e(t)$——控制器的输入偏差；

　　　K_P——比例系数。

比例作用的阶跃响应曲线如图 7.4 所示，在出现偏差的时候能够立刻产生与之成比例的控制作用，效果是立即减少偏差。

除了偏差，比例控制作用的强弱主要取决于比例系数。比例系数越大，控制作用越强，控制系统的动态特性越好；反之，比例系数越小，控制作用越弱。但对于大多数惯性环节，当 K_P 太大时，会引起系统的自激震荡。

比例控制器的优点是调节及时，缺点是系统存在余差。因此，对于具有大扰动、大惯性的系统，若采用单纯的比例控制器，很难兼顾动态和静态特性，因此需要与其他控制律配合。

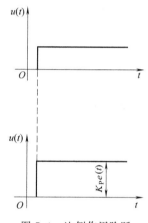

图 7.4 比例作用阶跃响应曲线

7.2.2 积分控制

积分控制作用是指控制器的输出与输入偏差的积分成比例关系。其数学表达式为

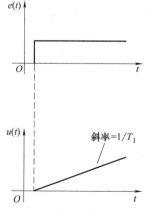

图 7.5 积分作用阶跃响应曲线

$$u(t)=\frac{1}{T_\mathrm{I}}\int_0^t e(t)\,\mathrm{d}t \tag{7-38}$$

式中　T_I——积分时间，表示积分速度的快慢。

积分作用的阶跃响应曲线如图 7.5 所示，其变化斜率与 T_I 有关，T_I 越小，积分速度越快，积分控制作用越强。

积分作用的特点是控制器的输出不仅与输入偏差的大小有关，还与偏差存在的时间有关，只要存在偏差，输出就会随时间不断变化，直到消除余差。因此，积分作用能消除余差。从图 7.5 可以看出，偏差刚一出现时，积分输出很小，因而控制作用不能及时克服扰动的影响，致使被调参数的动态偏差增大、稳定性下降，所以积分作用很少单独使用。

7.2.3　微分控制

微分控制作用是指控制器的输出与输入偏差的变化速度成比例关系。其数学表达式为

$$u(t) = T_D \frac{\mathrm{d}e(t)}{\mathrm{d}t} \tag{7-39}$$

式中　T_D——微分时间，表示微分作用的强弱；

　　$\dfrac{\mathrm{d}e(t)}{\mathrm{d}t}$——偏差对时间的导数，即偏差的变化速度。

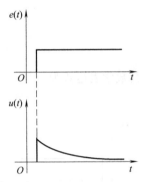

图 7.6　微分作用阶跃响应曲线

式（7-39）表示的是理想微分控制函数，实用价值不大，工业上实际的控制器采用的都是一种近似的实际微分函数，也称为不完全微分作用。它的阶跃响应曲线如图 7.6 所示，在偏差刚出现的瞬间，输出突然升到一个较大的有限数值，然后按照指数规律衰减至零。

微分作用的特点是，根据偏差变化的趋势（速度），提前给出较大的调节动作，从而加快系统的动作速度，减小调节时间，因此具有超前控制作用。但对于一个固定的偏差，不管其数值多大，都不会产生微分作用，即不能消除余差。因此，微分作用也不宜单独使用。

7.2.4　比例积分控制

比例积分调节器的输出与偏差的关系为

$$u(t) = K_P \left[e(t) + \frac{1}{T_I} \int_0^t e(t)\mathrm{d}t \right] \tag{7-40}$$

对应的传递函数为：$G(s) = \dfrac{U(s)}{E(s)} = K_P\left(1 + \dfrac{1}{T_I s}\right)$，比例积分调节器在偏差信号作用下的输出特性如图 7.7 所示，由比例调节和积分调节组成。当 $t = 0$ 时，$u(t) = K_P e(t)$，仅为比例作用；当 $t = T_I$ 时，$u(t) = 2K_P e(t)$。积分作用的输出等于比例作用的输出时，所需要的时间就是积分时间常数 T_I。积分时间常数 T_I 越小，比例积分控制作用越强，输出曲线的斜率越大。

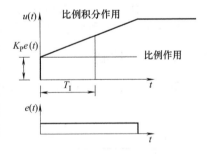

图 7.7　比例积分作用的
阶跃响应曲线

比例积分调节是比例控制和积分控制之和，当系统出现偏差，立即由比例控制输出，曲线跳跃而上；然后，积分控制逐渐增加输出以消除偏差。因此，比例控制起粗调作用，积分控制起细调作用，直到偏差为零。

【例 7-4】假设被控对象的传递函数为 $G_1(s) = \mathrm{e}^{-50s}/(36s+1)$，采用比例积分控制策略，比例增益保持不变（即令 $K_P = 0.85$），研究在不同的 T_I 值下，闭环系统阶跃响应的曲线。

解： 分析系统在不同 T_I 值下闭环系统阶跃响应曲线如图 7.8 所示。

Matlab 文本如下：

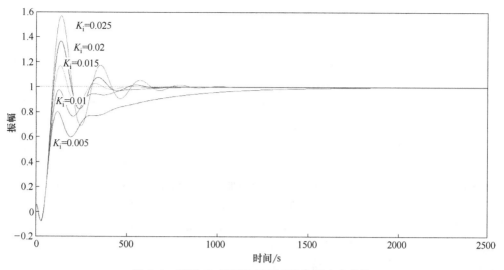

图 7.8　不同 T_I 值下的闭环系统阶跃响应曲线

```
G0=tf(1,[36 1]);
[np,dp]=pade(50,2);
Gp=tf(np,dp);
G1=Gp* G0;
Kp=0.85;
Ki=[0.005,0.01,0.015,0.02,0.025];    % 不同积分速度,其中 Ki=1/T_I
hold on
for i=1: length(Ki)
Ge=tf(Kp* [1,Ki(i)],[1,0]);
G=feedback(Ge* G1,1);
step(G);
end
gtext('Ki= 0.005');gtext('Ki= 0.01');gtext('Ki= 0.015');
gtext('Ki= 0.02');gtext('Ki= 0.025');
```

从图 7.8 可以看出在比例值 K_P 不变时，减小积分时间常数 T_I，系统的积分作用增强，响应的衰减比减小，振荡加剧，超调量增大；积分作用除消除系统的余差外，也降低了系统的振荡频率，使响应速度变慢。

7.2.5　比例积分微分控制

当把比例、积分、微分三种作用综合起来，就成为比例积分微分控制作用，即 PID 控制器。其数学表达式为

$$u(t)=K_P\left[e(t)+\frac{1}{T_I}\int_0^t e(t)\mathrm{d}t+T_D\frac{\mathrm{d}e(t)}{\mathrm{d}t}\right] \tag{7-41}$$

式中　　$u(t)$——调节器的输出信号；

　　　　$e(t)$——偏差信号，它等于给定量与输出量之差；

K_P, T_I, T_D——比例系数、积分时间常数和微分时间常数。

PID 控制器的传递函数为

$$G(s) = \frac{U(s)}{E(s)} = K_P(1 + \frac{1}{T_I s} + T_D s) \qquad (7\text{-}42)$$

可以看出，PID 调节器由比例、积分、微分三部分功能组成。因此，它既能消除静差、改善系统的静态特性，还可以加快过渡过程、提高稳定性、改善系统的动态特性。其控制作用可归纳为以下三点：

① K_P 直接决定控制效果，加大 K_P 可以减少系统的稳态误差，提高系统的动态响应速度，但如果 K_P 过大会使动态品质变坏，引起被控制量振荡，甚至导致闭环系统不稳定。

② 在比例调节的基础上加上积分控制，可以消除系统的稳态误差，因为只要有偏差，其积分产生的控制量总是用来消除稳态误差，直到积分的值为零，控制作用才会停止。但它将使系统的动态过程变慢，过强的积分作用会增加系统的超调量，从而使系统稳定性变坏。

③ 微分的控制作用跟偏差的变化速度有关。微分控制能够预测偏差并产生超前的校正，有助于减少超调，克服振荡，使系统趋于稳定，加快系统的动作速度，减小调整时间，提高系统的动态性能。它的缺点是放大了噪声信号。

【例 7-5】　假设被控对象传递函数为 $G(s) = 10/[(s+1)(s+2)(s+3)(s+4)]$，分析系统在不同 PID 参数和在不同形式的控制器下闭环系统阶跃响应曲线。

解：首先分析系统在不同 PID 参数下闭环系统阶跃响应曲线如图 7.9 所示，不同形式的控制器下闭环系统阶跃响应曲线如图 7.10 所示。

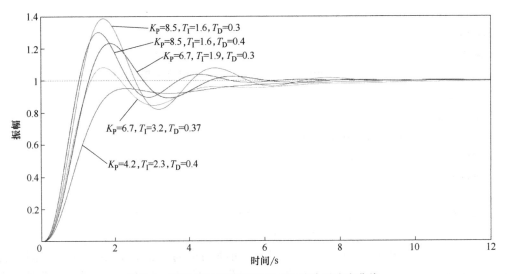

图 7.9　不同 PID 参数下闭环系统的阶跃响应曲线

Matlab 文本如下：

```
G0= zpk([ ],[-1;-2;-3;-4],10);
Kp= [8.5,4.2,6.7,6.7,8.5];
Ti= [1.6,2.3,3.2,1.9,1.6];
Td= [0.4,0.4,0.37,0.3,0.3];
hold on
for i=1:5
Ge=tf( Kp(i)* [Ti(i)* Td(i),Ti(i),1]/Ti(i),[1,0]);
G= feedback(Ge* G0,1);
step(G);
```

```
end
gtext('Kp=8.5,Ti=1.6,Td=0.4');
gtext('Kp=4.2,Ti=2.3,Td=0.4');
gtext('Kp=6.7,Ti=3.2,Td=0.37');
gtext('Kp=6.7,Ti=1.9,Td=0.3');
gtext('Kp=8.5,Ti=1.6,Td=0.3');
```

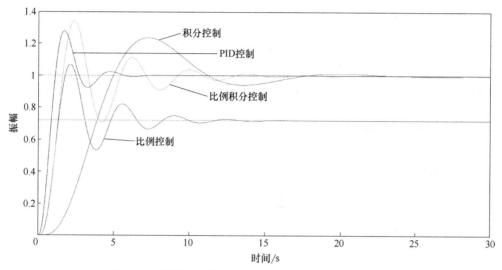

图 7.10　不同形式的控制器下闭环系统的阶跃响应曲线

Matlab 文本如下：

```
G0= zpk([ ],[-1,-2,-3,-4],10);
hold on
Kp=6.2;   % 比例控制
G=Kp;
G1=feedback(G* G0,1);
step(G1)
Ti=1;     % 积分控制
G=tf(1,[ Ti,0]);
G2=feedback(G* G0,1);
step(G2)
Kp=5.5;Ti=2.5;% 比例积分控制
G=tf(Kp* [1,1/Ti],[1,0]);
G3=feedback(G* G0,1);
step(G3)
Kp=7.4;Ti=1.5;Td=0.38;       % 比例微分积分控制
G=tf(Kp* [Ti* Td,Ti,1]/Ti,[1,0]);
G4=feedback(G* G0,1);
step(G4)
```

由以上图形可以看到，综合考虑 PID 同时作用时的控制效果最佳，但是这并不意味着在任何情况下对不同的被控对象采用三种组合调节作用都是合理的。如果 PID 调节器的参数选择不当，则不仅不能发挥各自调节器的有效作用，还会适得其反。通常，选择哪一种控制规律的调节器与被控对象的特性、负荷变化、系统的主要扰动和系统的控制指标要求等有关，同时还要考虑实际系统的经济性和系统运行的便利性。

7.3   常规数字 PID 控制器

7.3.1   位置式 PID 控制

由于计算机控制是用一台计算机以分时方式对多个回路进行巡回检测和巡回控制，需要每隔一定的时间对某一个回路进行一次检测和控制，因而属于采样控制，控制量只能根据采样时刻的偏差来计算。因此，为了使计算机能实现，需要将模拟 PID 算式离散化，用离散的差分方程来代替连续的微分方程。

连续的时间离散化，即

$$t = kT \quad (k = 0, 1, 2, \cdots, n) \tag{7-43}$$

积分用累加求和近似得

$$\int_0^t e(t)\mathrm{d}t = \sum_{j=0}^k e(j)T = T\sum_{j=0}^k e(j) \tag{7-44}$$

微分用一阶向后差分近似得

$$\frac{\mathrm{d}e(t)}{\mathrm{d}t} \approx \frac{e(k) - e(k-1)}{T} \tag{7-45}$$

式中 T——采样周期；

$e(k)$——系统第 k 次采样时刻得偏差值；

$e(k-1)$——系统第 $(k-1)$ 次时刻的偏差值；

k——采样序号，$k = 0, 1, 2, 3, \cdots, j, \cdots, k$。

将式 (7-43)、式 (7-44) 和式 (7-45) 代入式 (7-41) 则可得到离散的 PID 表达式如下：

$$u(k) = K_\mathrm{P}\{e(k) + \frac{T}{T_\mathrm{I}}\sum_{j=0}^k e(j) + \frac{T_\mathrm{D}}{T}[e(k) - e(k-1)]\} \tag{7-46}$$

图 7.11   PID 位置式控制原理图

如果采样周期 T 取得足够小，该算式可以很好地逼近模拟 PID 算式，从而使被控过程非常接近连续控制过程。由于式 (7-46) 表示的控制算法提供了执行机构的位置 $u(k)$，即其输出值与阀门开度的位置一一对应，所以，通常把式 (7-46) 称为 PID 的位置式控制算式或位置式 PID 控制算法。其控制原理如图 7.11 所示。

如果在式 (7-46) 中，令

$$K_\mathrm{I} = \frac{K_\mathrm{P}T}{T_\mathrm{I}} \quad K_\mathrm{D} = \frac{K_\mathrm{P}T_\mathrm{D}}{T}$$

则

$$u(k) = K_\mathrm{P}e(k) + K_\mathrm{I}\sum_{j=0}^k e(j) + K_\mathrm{D}[e(k) - e(k-1)] \tag{7-47}$$

式中 K_P——比例系数；

K_I——积分系数；

K_D——微分系数。

进一步对式（7-47）两边进行 Z 变换，可得位置式 PID 控制器的 Z 传递函数为

$$D(z)=\frac{U(z)}{E(z)}=\frac{K_P(1-z^{-1})+K_I+K_D(1-z^{-1})^2}{1-z^{-1}}$$

（7-48）

式（7-47）给出了离散化的位置式 PID 控制算法的编程表达式，根据此算法编制程序，可实现 PID 数字控制，程序框图如图 7.12 所示。

从式（7-47）可见，在数字 PID 控制器中比例、积分、微分作用仍相对独立。因此可分别改变 K_P、T_I 和 T_D 等参数来调整反馈控制。位置式 PID 的输出控制量 $u(k)$ 值与本次偏差、之前的状态有关。当 $u(k)$ 变化较大时，会引起系统的冲击，甚至引发事故，所以在实际应用中要慎用或少用。

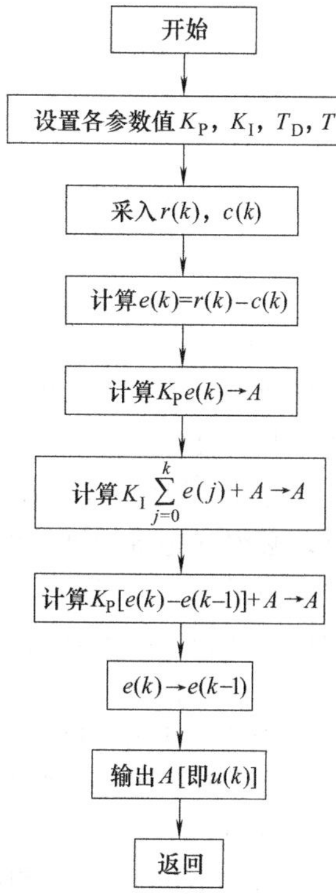

7.3.2 增量式 PID 控制

按算式（7-47）编程，每输出一次 $u(k)$，要做四次加法、两次减法、四次乘法和两次除法，计算量较大，这需要大量的内存和计算时间。为与某些执行机构相匹配，可将该式稍做修改：

$$u(k-1)=K_P e(k-1)+K_I\sum_{j=0}^{k-1}e(j)+K_D[e(k-1)-e(k-2)]$$

（7-49）

图 7.12 位置式 PID 控制算法程序框图

式中 $e(k-2)$——第 $(k-2)$ 次采样时的偏差。

将式（7-47）、式（7-49）相减并整理，可得增量形式为

$$\Delta u(k)=u(k)-u(k-1)=K_P[e(k)-e(k-1)]+K_I e(k)+K_D[e(k)-2e(k-1)+e(k-2)]$$

（7-50）

或写成

$$\Delta u(k)=K_P(e_k-e_{k-1})+K_I e_k+K_D(e_k-2e_{k-1}+e_{k-2})$$

（7-51）

或写为

$$u(k)=u(k-1)+a_0 e(k)-a_1 e(k-1)+a_2 e(k-2)$$

（7-52）

其中，$a_0=K_P\left(1+\frac{T}{T_I}+\frac{T_D}{T}\right)$，$a_1=K_P\left(1+\frac{2T_D}{T}\right)$，$a_2=K_P\frac{T_D}{T}$。

在计算机控制中，K_P、K_I、K_D 都可以提前计算，因此实际控制时只需获得 $e(k)$、$e(k-1)$、$e(k-2)$ 三个有限的偏差值即可求出控制增量。由于其控制输出对应的是两次采样时刻之间执行机构位置的增量，故式（7-51）通常称为 PID 控制的增量式算式。实际中，当执行机构需要由控制量控制时，如控制步进电动机时（用步进电动机来完成位置的累计），可按式（7-51）来计算。PID 增量式控制的原理图如图 7.13 所示。按式（7-51）可画出程序框图，见图 7.14 所示。

由式（7-51）可看出，增量式中的积分项不累积，因此，增量式 PID 算法与位置式 PID 算法相比，有下列优点：

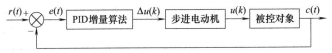

图 7.13　增量式 PID 控制原理图

① 位置式算法每次输出与整个过去状态有关，计算公式中使用过去偏差的累加值，易产生较大的积累误差；而增量式只需前两次偏差值，不需要以往偏差的累加值，当存在计算误差或精度不足时，对输出控制量的影响不大，且更容易通过加权处理获得比较好的控制效果。

② 在控制时，从手动切换到自动，采用位置控制时，必须首先将计算机的输出值设定到阀门原始开度的控制量 $u_0(t)$ 处，以保证无冲击切换；而当采用增量式算法，由于算式中不存在该项，所有切换容易，不会产生影响。

③ 计算机只输出控制增量，所以误动作时影响较小，且必要时可用逻辑判断的方法去掉，对系统安全运行有利。

④ 位置式算法由于积分项可能使控制量超出执行机构的线性区，导致积分饱和，引起非线性；增量式算法可以改善积分饱，减少超调量减小，缩短过渡过程时间，提高系统的动态性。

⑤ 在计算机发生故障时，由于执行装置本身有寄存作用，仍可保持在原位，只变动增量值。

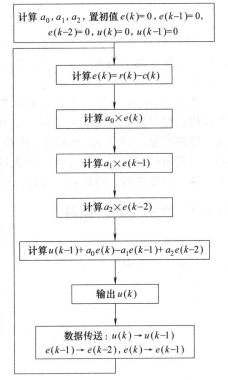

图 7.14　增量式 PID 控制算法程序框图

增量式的缺点是：积分截断效应大，有静态误差；溢出的影响大。尽管如此，在实际应用中，增量式算法仍较位置式算法使用广泛得多。

【例 7-6】　被控制对象的传递函数为：$G(s) = \dfrac{200}{s(s+40)}$，采样周期为 1ms，应用增量式 PID 控制算法实现系统的仿真分析。

解：Matlab 仿真结果如图 7.15 所示。

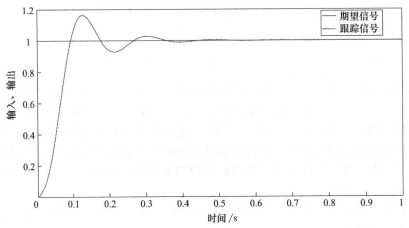

图 7.15　增量式 PID 阶跃跟踪

Matlab 文本如下：

```
close all;
ts=0.001;                % 采样时间
sys=tf(400,[1,50,0]);    % 系统传递函数
dsys=c2d(sys,ts,'z');    % 离散化系统
[num,den]=tfdata(dsys,'v');
u1=0;u2=0;u3=0;
y1=0;y2=0;y3=0;
x=[0,0,0]';
error1=0;
error2=0;
for k=1:1:1000
    time(k)=k*ts;
    rin(k)=1;
    kp=5;      % 比例系数
    ki=0.1;    % 积分时间常数
    kd=10;     % 微分时间常数

    du(k)=kp*x(1)+kd*x(2)+ki*x(3);
    u(k)=u1+du(k);
    if u(k)>=10
        u(k)=10;
    end
    if u(k)<-10
        u(k)=-10;
    end
    cout(k)=-den(2)*y1-den(3)*y2+num(2)*u1+num(3)*u2;
    error=rin(k)-cout(k);
    u3=u2;u2=u1;u1=u(k);
    y3=y2;y2=y1;y1=cout(k);
    x(1)=error-error1;
    x(2)=error-2*error1+error2;
    x(3)=error;
    error2=error1;
    error1=error;
end
plot(time,rin,'r',time,cout,'k:');        % 绘制系统阶跃响应
xlabel('time(s)');ylabel('rin,cout');
legend('Ideal signal','Tracking signal');
```

7.4 数字 PID 控制算法的改进

如果单纯地用数字 PID 控制器来模仿模拟控制器，并不会得到更好的效果。要充分发

挥计算机运算速度快、逻辑判断功能强、逻辑灵活等优势，根据不同控制对象的特点，在常规数字 PID 控制中引进新的内容，以提高调节品质，在控制性能上超过模拟控制器。本节介绍几种改进的 PID 控制算法。

7.4.1　积分分离 PID 控制算法

在一般的 PID 控制系统中，当启动、停止或大幅度下降给定值时，由于短时间内产生很大偏差，加上系统有滞后，常会产生严重的积分饱和现象，这往往会造成超调量大，振荡时间长。特别对于温度、液面等变化缓慢的过程，这一现象更为严重。为了克服这个缺点，可以采用积分手段，即在被控量开始跟踪时，取消积分作用，而当被控量接近新的给定值时才将积分作用投入。采取这一措施后，可以充分发挥积分作用在消除余差和提高精度方面的优势，避免由于加强积分作用而带来的系统稳定性变化和最大偏差增大的缺点。

其基本思想是：根据系统情况设置分离用的门限值（也称阈值）E_0。当偏差大于规定的门限值时，去除积分作用，以使 $\sum e(j)$ 不至过大；只有当 $e(k)$ 较小时，才引入积分作用，来消除静差。这样，控制量不易进入饱和区；即使进入了饱和区，也能较快退出，改善了系统的输出特性。积分分离 PID 计算机控制系统如图 7.16 所示。

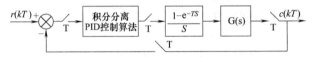

图 7.16　积分分离 PID 计算机控制系统

当 $|e(k)| \leqslant |E_0|$，即偏差值 $|e(k)|$ 比较小时，采用 PID 控制，可保证系统的控制精度；当 $|e(k)| > |E_0|$，当偏差 $|e(k)|$ 比较大时，采用 PD 控制，可使超调量大幅度降低。积分分离 PID 算法可表示为

$$u(k) = K_P e(k) + K_I K_f \sum_{j=0}^{k} e(j) + K_D [e(k) - e(k-1)] \tag{7-53}$$

式中　K_f——逻辑系数：

$$K_f = \begin{cases} 1 & |e(k)| \leqslant |E_0| \\ 0 & |e(k)| > |E_0| \end{cases}$$

写成如式（7-54）的形式，即

$$u(k) = u(k-1) + a'_0 e(k) - a_1 e(k-1) + a_2 e(k-2) \tag{7-54}$$

其中，a_1、a_2 定义见式（7-52），$a'_0 = K_P \left(1 + K_f \dfrac{T}{T_I} + \dfrac{T_D}{T}\right)$。

当 $|e(k)| \leqslant |E_0|$ 时，$K_f = 1$，系统采用 PID 控制，即

$$u(k) = u(k-1) + a_0 e(k) - a_1 e(k-1) + a_2 e(k-2) = a_0 e(k) + g(k-1) \tag{7-55}$$

其中，$a_0 = K_P \left(1 + \dfrac{T}{T_I} + \dfrac{T_D}{T}\right)$；$g(k-1) = u(k-1) - a_1 e(k-1) + a_2 e(k-2)$。

当 $|e(k)| > |E_0|$ 时，$K_f = 0$，系统采用 PD 控制，即

$$u(k) = u(k-1) + a''_0 e(k) - a_1 e(k-1) + a_2 e(k-2) = a''_0 e(k) + h(k-1) \tag{7-56}$$

其中，$a''_0 = K_P \left(1 + \dfrac{T_D}{T}\right)$；$h(k-1) = u(k-1) - a_1 e(k-1) + a_2 e(k-2)$。

由式（7-55）和式（7-56）可得控制算法流程图如图 7.17 所示。

采用积分分离 PID 控制算法后，控制效果如图 7.18 所示。图中，曲线 1 为普通 PID 控制，它的超调量大，振荡次数多；曲线 2 为积分分离式 PID 控制，控制性能有了较大的改善。必须注意的是，曲线 2 中，在偏差 $|e(k)|<|E_0|$ 的范围内，采用 PID 控制；在偏差范围外，采用 PD 控制。

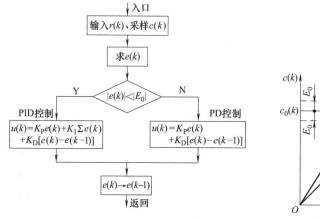

图 7.17　积分分离 PID 控制算法流程图

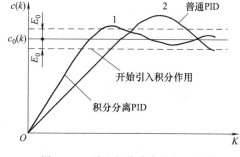

图 7.18　引入积分分离的 PID 调节

7.4.2　抗积分饱和 PID 控制算法

在实际控制系统中，控制变量 u 受到执行元件的饱和非线性特性和系统所能承受最大控制变量的约束，即 $|u(k)|\leqslant u_m$。相当于系统串联了一个饱和非线性环节，如图 7.19 所示。当控制量 $u(t)$ 进入饱和区时，由于 PID 积分作用的存在，误差 $e(t)$ 会继续进行积分，致使 $u(t)$ 增加到一个较大的值；当 $e(t)$ 改变符号后，需要很长一段时间 $u(t)$ 的值才能退出饱和区，实现反向控制作用。这种积分饱和作用使超调量增大，系统特性变坏。

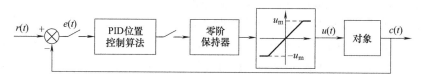

图 7.19　具有饱和效应的系统框图

其基本思想是：当控制量进入饱和区后，只执行削弱积分项的累加，不执行增加积分项的累加。即计算 $u(k)$ 时，先判断 $u(k-1)$ 是否超过限制范围：如果超出，就只累计负偏差；如果小于，则只累计正偏差。这种方法也可避免控制量长时间地停留在饱和区。

其算式可表达为

$$u(k)=K_Pe(k)+K_1K_I\sum e(j)+K_D[e(k)-e(k-1)] \tag{7-57}$$

当 $u(k)$ 工作在线性区，即 $|u(k)|\leqslant u_m$ 时，$K_1=1$。

当 $u(k)$ 工作在饱和区，即 $|u(k)|>u_m$ 时，若 $e(k)>0$，则 $K_1=0$；如 $e(k)<0$，则 $K_1=1$。其算法流程图如图 7.20 所示。

7.4.3　不完全微分 PID 控制算法

在标准 PID 算式中，数字 PID 中的微分作用为

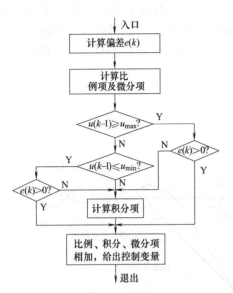

图 7.20 抗积分饱和 PID 控制算法流程图

$$u_D(k) = \frac{T_D}{T}[e(k) - e(k-1)] \qquad (7\text{-}58)$$

对应的 Z 变换为

$$u_D(z) = \frac{T_D}{T}E(z)(1 - z^{-1}) \qquad (7\text{-}59)$$

当 $e(t)$ 为阶跃函数时，由 Z 变换有 $E(z) = \frac{z}{z-1}$，则 $u_D(z) = \frac{T_D}{T}$。

可见微分部分的输出序列为

$$u_D(T) = \frac{T_D}{T}, \quad u_D(2T) = u_D(3T) = \cdots = 0 \qquad (7\text{-}60)$$

序列显示：从第二个采样周期开始，微分输出变为零。可以看出，对于单位阶跃输入函数标准 PID 数字控制器的微分作用仅在第一个采样周期起作用。当有阶跃信号输入时，微分项输出急剧增加，容易引起调节过程的振荡，导致调节质量下降。特别是对于大惯性系统，微分调节效果很小。

另外，当瞬时 $e(k)$ 较大，如当给定值发生阶跃时，在采用增量式 PID 算法的情况下，比例和微分部分的控制作用会明显增大，容易造成溢出，产生微分饱和效应。为了克服这个问题，又要使微分作用有效，可以采用不完全微分 PID 控制算法。不完全微分数字 PID 能够克服普通数字 PID 的缺点，其微分作用能在各个采样周期里均匀地输出，真正起到微分的作用。

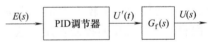

图 7.21 不完全微分调节器

其基本思想是：仿照模拟调节器的实际微分调节器，加入惯性环节，以克服完全微分的缺点。为此，在数字 PID 调节器中串接低通滤波器（一阶惯性环节）形成不完全微分数字控制器，不仅可以平滑去除微分产生的瞬时脉动，而且能增强微分对全控制过程的作用，如图 7.21 所示。

低通滤波器（一阶惯性环节）的传递函数为

$$G_f(s) = \frac{1}{1 + T_f s} \qquad (7\text{-}61)$$

由图 7.21 可得

$$u'(t) = K_P\left[e(t) + \frac{1}{T_I}\int_0^i e(t)\mathrm{d}t + T_D\frac{\mathrm{d}e(t)}{\mathrm{d}t}\right] \text{ 及 } T_f\frac{\mathrm{d}u(t)}{\mathrm{d}t} + u(t) = u'(t)$$

故

$$T_f\frac{\mathrm{d}u(t)}{\mathrm{d}t} + u(t) = K_P\left[e(t) + \frac{1}{T_I}\int_0^i e(t)\mathrm{d}t + T_D\frac{\mathrm{d}e(t)}{\mathrm{d}t}\right] \qquad (7\text{-}62)$$

将其离散化可得差分方程

$$u(k) = au(k-1) + (1-a)u'(k) \qquad (7\text{-}63)$$

其中，$a = \dfrac{T_f}{T + T_f}$。

$$u'(k) = K_P \{ e(k) + \frac{T}{T_I} \sum_{j=0}^{k} e(j) + \frac{T_D}{T} [e(k) - e(k-1)] \} \qquad (7\text{-}64)$$

与普通 PID 一样，不完全微分 PID 也有增量式算法，即

$$\Delta u(k) = a \Delta u(k-1) + (1-a) \Delta u'(k) \qquad (7\text{-}65)$$

式中

$$u'(k) = K_P \{ \Delta e(k) + \frac{T}{T_I} e(k) + \frac{T_D}{T} [\Delta e(k) - \Delta e(k-1)] \} \qquad (7\text{-}66)$$

对不完全微分数字 PID 的作用分析如下：

就其微分部分而言，数字微分调节器为

$$U(s) = \frac{T_D s E(s)}{1 + T_f s} \quad 或 \quad u(t) + T_f \frac{du(t)}{dt} = T_D \frac{de(t)}{dt}$$

离散化上式得

$$u(k) = \frac{T_f u(k-1)}{T + T_f} + \frac{T_D [e(k) - e(k-1)]}{T + T_f} \qquad (7\text{-}67)$$

当 $k \geq 0$ 时，$e(k) = a$，则由式（7-67）有

$$u(0) = \frac{T_D a}{T + T_f}, \ u(T) = \frac{T_f T_D a}{(T + T_f)^2}, \ u(2T) = \frac{T_f^2 T_D a}{(T + T_f)^3}$$

显然，$u(k) \neq 0$，$k = 0, 1, 2, \cdots$。

并且，$u(0) = \dfrac{T_D a}{T + T_f} \leq \dfrac{T_D a}{T} = u_D(0)$。

因此，在第一个采样周期里不完全微分数字调节器的输出比完全微分数字调节器的输出幅度小得多。而且调节器的输出是按照偏差变化趋势均匀减小，因此它十分近似于理想的微分调节器，所以不完全微分调节器是比较理想的调节器，在单位阶跃信号作用下，完全微分与不完全微分输出特性的差异如图 7.22 所示。

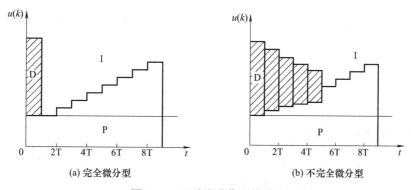

图 7.22　两种微分作用效果的比较

从图中可以看出，完全微分项对于阶跃信号将产生很大的微分输出信号，此信号急剧下降为零，容易引起系统振荡。但在不完全微分系统中，其微分作用是逐渐下降的，微分输出信号按指数规律逐渐衰减到零，控制效果明显改善。系统变化比较缓慢，不容易引起振荡。其持续时间的长短与 T_f 的选取有关，T_f 越小，持续时间越短；T_f 越大，持续时间越长。尽管不完全微分 PID 比普通数字 PID 的算法复杂，但其控制性能好，所以应用越来越广泛，是今后的发展方向。

7.4.4　微分先行 PID 控制算法

对于一般的定值系统，升降设定值往往是阶跃式的，如果对设定值微分，会引起控制量的大幅度突变。为了克服这种现象，可采用不对设定值 r 产生微分作用的算法，若设定值 r 为常数，则设定值与输出的二阶差分项为

$$e(k)-2e(k-1)+e(k-2)=2c(k-1)-c(k)-c(k-2) \tag{7-68}$$

可写出此时的增量式算法为

$$\Delta u(k)=K_P[e(k)-e(k-1)]+K_I e(k)+K_D[2y(k-1)-c(k)-c(k-2)] \tag{7-69}$$

显然，它只对被控量 $c(k)$ 有微分作用，不对设定值产生微分作用。在模拟调节器中也有相似情况，只对测量值 $c(k)$ 进行微分，再做 PI 运算，所以该算法称为微分先行 PID 控制算法。即将微分运算放在前面，以便不对设定值产生微分作用。

如果控制量的变化太大，将增量式 PID 的比例环节中的差分项作同样的修改，这样会对突变有更大的改善，则可写为

$$\Delta u(k)=K_P[c(k-1)-c(k)]+K_I e(k)+K_D[2c(k-1)-c(k)-c(k-2)] \tag{7-70}$$

它有两种结构：一种是对输出量的微分，如图 7.23（a）所示；另一种是对偏差量的微分，如图 7.23（b）所示。

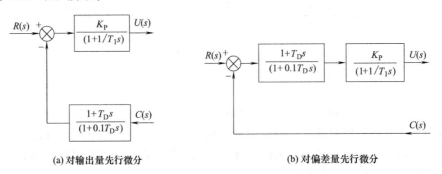

(a) 对输出量先行微分　　　　　　　　　(b) 对偏差量先行微分

图 7.23　微分先行 PID 控制结构框图

第一种结构只对输出量 $c(t)$ 进行微分，适用于给定量频繁升降的场合，可以避免升降给定值时所引起的超调量过大、阀门动作过分剧烈的振荡。

第二种结构对偏差值先行微分，它对于给定值和偏差值都有微分作用，适用于串级控制的副控回路（因为副控回路的给定值是由主控调节器给定的，也应该对其作微分处理，因此，应在副控回路中采用偏差微分 PID 控制）。

7.4.5　带死区的 PID 控制算法

某些计算机控制系统在控制精度要求不太高、控制过程要求尽量平稳的场合，为避免控制动作过于频繁，消除由于频繁动作所引起的振荡，可以人为地设置一个不灵敏区 B，即采用带有死区的 PID 控制系统，如图 7.24 所示。

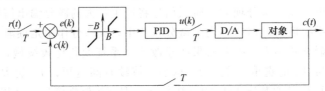

图 7.24　带死区的 PID 控制系统框图

死区环节的表达式为

$$e'(k) = \begin{cases} 1 & |e(k)| \leqslant B \\ e(k) & |e(k)| > B \end{cases} \qquad (7\text{-}71)$$

该系统实际上是一个非线性系统。当 $|e(k)| \leqslant B$ 时，本次不进行控制增量计算，即取 $\Delta u(k)=0$；当 $|e(k)| > B$ 时，计算本次控制量增量 $\Delta u(k)$。其中，B 为人为设定的一个死区。带死区的 PID 控制系统计算框图如图 7.25 所示。

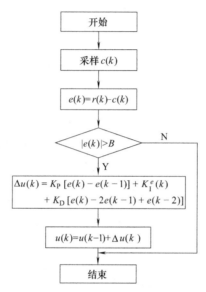

图 7.25　带死区的 PID 控制系统计算框图

7.5　数字 PID 控制器的参数整定

在数字控制系统中，参数的整定是十分重要的，其好坏直接影响调节品质。由于一般的生产过程时间常数较大，而数字控制系统的采样周期则要小得多，所以数字 PID 调节器的参数整定，完全可以按照模拟调节器的各种参数整定方法来进行分析和综合。但除了比例系数 K_P、积分时间常数 T_I 和微分时间常数 T_D 外，采样周期 T 是数字控制系统的一个重要参数，应当进行合理选择。本节将介绍 PID 控制参数对系统性能的影响、采样周期的选择原则、按简易工程法整定 PID 参数等。

7.5.1　PID 控制参数对系统性能的影响

PID 控制器的参数，即比例系数 K_P、积分时间常数 T_I、微分时间常数 T_D 分别能对系统性能产生不同的影响。

（1）比例系数 K_P 对系统性能的影响

① 对动态特性的影响。比例系数 K_P 加大，使系统的动作灵敏，速度加快。K_P 偏大，则振荡次数加多，调节时间加长。当 K_P 太大时，系统会趋于不稳定；若 K_P 太小，又会使系统的动作缓慢。

② 对稳态特性的影响。加大比例系数 K_P，在系统稳定的情况下，可以减小稳态误差

e_{ss}，提高控制精度。但是，加大 K_P 只是减少 e_{ss}，却不能完全消除稳态误差。

（2）积分时间常数 T_I 对系统性能的影响

① 对动态特性的影响。T_I 太小时，系统将不稳定；T_I 偏小，则系统振荡次数较多；T_I 太大，对系统性能的影响减少；T_I 合适时，过渡过程的特性则比较理想。

② 对稳态误差的影响。积分控制能消除系统的稳态误差，提高控制系统的控制精度。但是，若 T_I 太大，则积分作用太弱，以至不能减小稳态误差。

（3）微分时间常数 T_D 对系统性能的影响

微分控制可以改善动态持性，如超调量减小、调节时间缩短、允许加大比例控制，使稳态误差减小，提高控制精度。

当 T_D 偏大时，超调量较大，调节时间较长；当 T_D 偏小时，超调量也较大，调节时间也较长；只有 T_D 合适时，可以得到比较满意的过渡过程。

7.5.2 采样周期的选择原则

采样周期 T 在计算机控制系统中是一个重要参数，必须根据具体的情况来选择。

① 必须满足采样定理的要求。从信号的保真度来看，采样周期必须满足香农采样定理，即采样角频率 $\omega_s > 2\omega_{max}$，ω_{max} 是被采样信号的最高角频率，因为 $\omega_s = 2\pi/T$，所以，根据采样定理可以确定采样周期的上限值 $T \leqslant \pi/\omega_{max}$。

对于随动系统来说，有经验公式 $\omega_s \approx \omega_c$，$\omega_c$ 为系统的开环截止频率。

② 从控制系统的随动和抗干扰的性能来看，T 小些好。干扰频率越高，则采样频率越高越好，从而实现快速跟随和快速抑制干扰。

③ 根据被控对象的特性，快速系统的 T 应取小，反之，T 可取大些。

④ 根据执行机构的类型，当执行机构动作惯性大时，T 应取大些。否则，执行机构来不及反应控制器输出值的变化。

⑤ 从计算机的工作量及每个调节回路的计算成本来看，T 应取大些。T 大，对每一个控制回路的计算控制工作量相对减小，可以增加控制的回路数。

⑥ 从计算机能精确执行控制算式来看，T 应取大些。因为计算机字长有限，T 过小，偏差值 $e(k)$ 可能很小，甚至为 0，调节作用减弱，各微分、积分作用不明显。

表 7.1 列出了几种常见的被测参数的采样周期 T 的经验选择数据，可供设计时参考。实际上，由于生产过程千差万别，经验数据不一定就合适，可用试探法逐步调试确定。

表 7.1　采样周期 T 的经验数据

被测参数	采样周期 T/s	备注
流量	1～5	优先选用 1s
压力	3～10	优先选用 5s
液位	6～8	优先选用 7s
温度	15～20	取纯滞后时间常数
成分	15～20	优先选用 18s

7.5.3 按简易工程法整定 PID 参数

在连续控制系统中，模拟控制器的参数整定方法较多，但简单易行的方法还是简易工程法。这种方法最大的优点是在整定参数时不必依赖被控对象的数学模型。一般来说，难以精确得到数学模型。简易工程整定法是由经典的频率法简化而来的，虽然稍微粗糙一点，但是简单易行，适合现场实时控制应用。

（1）用扩充临界比例度法选择 PID 参数

扩充临界比例度法是以模拟调节器中使用的临界比例度法为基础的一种 PID 数字控制器参数的整定方法。用它整定 T、K_P、T_I 和 T_D 的步骤如下：

① 选择一个合适的采样周期 T，控制器作纯比例 K_P 控制。

② 调整 K_P 的值，使系统出现临界振荡，记下相应的临界振荡周期 T_s 和相临界振荡增益 K_s。

③ 选择合适的控制度。所谓控制度，就是数字控制器和模拟调节器所对应的过渡过程的误差平方的积分比，即

$$控制度 = \frac{\left[\int_0^\infty e^2 \, dt\right]_D}{\left[\int_0^\infty e^2 \, dt\right]_A} \tag{7-72}$$

通常，当控制度为 1.05 时，数字控制器和模拟控制器的控制效果相当；当控制度为 2.0 时，数字控制器比模拟调节器的控制质量差一倍。控制度应该向 1.05、1.2、1.5、2.0 中的一个数调整。实际使用中，只需粗略估计系统性能，选择一个控制度即可，并不一定需要计算积分值。

④ 根据控制度，查表 7.2，即可求出 T、K_P、T_I 和 T_D 的值。

⑤ 按求得的整定参数投入运行，在投入运行中观察控制效果，再适当调整参数，直到获得满意的控制效果。

表 7.2　扩充临界比例度法整定参数表

控制度	控制规律	T/T_s	K_P/K_s	T_I/T_s	T_D/T_s
1.05	PI	0.03	0.54	0.88	—
	PID	0.014	0.63	0.49	0.14
1.2	PI	0.05	0.49	0.91	—
	PID	0.045	0.47	0.47	0.16
1.5	PI	0.14	0.42	0.99	—
	PID	0.09	0.34	0.43	0.20
2.0	PI	0.22	0.36	1.05	—
	PID	0.16	0.27	0.40	0.22

（2）PID 归一参数整定法

调节器参数的整定是一项繁琐而又费时的工作。当一台计算机控制十几个甚至几百个控制回路时，整定参数工作量十分浩繁。这里介绍一种简易的整定方法，即 PID 归一参数整定法。

设 PID 增量算式为

$$\Delta u(kT) = K_P \left\{ \left[e(kT) - e[(k-1)T]\right] + \frac{T}{T_I}e(kT) + \frac{T_D}{T}e(kT) - 2e[(k-1)T] + e[(k-2)T] \right\}$$

$$= K_P \left\{ \left(1 + \frac{T}{T_I} + \frac{T_D}{T}\right)e(kT) - \left(1 + \frac{2T_D}{T}\right)e[(k-1)T] + \frac{T_D}{T}e[(k-2)T] \right\}$$

$$= K_P \{a_0 e(kT) + a_1 e[(k-1)T] + a_2 e[(k-2)T]\} \tag{7-73}$$

式中

$$a_0 = 1 + \frac{T}{T_I} + \frac{T_D}{T}$$

$$a_1 = -\left(1 + 2\frac{T_D}{T}\right)$$

$$a_2 = \frac{T_D}{T}$$

对式 (7-73) 作 Z 变换，可得增量式 PID 数字控制器的 z 传递函数为

$$D(z) = \frac{U(z)}{E(z)} = \frac{K_P(a_0 + a_1 + a_2 z^{-2})}{1 - z^{-1}} \tag{7-74}$$

前面介绍的 PID 数字控制器参数的整定，就是要确定 T、K_P、T_I 和 T_D 四个参数，为了减少在线整定参数的数目，常常人为假定约束的条件，以减少独立变量的个数，例如取

$$T \approx 0.1T_s$$
$$T_I \approx 0.5T_s \tag{7-75}$$
$$T_D \approx 0.125T_s$$

式中　T_s——纯比例控制时的临界振荡周期。

将式 (7-75) 代入式 (7-73) 和式 (7-74)，可得

$$D(z) = \frac{K_P(2.45 - 3.5z^{-1} + 1.25z^{-2})}{1 - z^{-1}} \tag{7-76}$$

相应的差分方程为

$$\Delta u(k) = K_P[2.45e(k) - 3.5e(k-1) + 1.25e(k-2)] \tag{7-77}$$

由式 (7-77) 可以看出，对四个参数的整定简化成了对一个参数 K_P 的整定，使问题明显地简化了。

（3）优选法

由于实际生产过程错综复杂，参数不断变化，不容易确定被调对象的动态特性。有时即使能找出来，不仅计算麻烦，工作量大，而且其结果与实际相差较远。目前应用最多的方法还是经验法。即根据具体的调节规律，不同调节对象的特性，经过闭环试验，反复凑试，找出最佳调节参数。这里向大家介绍的也是经验法的一种，即用优选法对自动调节参数进行整定的方法。

其具体做法是根据经验，先把其他参数整定，然后用 0.618 方法优选其中一个参数，待选出最佳参数后，再使用另外一个参数进行优选，直到把所有的参数优选完毕为止。最后根据 T、K_P、T_I、T_D 诸参数优选的结果取一组最佳值即可。

（4）凑试法确定 PID 参数

增大比例系数 K_P 一般将加快系统的响应，有助于在有静态误差的情况下减小静态误差。但过大的比例系数会使系统有较大的超调，并产生振荡，使稳定性变坏。增大积分时间 T_I 有利于减小超调，减小振荡，使系统更加稳定，但系统静态误差的消除将随之减慢。增大微分时间 T_D 亦有利于加快系统响应，使超调量减小，稳定性增加，但系统对扰动的抑制能力减弱，对扰动有较敏感的响应。

在凑试时，可参考以上参数对控制过程的影响趋势，对参数实行下述先比例，后积分，再微分的整定步骤：

① 首先只整定比例部分。即将比例系数由小变大，并观察相应的系统响应，直到得到反应快，超调小的响应曲线。如果系统没有静差或静差已小到允许范围内，并且响应曲线已属满意，那么只需用比例控制器即可，最优比例系数可由此确定。

② 如果在比例调节的基础上，系统的静差不能满足设计要求，则须加入积分环节。整定时首先置积分时间 T_I 为一较大值，并将经第一步整定得到的比例系数略为缩小（如缩小为原值的 0.8 倍），然后减小积分时间，使在保持系统良好动态性能的情况下，静差得到消除。在此过程中，可根据响应曲线的好坏反复改变比例系数与积分时间，以期得到满意的控制过程与整定参数。

③ 若使用比例积分控制器消除了静差，但动态过程经反复调整仍不能满意，则可加入微分环节，构成比例积分微分控制器。在整定时，可先置微分时间 T_D 为零。在第二步整定的基础上，增大 T_D，同时相应地改变比例系数和积分时间，逐步凑试，以获得满意的调节效果和控制参数。

表 7.3 为常见的被调量 PID 参数经验选择范围。

表 7.3　常见被调量 PID 参数经验选择范围

被调量	特点	K_P	T_I/min	T_D/min
流量	时间常数小，并有噪声，故 K_P 较小，T_I 较小，不用微分	1~2.5	0.1~1	—
温度	对象有较大滞后，常用微分	1.6~5	3~10	—
压力	对象的滞后不大，不用微分	1.4~3.5	0.4~3	0.5~3
液位	允许有静差时，不用积分和微分	1.25~5	—	—

7.6　数字 PID 控制系统设计举例

【例 7-7】 设数字 PID 控制系统如图 7.26 所示。已知被控对象传递函数 $G_0(s)=\dfrac{10}{(s+1)(s+2)}$，$H(s)$ 为零阶保持器，其传递函数为 $H(s)=\dfrac{1-\mathrm{e}^{-sT}}{s}$，采样周期 $T=0.1\mathrm{s}$，输入为单位阶跃信号，试分析当系统分别采用比例控制、比例积分控制和比例积分微分控制算法时，系统性能的改善。

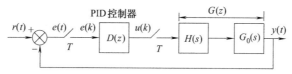

图 7.26　数字 PID 控制系统

解：广义对象的 z 传递函数为

$$G(z)=Z[H(s)G_0(s)]=\frac{0.0453z^{-1}(1+0.904z^{-1})}{(1-0.905z^{-1})(1-0.819z^{-1})} \tag{7-78}$$

（1）当 $D(z)=K_P$，即比例控制时，系统的闭环传递函数为

$$W(z)=\frac{D(z)G(z)}{1+D(z)G(z)}=\frac{0.0453z^{-1}(1+0.904z^{-1})K_P}{1+(0.0453K_P-1.724)z^{-1}+(0.04095K_P+0.741)z^{-2}} \tag{7-79}$$

系统的输出为

$$Y(z)=W(z)R(z)=\frac{0.0453z^{-1}(1+0.904z^{-1})K_P}{1+(0.0453K_P-1.724)z^{-1}+(0.04095K_P+0.741)z^{-2}}\times\frac{1}{1-z^{-1}} \tag{7-80}$$

图 7.27 为 K_P 取不同值时的输出波形。

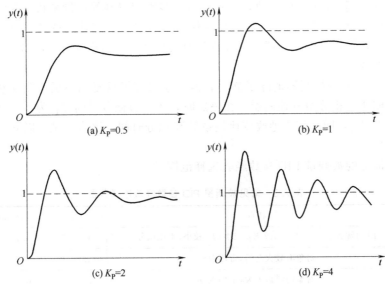

(a) $K_P=0.5$ (b) $K_P=1$

(c) $K_P=2$ (d) $K_P=4$

图 7.27 K_P 取不同值时的输出波形

系统输出的稳态值为

$$Y(\infty)=\lim_{z\to 1}(1-z^{-1})Y(z)=\frac{0.08625K_P}{0.017+0.08625K_P} \tag{7-81}$$

当 $K_P=0.5$ 时，$Y(\infty)=0.717$，稳态误差为 0.283；

当 $K_P=1$ 时，$Y(\infty)=0.835$，稳态误差为 0.165；

当 $K_P=2$ 时，$Y(\infty)=0.91$，稳态误差为 0.09；

当 $K_P=4$ 时，$Y(\infty)=0.953$，稳态误差为 0.047。

可见 K_P 增加时，可使系统动作灵敏，速度加快，在系统稳定的情况下，系统的稳态误差将减少，却不能完全消除系统的稳态误差。

（2）当 $D(z)=K_P+K_I\dfrac{1}{1-z^{-1}}$，即比例积分控制时，设 $K_P=1$。

系统的开环传递函数为

$$D(z)G(z)=\frac{0.0453(1+K_I)z^{-1}\left(1-\dfrac{1}{1+K_I}z^{-1}\right)(1+0.904z^{-1})}{(1-0.905z^{-1})(1-0.819z^{-1})(1-z^{-1})} \tag{7-82}$$

系统的闭环传递函数为

$$W(z)=\frac{D(z)G(z)}{1+D(z)G(z)}=\frac{0.0453(1+K_I)z^{-1}+0.0453(0.904K_I-0.096)z^{-2}-0.04095z^{-3}}{1+(0.0453K_I-2.679)z^{-1}+(0.04095K_I+2.461)z^{-2}-0.782z^{-3}} \tag{7-83}$$

系统的输出为

$$Y(z)=W(z)R(z)=$$

$$\frac{0.0453(1+K_I)z^{-1}+0.0453(0.904K_I-0.096)z^{-2}-0.04095z^{-3}}{1+(0.0453K_I-2.679)z^{-1}+(0.04095K_I+2.461)z^{-2}-0.782z^{-3}}\times\frac{1}{1-z^{-1}} \tag{7-84}$$

图 7.28 为 K_I 取不同值时的输出波形。

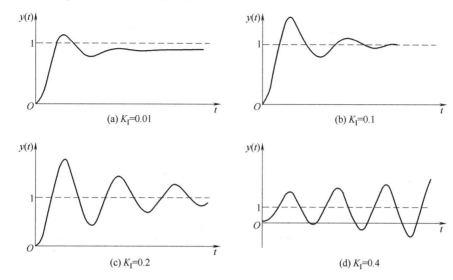

图 7.28 K_I 取不同值时的输出波形

系统输出的稳态值为

$$Y(\infty) = \lim_{z \to 1}(1-z^{-1})Y(z) = \frac{0.08625K_I}{0.08625K_I} = 1 \tag{7-85}$$

系统的稳态误差为 0。由此可见，积分作用能消除稳态误差，提高控制精度，系统引入积分作用通常使系统稳定性下降。K_I 太大时，系统不稳定；K_I 偏大时，系统的振荡次数较多；K_I 偏小时，积分作用对系统的影响减少；K_I 大小比较合适时，系统过渡过程比较理想。

(3) 当 $D(z) = K_P + K_I\dfrac{1}{1-z^{-1}} + K_D(1-z^{-1})$，见式 (7-48)，即比例积分微分控制时，设 $K_P = 1$，$K_I = 0.1$。

系统的开环传递函数为

$$D(z)G(z) = \frac{0.0453(1.1+K_D)z^{-1}\left(1 - \dfrac{1+2K_D}{1.1+K_D}z^{-1} + \dfrac{K_D}{1.1+K_D}z^{-2}\right)(1+0.904z^{-1})}{(1-0.905z^{-1})(1-0.819z^{-1})(1-z^{-1})}$$

$$\tag{7-86}$$

系统的闭环传递函数为

$$
\begin{aligned}
W(z) &= \frac{D(z)G(z)}{1+D(z)G(z)} \\
&= \frac{(0.0498+0.0453K_D)z^{-1} - (0.0025+0.0496K_D)z^{-2} - (0.04095+0.0366K_D)z^{-3} + 0.04095z^{-4}}{1+(0.0453K_D-2.674)z^{-1} + (2.4627-0.0496K_D)z^{-2} - (0.7821+0.0366K_D)z^{-3} + 0.04095z^{-4}}
\end{aligned}
$$

$$\tag{7-87}$$

图 7.29 为 K_D 取不同值时的输出波形。

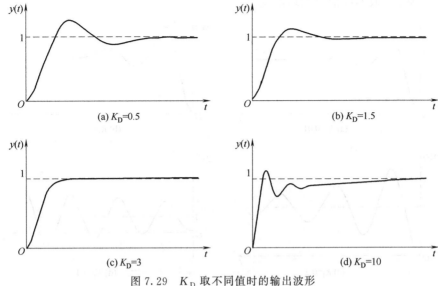

图 7.29 K_D 取不同值时的输出波形

微分作用经常与比例控制或积分控制联合作用，构成 PD 控制或 PID 控制。引入微分作用可以改善系统的动态特性。当 K_D 偏小时，超调量较大，调节时间也较长；当 K_D 偏大时，超调量也较大，调节时间较长；只有 K_D 选择合适时，才能得到比较满意的过渡过程。

习　题

(1) 数字控制器的模拟化设计步骤是什么？

(2) 某系统的连续控制器设计为

$$D(s) = \frac{U(s)}{E(s)} = \frac{s+1}{0.1s+1}$$

设采样周期 $T = 0.25\mathrm{s}$，试用双线性变换法求出数字控制器 $D(z)$ 并给出对应的递推控制算法。

(3) 某系统的连续控制器设计为

$$D(s) = \frac{U(s)}{E(s)} = \frac{20(s+4)}{s+10}$$

设采样周期 $T = 0.015\mathrm{s}$，试用后向差分法分别求出数字控制器 $D(z)$ 并给出对应的递推控制算法。

(4) 某系统的连续控制器设计为

$$D(s) = \frac{U(s)}{E(s)} = \frac{s+1}{0.2s+1}$$

设采样周期 $T = 0.1\mathrm{s}$，试用前向差分法分别求出数字控制器 $D(z)$ 并给出对应的递推控制算法。

(5) 什么是数字 PID 位置型控制算法和增量型控制算法？试比较它们的优缺点。

(6) 已知某连续控制器的传递函数为

$$D(s) = \frac{1+0.17s}{0.085s}$$

现用 PID 算法来实现它，试分别写出其相应的位置型和增量型 PID 算法输出表达式。设采用周期 $T = 1\mathrm{s}$。

(7) 试述采用周期 T 的选择原则。

(8) 试叙述扩充临界比例度法、扩充响应曲线法及凑试法整定 PID 参数的步骤。

CHAPTER

第8章
典型机电一体化系统设计案例

8.1 步进电机直线移动机构系统设计

8.1.1 步进电机直线移动机构系统设计任务要求

设计一个步进电机直接移动机构系统，主要包含导轨、丝杠和步进电机的结构和选型，具体如下：

① 机械系统设计部分要求：负载 F_1=2000N，F_2=4000N。

② 快进速度：1.5m/min，工进速度：0.3m/min。

③ 脉冲当量：0.01mm。

④ 行程：60mm。

⑤ 加减速时间（相对空载，快进）：2s。

⑥ 要求寿命：2000h。

⑦ 滚动丝杠直径：初定 20mm。

⑧ 滚动丝杠支承形式：一端固定，一端游动。

步进电机直接驱动滚珠丝杠传动如图 8.1 所示。

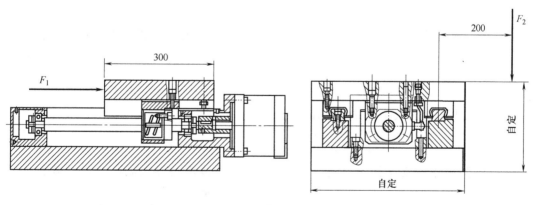

图 8.1 步进电机直接驱动滚珠丝杠传动

控制系统设计部分要求参见图 8.2：

① 当启动按钮 SB$_1$ 按下，伺服移动机运行；停止按钮 SB$_2$ 按下，伺服移动机构停止运行。

② 按启动按钮后，伺服移动机构工作台右行，碰到行程开关 SQ$_2$ 后，停 10 秒；再右行，碰到行程开关 SQ$_3$ 后，再后退；碰到行程开关 SQ$_1$ 后，停止。

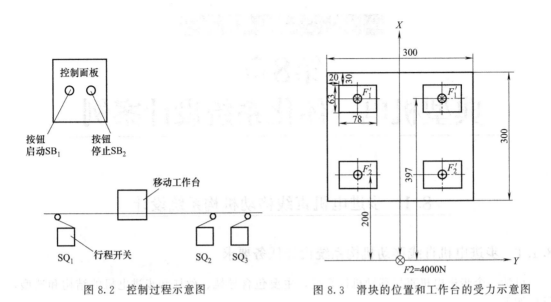

图 8.2　控制过程示意图　　　　　　　图 8.3　滑块的位置和工作台的受力示意图

8.1.2　机械传动部件的计算与选型

（1）导轨上移动部件的重量估算

初选工作台尺寸为 300mm×300mm×200mm，材料为 45 钢，密度 7.85g/m³，质量约为 14kg。

加上滑块、螺母座等，估计重量约为 300N。

（2）直线滚动导轨副的计算与选型

① 滑块承受工作载荷的计算及导轨型号的选取❶。

工作载荷是影响直线滚动导轨副使用寿命的重要因素。本设计中的工作台为水平布置，采用双导轨、四滑块的支承形式。初选直线滚动导轨副为 KL 型的 JSA-LG20，滑块的位置和工作台的受力示意图如图 8.3 所示。

如图 8.3 建立直角坐标系，在垂直方向，对工作台进行受力分析（暂不考虑重力）得

$$2F_1' + 4000 = 2F_2' \tag{8-1}$$
$$F_1' \times 397 = F_2' \times 200 \tag{8-2}$$

解得：$F_1' \approx 2300.5\text{N}$，$F_2' \approx 4030.5\text{N}$。

故单滑块所受的最大垂直方向载荷为

$$F_{\max} = F_2' + \frac{G}{4} = 4030.5 + \frac{300}{4} = 4105.5\text{N} \tag{8-3}$$

查本书附录中附表 1 知 KL 型的 JSA-LG20 的直线滚动导轨副的额定动载荷 $C_a = 11.5\text{kN}$，额定静载荷 $C_{oa} = 14.5\text{kN}$，$C_a > F_{\max}$，故载荷满足要求。

由于工作台尺寸为 300mm×300mm，工作行程为 600mm，考虑应留有一定余量，查附表 2，按标准系列，选取导轨的长度为 940mm。

② 距离额定寿命的计算。

上述选取的 KL 系列的 JSA-LG20 型导轨副的滚道硬度为 60HRC，工作温度不超过100℃，每根导轨上配两只滑块，精度为 4 级，工作速度较低，载荷不大。查附表 3～附表

---

❶　以下查表、图等未说明时均指合肥工业大学尹志强编著的《机电一体化系统设计课程设计指导书》。

7，分别取：

硬度系数 $f_H=1.0$；

温度系数 $f_T=1.00$；

接触系数 $f_C=0.81$；

精度系数 $f_R=0.9$；

载荷系数 $f_W=1.5$。

求得距离寿命为

$$L=\left(\frac{f_H f_T f_C f_R}{f_W}\times\frac{c_a}{F_{max}}\right)^3\times50\approx126\text{km} \tag{8-4}$$

大于滚动体为球的导轨距离期望寿命值为 50km，故距离额定寿命也满足要求。

（3）滚珠丝杠螺母副的计算与选型

① 最大工作载荷的计算。

已知 $F_x=F_1=2000\text{N}$，$F_1'=2030.5\text{N}$，$F_2'=4030.5\text{N}$，选用滚动导轨，参考附表 8，取颠覆力矩影响系数 $k=1.15$，滚动导轨上的摩擦因数 $\mu=0.005$。求得滚珠丝杠副的最大工作载荷为

$$
\begin{aligned}
F_m&=kF_x+\mu\left[2\left(F_1'-\frac{G}{4}\right)+2\left(F_2'+\frac{G}{4}\right)\right]\\
&=1.15\times2000+0.005\times(2\times2030.5+2\times4030.5)\\
&=2360.61\text{N}
\end{aligned} \tag{8-5}
$$

② 最大动载荷的计算。

已知工进速度 $v=0.3/\text{min}$，根据附表 9，初选丝杠导程 $L_0=5\text{mm}$，则此时丝杠转速为

$$n=1000v/L_0=60\text{r/min} \tag{8-6}$$

要求滚珠丝杠的使用寿命 $T=23000\text{h}$，代入 $L_0=60nT/10^6$，得丝杠寿命系数 $L_s=82.8$（单位为 10^6r）。

查附表 10，取载荷系数 $f_W=1.2$，滚道硬度为 60HRC 时，取硬度系数 $f_H=1.0$，求得最大动载荷为

$$F_Q=\sqrt[3]{L_s}f_W f_H F_m=\sqrt[3]{82.8}\times1.2\times1.0\times2360.61\approx12346.6\text{N} \tag{8-7}$$

③ 初选型号。

根据计算出的最大动载荷和初选的丝杠导程，查附表 11，选择济宁博特精密丝杠制造有限公司生产的 CM 系列 2505-5 型滚珠丝杠副，其公称直径为 25mm，导程为 5mm，循环滚珠为 2 圈×2.5 列，精度等级取 5 级，额定动荷为 16132N，大于 F_Q，满足要求。

④ 传动效率 η 的计算。

将公称直径 $d_0=25\text{mm}$，导程 $L_0=5\text{mm}$，代入 $\lambda=\arctan[L_0/(\pi d_0)]$，得丝杠螺旋升角 $\lambda=3°38'$。

将摩擦角 $\varPhi=10'$ 代入 $\eta=\tan\lambda/\tan(\lambda+\varPhi)$，得传动效率 $\eta=95.6\%$。

⑤ 刚度的验算。

a. 滚珠丝杠副的右支承采用一端固定、一端游动，故选用"双推-简支"的方式，参考第 2 章。左、右支承的中心距离约为 $a=900\text{mm}$；钢的弹性模量 $E=2.1\times10^5\text{MPa}$；查附表 11，得滚珠直径 $D_W=3.175\text{mm}$，丝杠底径 $d_2=21.2\text{mm}$，丝杠截面积 $S=\pi d_2^2/4\approx353\text{mm}^2$。

计算丝杠在工作载荷 F_m 作用下产生的拉/压形量为

$$\delta_1 = F_{\mathrm{m}}a/(ES) = 2360.61 \times 900/(2.1 \times 10^5 \times 353) \approx 0.0287\mathrm{mm} \tag{8-8}$$

b. 由于滚珠为内循环，根据公式

$$Z = (\pi d_0/D_{\mathrm{W}}) - 3 \tag{8-9}$$

求得单圈滚珠数 $Z = 22$，该型号丝杠为单螺线，滚珠的圈数×列数为 2×2.5，代入公式：

$$Z_{\Sigma} = Z \times \text{圈数} \times \text{列数} \tag{8-10}$$

得滚珠总数量 $Z_{\Sigma} = 110$。

丝杠无预紧，由式 (8-11)，求得滚珠与螺纹滚道间的接触变形量为

$$\delta_2 = 0.0038 \sqrt[3]{\frac{1}{D_{\mathrm{W}}}\left(\frac{F_{\mathrm{m}}}{10Z_{\Sigma}}\right)^2} = 0.0038 \sqrt[3]{\frac{1}{3.175} \times \left(\frac{280.61}{10 \times 110}\right)^2} \approx 0.0043\mathrm{mm} \tag{8-11}$$

c. 将以上算出的 δ_1 和 δ_2 代入 $\xi_{\text{总}} = \delta_1 + \delta_2$，求得丝杠总变形量（对应跨度 900mm）：

$$\xi_{\text{总}} = 0.033\mathrm{mm} = 33\mu\mathrm{m}$$

本例中，丝杠的有效行程为 740mm，由附表 12 知，5 级精度滚珠丝杠有效行程在 $630 \sim 800\mathrm{mm}$ 时，行程偏差允许达到 $36\mu\mathrm{m}$，可见丝杠刚度足够。

⑥ 压杆稳定性校核。

计算失稳时的临界载荷 F_{k}。查附表 13，取支承系数 $f_{\mathrm{k}} = 2$，由丝杠底径 $d_2 = 21.2\mathrm{mm}$，求得截面惯性矩

$$I = \pi d_2^4/64 \approx 99115.5\mathrm{mm}^4 \tag{8-12}$$

压杆稳定安全系数 K 取 3（丝杠卧式水平安装）；滚动螺母至轴向固定处的距离 a 取最大值 900mm，得临界载荷为

$$F_{\mathrm{k}} = \frac{f_{\mathrm{k}}\pi^2 EI}{ka^2} = \frac{2 \times \pi^2 \times 2.1 \times 10^5 \times 99115.5}{3 \times 900^2} \approx 16914.43\mathrm{N} \tag{8-13}$$

远大于工作载荷 $F_{\mathrm{m}} = 2360.61\mathrm{N}$，故丝杠不会失稳。

综上所述，初选的滚珠丝杠副满足使用要求。

⑦ 滚珠丝杠副轴向间隙的调整与预紧。

采用双螺母热片调整预紧式，通过调整垫片的厚度，可使两螺母产生抽向位移，从而达到消除间隙，产生预紧的目的。该形式结构紧凑，工作可靠，刚度高，修整垫片的厚度即可控制预紧量。

(4) 步进电机的计算与选型

① 计算加在步进电机转轴上的总转动惯量。

已知：滚珠丝杠的公称直径 $d_0 = 25\mathrm{mm}$，总长 $l = 1000\mathrm{m}$，导程 $L_0 = 5\mathrm{mm}$，材料密度 $\rho = 9.785 \times 10^3\mathrm{kg/cm}^3$，移动部件总重力 $G = 300\mathrm{N}$，根据附表 8-14，算得各个零部件的转动惯量如下：

滚珠丝杠的转动惯量约为

$$J_{\mathrm{S}} = \frac{\pi L \rho R^4}{2} = \frac{\pi \times 100 \times 7.85 \times 10^{-3} \times 1.25^4}{2} \approx 3\mathrm{kg \cdot cm}^2 \tag{8-14}$$

工作折算到丝杠上的转动惯量为

$$J_{\mathrm{w}} = \left(\frac{L_0}{2\pi}\right)^2 m = \left(\frac{0.5}{2\pi}\right)^2 \times 30 \approx 0.19\mathrm{kg \cdot cm}^2 \tag{8-15}$$

由脉冲当量 0.01mm，导程 $L_0 = 5\mathrm{mm}$，可求得步进电机步距角为

$$\alpha = \frac{0.01}{5} \times 360° = 0.72° \tag{8-16}$$

查附表 15 初选永磁感应式步进电机 130BYG5501，五相单五拍驱动时步距角为 0.72°，从附表 15 查得该型号电机转子的转动惯量 $J_m = 33\text{kg} \cdot \text{cm}^2$，则加在步进电机转轴上的总转动惯量为

$$J_{eq} = J_m + J_s + J_w = 33 + 3 + 0.19 = 36.19\text{kg} \cdot \text{cm}^2 \tag{8-17}$$

② 计算不同工况下加在步进电机转轴上的等效负载转矩。

a. 快速空载起动时电机转轴所承受的负载转矩 T_{eq1}。

T_{eq1} 包括三个部分：

快速空载起动时折算到电机转轴上的最大加速转矩 T_{amax}；

移动部件运动时折算到电机转轴上的摩擦转矩 T_f；

滚珠丝杠预紧后折算到电机转轴上的附加摩擦转矩 T_0。

因为滚珠丝杠副传动效率很高，T_0 相对于 T_{amax} 和 T_f 很小，可以忽略不计，则有

$$T_{eq1} = T_{amax} + T_f \tag{8-18}$$

计算快速空载起动时折算到电机转轴上的最大加速转矩为

$$T_{amax} = J_{eq}\varepsilon \frac{1}{\eta} = \frac{2\pi J_{eq} n_m}{60 t_a} \times \frac{1}{\eta} \tag{8-19}$$

式中　n_m——对应空载最快移动速度的步进电机的最高转速，r/min；

t_a——步进电机由静止到加速至 n_m 转速所需的时间，s；

η——传动链的总效率，一般取 0.7~0.85。

其中

$$n_m = \frac{V_{max}\theta_b}{360\delta} \tag{8-20}$$

式中　V_{max}——空载最快移动速度，任务书指定为 1500m/min；

θ_b——步进电机步距角，0.72°；

δ——脉冲当量，0.01mm。

将以上各值代入式（8-20）算得

$$n_m = \frac{1500 \times 0.72°}{360 \times 0.01} = 300\text{r/min} \tag{8-21}$$

根据任务书，步进电机由静止到加速至 n_m 转速所需时间 $t_a = 2$s。

取传动链总效率 $\eta = 0.70$，则代入式（8-19）求得

$$T_{amax} = \frac{2\pi \times 36.19 \times 10^{-4} \times 300}{60 \times 2} \times \frac{1}{0.7} \approx 0.08\text{N} \cdot \text{m} \tag{8-22}$$

移动部件运动时，折算到电机轴上的摩擦转矩为

$$T_f = \frac{\mu G P_h}{2\pi\eta} \tag{8-23}$$

式中　μ——导轨的摩擦因数，滚动导轨取 0.005；

η——传动链送效率，取 0.7。

$$T_f = \frac{0.005 \times 300 \times 0.005}{2\pi \times 0.7} \approx 0.0017\text{N} \cdot \text{m} \tag{8-24}$$

最后，求得快速空载起动时电机转轴所承受的负载转矩为

$$T_{eq1} = T_{amax} + T_f = 0.08 + 0.0017 = 0.0817\text{N} \cdot \text{m} \tag{8-25}$$

b. 最大工作负载状态下电机转轴所承受的负载转矩 T_{eq2}。

T_{eq2} 包括三个部分：

折算到电机轴上的最大工作负载转矩 T_t；

移动部件运动时折算到电机转轴上的摩擦转矩 T_f；

滚珠丝杠预紧后折算到电机转轴上的附加摩擦转矩 T_0，T_0 相对 T_t 和 T_f 很小，可以忽略不计，则有

$$T_{eq2} = T_t + T_f \tag{8-26}$$

其中，折算到电机转车轴上的最大工作负载转矩 T_t 由式（8-27）计算。

在对滚珠丝杠进行计算的时候，已知沿着丝杠轴线方向的最大进给载荷 $F_x = 2000\text{N}$，则有

$$T_t = \frac{F_x L_0}{2\pi\eta} = \frac{2000 \times 0.005}{2\pi \times 0.7} \approx 2.27\text{N} \cdot \text{m} \tag{8-27}$$

再计算垂直方向承受最大工作负载的情况下，移动部件运动时折算到电机转抽上的摩擦转矩：

$$\begin{aligned} T_f &= \frac{\mu\left[2\times\left(F_1' - \dfrac{G}{4}\right) + 2\times\left(F_2' + \dfrac{G}{4}\right)\right]L_0}{2\pi\eta} \\ &= \frac{0.005 \times [2\times(2030.5 + 4030.5)]\times 0.005}{2\pi \times 0.7} \end{aligned} \tag{8-28}$$

$$\approx 0.069\text{N} \cdot \text{m}$$

最后，求得最大工作负载状态下电机转轴所承受的负载转矩为

$$T_{eq2} = T_t + T_f = 2.27 + 0.069 = 2.339\text{N} \cdot \text{m} \tag{8-29}$$

经过上述计算后，得到加在步进电机转轴上的最大等效负载转矩应为

$$T_{eq} = \max\{T_{eq1}, T_{eq2}\} = 2.339\text{N} \cdot \text{m} \tag{8-30}$$

③ 步进电机最大静转矩的选定。

考虑到步进电机的驱动电源受电网电压影响较大，当输入电压降低时，其输出转矩会下降，可能造成丢步甚至堵转。因此，根据 T_{eq} 来选择步进电机的大静转矩时，需要考虑安全系数。对于开环控制，一般在 $2.5\sim4$ 之间选取，本设计中取安全系数 $K = 4$，则步进电机的最大静转矩应满足

$$T_{jmax} \geqslant 4T_{eq} = 4 \times 2.399 = 9.356\text{N} \cdot \text{m} \tag{8-31}$$

上述初选的步进电机型号为 130BYG5501，由附表 15 查得该型号电机的最大静转矩 T_{jmax}，可见满足要求。

④ 步进电动机的性能校核。

a. 最快工进速度时电机输出转矩校核。

任务书给定工作台最快工进速度 $V_{maxf} = 300\text{mm/min}$，脉冲当量 $\delta = 0.01\text{mm/脉冲}$，求出电机对应的运行频率为

$$f_{maxf} = \frac{V_{maxf}}{60\delta} = \frac{300}{60 \times 0.01} = 500\text{Hz} \tag{8-32}$$

从 130BYG5501 电机的运行矩频特性附表 16 得，在此频率下，电机的输出转矩 $T_{maxf} = 19\text{N} \cdot \text{m}$，远远大于最大工作负载转矩 $T_{eq2} = 2.339\text{N} \cdot \text{m}$，满足要求。

b. 最快空载移动时电机输出转矩校核。

任务书给定工作台最快空载移动速度 $V_{max} = 1500\text{mm/min}$，可求出电机对应的运行频率为

$$f_{max} = \frac{V_{max}}{60\delta} = \frac{1500}{60 \times 0.01} = 2500\text{Hz} \tag{8-33}$$

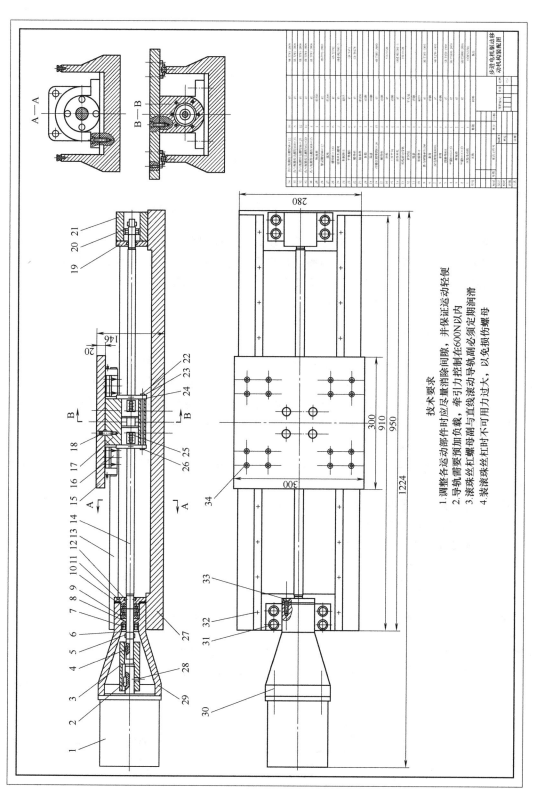

技术要求
1. 调整各运动部件时应尽量消除间隙，并保证运动轻便
2. 导轨需要预加负载，牵引力控制在600N以内
3. 滚珠丝杠螺母副与直线滚动导轨副必须定期润滑
4. 装滚珠丝杠时不可用力过大，以免损伤螺母

图8.4 滚珠丝杠结构设计图

从 130BYG5501 电机的运行矩频特性附表 16 得，在此频率下：电机的输出转矩 $T_{\max}$ 约为 15.825N·m，远远大于最快空载起动时的负载转矩 $T_{\text{eq1}} = 0.0817\text{N·m}$，满足要求。

c. 最快空载移动时电机运行频率校核。

与最快空载移动速度 $V_{\max} = 1500\text{mm/min}$ 对应的电机运行频率为 $f_{\max} = 2500\text{Hz}$。查附表 15 可知 130BYG5501 电机的空载运行频率可达 20000Hz，没有超出上限。

d. 启动频率的计算。

已知电机转轴上的总转动惯量 $J_{\text{eq}} = 36.19\text{kg·cm}^2$。

电机转子的转动惯量 $J_{\text{m}} = 33\text{kg·cm}^2$，电机不带任何负时的空载启动频率 f_{q} 查附表 15 得 $f_{\text{q}} = 1800\text{Hz}$，则可求出步进电机克服惯性负载的启动频率为

$$f_{\text{L}} = \frac{f_{\text{q}}}{\sqrt{1 + J_{\text{eq}}/J_{\text{m}}}} = \frac{1800}{\sqrt{1 + 36.19/33}} \approx 1243\text{Hz} \tag{8-34}$$

上式说明，要想保证步进电机启动时不失步，任何时候的启动频率都必须小于 1243Hz。实际上，在采用软件升降频时，启动频率选得更低，通常只有 100Hz（即 100 脉冲/s）。

综上所述，本设计中选用 130BYG5501 步进电机，完全满足设计要求。

滚珠丝杠结构设计图如图 8.4 所示。

8.1.3 控制系统原理及设计

控制步进电机的转动需要三个要素：方向、转角和转速。对于含硬件环形分配器的驱动电源，方向取决于控制器送出的方向电平的高低，转角取决于控制器送出的步进脉冲的个数，而转速则取决于控制器发出的步进脉冲的频率。在步进电机控制中，方向和转角控制简单，而转速控制则比较复杂。由于步进电机的转速正比于控制脉冲的频率，所以对步进电机脉冲频率的调节实质上就是对步进电机速度的调节。

步进电机驱动器一端提供与 PLC 相连的转速信号 PUL、转向信号 DIR、启动信号 ENA；一端提供与步进电机相线相连的驱动接口。

PUL：接受驱动步进电机运转的脉冲信号。

DIR：接受控制步进电机运转方向的信号控制。

ENA：接受控制步进电机运转的使能信号。

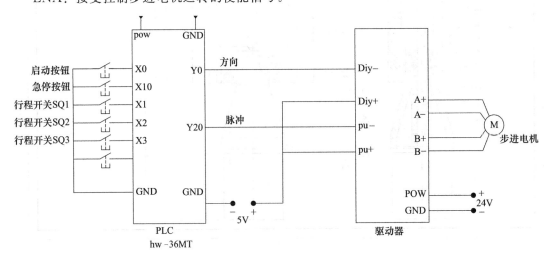

图 8.5 系统驱动硬件电路图

为给驱动器提供正确的控制信号，现选用某公司 hw-36MT-3PG 型号的 PLC 对步进电机的驱动器进行控制。

系统驱动硬件电路图见图 8.5。

按系统驱动硬件电路图接好线后，将程序写入 PLC 中，即可实现上述要求，程序见图 8.6。

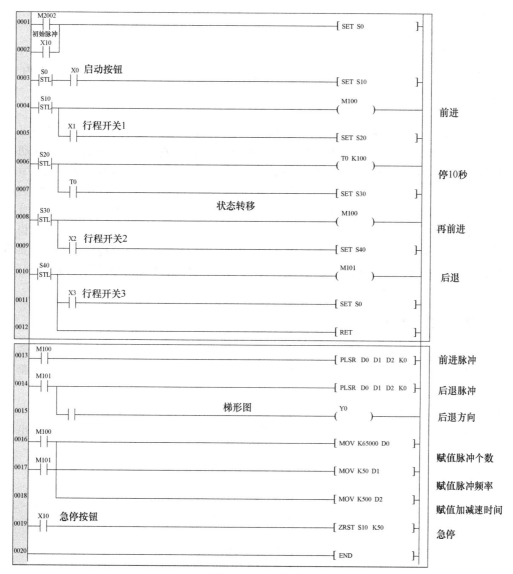

图 8.6　PLC 程序

8.2　大中型龙门刨床直流传动系统设计

8.2.1　大中型龙门刨床直流传动系统设计技术指标

大中型龙门刨床直流传动系统的设计任务要求如下：

① 要求调速范围大。

② 要求在运转过程中能连续变速，最好是无级变速。

③ 要求刨削速度恒定，动态速度降落小及较高的快速性。

④ 一般主传动要求具有恒功率变速特性与恒转矩变速特性。

可见，大中型龙门刨床要求速度高，切削力大，过渡过程短，控制线路简单，工作可靠，尽可能在满足使用的条件下减小电机容量。

（1）稳态指标

电机工作转速：0~1000r/min；电机调速范围：D=10；稳态误差：<=5%。

（2）动态指标

超调量：<10%；调节时间：0.5s；最高速时可紧急停车；起动电流限制300A内。

8.2.2　直流调速控制系统总体设计

设计电气传动控制系统，首先应该进行总体设计、基本部件选择和稳态参数计算，以形成基本的传动系统；然后建立基本系统的动态数学模型，检查基本系统的稳定性和动态性能。作为工程设计方法，首先要使问题简化，突出主要矛盾。简化的基本思路是把调节器的设计过程分作两步：第一步，先选择调节器的结构，以确保系统稳定，同时满足所需的稳态精度；第二步，选择调节器的参数，以满足动态性能指标。这样做，把稳、准、快、抗干扰之间互相交叉的矛盾问题分成两步来解决，第一步先解决主要矛盾——动态稳定性和稳态精度，然后在第二步中再进一步满足其他动态性能指标。在选择调节器结构时，采用的典型系统，它的参数与系统性能指标的关系都已经事先找到，具体选择参数时只需按现成的公式和表格中的数据计算一下就可以了。

8.2.3　相关数学模型

现代直流电机控制系统，除电机外，一般都由惯性小的可控硅、功率晶体管、集成运算放大器或其他电力电子器件及微处理器等组成。整个系统经过合理的简化处理，一般都可用低阶系统来近似。

（1）直流电机数学模型

电流连续时，直流电机的等效方框图见图8.7，其输入量为电压 U_{d0}，输出量为电机转速 n。

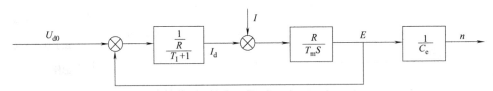

图 8.7　直流电机的等效方框图

电流连续时，直流电机电枢回路应满足下面的运动方程式：

$$U_{d0} - E = I_d R + L \frac{dI_d}{d_t} = R \left(I_d + T_I \frac{dI_d}{d_t} \right) \qquad (8-35)$$

式中　$T_I = \dfrac{L}{R}$，是电枢回路的电磁时间常数，s。

将上式取拉氏变换，整理后得到电压与电流之间的传递函数为

$$\frac{I_d(S)}{U_{d0}(S) - E(S)} = \frac{1/R}{T_I S + 1} \qquad (8-36)$$

电流断续时传递函数将有本质的变化，本节只讨论电流连续的情况。电机轴上的转矩和转速服从电力拖动系统的运动方程式：

$$M - M_{fz} = C_m I_d - M_{fz} = \frac{GD^2}{375} \times \frac{d_n}{d_t} \tag{8-37}$$

式中　M——电机的电磁转矩，N·m；

　　　M_{fz}——负载转矩（包括电机本身的空载转矩），N·m；

　　　GD^2——电力拖动系统运动部分折算到电机转轴上的飞轮惯量，N·m。

考虑到 $M_{fz} = C_m I_{fz}$，上式可简化成

$$I_d - I_{fz} = \frac{GD^2}{375 C_m} \times \frac{d_n}{d_t} = \frac{T_m}{R} \times \frac{d_E}{d_t} \tag{8-38}$$

式中　$C_m = \frac{30}{\pi} C_e$，是电机的转矩常数（当磁通为额定值时），N·m/A；

　　　$T_m = \frac{GD^2 R}{375 C_e C_m}$，是电力拖动系统的机电时间常数，s。

将上式两边取拉氏变换，整理后，得电势与电流之间的传递函数如下：

$$\frac{E(S)}{(I_d - I_{fz})S} = \frac{R}{T_m S} \tag{8-39}$$

再考虑 $E = C_e n$，如果不需要表现出电流 I_d，还可进一步简化。这时，直流电机在电流连续时以电压为输入，转速为输出时电机的传递函数为

$$W_D(S) = \frac{1/C_e}{T_m T_I S^2 + T_m S + 1} \tag{8-40}$$

进一步可化成：

$$I_d(S) = \frac{U_{d0}(S) - C_e(S)n(S)}{R(1 + T_I S)} \tag{8-41}$$

式中　$T_I = \frac{L}{R}$ 是电枢回路的电磁时间常数，s。

可见，以电枢电流为输出，电枢电压为输入时，电机是一惯性环节。

有

$$I_d(S) - I_{fz} = \frac{GD^2}{375 C_m} sn(S) = \frac{GD^2}{375 C_m} \times \frac{R C_e}{C_e R} sn(s) = T_m \frac{C_e}{R} Sn(S) \tag{8-42}$$

故有

$$n(S) = [I_d(S) - I_{fz}(S)] \frac{R}{C_e T_m S} \tag{8-43}$$

可见，以电机转速为输出，电枢电流为输入时，电枢是一个积分环节。

（2）测速电机数学模型

测速发电机经简化后，可以认为其输出电压同转速有线性关系，即

$$U = \alpha n \tag{8-44}$$

式中　α——测速发电机的反馈系数，V·min/r；

　　　n——电机转速，r/min。

（3）可控硅触发和整流装置的数学模型

要控制可控硅整流装置的输出电压总离不开触发电路，因此在分析系统时一般将它们看成一个整体。这一环节的输入变量是触发电路的控制电压 U_k，输出量是理想空载整流电压

U_{d0}。如果把它们之间的放大系数看成常数，则可控硅触发和整流装置可看成是一个具有纯滞后的放大环节，其滞后作用是由于可控硅装置的失控时间引起的。普通的可控硅整流装置有这样的特点：某一相的可控硅一旦被触发导通后，如果控制电压 U_k 发生变化，输出电压 U_{d0} 并不会瞬时跟随变化，必须等到下一相被 U_k 移相的触发脉冲来到时，引起可控硅换相，整流电压才会改变。从发生 U_k 到产生 U_{d0} 中间的这一段不能控制的时间叫 "失控时间"。最大可能的失控时间就是两个自然换相点之间的时间，它取决于整流电路的型式和交流电源的频率，如下式：

$$T_{smax} = \frac{1}{qf} \tag{8-45}$$

式中　q——交流电源一周内的整流电压波头数；

　　　　f——交流电源频率。

实际分析计算时，一般把 T_s 取作常量。目前有两种取法：一种是严格按最严重的情况考虑，即取 $T = T_{smax}$；另一种是按统计平均数选取，即取 $T = 0.5T_{smax}$。

可控硅触发的整流装置的传递函数可写为

$$W_s(S) = \frac{U_{d0}(S)}{U_k(S)} = K_s e^{-T_s S} \tag{8-46}$$

为了计算方便，在一定条件下，可将其看成是一阶惯性环节

$$W_s(S) \cong \frac{K_s}{T_s S + 1} \tag{8-47}$$

因为按泰勒级数展开：

$$e^{-x} = 1 - x + \frac{1}{2!}x^2 - \frac{1}{3!}x^3 + \cdots (-\infty < x < +\infty) \tag{8-48}$$

$$\frac{1}{1+x} = (1+x)^{-1} = 1 - x + x^2 - x^3 + \cdots (-1 < x < +1) \tag{8-49}$$

如能忽略 x^2 以上的高次项，二者是相等的。当然这是有一定条件的，由展开的条件可知：只有在 $w \ll \dfrac{1}{T_S} \left(\text{工程上一般要求 } w \ll \dfrac{1}{3T_S}\right)$ 的范围内，两式的频率特性才很接近，两者有本质的区别。由此可知，当 T_s 较小，系统的频带不是很宽时，或当 T_s 远远小于系统其他环节的时间常数时，才可使用三相桥式可控硅整流装置的滞后时间：$T_s = 0.00167s$。

8.2.4　直流电机参数和系统建模

(1) 电机参数

测速发电机：ZCF-221 型，51V，2400r/min。

直流电机：Z2B03B1 型。

电枢回路总电阻：$R = 0.222\Omega$。

电势常数：$C_e = 0.132V/(r/min)$。

电磁时间常数：$T_l = 0.06s$。

机电时间常数：$T_m = 0.12s$。

具体参数如表 8.1 所示。

(2) 转速、电流双闭环调速系统图

为了实现转速负反馈和电流负反馈在系统中分别起作用，又不至于相互牵制而影响系统的性能，在系统中设置了两个调节器，分别对电流和转速实行调节，二者之间实行串级调

速，二者之间的连接关系如图 8.8 所示。这就是说，把转速调节器的输出当作电流调节器的输入，再用电流调节器的输出去控制可控硅等整流器的触发装置。从闭环结构上看，电流调节器在里面，称为内环；转速调节器在外面，称为外环。这样就形成了转速、电流双闭环调节系统。

表 8.1　电机参数表

额定功率/kW	额定电压/V	额定电流/A	额定转速/(r/min)	最高转速/(r/min)	励磁/V	励磁/I
60	220	305	1000	2000	220	4.23
电枢之路数 2a	电枢电阻/Ω	换向绕组	换向绕组电阻/Ω	励磁极数 2p	励磁匝数	励磁电阻/Ω
2	0.024	17	0.0141	4	1000	49.6

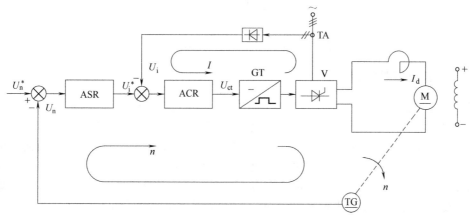

图 8.8　双闭环直流调速原理图

为了获得良好的静、动态性能，双闭环调节器一般都采用 PID 调节器。考虑到滤波等因素，实际的直流电机双闭环调速系统的动态结构如图 8.9 所示。

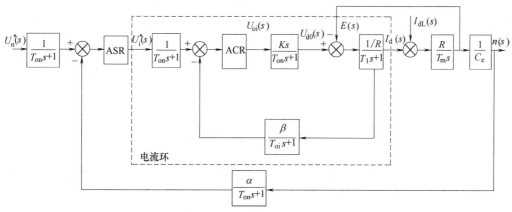

图 8.9　双闭环调速系统的动态结构图

8.2.5　基本参数的计算

（1）电流反馈系数 β

控制电路的电源电压为 $\pm 10\text{V}$，将转速调节器输出限幅取为 $U_{\text{im}}=10\text{V}$，则：

$$\beta=\frac{U_{\text{im}}}{I_{\text{dm}}}=\frac{10}{1.5\times305}=0.022(\text{V/A}) \tag{8-50}$$

（2）转速反馈系数 α

根据控制电路的电源电压值，取 $U_{nm}=10V$ 时，输出转速为 $n_N=1000r/min$，则：

$$\alpha=\frac{U_{nm}}{n_N}=\frac{10}{1000}=0.01V/(r/min) \qquad (8\text{-}51)$$

（3）电流滤波时间常数 T_{oi}

三相桥式电路每个波头的时间是 $3.33ms$，为了基本滤平波头，应该有 $T_{oi}=3.33ms$，这里取 $T_{oi}=0.002s$。

（4）转速滤波时间常数 T_{on}

转速反馈滤波时间常数取决于测速发电机、测速发电机励磁电源及安装质量等，根据测速发电机纹波情况，一般为 $5\sim100ms$，这里取 $T_{on}=10ms=0.01s$。

（5）整流装置滞后时间常数 T_s

按三相桥式电路的平均失控时间 $T_s=0.00167s$ 选用。

8.2.6　电流调节器的设计

把电流环单独拿出来设计时，首先遇到的问题是反电动势产生的交叉反馈作用，它代表转速环输出量对电流环的影响。由于转速环还没有设计，要考虑它的影响自然是比较困难的。在实际系统中，由于电磁时间常数 T_1 一般都远小于机电时间常数 T_m，因而电流的调节过程往往比转速的变化过程快得多，也就是说，比反电动势 E 的变化快得多。反电动势对电流环来说只是一个变化缓慢的扰动作用。在电流调节器的调节过程中。可以近似地认为 E 基本不变。这样，在设计电流环时，可以暂不考虑反电动势变化的影响，而将电动势反馈作用断开，从而得到忽略电动势影响的电流环。

具体的电流调节器参数计算如下：

（1）控制对象传递函数处理

在设计电流环时，可以暂不考虑反电动势变化的动态作用，而将电动势反馈断开，再把给定滤波和反馈滤波两个环节等效地移到环内，从而得到忽略电动势影响的电流环近似结构，如图8.10所示。

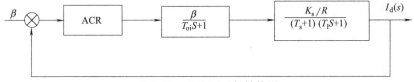

图8.10　电流环近似结构图

再把给定滤波和反馈滤波两个环节等效地移到环内。最后，T_s 和 T_{oi} 比 T_1 小得多，可以当作小惯性环节处理，等效成一个惯性环节，取小时间常数近似为

$$T_{\Sigma i}=T_s+T_{oi}=0.0017+0.002=0.0037(s) \qquad (8\text{-}52)$$

（2）电流调节器结构选择

如果调节对象的 $T_1/T_{\Sigma i}\leqslant5$，把电流环设计为典型的 I 型系统，其稳态无静差，动态超调量小，跟随性好；如果调节对象的 $T_1/T_{\Sigma i}\geqslant10$，若系统以良好的抗干扰性能为主时，应设计成 II 型系统；若以跟随性能良好，超调量小为主，则应设计成 I 型系统；如果调节对象的 $5<T_1/T_{\Sigma i}<10$，以超调量小为主，设计成 I 型系统，以抗干扰性能为主，设计成 II 型系统。

因设计要求：$\sigma\%<5\%$，无静差，而且

$$\frac{T_1}{T_{\Sigma i}} = \frac{0.06}{0.0037} = 16.22 > 10 \tag{8-53}$$

　　同时电流环的响应比较快，时间短，又以跟随性好和动态超调量小为根本，所以可按典型 I 型系统设计。电流调节器选用 PID 型调节器，其传递函数为

$$W_{ACR}(S) = K_i \frac{(\tau_1 S + 1)(\tau_2 S + 1)}{\tau_1 S} \tag{8-54}$$

（3）电流调节器参数选择

电流调节器积分时间常数：$\tau_1 = 0.06$

电流环开环增益：

$$K_I = \frac{\beta K_i K_s}{\tau_1 R} = \frac{0.002 \times 4.68 \times 40}{0.06 \times 0.222} = 28.1 \tag{8-55}$$

对于典型 I 型系统，希望超调量 $\sigma\% \leqslant 5\%$，可取 $K_I T_s = 0.5$，即 $\frac{\beta K_i K_s T_s}{\tau_1 R} = 0.5$。

电流调节器比例系数：

$$K_i = \frac{0.5\tau_1 R}{\beta K_s T_s} = \frac{0.5 \times 0.06 \times 0.222}{0.022 \times 40 \times 0.00167} = 4.53 \tag{8-56}$$

故：

$$W_{ACR}(S) = 4.53 \times \frac{(0.06S + 1)(0.002S + 1)}{0.06S} = 4.68 \times \left(0.002S + \frac{1}{0.062S} + 1\right) \tag{8-57}$$

（4）校验近似条件

电流环截止频率为 $w_{ci} = K_I = 28.1$，晶闸管装置传递函数近似条件为 $w_{ci} \leqslant 1/(3T_s)$，本设计 $1/(3T_s) = 1/(3 \times 0.0017) = 196.1 > w_{ci}$ 满足近似条件。小时间常数近似处理条件

$$w_{ci} \leqslant \frac{\sqrt{1/(T_s T_{oi})}}{3} = \frac{\sqrt{1/(0.0017 \times 0.002)}}{3} = 180.8 > w_{ci} \tag{8-58}$$

也满足近似条件。

8.2.7　转速调节器的设计

　　当电流环设计好后，可以把它看作是转速环的一个内环，求出其等效传递函数。用电流环的等效传递函数代替电流闭环：

$$\frac{I_d(S)}{U_i^*(S)} = \frac{1/\beta}{2T_s + 1} \tag{8-59}$$

　　原来电流环的控制对象是三个惯性环节，其时间常数是 T_1、T_{oi} 和 T_s，闭环后，整个电流环近似为只有一个小时间常数为 $2T_s$ 的一阶惯性环节。这表明，电流闭环后，改造了控制对象，加快了电流跟随作用。用电流环的等效环节代替电流闭环后，再把给定滤波和反馈滤波环节等效地移到环内，则转速环结构可简化成图 8.11。

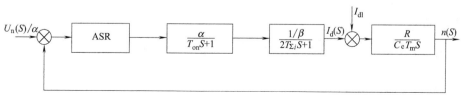

图 8.11　转速环结构

转速环通常都应该校正成典型 I 型系统，这是基于稳态无静差的要求。在负载扰动作用点以后已经有了一个积分环节，为了使调速系统在稳态时无静差，在扰动作用点以前必须设置一个积分环节，这样就构成 II 型系统。从动态性能上看，调速系统首先要求有较好的抗扰性能，按典型 II 型系统设计恰好能满足这个要求。实际系统的转速调节器在加给定后很快就会饱和，且由于非线性作用会使超调量大大降低。要把转速环校正成典型 II 型系统，转速调节器应采用 PID 调节器。

具体的转速环参数计算如下：

（1）控制对象传递函数处理

电流环等效时间常数为：$2\sum i = 0.0074\text{s}$。

转速滤波时间常数 T_{on} 根据所用测速发电机纹波情况，取 $T_{on}=0.01\text{s}$。

转速环小时间常数 $T_{\sum n}$：按小时间常数近似处理，取

$$T_{\sum n}=2T_{\sum i}+T_{on}=0.0174\text{s} \tag{8-60}$$

（2）转速调节器结构选择

由于设计要求无静差，转速调节器必须含有积分环节；为了减小退饱和超调量并使转速环具有较强的抗扰能力，所以，转速环应按典型 II 型系统设计。故转速调节器选用 PID 调节器，其传递函数为

$$W_{ASR}(S)=K_n \frac{(\tau_1 S+1)(\tau_2 S+1)}{\tau_1 S} \tag{8-61}$$

（3）转速调节器参数选择

按跟随和抗扰性能都较好的原则，取 $h=5$，则转速调节器的时间常数为 $T_{on}=0.01\text{s}$。按照典型 II 型系统的参数选择方法，让调节器零点对消掉对象的较大时间常数极点，选择 $\tau_2 = T_{on}=0.01\text{s}$。

这样，调整系统的开环传递函数为

$$W_n(S)=\frac{K_n \alpha R(\tau_1 S+1)}{\tau_1 \beta C_e T_m S^2(2T_s S+1)}=\frac{K_n(\tau_1 S+1)}{S^2(2T_s S+1)} \tag{8-62}$$

其中，转速环开环增益为

$$K_N=\frac{K_n \alpha R}{\tau_1 \beta C_e T_m} \tag{8-63}$$

按照典型 II 型系统的参数选择方法：

$$\tau_1 = h T_{\sum n} \tag{8-64}$$

$$K_N=\frac{h+1}{2h^2(2T_{\sum n})^2}=\frac{6}{2\times 25\times 4\times 0.0167^2}=99.08 \tag{8-65}$$

选择中频宽 $h=5$，得 ASR 的时间常数 τ_1 为

$$\tau_1 = 5\times 0.0174 = 0.087\text{s} \tag{8-66}$$

则转速调节器的比例放大系数为

$$K_n=\frac{(h+1)\beta C_e T_m}{4h\alpha R T_s}=\frac{6\times 0.022\times 0.132\times 0.12}{4\times 5\times 0.01\times 0.222\times 0.00167}=28.2 \tag{8-67}$$

则闭环传递函数为

$$W_{ASR}=28.2\times \frac{(0.087S+1)(0.01S+1)}{0.087S}=31.58\times\left(0.15S+\frac{1}{0.097S}+1\right) \tag{8-68}$$

（4）检验近似条件

转速环截止频率为

$$w_{cn} = \frac{K_n}{w_1} = K_n \tau_n = 99.08 \times 0.087 = 8.68 \tag{8-69}$$

电流环传递函数简化条件为

$$w_{cn} \leqslant \frac{1}{5T_{\Sigma i}} \tag{8-70}$$

本设计

$$\frac{1}{5T_{\Sigma i}} = \frac{1}{5 \times 0.0037} = 54.1 \text{s}^{-1} > w_{cn} \tag{8-71}$$

所以满足简化条件。

小时间常数近似处理条件为

$$w_{cn} < \frac{1}{3}\sqrt{\frac{1}{2T_{\Sigma i}T_{on}}} \tag{8-72}$$

本设计

$$\frac{1}{3}\sqrt{\frac{1}{2T_{\Sigma i}T_{on}}} = \frac{1}{3}\sqrt{\frac{1}{2 \times 0.0037 \times 0.01}} = 38.75 \text{s}^{-1} > w_{cn} \tag{8-73}$$

满足近似条件。

（5）退饱和超调计算

转速调节器一旦饱和后，只有当转速上升到给定电压值所对应的稳态值之后，才退出饱和，进入线性调节状态。转速调节器刚刚退出饱和后，由于电机电流仍大于负载电流，因此转速必然继续上升而产生超调，直到电机电流小于负载电流后，转速才开始下降。但是，这种超调已经不是线性系统的超调，而是经历了饱和非线性区域之后产生的超调，所以称作"退饱和超调"。退饱和超调的超调量显然会小于线性系统的超调量，但究竟是多少，要分析带饱和非线性的动态过程才能知道。在转速调节器退饱和阶段内，调速系统恢复到转速闭环系统线性范围内运行。退饱和超调量并不等于典型Ⅱ型系统跟随性能指标中的超调量。要计算退饱和超调量，照理应该在新的初始条件下求解过渡过程。

考虑转速调节器饱和非线性后，调速系统的跟随性能与抗扰性能是一致的。这样一来，按典型Ⅱ系统设计时，无论从哪方面看，都以选样 $h=5$ 时为好，这就使转速调节器设计时的参数计算简单了。如果要进一步压低超调量，甚至做到转速无超调，只单一采用串联校正是做不到的，这时转速调节器微分起作用。此时，由于微分负反馈与转速硬反馈的作用相叠加，提早了退饱和的时间，相应的超调量当然就小了。转速调节器饱和的过渡过程时间主要取决于恒流启动时的那一段时间 t_q。此时

$$\frac{d_n}{d_t} = (\lambda T_{ed} - I_{fz})\frac{R}{C_e T_m} \cong \frac{n_\infty}{t_q} \tag{8-74}$$

$$t_q \cong \frac{C_e T_m n_\infty}{R(\lambda I_{ed} - I_{fz})} \tag{8-75}$$

剩下的一段时间就是退饱和超调的过渡过程时间，它等于突卸负载的动态速升恢复时间。典型Ⅱ系统的这段时间为 $8.8T_{\Sigma n}$。$h=5$ 时，双闭环调速系统启动时间 $T_p = t_q + 8.8T_{\Sigma n}$。

（6）校核转速超调量

当 $h=5$，由相关表格查得 $\sigma\% = 81.2\%Z$，而

$$Z = \frac{2T_{\Sigma n}R}{n_{(\infty)}T_m C_e}(I_{dm} - I_{dl}) = \frac{2 \times 0.0174 \times 0.222}{1000 \times 0.12 \times 0.132} \times (305 - 1.5) = 0.022 \tag{8-76}$$

于是退饱和转速超调量为 $\sigma\% = 81.2 \times 0.022 \times 100\% = 1.78\%$，满足设计要求。

8.2.8　系统幅相频率特性及稳定性

设计完成后，可做出系统的开环 Bode 图，对其进行稳定性分析。图8.12是未加校正环节速度环的开环 Bode 图。

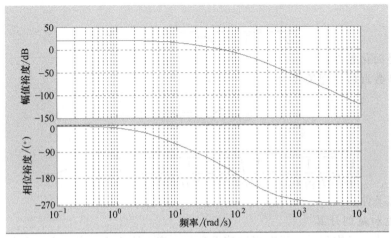

图 8.12　未加校正环节速度环的 Bode 图

经过仿真可以看出：相位裕度为 42.7831°，幅值裕度为 3.6067dB，系统的稳定性要求相位裕度和幅值裕度尽可能的大，让系统具有稳定性储备。

虽然相位裕度比较大，但是幅值裕度只有 3.6067dB，也就是说曲线很靠近极点。所以仅以相位裕度来评价系统的稳定性，就得出系统稳定程度高的结论，是不符合实际的。若同时根据相位裕度和幅值裕度全面地评价系统的相对稳定性，就可以避免得出不符合实际的结论。

图8.13是加校正的速度环的开环 Bode 图。

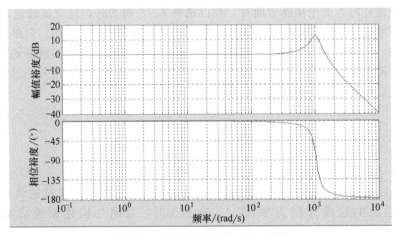

图 8.13　加校正的速度环 Bode 图

从中可以得到：幅值裕度为 39.4853dB，相位裕度为 180°，可以看出相位裕度和幅值裕度都有相当大的储备，即使遇到堵转等不利情况，系统也有较大的稳定空间。综上所述，本设计所建立的控制系统是稳定的，并具有相当大的稳定域。

（1）系统模型的确立

为了保证启动时电枢电流不超过允许值，在速度调节器后面还应对电压进行限幅。这样，速度调节器进入饱和状态时，输出电压为饱和限幅值，对应于最大的允许启动电流，而电流环不饱和，直流电机以最大允许的电流值实现恒流升速。为了保证在调试中的安全，对电流调节器后也进行了限幅。从 PID 控制器可以看出，限幅器都建立在了控制器的内部了。

建立的电流、转速双闭环调速系统的数学仿真模型如图 8.14 所示，Step 设置开始时间为 0s，数值大小为 1000，PID Controller 中 PID 参数按式（8-68）确定，饱和限幅值范围为 -10~10；PID Controller 1 中 PID 参数按式（8-57）确定，饱和限幅值范围为 -3.3~3.3。

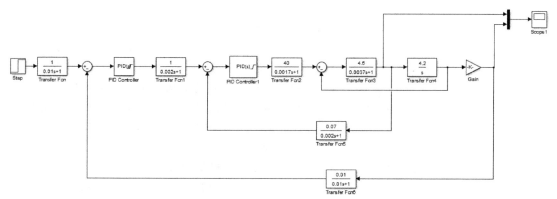

图 8.14　双闭环调速系统的数学仿真模型

（2）仿真结果分析

经过 SIMULINK 仿真得出如图 8.15 所示的结果。

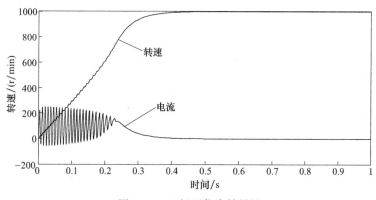

图 8.15　双闭环仿真结果图

从仿真结果图上可以看出，速度在 0.5s 以前达到稳定无静差，没有产生超调；而电流环的输出电流曲线，电流输出振荡比较剧烈。所以设计上应当进一步优化 PID 控制参数，使得设计完全达到预期指标要求。

8.3　立体仓库设计

8.3.1　立体仓库设计任务要求

作为一个定位控制系统，自动化立体仓库必须实现目标如下：

① 能够满足操作者一般控制系统要求的自动和手动的控制功能。

② 能根据操作者发出的指令做出相应的动作，并且能够实现急停复位。

③ 可以通过 VB6.0 的 MSComm 控件编写 FX_{2N}-PLC 通信协议实现上位机 VB 控制下位机 PLC 程序中的 M 元件强制通、强制断以及读取 M 元件的 ON/OFF 状态，写入 D 元件的当前值。

④ 操作者可以实时监控所到达的货位，清楚了解运行轨迹。

8.3.2 机械系统

（1）运动执行装置

水平方向堆垛机的运行和竖直方向堆垛机的运行是立体仓库实现自主存取货最重要的核

图 8.16 九位立体仓库模型

心，如图 8.16 所示，选用滑动丝杠螺母副、直线运动导轨设计水平、升降走行机构。步进电机驱动堆垛机水平移动机构，实现水平方向的往返运动；驱动堆垛机竖直移动机构，实现竖直方向的往返运动。移动中，通过光耦计数定位货架号。

（2）检测定位机构

检测定位机构保证堆垛机在水平和竖直方向精准往返、存取货，只有精准定位到所需要达到的货位，货叉才能执行存取货物。本设计中选用光耦作为检测定位装置。

光耦是开关电源电路中常用到的元器件之一，由发光源和受光器组成，体积小巧，便于安装。在堆垛机水平移动部件上安装检测水平方向的光耦，在堆垛机竖直移动部件上安装检测竖直方向的光耦，在水平和竖直运行方向安装光电隔离器定位挡光条。当光耦经过挡光条时，光耦接收信号转变为继电器触点开关量，输入 PLC 输入端，确定堆垛机在水平和竖直方向的准确位置，确保堆垛机准确到达指定货位与回到初始货位。挡光条每次遮挡光耦的位置要与水平和竖直方向的货位对齐，以免造成货叉定位不准确。

水平挡光条总共是四处遮挡，分别是位于初始货位所对应的竖直方向，货架的第一列、第二列以及第三列；竖直挡光条也总共是四处遮挡，分别是位于初始货位所对应的水平方向，货架的第一行、第二行以及第三行，行和列的交叉处即为每个货架的精确定位处。

货叉伸出回缩机构搭建在竖直升降堆垛机上，是完成货物存取的机构，采用滑动丝杠螺母副带动货叉运动，在货叉上安装光电开关，作为伸出到位和回缩到位的信号采集。

货位是立体仓库的一部分，承担着货物储存的作用。货架部分为 3×3 共 9 个货位，以及一个初始货位。各货位之间的位置安排需要测量和实验调整，货位的位置与光耦、挡光条的位置直接相关。

8.3.3 控制系统硬件

（1）控制系统目标

① 能够满足操作者一般控制系统要求的自动和手动的控制功能。

② 能根据操作者发出的指令做出相应的动作，并且能够实现急停复位。

③ 基于 VB 实现 PC 作为上位机和 PLC 作为下位机的联合监控。

（2）微型自动化立体仓库控制分析

两个光耦作为堆垛机运行的定位元件。光耦信号经过继电器进入 PLC 的输入端口，将其中一个光耦固定在堆垛机水平移动部件上，另一个光耦固定在堆垛机竖直移动部件上，在每列每行货架相对应的方向安装光电隔离器定位挡光条。

当堆垛机水平走行时，PLC 将对光耦所经过的挡片进行计数，用于堆垛机进行列数定位；在每层货架放一个光电隔离器定位挡光条，堆垛机升降运动时，PLC 将光耦所经过的挡片进行计数，用于堆垛机进行层数定位；用两个光电型对射开关检测货叉伸出、返回。程序中，根据行、列经过挡光片所计的个数，确定货位和驱动步进电机的启动和停止。上位机 VB6.0、下位机 FX_{2N}-PLC、SC-09 通信线连接，实现上下位机的串行通信，如图 8.17 所示。

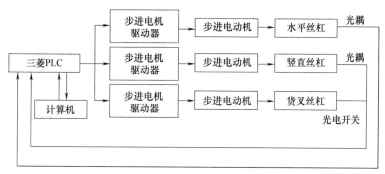

图 8.17　通信线连接原理图

（3）微型自动化立体仓库控制要求

① PLC 实现的要求。按下 9 个货位中的任意一个时，PLC 程序能驱动步进电机，带动堆垛机运行，使货叉达到指定货位，通过程序逻辑完成存取货物的动作，结束时返回初始货位。运行中，指示灯闪烁一种颜色；装置停止运行时，指示灯闪烁另外一种颜色。

② VB 实现的要求。在 VB6.0 界面中添加 MSComm 通信控件，编写通信初始化程序，编写通信程序控制 PLC 中 M 软元件的动作，以及读取与定位相关软元件的状态，实现监控。基于 VB 的监控界面有货位按钮、取存货按钮、手动按钮、输入货位号以及监视轨迹等。

（4）PLC 控制系统

① 接口电路。选择三菱 FX_{2N}-48MR 型号 PLC，以此控制微型自动化立体仓库的运行，由于 MR 型 PLC 无高速脉冲输出，无法达到步进电机的脉冲频率需求，外接 NE555 提供脉冲驱动步进电机，光耦、指示灯等连接如图 8.18 所示。

图 8.18 中，光耦光电开关作为 PLC 输入、PLC 输出控制继电器，再由继电器控制 NE555 向步进电机驱动器发出脉冲信号和方向、指令步进电机动作。

② 软元件分配及控制分析。软元件分配见表 8.2。

输入模块：M0、M10 用于 VB 操作界面控制急停复位按钮和启动；M1～M9 用于 VB 操作界面选择货位按钮；M30、M31 用于 VB 操作界面选择取货和存货按钮；M22～M29 用于 VB 操作界面选择手动模式、控制前进后退上升下降货叉伸出和收回的按钮；D31 用于通过 VB 操作界面输入货位号，从而记录在 D 寄存器中进行比较。在 PLC 端口中 X0 和 X1 为槽式光耦信号开关输入端口，通过计数用于水平和竖直方向堆垛机定位，实现精确寻找货位；X2 和 X3 用于光电型对射开关输入端口，实现货叉的收回与伸出。

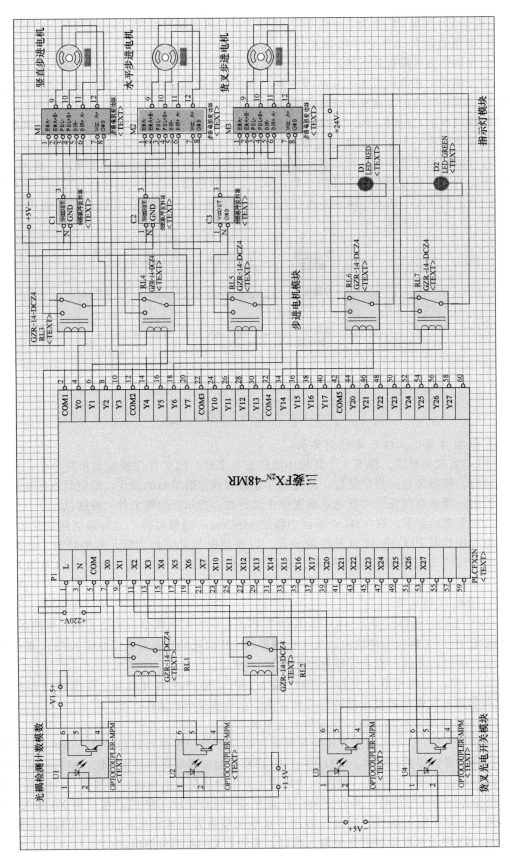

图 8.18　接口电路图

表 8.2　PLC 程序所用元件功能表

元件	功能	元件	功能	元件	功能
M8002	PLC 开机启动	S0	初始状态	S20	取货水平前进
S21	上升延时	S22	取货竖直上升	S23	货叉伸出
S24	抬起货叉	S25	货叉回缩	S26	取货竖直下降
S27	下降延时	S28	取货水平后退	S29	后退延时
S30	货叉伸出	S31	延时	S32	复位
S33	放下货物	S34	货叉回缩	S35	延时
S40	存货货叉伸出	S41	延时	S42	抬起货叉
S43	货叉回缩	S44	存货水平前进	S45	存货竖直上升
S46	货叉抬起	S47	货叉伸出	S48	延时
S49	放下货物	S50	货叉回缩	S51	存货竖直下降
S52	下降延时	S53	存货水平后退	S54	后退延时
S60	手动模式	S61	手动水平前进	S62	手动水平后退
S63	手动竖直上升	S64	手动竖直下降	S65	手动货叉伸出
S66	手动货叉回缩	M0	复位	M1	1 号货位按钮
M2	2 号货位按钮	M3	3 号货位按钮	M4	4 号货位按钮
M5	5 号货位按钮	M6	6 号货位按钮	M7	7 号货位按钮
M8	8 号货位按钮	M9	9 号货位按钮	M10	启动按钮
M14	绿灯	M15	红灯	M20	确定启动
M22	手动模式	M23	确定手动	M24	手动水平前进
M25	手动水平后退	M26	手动竖直上升	M27	手动竖直下降
M28	货叉回缩	M29	货叉伸出	M30	取货
M31	存货	M40	第一列指示灯	M56	第二列指示灯
M72	第三列指示灯	M128	1 号货位指示	M144	2 号货位指示
M160	3 号货位指示	M176	4 号货位指示	M192	5 号货位指示
M88	6 号货位指示	M104	7 号货位指示	M296	8 号货位指示
M392	9 号货位指示	D0	货位号寄存器	D10	应经过水平挡光板个数
D20	应经过竖直挡光板个数	D12	当前水平经过挡光板个数	D13	当前竖直经过挡光板个数
D31	输入货位号	X0	竖直光耦信号	X1	水平光耦信号
X2	货叉复位信号	X3	货叉伸出信号	X6	手动点动按钮
Y0	竖直步进电机脉冲	Y1	水平步进电机脉冲	Y3	竖直步进电机方向
Y4	水平步进电机方向	Y5	货叉步进电机脉冲	Y6	货叉步进电机方向
Y14	绿灯控制	Y15	红灯控制	T	倒计时开关

输出模块：用 M40、M56、M72、M88、M104、M128、M144、M160、M176、M192、M296 以及 M392 用于水平行走堆垛机和竖直升降堆垛机运行位置监控，分别代表 1~9 号货位，以及水平的三个位置；Y1、Y0、Y5 用于控制三个继电器的开关，通过开关控制三个 555 脉冲发射器给三个步进电机驱动器的脉冲输入端口输入脉冲；Y3、Y4、Y6 用于控制步进电机驱动的方向信号；Y14 和 Y15 用于指示灯继电器的控制。

寄存器模块：D12 和 D13 用作水平行走堆垛机和竖直升降堆垛机光耦挡光计数寄存器，D10 和 D20 用于跟 D12 和 D13 进行比较，D10 和 D20 分别是选择该货位要走的水平行走堆垛机和竖直升降堆垛机光耦挡光计数的寄存器，D12 和 D13 同时还用作水平行走堆垛机和竖直升降堆垛机监控计数寄存器；D31 用于 VB 操作界面输入货位号。

电源模块：三菱 FX_{2N} 系列 PLC 直接提供 220V 交流电压；此外将 220V 交流电压经 24V 电源模块变压成 24V 直流稳压电源，即可给步进电机驱动器、运行指示灯供电；将 220V 交流电压经 5V 电源模块变压且将副边电压通过整流、滤波和稳压成 5V 直流稳压电源，给 7 个继电器、两个光电型对射开关、步进电机驱动器信号端供电；同时还使用 5 号干电池一节，提供 1.5V 电源给 2 个槽式光耦进行供电。

③ 步进电机控制模块。步进电机控制模块是程序编写中首要考虑的模块，只有运行了步进电机模块才可以驱动剩下机构模块进行功能的实现，如完成堆垛机在 X 方向上前进与后退、在 Y 方向上上升与下降、货叉的伸出与收回，这都是驱动了水平竖直方向堆垛机机构步进电机以及货叉方向的步进电机正反转运行。

步进电机需要与配套的驱动器一起使用。关于环形脉冲分配器，一种是采用计算机进行软件环分，这样可以大大降级成本，但由于软件环分占用计算机运行时间，故而容易不稳定，影响步进电机运行速递；另一种就是采用硬件环分，种方式灵活性很强。故而在此选用硬件环分，通过步进电机驱动器来控制步进电机的运行。

步进电机驱动器由三路信号输入以及电源接口组成，三路输入信号用于驱动控制步进电机，分别是步进脉冲信号 PUL＋、PUL－，方向电平信号 DIR＋、DIR－，以及脱机信号 EN＋、EN－，根据 PLC 采用共阳极接法。但由于选择的是三菱公司的 FX_{2N} 系列的 PLC，它的开关量输出模块为继电器输出，虽然驱动负载较大，但输出的脉冲频率较低，无法达到驱动步进电机达到要求的速度，采用 555 脉冲发射器模块，作为步进电机驱动器脉冲信号的输入。

555 脉冲发射器模块是个集成电路模块，它总共有三个接口，分别是 VCC、GND 以及 OUT 接口。PLC 输出通过继电器来控制 555 脉冲发射器的输出，用 5V 的正极连接其 VCC，用于给 555 脉冲发射器供电，GND 端连接继电器输出端的 COM 端口。当继电器开关闭合时，GND 端通过继电器连接负极，OUT 端接入步进电机驱动器的 PUL－端，提供脉冲。555 脉冲发射器可以直接调节发送脉冲的频率，通过转动螺栓可以调节频率和占空比大小。

步进电机驱动器也可以调节细分数及相对应的电流大小，从而可以在外部控制步进电机的转速，使用方便，避免复杂的程序控制。

PLC 的 Y0、Y1 和 Y5 端口为控制继电器开关，从而控制 555 模块给步进电机驱动器 PUL－端发送脉冲，Y3、Y4、Y6 用于控制步进电机驱动 DIR－方向。当 Y1 单独输出脉冲时水平堆垛机步进电机正转在 X 方向上前进，当 Y1 输出脉冲且 Y4 有输出时水平堆垛机行走步进电机反转在 X 方向上后退。当 Y0 单独输出脉冲时竖直堆垛机行走步进电机正转在 Y 方向上上升，当 Y0 输出脉冲且 Y3 有输出时竖直堆垛机行走步进电机反转在 Y 方向上下降。Y5 和 Y6 输出端口分别控制货叉步进电机驱动器的 PUL－和 DIR－：当 Y5 单独输出脉冲、Y6 无输出时，货叉步进电机正转在 Z 方向上伸出；当 Y5 输出脉冲、Y6 有输出时，货叉步进电机反转在 Z 方向上收回。

④ 光耦模块。当光耦通过挡光板时，信号读进 PLC 输入端，对指定 D 寄存器进行加 1 指令。通过程序里面的比较指令从而对货位进行精准定位，即对水平方向的光电隔离器通过挡光条次数进行计数可以寻至相应列数，对竖直方向的光电隔离器通过挡光条次数进行计数可以寻至相应层数，实现水平行走堆垛机和竖直升降堆垛机准确定位寻找货位。

光耦供电引脚，接 1.5V 的电源正负极，另一引脚接继电器输入端的 IN 接口，从继电器常开引脚接 PLC 的 X0 和 X1 端口，当受光器（光敏半导体管）收到发光器发射的光线后就产生光电流，继电器常开触点闭合，PLC 输入端闭合接收信号。当挡片遮住发光器发射的光线时，输出端与输出之间呈现出高阻态，继电器常开触点断开，PLC 输入端断开，无信号输入。遮挡光电隔离器的信号作为货位的定位点输入。

⑤ 光电型对射开关模块。光电型对射开关模块位于货叉伸出回缩装置处，当挡光条遮挡光电型对射开关时，信号输入 PLC 输入端口，从而控制货叉的伸出和回缩。光电型对射开关有三根接线，红色和黑色的分别是接 5V 电源正负极，剩下一根线是信号线，接回 PLC

输入端口。当挡光板遮住时,光电开关输出低电平;当没有遮住挡光板时,光电开关输出高电平。

每当货叉伸出到第一个光电型对射开关被挡光条遮住时,PLC 的 X2 端口收到信号,状态从货叉伸出跳到下一个状态,货叉步进电机停止运行,即货叉伸出到位可以开始存放货物,存放完货物后货叉开始回缩,货叉步进电机启动,当到达第二个光电型对射开关被挡光条遮住时,PLC 的 X3 端口收到信号跳到下一个状态,货叉步进电机再次停止运行,即货叉收回到位。

⑥ 运行指示灯模块。在运行过程中和停止时都需要指示灯起到警示作用,采用两色闪烁指示灯,当整个机构在运行过程中,在其每一个运行的状态中输出 M15,然后通过 M15 驱动 PLC 输出 Y15 来控制绿灯的继电器接通,绿色指示灯闪烁,停止运行时候,在该状态中输出 M14,然后通过 M14 驱动 PLC 的 Y14 输出控制红灯继电器接通,红色指示灯闪烁。指示灯需要提供 24V 电源。

8.3.4 电子元器件清单

接口电路设计所需要的电子元器件如表 8.3 所示。

表 8.3 电子元器件清单

序号	元件名称	型号/规格	数量
1	三菱 PLC	FX$_{2N}$-48MR	1
2	555 脉冲发射器		3
3	继电器模块	JQC-3FF-S-Z	7
4	槽型光电隔离器	ITR9606	2
5	光电型对射开关	HD-DS25CM	2
6	步进电机驱动器	TB66000	3
7	电源线		若干
8	杜邦线		若干
9	5V 电源模块		1
10	1.5V 干电池	南孚聚能环	1
11	24V 电源模块		1
12	指示灯	TB50	1

8.3.5 PLC 程序

微型自动化立体仓库在程序设计上全程采用步进顺控指令,将复杂的动作控制转化成为一个状态、一个状态的执行模块,当满足某个条件时,即可跳到该状态所对应的程序里面,避免了要考虑各个动作之间的互锁、自锁等一系列问题。程序控制设计思路如图 8.19 所示。

（1）货位选择及定位

初始状态中给 1～9 货位分别赋予 1～9 的数字,当相应的 M 软元件按钮接通时,将相对应的数字赋给 D0 寄存器,然后将 D0 里面的数进行算法比较,将相应的值赋给 D10 和 D20。D10 是水平方向光耦应触发的下降沿次数,D20 是竖直方向光耦应触发的下降沿次数。程序结构采用选择性的存货和取货分支与汇合分支方式,在初始状态中,取货和存货对应跳到不同的状态。水平堆垛机和竖直堆垛机经过挡光片时进行计数,分别记录在 D12 和 D13 寄存器中,然后将 D12 和 D13 跟 D10 和 D20 作对比,相等时则跳下一个状态。在水平方向上布置光电隔离器挡光条有 4 个挡光位置,分别是水平原位、第 1 列、第 2 列、第 3 列;在垂直方向上布置光电隔离器挡光条有 4 个挡光位置,分别是垂直原位、第 1 层、第 2 层、第 3 层。

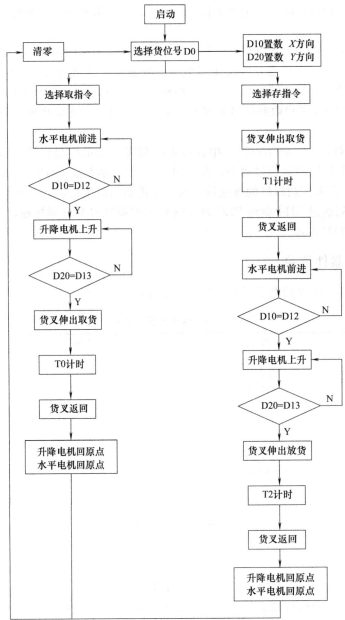

图 8.19 程序控制设计思路

货位号对应的光电隔离开关下降沿触发次数见表 8.4。

表 8.4 货位号对应的光电隔离开关下降沿触发次数

货位	挡光次数	货位	挡光次数	货位	挡光次数
1	X1 Y1	4	X1 Y2	7	X1 Y3
2	X2 Y1	5	X2 Y2	8	X2 Y3
3	X3 Y1	6	X3 Y2	9	X3 Y3

注：X1 为 X 方向 1 次，Y1 为 Y 方向 1 次。

（2）控制过程分析

以自动模式下取货为例分析程序运行的过程。

当在 VB 界面里依次按下取货、货位号、启动按钮后，货位号所对应的 M 软元件闭合，将所对应的货位号数字赋给 D0 寄存器，然后将 D0 里面的数字进行比较，确定水平 D10 寄存器所需要的下降沿触发次数和竖直 D20 寄存器所需要的下降沿触发次数，然后将取货按钮所对应的 M30 激活，状态跳到 S20 开始取货。

此时在 S20 状态下输出 Y1 给水平方向步进电机发送脉冲，同时当水平光电耦合器下降沿触发时，给 D12 中执行加 1 指令，当 D12＝D10 时状态往下跳，经过延时状态 S21 后跳转到竖直方向运行的状态 S22，延时状态是为了进行缓冲，避免步进电机骤然转换动作撞击。

当在 S22 中输出 Y0 给竖直方向步进电机发送脉冲，同时当竖直光电耦合器下降沿触发时，给 D13 中执行加 1 指令，D13＝D20 时状态往下跳到货叉伸出状态 S23。此状态中输出 Y5 给货叉步进电机发送脉冲，当货叉前面的光电开光被挡光条挡住时跳到下一个状态 S24。

S24 状态为货叉抬起状态，此状态输出 Y0 给竖直方向步进电机发送脉冲，同时输出 T 寄存器计时 0.6s，当 T 元件计时结束开关接通触发下一个状态 S25，进行货叉回缩。此状态中同时输出 Y5 和 Y6，Y6 控制步进电机的方向，使其能够反转使货叉回缩，当货叉后面的光电开关被挡光条挡住时跳到下一个状态 S26。

S26 状态为竖直方向返回，此时输出 Y0 和 Y3，Y3 为竖直步进电机方向控制，同时当竖直光电耦合器下降沿触发时，给 D13 里面的数进行减 1 指令。当 D13＝0 时状态往下跳到延时状态 S27，当延时结束跳到 S28 水平返回状态。

在 S28 状态下，输出 Y1 和 Y4，Y4 为水平方向步进电机方向控制，同时当水平光电耦合器下降沿触发时，给 D12 里面的数进行减 1 指令，当 D12＝0 时状态又跳到延时状态 S29，当延时结束跳转到货叉伸出状态 S30，该状态如 S23 状态一样，当货叉前面的光电开光被挡光条挡住时跳到下一个状态 S33。此状态下输出 Y0、Y3 和 T，T 计时 0.7s，目的是使竖直方向下降 0.7s 放下货物后跳到下一状态 S34 进行货叉的回缩。

当 S34 状态结束后跳转到 S32，在 S32 中将所有 D 寄存器清零并且跳回到初始状态 S0，等待下一次的操作开始。

取货水平前进程序如图 8.20 所示，取货水平前进延时程序如图 8.21 所示。

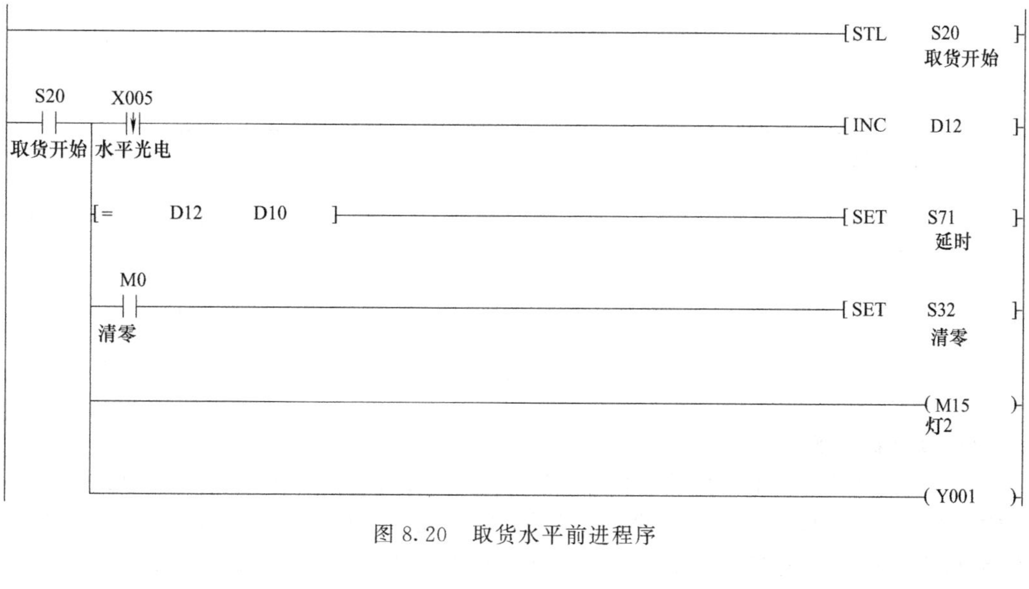

图 8.20 取货水平前进程序

图 8.21　取货水平前进延时程序

以手动模式为例。当在 VB 界面里面按下手动，再按下任意方向运行按钮，然后通过外部点动按钮 X6 控制运行。当按下手动模式后，程序跳到 S60 状态，在此状态中有 7 个 M 软元件开关量，分别是：M24～M29 表示跳转水平前进、水平后退、竖直上升、竖直下降、货叉伸出以及货叉回缩这 6 个状态的按钮；M0 元件跳转回 S0 状态进行复位的按钮。以水平前进为例，当按下 M60 手动模式按钮、M24 水平前进按钮后，程序自动跳转到 S61 手动水平前进状态，然后当在外部按下点动按钮 X6 后，输出 Y1，货叉步进电机启动，向前运行，松开 X6 后，Y1 没有输出，电机停止运行。手动控制模式程序如图 8.22 所示。

图 8.22　手动控制模式程序

（3）初始状态 S0 程序

M8002 在 PLC 开机的时候就会接通，用 M8002 来激活 S0。在 S0 状态中设置的 M1～M9 软元件是用来当作选择货位号的按钮开关，需要在上位机 VB 中编写程序控制 M1～M9 的强制 ON/OFF。通过 VB 通信当控制 M 软元件强制接通时，PLC 则会把相对应货位号的数字传给 D0，如图 8.23 所示。接着在 PLC 程序中编写一段算法进行比较：当 D0≤3 时，把 D0 里面的数赋给 D10；当 4≤D0≤6 时，把 D0 里面的数减 3 赋给 D10；当 7≤D0≤9 时，把 D0 里面的数减 6 赋给 D10。同时，当 D0≤3 时，把 1 赋给 D20；当 4≤D0≤6 时，把 2 赋给 D20；当 7≤D0≤9 时，把 3 赋给 D20。D10 是水平方向光耦应触发的下降沿次数，D20 是竖直方向光耦应触发的下降沿次数。这样就可以得到选择的货位号在水平和竖直方向的光耦分别应经过的挡光板的个数，如图 8.24 所示，从而在下面状态中进行比较。

M22 软元件是 VB 控制切换手动模式，如图 8.25 所示。当 M22 接通时，跳转到 S60 手动模式的状态下。M30 和 M31 分别是跳转到取货和存货状态的按钮。同时在 S0 状态中输出 M14 用来控制输出 Y14，使停止运行时的指示灯闪烁。

此外，D31 用于进行 VB 与 PLC 写入的通信。当在 VB 端写入货位号码时，通过 VB 程序与 PLC 进行通信，将写入的货位号码写到 D31 中，再根据比较来确定是把哪个对应的货位号赋给 D0。

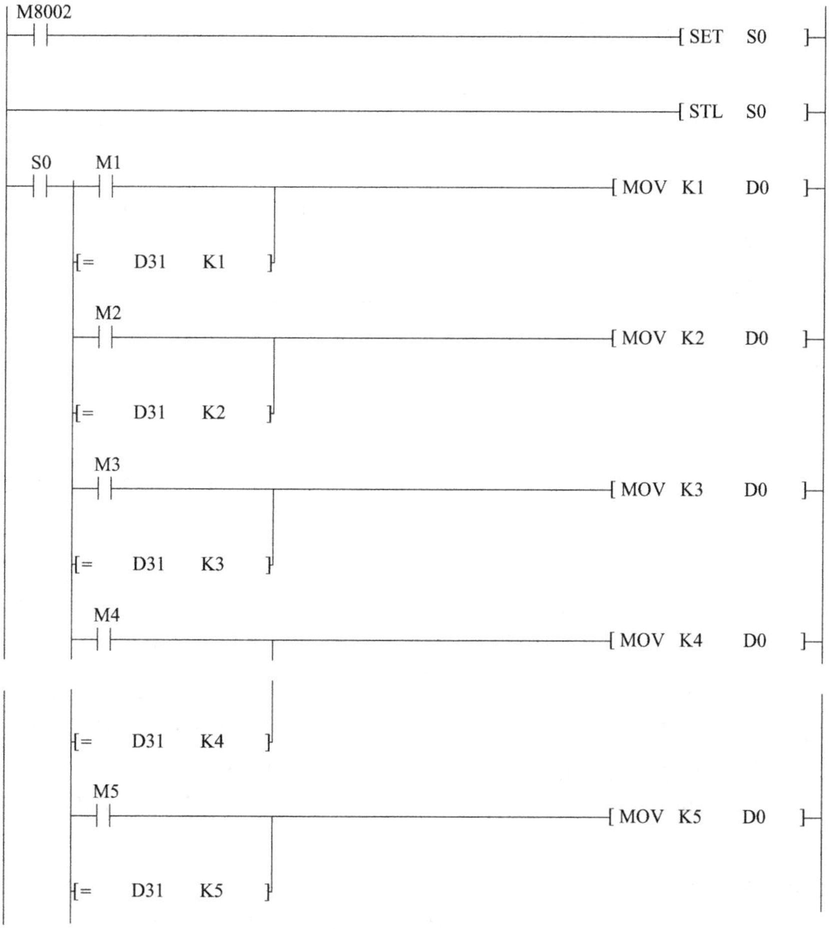

图 8.23 货位号按钮对应赋给 D0 寄存器的值

（4）手动模式程序

当在 S0 状态下接通 M22 软元件，跳转到 S60 手动模式的状态。在 S60 状态下，有 7 个 M 软元件开关量，分别是：M24～M29 分别跳转水平前进、水平后退、竖直上升、竖直下降、货叉伸出以及货叉回缩这 6 个状态；M0 跳转回 S0 状态进行复位。上位机 VB 分别控制

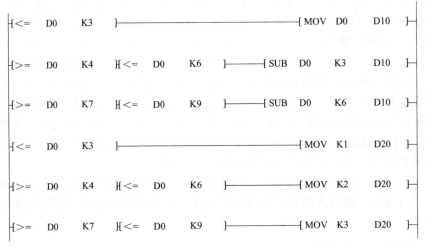

图 8.24   货位号水平和竖直方向光耦应经过的挡光板数

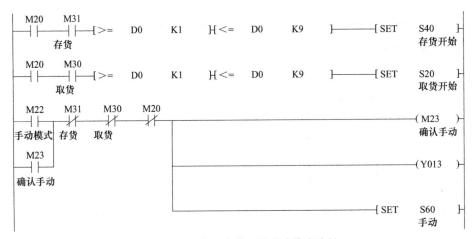

图 8.25   取货、存货以及手动模式选择

M24~M29 以及 M0 按钮，当按下 M24 状态跳转到 S61，在此状态下按下外部电动按钮输出 Y1，给水平方向步进电机发送脉冲，实现水平前进。同理，按下 M25~M29 便跳到 S62~S66 状态下，按下外部点动按钮分别实现水平后退、竖直上升、竖直下降、货叉伸出以及货叉回缩。此外，如果在 M24~M29 中先按下了任意一个方向控制后，无需再按复位，直接可以按下另外一个方向的按钮，跳转到该方向的手动状态。

同时，在 S61~S66 状态中，都输出 M15 用来控制 Y15 的输出，实现在运行时，运行指示灯闪烁。

（5）自动取货模式

当在 S0 状态下，按下启动货位号以及取货按钮后，状态跳到 S20 开始取货。

在 S20 状态下，输出 Y1，给水平方向步进电机发送脉冲，同时当水平光电耦合器下降沿触发时，给 D12 中执行加 1 指令，当 D12＝D10 时状态跳转到竖直方向运行的状态 S21。

在 S21 状态下，输出 Y0，给竖直方向步进电机发送脉冲，同时当竖直光电耦合器下降沿触发时，给 D13 中执行加 1 指令，D13＝D20 时状态往下跳到货叉伸出状态 S23。

在 S23 状态下。输出 Y5，给货叉步进电机发送脉冲，当货叉前面的光电开光被挡光条挡住时跳到下一个状态 S24。

S24 状态为货叉抬起状态，在此状态下，输出 Y0，给竖直方向步进电机发送脉冲，同时输出 T 寄存器计时 0.6s，当 T 元件计时结束开关接通触发下一个状态 S25，进行货叉回缩。

在 S25 状态下，同时输出 Y5 和 Y6，Y6 控制步进电机的方向，使其能够反转使货叉回缩，当货叉后面的光电开关被挡光条挡住时跳到下一个状态 S26。

S26 状态为竖直方向返回，此时输出 Y0 和 Y3，Y3 为竖直步进电机方向控制，同时当竖直光电耦合器下降沿触发时，给 D13 里面的数进行减 1 指令，当 D13＝0 时状态跳转到 S28 水平返回状态。

在 S28 状态下，输出 Y1 和 Y4，Y4 为水平方向步进电机方向控制，同时当水平光电耦合器下降沿触发时。给 D12 里面的数进行减 1 指令，当 D12＝0 时状态又跳到延时状态，当延时结束跳转到货叉伸出状态 S30。

S30 状态如 S23 状态一样，当货叉前面的光电开光被挡光条挡住时跳到下一个状态 S33。

在 S33 状态下，输出 Y0、Y3 和 T，T 计时 0.7s，目的是使竖直方向下降 0.7s 放下货物后跳到下一状态 S34 进行货叉的回缩。

当 S34 状态结束后，跳转到 S32，将所有寄存器值清零且跳回初始状态 S0，等待下一次的操作。

货叉运行状态部分程序如图 8.26 所示。

（6）自动存货模式

在 S0 状态下，按下启动货位号以及存货按钮，状态跳到 S40 开始取货。

在 S40 状态下，输出 Y5 给货叉步进电机发送脉冲，当货叉前面的光电开光被挡光条挡住时跳到下一个延时状态，延时结束后跳转到 S42，输出 Y0，计时 0.6s，目的是抬起货物。当时间达到时，跳转到 S43，输出 Y5 和 Y6，Y6 控制步进电机的方向，使其能够反转使货叉回缩，当货叉后面的光电开关被挡光条挡住时跳到下一个状态 S44。

在 S44 状态下，输出 Y1 给水平方向步进电机发送脉冲，同时当水平光电耦合器下降沿触发时，给 D12 中执行加 1 指令，当 D12＝D10 时状态跳转到竖直方向运行的状态 S45。

在 S45 状态下，输出 Y0 给竖直方向步进电机发送脉冲，同时当竖直光电耦合器下降沿触发时，给 D13 中执行加 1 指令，D13＝D20 时，状态往下跳到货叉抬起状态 S46，输出 Y0，计时 0.6s。当时间达到时接通 T，跳转到货叉伸出状态 S47。

在 S47 状态下，输出 Y5 给货叉步进电机发送脉冲，当货叉前面的光电开关被挡光条挡住时，跳到下一个状态 S49。

S49 状态为货叉放下状态，此状态输出 Y0 和 Y3，同时输出 T 寄存器计时 0.6s，当 T 元件计时结束开关接通触发下一个状态 S50，进行货叉回缩。

在 S50 状态下，同时输出 Y5 和 Y6，Y6 控制步进电机的方向，使其能够反转使货叉回缩，当货叉后面的光电开关被挡光条挡住时跳到下一个状态 S51。

S51 状态为竖直方向返回，此时输出 Y0 和 Y3，Y3 为竖直步进电机方向控制，同时当竖直光电耦合器下降沿触发时，给 D13 里面的数进行减 1 指令，当 D13＝0 时，状态跳转到 S52 水平返回状态。

在 S52 状态下，输出 Y1 和 Y4，Y4 为水平方向步进电机方向控制，同时当水平光电耦合器下降沿触发时。给 D12 里面的数进行减 1 指令，当 D12＝0 时，状态又跳到 S32 将所有 D 寄存器清零并且跳回到初始状态 S0，等待下一次的操作开始。

存货开始状态部分程序如图 8.27 所示。

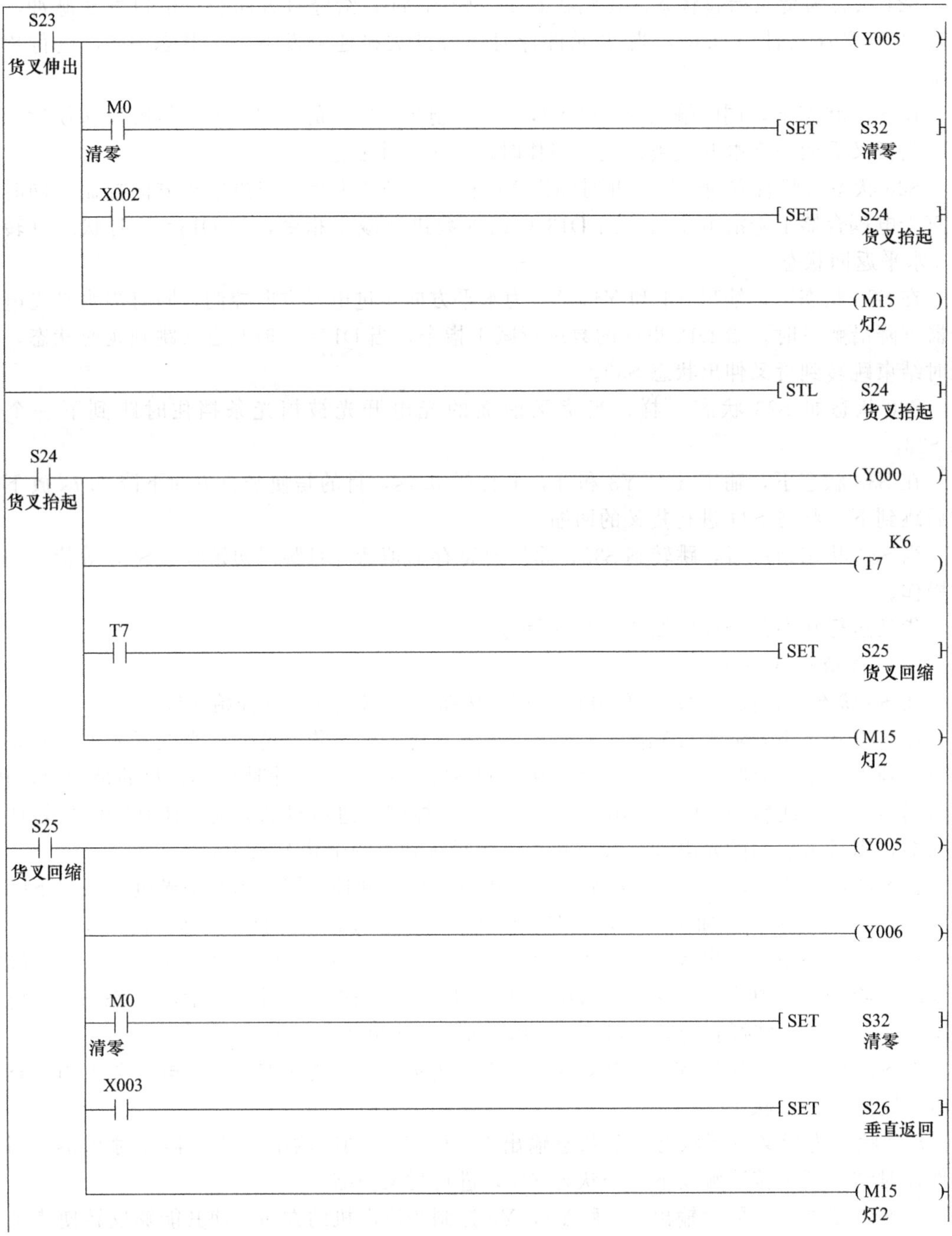

```
 S23
──┤├────────────────────────────────────────────────────( Y005 )
货叉伸出
        M0
        ──┤├──────────────────────────────────[ SET   S32  ]
        清零                                           清零
        X002
        ──┤├──────────────────────────────────[ SET   S24  ]
                                                      货叉抬起
                                            ──────────( M15 )
                                                        灯2

─────────────────────────────────────────────[ STL   S24  ]
                                                      货叉抬起
 S24
──┤├────────────────────────────────────────────────────( Y000 )
货叉抬起
                                                          K6
        ─────────────────────────────────────────────( T7 )
        T7
        ──┤├──────────────────────────────────[ SET   S25  ]
                                                      货叉回缩
                                            ──────────( M15 )
                                                        灯2

 S25
──┤├────────────────────────────────────────────────────( Y005 )
货叉回缩
        ─────────────────────────────────────────────( Y006 )
        M0
        ──┤├──────────────────────────────────[ SET   S32  ]
        清零                                           清零
        X003
        ──┤├──────────────────────────────────[ SET   S26  ]
                                                      垂直返回
                                            ──────────( M15 )
                                                        灯2
```

图 8.26　货叉运行状态部分程序

（7）监控模式程序

通过上位机 VB 界面的 12 盏灯来对堆垛机运行进行实时监控，当货叉到达哪一个货位时，相对应的那盏灯就会由绿色变成红色。

12 盏灯分别表示 9 个货位和 3 个所达到列的定位点。9 个货位对应的是 PLC 程序中的 M88、M104、M128、M144、M160、M176、M192、M296 以及 M392 线圈的通断情况，通过 VB 通信，当读取到其中一个 M 软元件接通时，则它所对应的那盏灯变红。同理，M40、

图 8.27　存货开始状态部分程序

M56、M72 表示 3 个所达到列的定位点。

在 PLC 程序中，通过 D12 和 D13 与数值 1、2、3 的比较，可以确定此时货叉所在位置，接通所对应的 M 软元件，读取到 M 软元件的接通，并在 VB 程序中使绿灯变成红灯。

货位追踪监控程序如图 8.28 所示。

8.3.6　基于 VB6.0 控制软件

（1）VB 与 PLC 通信

VB6.0 软件需要加载 MSComm 控件，通过 SC-09 线缆连接串口进行 PLC 与上位机的通信。通过上位机可以在电脑上监视 PLC 的各种动作，收集 PLC 的生产数据、运行时间以及各种信息，并进行数据库提取，从而在计算机上进行复杂的数据分析，也可以将数据直接写入 PLC，避免 PLC 采集数据的麻烦。

VB6.0 可以对 PLC 的各个继电器进行读出和写入，可读出 X、Y、M、S、T、C、D 等各个继电器的 ON/OFF 以及现在值，也可以写入 X、Y、M、S、T、C 的 ON/OFF 值，对 T、C、D 寄存器进行数据写入。

（2）通信协议

① 报文格式。对于 FX 系列的 PLC 来说，上位机发送给 PLC 的报文格式见表 8.5。STX 为开始标志位，CMD 为命令指令的 ASCⅡ码，ETX 为结束标志位，SUMH、SUML 表示从 CMD 到 ETX 之间各个代码的 ASCⅡ码累加和，也称 PLC 侧的响应码的和效验。

表 8.5　FX 系列 PLC 通信协议

STX	CMD	数据段	ETX	SUMH	SUML

② 通信命令。对于 FX 系列的 PLC 来说，上位机对 PLC 通信的指令有四条，分别是读出命令、写入命令、强制通命令和强制断命令。其相对应的 CMD 码和数据段见表 8.6。

表 8.6　PLC 通信命令

动作	指令	可指定的元件	功能
读出	0	XYMSTCD	读出位元的 ON/OFF 状态或者 T/C 设定值、现在值
写入	1	XYMSTCD	写入位元的 ON/OFF 状态或者 T/C 设定值、现在值
强制通	7	XYMSTC	强制接通
强制断	8	XYMSTC	强制断开

③ 通信控制字符格式。对于 FX 系列的 PLC 来说，都是采用面向字符的传输规程模式，

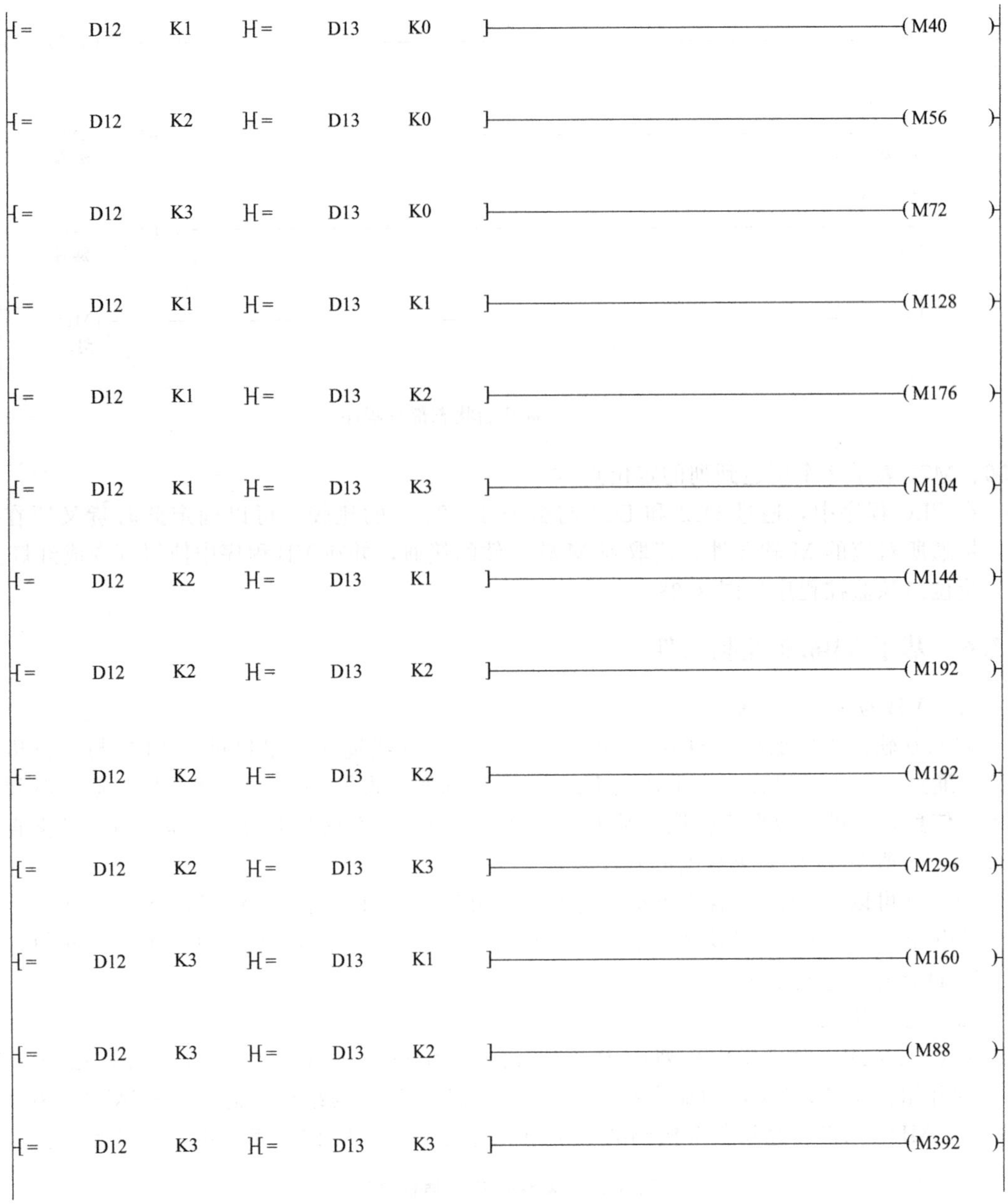

```
[= D12 K1]—[= D13 K0]————————————————————(M40 )

[= D12 K2]—[= D13 K0]————————————————————(M56 )

[= D12 K3]—[= D13 K0]————————————————————(M72 )

[= D12 K1]—[= D13 K1]————————————————————(M128)

[= D12 K1]—[= D13 K2]————————————————————(M176)

[= D12 K1]—[= D13 K3]————————————————————(M104)

[= D12 K2]—[= D13 K1]————————————————————(M144)

[= D12 K2]—[= D13 K2]————————————————————(M192)

[= D12 K2]—[= D13 K2]————————————————————(M192)

[= D12 K2]—[= D13 K3]————————————————————(M296)

[= D12 K3]—[= D13 K1]————————————————————(M160)

[= D12 K3]—[= D13 K2]————————————————————(M88 )

[= D12 K3]—[= D13 K3]————————————————————(M392)
```

图 8.28 货位追踪监控程序

其中用到的 2 个通信控制字符见表 8.7。

表 8.7 FX 系列 PLC 与 PC 机通信所用的控制字符

字符	ASCII 码	VB 表示	说明
STX	02H	Chr(2)	报文开始
ETX	03H	Chr(3)	报文结束

（3）VB 界面设计

如图 8.29 所示，在 PC 端的 VB 软件里面设计了操作界面样式，其中包括货位号、功能键等按钮操作界面、货位号输入窗口以及实时货位监控界面。

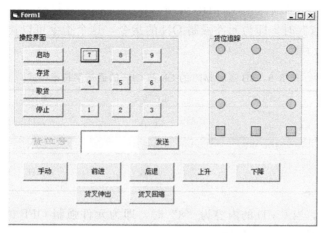

图 8.29　VB 界面设计

操作按钮界面设计了启动、存货、取货、停止、货位号码以及手动相关的按钮，使用的是 CommandButton 控件，操作简单易上手。监控界面设计了 12 盏灯，使用的是 shape 控件，分别代表 9 个货位和 3 个所达到列的定位点。当货叉到达其中的货位时，它所对应的灯由绿色变成红色，实现全程实时监控。货位号输入窗口用的是 TEXT 控件，可以实现数字的输入。

（4）VB 程序设计

在 VB 程序中所需要控制的软元件以及对软元件需要执行的命令见表 8.8。

表 8.8　VB 控件所对应的软元件以及执行的命令

VB 控件	软元件	执行的命令	VB 控件	软元件	执行的命令
启动	M10	强制 ON/OFF	存货	M31	强制 ON/OFF
停止	M0	强制 ON/OFF	取货	M30	强制 ON/OFF
货位号 1～9	M1～M9	强制 ON/OFF	手动	M22	强制 ON/OFF
发送	D31	写入	前进	M24	强制 ON/OFF
后退	M25	强制 ON/OFF	上升	M26	强制 ON/OFF
下降	M27	强制 ON/OFF	货叉伸出	M28	强制 ON/OFF
货叉回缩	M29	强制 ON/OFF	1 号货位监控灯	M128	读取
2 号货位监控灯	M144	读取	3 号货位监控灯	M160	读取
4 号货位监控灯	M176	读取	5 号货位监控灯	M192	读取
6 号货位监控灯	M88	读取	7 号货位监控灯	M104	读取
8 号货位监控灯	M296	读取	9 号货位监控灯	M392	读取
第 1 列货位监控灯	M40	读取	第 2 列货位监控灯	M56	读取
第 3 列货位监控灯	M72	读取			

① 通信初始化。添加 MSComm 通信控件，在“工程”菜单中，单击控件将其添加到 Form 上，把通信初始化程序写入程序框串口进行通信初始化，其主要代码如下：

```
MSComm1.CommPort = 2              'COM2 为通信端口
MSComm1.Settings = "9600,E,7,1"   '串口参数设置,初始化参数
MSComm1.InputLen = 0              '设为 0 时读缓冲区
MSComm1.OutBufferCount = 0        '串口清空
MSComm1.InBufferCount = 0
MSComm1.PortOpen = True                   '打开串口
```

② 强制 ON/OFF。以启动按钮 M10 为例，对 M10 执行强制 ON/OFF。如表 8.9 所示，当 CMD 的内容为 "7" 时，即为元件强制 ON 的指令，这个指令可以让 X、Y、M、S、T、C 的位元状态强制为 ON。

表 8.9　VB 强制 M10 的 ON 和 OFF 的通信字符串格式

STX	CMD(ON)	元件地址	ETX	和校验
02H	"7" 37H	080A	03H	13H
STX	CMD(OFF)	元件地址	ETX	和校验
02H	"8" 38H	080A	03H	14H

如表 8.10 所示，当 CMD 的内容为 "8" 时，即为元件强制 OFF 的指令，这个指令可以让 X、Y、M、S 等状态强制为 OFF。

表 8.10　强制时的元件计算地址

元件实际地址	元件计算地址	元件实际地址	元件计算地址
X0-X17	0400-040F	M0-M1023	0800-0BFF
Y0-Y17	0500-050F		

查表 8.9，M10 的元件地址是 080A，但由于在 PLC 与上位机进行通信时，要求低位的数据段先发送，之后高位数据段再发送，所以地址 080A 在程序格式里面要写为 0A08。最后的和校验是指从 CMD 到 ETX 之间的各个代码的 ASCⅡ 码累加和，所以查询每个键值的 ASCⅡ，然后进行累加和计算，取和的后两位填入和校验。M10 强制 ON 和校验的计算过程为：37H＋30H＋41H＋30H＋38H＋03H＝113H，取 13 填入。其主要代码如下所示：

```
Private Sub Command10_Click()
dat= "7"+ "0A08"+ Chr(3)                   '强制通 M10
    MSComm1.Output= Chr(2)+ dat+ "13"       '发送
    Tim= Timer
    Do
    If Timer> Tim+ 0.5 Then Exit Do         '延时 0.5s
    Loop
    dat= "8"+ "0A08"+ Chr(3)                '强制断 M10
    MSComm1.Output= Chr(2)+ dat+ "14"       '发送

End Sub
```

VB 程序中所用到强制 ON/OFF 的 M 元件地址和和校验如表 8.11 所示。

③ 元件读出。以 1 号货位监控灯 M128 为例，读出 M128 输出线圈的 ON/OFF 状态。如表 8.12 所示，当 CMD 的内容为 "0" 时，即为元件读出的指令，这个指令读出 X、Y、M、S 等的 ON/OFF 状态。

当上位机给 PLC 发送了读出通信字符串格式后，PLC 会给出回答句，其模式如表 8.13 所示。

经查询可得 M128 的元件地址为 0110，表示 M128～M135 的 16 位。当这 16 个线圈其中一个接通时，它所表示的那一位置 1；没有接通时，那一位置 0。然后 16 位二进制以十六进制形式表示出第一笔资料和第二笔资料。由于所用到的 M 元件均是其元件地址的最后一

表 8.11　强制 ON/OFF 元件地址和和校验

元件	元件地址	和校验(ON/OFF)	元件	元件地址	和校验(ON/OFF)
M0	0800	02/03	M10	080A	13/14
M1	0801	03/04	M22	0816	09/0A
M2	0802	04/05	M24	0818	0B/0C
M3	0803	05/06	M25	0819	0C/0D
M4	0804	06/07	M26	081A	14/15
M5	0805	07/08	M27	081B	15/16
M6	0806	08/09	M28	081C	16/17
M7	0807	09/0A	M29	081D	17/18
M8	0808	0A/0B	M30	081E	18/19
M9	0809	0B/0C	M31	081F	19/1A

表 8.12　VB 元件读出的通信字符串格式

STX	CMD	元件计算地址	BYTE 数	ETX	和校验
02H	"0" 30H			03H	

表 8.13　PLC 回答句

STX	第一笔资料		第二笔资料		ETX	和校验
02H	上位	下位	上位	下位	03H	

位，所以 PLC M 元件接通回答句的第一笔资料和第二笔资料均为 00 和 01，表示 16 位最后一位的 M 元件接通。其主要代码如下所示：

```
MSComm1.Output= Chr(2)+ "0"+ "0110"+ "02"+ Chr(3)+ "57"
                                              '发送
Tim= Timer
Do
DoEvents
Loop Until MSComm1.InBufferCount= 4 Or Timer> Tim+ 0.02
If MSComm1.Input= Chr(2)+ "0100"+ Chr(3)+ "C4"Then
                                              '读 M128 接通时的状态
Shape7.FillColor= RGB(255,0,0)
                                              'Shape 控件变为红
End If
MSComm1.Output= Chr(2)+ "0"+ "0110"+ "02"+ Chr(3)+ "57"
Tim= Timer
Do
DoEvents
Loop Until MSComm1.InBufferCount= 4 Or Timer> Tim+ 0.02
If MSComm1.Input= Chr(2)+ "0000"+ Chr(3)+ "C3"Then '读 M128 断开的状态
Shape7.FillColor= RGB(0,255,0)                'Shape 控件变为绿色
End If
```

VB 程序中所用到读元件时的元件地址，M 元件接通时的第一笔资料、第二笔资料，和校验如表 8.14 所示。

表 8.14 读元件时的元件地址和校验以及第一笔资料、第二笔资料

元件	元件地址	读指令和校验	第一笔资料	第二笔资料	回答句和校验
M40	0105	5B	00	01	C4
M56	0107	5D	00	01	C4
M72	0109	5F	00	01	C4
M88	010B	68	00	01	C4
M104	010D	6A	00	01	C4
M128	0110	57	00	01	C4
M144	0112	59	00	01	C4
M160	0114	5B	00	01	C4
M176	0116	5D	00	01	C4
M192	0118	5F	00	01	C4
M296	0125	5D	00	01	C4
M392	0131	5A	00	01	C4

在 VB 界面中的货位号输入框中输入货位号码,即可将货位号写入到 PLC 中的 D31 寄存器中,其元件写入时的通信字串格式见表 8.15。

表 8.15 写元件的通信字串格式

STX	CMD	元件地址	BYTE 数	第一笔资料		第二笔资料		ETX	校验和
02H	"1" 30H			上位	下位	上位	下位	03H	

当输入框 TEXT 控件里面的数字为'1'时,便向 PLC 的 D31 寄存器中写入 1;当输入框里面的数字为'2'时,便向 PLC 的 D31 寄存器中写入 2。查表可得 D31 的元件位址为 103E,将 2 个 byte 所需的 16 进制数字转换为二进制,写入该元件位址,其 16 进制分别为第一笔资料和第二笔资料。其主要代码如下所示:

```
Private Sub Command12_Click()              '发送按钮
If Text1= "1"Then
MSComm1.InBufferCount= 0                    '清空接收缓冲区
MSComm1.OutBufferCount= 0                   '清空发送缓冲区
MSComm1.Output= Chr(2)+ "1"+ "103E"+ "02"+ "0100"+ Chr(3)+ "30"
                                           '发送

End If

If Text1= "2"Then
MSComm1.InBufferCount= 0                    '清空接收缓冲区
MSComm1.OutBufferCount= 0                   '清空发送缓冲区
MSComm1.Output= Chr(2)+ "1"+ "103E"+ "02"+ "0200"+ Chr(3)+ "31"
                                           '发送

End If

If Text1= "3"Then
MSComm1.InBufferCount= 0                    '清空接收缓冲区
MSComm1.OutBufferCount= 0                   '清空发送缓冲区
```

```
MSComm1.Output= Chr(2)+ "1"+ "103E"+ "02"+ "0300"+ Chr(3)+ "32"
                                                            '发送
End If
```

VB 程序中向 PLC 的 D31 寄存器中写入的数字、第一笔资料、第二笔资料和和校验如表 8.16 所示。

表 8.16　向 D31 寄存器写入的数字以及对应的第一笔资料、第二笔资料和和校验

写入的数字	第一笔资料	第二笔资料	和校验
1	01	00	30
2	02	00	31
3	03	00	32
4	04	00	33
……	…	…	…
9	09	00	38

8.4　低频力学谱仪设计

8.4.1　低频力学谱仪设计任务要求

低频力学谱仪作为研究固体材料内耗性能的重要仪器，主要由以工控机＋数据采集卡为基础的数据采集控制模块和以高精度加工方式加工制成的测试平台二者构成。

振动着的固体，即使与外界完全隔绝，其机械振动也会逐渐衰减下去，这种使机械振动能量耗散为热能的现象，叫作内耗。材料内耗产生的物理机制是：当材料在一定的外部载荷的作用下，会因外力的作用产生一定的弹性形变，相应地会产生一定的应变。若材料所受最大应力小于其屈服强度，那么此时产生的应变即为弹性应变。然而，在产生弹性应变的同时，会因材料的内部原因产生一定的非弹性形变，导致施加在材料上的应力与应变之间产生一定的相位差。

低频力学谱仪测试系统主要分为机械系统及软件控制系统两个部分。其中，低频力学谱仪试样测试机械结构中的竖摆杆的设计依据是"葛氏扭摆杆"，测试原理如图 8.30 所示。倒扭摆的组成由上至下分别为平衡杯、竖摆杆、永磁铁、反光镜及试样夹具等。

低频力学谱仪的测量流程如下：低频力学谱仪测试系统中的数据采集卡 AO 口发出一个正弦驱动信号，经由功率放大器将原有驱动信号放大后直接施加至一对赫姆霍兹线圈上。线圈在功率放大后的正弦驱动信号作用下，产生相对应的按照正弦规律变化的磁场。在磁场中的永磁体，受到磁场强度变化的影响，其本身也会受到一个按照正弦规律变化的电磁力矩，按照

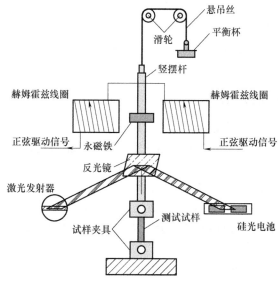

图 8.30　低频力学谱仪测量原理图

正弦规律发生扭摆振动。与此同时，照射在反光镜表面的一字激光，因竖摆杆发生正弦扭摆，也同样会产生一个正弦规律的变化。而一字激光末端照射在硅光电池的表面，也同样会发生位移上的变化，而位移上的变化就对应着所测试试样在应变上的变化。在强迫振动条件下，此时硅光电池表面产生的位移变化，会相应产生两块硅光电池表面电压差的变化。这时通过采集正弦驱动信号和硅光电池表面电压差的正弦变化曲线，并计算二者之间的相位差，即可算出材料的内耗值。

其设计路线图如图 8.31 所示。

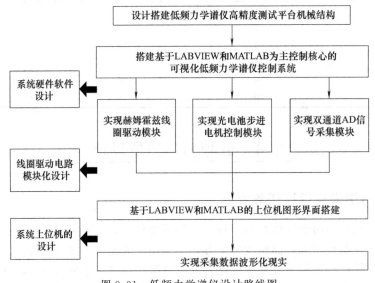

图 8.31　低频力学谱仪设计路线图

下面将着重介绍低频力学谱仪的硬件电路设计和采用 LabVIEW 软件进行上位机设计。

8.4.2　低频力学谱仪结构设计

搭建低频力学谱仪机械结构主要由铝合金框架、上层平台承载板、驱动线圈及竖摆杆重量平衡悬吊装置、竖摆杆、一字激光发射及调节机构、光电池信号接收调节机构、下层平台承载板及试样夹持可调装置、竖摆杆自由垂直度识别机构及试样装夹垂直度识别机构等构成。图 8.32 试样装夹装配图，图 8.33 为整体装配图，图 8.34 为竖摆杆自由垂直度识别机构，图 8.35 为硅光电池示意图。

8.4.3　低频力学谱仪电路设计及模块功能介绍

低频力学谱仪电路部分从功能实现角度分析，需要实现及完成以下功能：赫姆霍兹线圈正弦驱动信号的产生；对正弦驱动信号进行功率放大；对采集到一字线激光的信号的两块硅光电池电压信号进行差分操作并放大；对正弦驱动信号及硅光电池差分采集到的信号进行同步采集。根据以上四种功能的实现而设计的电路方案如图 8.36 所示。

双路信号的产生与同步采集选用思迈科华 Smacq USB 系列数据采集卡，驱动信号的功率放大选取 OPA541 高功率信号放大模块，硅光电池信号的差分放大选择 AD623 模块。

（1）数据采集卡

所选用的思迈科华 Smacq USB 系列数据采集卡其产品特性如下：

① 16-bit 模拟输入分辨率；

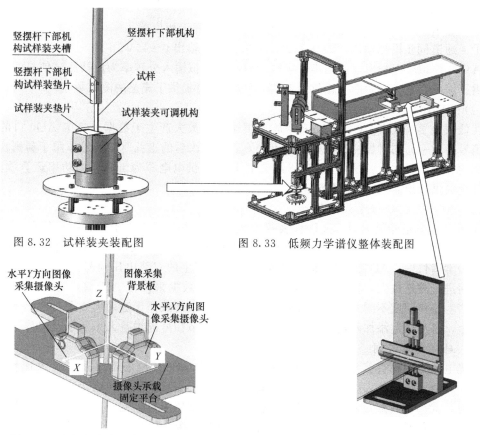

图 8.32 试样装夹装配图

图 8.33 低频力学谱仪整体装配图

图 8.34 竖摆杆自由垂直度识别机构

图 8.35 硅光电池示意图

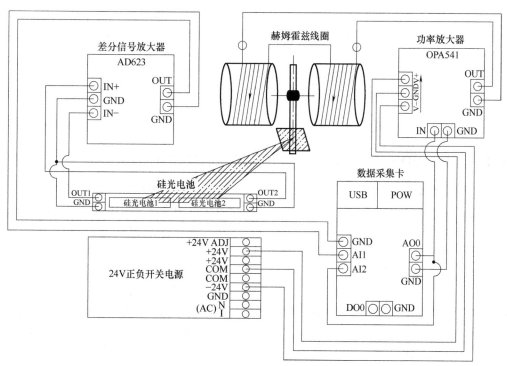

图 8.36 低频力学谱仪基本电路设计

② 1MS/S/Ch 模拟输入采样率；

③ 8 通道同步采集，每通道独立 ADC 且通道之间无相位差；

④ 4 通道同步模拟输出，最高 100kS/s 采样率，输出 0～10V。

其中，模拟输入输出通道同步采集以及较高的模拟输入分辨率为反馈测试信号的精确采集提供了保证，并且为后期全相位为 FFT 相位差计算提供了充足的测试数据。

（2）OPA541 功率放大模块

在低频力学谱仪中，OPA541 功率放大模块用于放大产生于数据采集卡 AO0 口的正弦驱动信号的功率，同时保持波形稳定且不失真。而放大后的正弦驱动信号作用于赫姆霍兹线圈，驱动铷磁铁实现正弦摆动。OPA541 器件是最大供电电源为 ±40V 的功率运算放大器，可以连续提供输出高达 5A 的电流。

（3）AD623 差分信号放大器

AD623 差分信号放大器，又称仪表程控放大器，主要用于电子秤、医疗仪器、传感器接口合数据采集系统等多种场合，同时它还具有低噪声、低输入偏置电流和低功耗等特性。在低频力学谱仪中，AD623 用于接收硅光电池阵列产生的双路电压信号，对其进行差分运算，然后进行波形放大，将放大后的差分信号传输至数据采集卡 AI1 口。为应对因测试不同试样产生扭摆幅度不同，进而导致输出电压过低，最终致使无法采集或采集数据不准确的情况发生，这里通过添加两枚可调电位器，可同时调节信号的增益大小及零点偏移。

（4）硅光电池阵列

硅光电池是一种直接把光能转换成电能的半导体器件。核心部分是一个大面积的 PN 结，把一只透明玻璃外壳的点接触型二极管与一块微安表接成闭合回路，当二极管的管芯受到光照时，就会看到微安表的表针发生偏转，显示出回路里有电流，这个现象称为光生伏特效应。相较于普通二极管，在硅光电池内部的 PN 相较于二极管而言会大很多，故在受到一字激光照射过程中，产生的电动势会更强，更利于数据采集卡检测识别。硅光电池阵列如图 8.37 所示，由两块光敏面积均为 3mm×36mm 的独立硅光电池组合而成，且接收识别波长 $\lambda=300\sim1100$nm，与仪器搭建时选取的一字激光波长 $\lambda=648$nm 相符合。

图 8.37　硅光电池阵列

8.4.4　基于 LABVIEW 和 MATLAB 的上位机软件设计

低频力学谱仪上位机软件设计主要包含人机交互界面设计及软件代码编写，主要有数据采集处理模块和视频图像采集分析模块两个主要部分。低频力学谱仪数据采集模块处于"数据采集"选项卡中，主要用于正弦驱动信号的发出、数据的采集和分析计算显示，如图 8.38 所示。

"数据采集"选项卡代码的主要功能包含：正弦驱动信号的输出参数设定、正弦驱动信号输出、双路信号采集滤波处理及显示、全相位 FFT 内耗计算及显示、软件运行停止及数据保存五个主要部分。低频力学谱仪"数据采集"选项卡代码整体为循环执行，停止条件为停止按钮按下同时执行正弦驱动信号输出归零和保存已采集双路输入波形信号数据点等动作。循环内部代码执行顺序结构主要为：正弦驱动信号参数设定、正弦驱动信号生成及输出、双通道同步数据设定及采集、双路波形采集数据全相位 FFT 内耗计算、正弦驱动信号

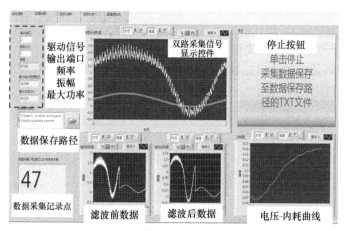

图 8.38　"数据采集"选项卡界面

归零及重置，代码流程如图 8.39 所示。

（1）正弦信号生成、发送和采集

① 正弦驱动信号参数设定。在强迫振动程序上设置好正弦信号的参数并运行，程序将根据式（8-77）生成正弦信号，该信号发送至数据采集卡，数据采集卡对信号进行采样后由 A0、GND 端口输出至 OPA541 功率放大器上。其中，正弦信号设定的参数有振幅 A、频率 f、信号构成点数 N 以及正弦信号在 Y 方向上的偏移量 B。产生的正弦信号由多个点构成，构成点数的密集程度决定了正弦信号的平滑，也直接影响了 OPA541 功率放大器放大信号的稳定性，而正弦驱动信号的稳定是赫姆霍兹线圈平稳运行的关键，故本节将 N 值设为 2000，确保了赫姆霍兹线圈的有效运行。为使正弦驱动信号波形均处于 OPA541 功率放大器正常工作电压区间，本节将 B 值设为 0.01。

$$y = A[\sin(2\pi f i / N)] + B \qquad (8\text{-}77)$$

由 OPA541 功率放大器使用手册可知，该模块最大输出电压应低于 45V，最大输出电流为 5A，最大功率应低于为 50W。根据式（8-78）以及功率放大倍数为 44 可知

$$U = A \times 2 \times 44 \qquad (8\text{-}78)$$

正弦驱动信号最大电压为 0.27V 时，OPA541 将达到最大输出电压，为确保 OPA541 功率放大器安全有效

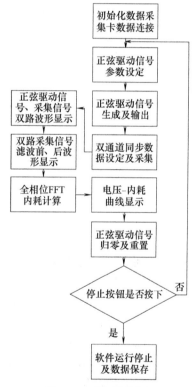

图 8.39　"数据采集"
选项卡代码流程图

运行，选取 ±24V 开关电源作为 OPA541 芯片供电电源，由式（8-77）得波形最大振幅 A 应满足 $A < 0.26$。同时，为限制正弦输出信号波形振幅，在代码中设置振幅判断赋值窗口。当振幅大小随采集次数增加而变大时，根据前述结果判断当前振幅数值是否符合 $A < 0.26$ 的参数条件，若不符合则始终赋值 $A = 0.26$ 从而避免放大失真。本节将 A 设置为 0.1。根据功率放大器的输出功率得

$$P = U^2 / R \qquad (8\text{-}79)$$

式中　*R*——OPA541 功率放大器回路中的电阻，该阻值等于赫姆霍兹线圈电阻 9Ω 加上限
　　　　流电阻 20kΩ。经计算，当正弦驱动信号为 0.1V 时，功率放大器输出功率远小
　　　　于最大输出功率，确保了功率放大器处于有效工作状态。

低频力学谱仪赫姆霍兹线圈正弦驱动信号参数设定代码如图 8.40 所示。

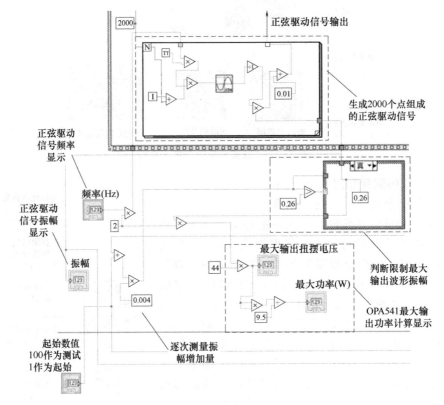

图 8.40　正弦驱动信号参数设定代码

② 正弦驱动信号发生及发送。

程序流程如下：

a. InitDA：数据采集卡模拟输出初始化。

b. Wave Output：数据采集卡模拟输出任意波形时的输出开关，此时设置为关。

c. Clear Wave Point：用于数据采集卡波形数据表的清空。

d. 根据设置的频率振幅信息产生正弦驱动信号，并计算 OPA541 功率放大器的最大输
出电压与最大输出功率。

e. Set Wave Point：设定数据采集卡输出端口为 A0，接收正弦驱动信号。

f. Set Wave Sample Rate：用于设置数据采集卡模拟输出任意波时的采样率，数据采集
卡信号输出频率等于采样率/采样点数 *N*，其中采样点数 *N* 为正弦信号的构成点数 2000，
为确保输出频率与正弦驱动信号的频率一致，故设置采样率为 2000。

g. 布尔数组数据转换后赋值给 Wave Output，设置为波形输出为开，此时数据采集卡
通过 A0、GND 端口发出正弦驱动信号。

正弦驱动信号生成及发送代码如图 8.41 所示。

③ 双路信号采集滤波处理及显示双路信号采集代码。数据采集卡双路信号采集部分代
码中主要包括：设置模拟输入端口量程、设置模拟输入模式、通过布尔数组配置所需采集通

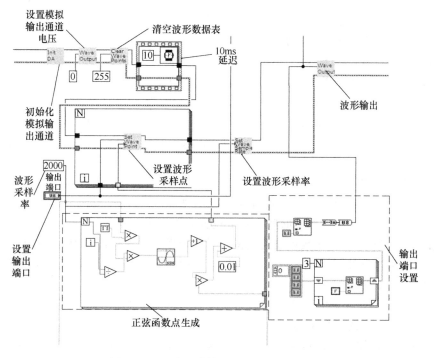

图 8.41　正弦驱动信号生成及发送代码

道、设置采样率、触发源设置、软件触发开关、多通道模拟输入采集和采集完毕数据清除等，如图 8.42 所示。

正弦驱动信号生成、发出并放大后，赫姆霍兹线圈将产生规律变化的均匀磁场驱使倒扭

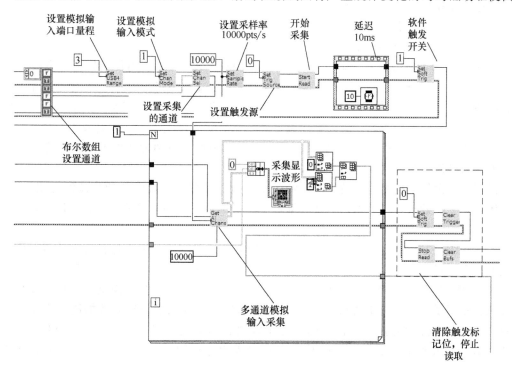

图 8.42　双路信号采集代码

摆转动。此时硅光电池和差分放大器将振动信号转化成电压变化传递给数据采集卡，数据采集卡同时还需采集来自采集卡发出的正弦驱动信号，两个电压信号同步采集。

双路信号数据采集程序流程如下：

a. 在模拟输入相关函数 Set USB4 AI Range 中的 Range 端口设置数据采集卡模拟输入通道量程，该参数只能设置为 5 或 10，为确保接收数据的完整和安全，本节设置为 10。

b. Set Chan Mode：设置通道模式，本节中该参数设置为 1。

c. 在模拟输入相关函数 Set Chan Sel 中的 ChSel 端口通过布尔数组设置采集通道，设置格式 1 为选中通道，0 为不选中通道，通道 AI0～AI15 分别对应从低到高的二进制数。

d. 在模拟输入相关函数 Set Sample Rate 中设置模拟输入通道的采样率，采样周期最小时间分辨率为 20ns，因此采样周期设置为 20 的整数倍，将获得最佳采样周期精度。为了提高相位差计算精度以及程序响应时间，本节设置采样率为 10000pts/s。

e. 在 Set Trig Source 函数中设置模拟采样的触发源，该值设置为 0，表示为软件触发。

f. 通过读取数据控制函数 Start Read 启动一个线程，自动将采集卡硬件 FIFO 中的数据存储于程序中的 FIFO 中。

g. 完成以上各个端口的设置后，延迟 10s 后通过 Set Soft Trig 设置软件触发，此时数据采集卡进行下一步的信息采集。

h. 在数据读取控制函数 Get AI Chans 中需要设置主要两个参数，其中模拟采样点数设置为 10000，通过布尔数组设置模拟输入通道。

i. 对数据采集卡 AI1、AI2 端口的信号进行识别，并将识别信号显示在强迫振动界面，下一步可以对双通道信号进行滤波处理并在强迫振动界面显示滤波后的波形。

j. 在数据采集代码循环一次执行结束后，对当前采集到的含有 20000 个数据的一维数组进行保存并计算相应相位差，即内耗值。

k. 采集完毕数据清除。

（2）双路同步采集信号滤波及全相位 FFT 相位角计算

① 双路信号滤波及显示代码。在低频力学谱仪工作过程中，因任何导体（电线及赫姆霍兹线圈）在通过交流电或者直流电的情况下，都会引起周围电场强度的变化，即在周围电线或电路板表面产生感应电流，叠加在一起即称之为噪声。这种噪声尤其对于精密仪器的电信号结果会产生影响，因此对采集到的数据进行相应滤波至关重要。数据采集卡双路信号滤波及显示代码中主要 VI 包括：巴特沃斯带通滤波、中值滤波两种滤波方式及相应滤波前后的数据显示控件。双路信号滤波代码如图 8.43 所示。

低频力学谱仪采用中值滤波器和巴特沃斯带通滤波器联合降噪的软件滤波方式。其中，为了体现滤波的效果，在数据输入及数据输出的一维数组上均连接波形图表，用以对比滤波前后的结果。

② 全相位 FFT 内耗计算及显示代码。低频力学谱仪测试结果为材料的内耗值，而材料内耗值是通过对 AI0 及 AI1 端口采集到的正弦波数据进行全相位 FFT 计算得到。全相位 FFT 具有以下特性：a. 无需附加的相位校正措施；b. 计算精度高，满足测量精度较高的工况要求；c. 计算量小，实时性较强；d. 具有初相位不变性以及能够有效抑制频谱发生泄露的特性，且抗干扰性能强，对输入的信号不需要进行较为复杂的处理。图 8.44 为全相位 FFT 内耗计算及显示的 LABVIEW 代码运行植入程序框图。这里对全相位 FFT 具体算法从略。

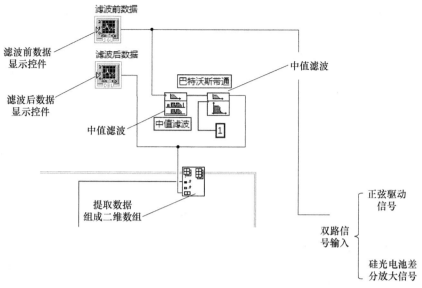

图 8.43 双路信号滤波代码图

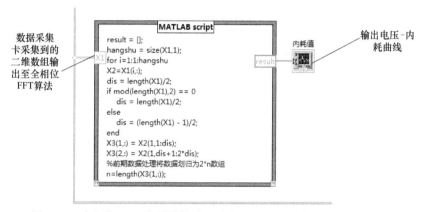

图 8.44 全相位 FFT 内耗计算及显示的 LABVIEW 代码运行植入程序

（3）视频图像采集与分析

竖摆杆自由垂直图像识别机构的人机交互界面分别位于总控台界面的视频校准 X 和视频校准 Y 两个选项卡内，其中包含：摄像头 COM 口选择菜单、摄像头检测帧数显示控件、轴向坐标位置、图像显示控件及停止按钮，布局如图 8.45 所示。

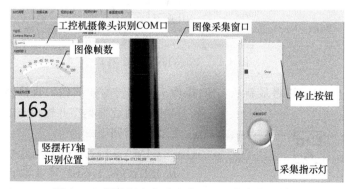

图 8.45 竖摆杆自由垂直度 X、Y 方向交互界面

以视频校准 Y 选项卡为例，在该选项卡操作界面下，首先需要根据工控机的 COM 口识别情况，确认并选择 Y 方向图像采集摄像头所占用的 COM 端口，然后单击窗口运行按钮，图像采集窗口即可显示出采集到的低频力学谱仪竖摆杆在 Y 方向上的图像。右下角采集指示灯及采集帧数属于正常工作状态情况下，即可在对应 X 轴坐标位置对话窗口显示相应的坐标位置。

低频力学谱仪的视频图像采集的硬件基础是一个可以提供 640×480 像素尺寸的 USB 摄像头以及与之通过 USB 相连的工控机。在软件方面，摄像头的图像数据读取是基于整合了 VAS（Vision Acquisition Software）及 VDM（Vision Development Module）的 LABVIEW 人机交互界面。LABVIEW＋VDM 图像采集代码如图 8.46 所示。

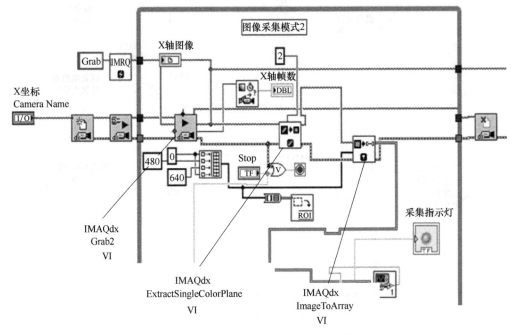

图 8.46　LABVIEW＋VDM 图像采集代码

在图像获取方面主要基于 IMAQdx Grab2 Ⅵ（图 8.47），在图像颜色提取及数组转化方面基于 IMAQdx ExtractSingleColorPlane Ⅵ（图 8.48）和 IMAQdx ImageToArray Ⅵ（图 8.49）。

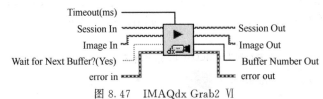

图 8.47　IMAQdx Grab2 Ⅵ

IMAQdx Grab2 Ⅵ可以将最新从 USB 摄像头获取到的帧图像，直接转化成 LABVIEW 可识别的数据类型并输出至 Image Out 中，供后续代码调用。

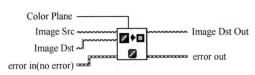

图 8.48　IMAQdx ExtractSingleColorPlane Ⅵ

IMAQdx ExtractSingleColorPlane Ⅵ用于从 IMAQdx Grab2 Ⅵ获取得到的彩色 image 数据中，获取所需的单一色彩数据。这里通

过该 Ⅵ 将彩色图像转化为单一灰度图，为后续的 MATLAB 图像分析作铺垫。

IMAQdx ImageToArray Ⅵ 可以将整个图片或其中一部分转化成 LABVIEW 格式二维数组。结合并利用上述三种图像处理 Ⅵ，可在 LABVIEW 代码中，将

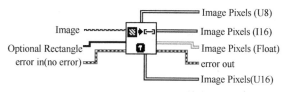

图 8.49 IMAQdx ImageToArray Ⅵ

USB 采集到的彩色图像数据提取并输出称为二维灰度图像数组，该数组各个元素均由 0～255 组成。在 MATLAB 图像分析代码中，为识别图像边缘及提高处理速度，在扫描每一帧 480×640 像素组成的二维数组后，其中背景图像像素格数据大于 100，竖摆杆所处位置图像像素格数据小于 30，所以将各个元素以数值 50 作为其分割标准，当数值低于标准则赋值为 0，高于标准则赋值为 1。通过简化处理的方式，利用在 LABVIEW 中植入 MATLAB script 代码直接运行，即可识别出如竖摆杆自由垂直中心位置或识别试样边缘线，如图 8.50 所示。

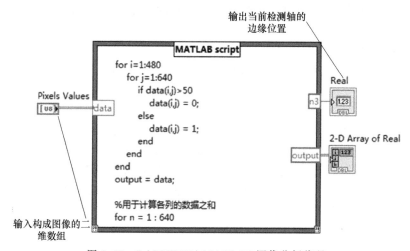

图 8.50 LABVIEW＋MATLAB 图像分析代码

8.4.5 数据采集滤波方法选择

在数据采集过程中，AI0 口所采集的正弦信号来自于数据采集卡自身的 AO 口，故基本不会出现较大的数据噪声及干扰。而 AI1 口采集的数据，来源于一字激光照射至硅光电池表面的两块独立硅光电池后，将信号分别传输至 AD623 差分信号放大器，经差分运算并放大后，由 OUTPUT 端口传至 AI1 口并采集得到。在硅光电池差分信号传输过程中，其中可能包含电路内部的导电微粒不连续造成的低频噪声、电路板上电磁干扰元件导致的辐射噪声或 AD623 差分信号放大模块上电阻器产生的噪声等。因此，需要对数据采集卡采集到的由 AD623 差分信号放大模块放大之后的正弦信号进行一系列的滤波处理，从而避免过多的噪声干扰最终的计算结果。

（1）滤波器选择

考虑到低频力学谱仪测量过程中，AD623 差分放大模块处理后的正弦信号可能包含因脉冲电流等原因产生的脉冲噪声，且为了在滤除信号的同时，能够保护正弦信号的边缘部分，这里采用与线性滤波不同的滤波方式，即中值滤波。中值滤波具有算法简单、运算速度快且滤波器选择参数简单且较少等特点，也可以保证性能较差的工控机在运行过程中不会发

生较大的卡顿。为避免高频或低频噪声对采集结果产生过大影响，本节使用 LABVIEW 软件内置的中值滤波器及巴特沃斯（带通）滤波器对噪声进行滤除。

（2）中值滤波结构及参数选择

在 LABVIEW 内置的中值滤波器 VI 详细信息如下：

① LABVIEW 中值滤波基本界面。在 LABVIEW 中，存在中值滤波函数，设 Y 是滤波器的输出，X 是滤波器的输入。J_i 是以 X_i 为中心，长度为 $2\mathrm{rank}+1$ 的子序列，则 $Y=\mathrm{median}(J_i)$，序列 J_i 的中值即为将 J_i 从小到大排序后处于中间位置的数值大小。在中值滤波器的可选连线参数中，涉及四个参数，分别为需要滤波的数组 X，滤波后的数组 X，中值滤波参数（左秩、右秩）及错误信息输出单元，如图 8.51 所示。

② 中值滤波基本计算原理。使用式（8-80）获取滤波后的 X 的元素：

$$Y_i=\mathrm{Median}(J_i) \quad i=0,1,2,\cdots,n-1 \tag{8-80}$$

式中　Y_i——输出序列滤波后的 X；

　　　n——输入序列 X 中元素的数量；

　　　J_i——以输入序列 X 中以第 i 个元素为中心的子集，以及 X 范围外等于零的索引元素。

式（8-81）定义了 J_i：

$$J_i=\{X_{i-\mathrm{rl}},X_{i-\mathrm{rl}+1},K,X_{i-1},X_i,X_{i+1},K,X_{i+\mathrm{rr}-1},X_{i+\mathrm{rr}}\} \tag{8-81}$$

式中　rl——左秩；

　　　rr——右秩。

③ LABVIEW 中值滤波器参数选择。LABVIEW 中值滤波器需要选择两种参数，分别为左秩和右秩，二者定义了滤波器所包含的滤波的元素，其中左秩必须大于等于 0（默认数值为 2），右秩用于计算右侧中值滤波器的元素数，如果右秩小于 0，该 VI 将假定右秩等于左秩。右秩必须小于 X，默认值为 -1。为满足运算准确性并兼顾运算速度，本节通过比较不同秩的大小对数据滤波效果进行对比试验，选取左秩为 5，右秩为 -1，即左右秩完全相同的配比方法。图 8.52 为中值滤波 Y_i 计算图示。

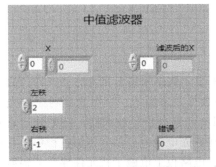

图 8.51　LABVIEW 内置中值滤波器界面

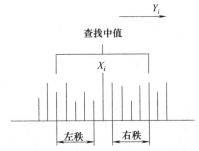

图 8.52　中值滤波 Y_i 计算图示

（3）巴特沃斯滤波结构及参数选择

在 LABVIEW 内置的巴特沃斯滤波器 VI 详细信息如下：

① LABVIEW 巴特沃斯基本界面及代码接线图。低频力学谱仪工作过程中，使用巴特沃斯滤波器过程中需要涉及的参数包括：滤波器的选择、被滤波数据、滤波后数据、采样频率 f_s、高截止频率 f_h、低截止频率 f_l 及阶数。其原理及接线图如图 8.53 所示。

② 巴特沃斯滤波器参数选择。巴特沃斯滤波器的滤波器类型包含四种，分别为低通（LOWPASS）、高通（HIGHPASS）、带通（BANDPASS）及带阻（BANDSTOP）。为消

除与采样频率 f_s 不相等的其余频率噪声，采用带通（BANDPASS）滤波方式，允许特定频段的波通过同时屏蔽其他频段。采样频率与数据采集卡 AO 口发送正弦信号频率相一致，高频及低频截止频率 f_h 及 f_l 设定为默认值。f_s 和低截止频率 f_l 必须符合下列条件：

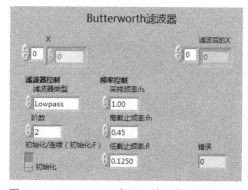

图 8.53 LABVIEW 内置巴特沃斯滤波器界面

$$0 < f_1 < f_2 < 0.5 f_s \qquad (8\text{-}82)$$

巴特沃斯滤波器阶数设置，因滤波器阶数越高，在其阻频带振幅衰减速度越快，这里将阶数定位默认值，即阶数等于2。

巴特沃斯传递函数为

$$|H(\tilde{\omega})|^2 = \cfrac{1}{1 + \left(\cfrac{\tilde{\omega}}{\omega_c}\right)^{2n}} = \cfrac{1}{1 + \varepsilon^2 \left(\cfrac{\tilde{\omega}}{\omega_p}\right)^{2n}} \qquad (8\text{-}83)$$

式中 n——滤波器阶数；

ω_c——截止频率＝振幅下降为－3分贝时的频率；

ω_p——通频带边缘频率。

（4）滤波前后数据对比研究

采集信号滤波前后对比如图 8.54 所示，包含两组正弦曲线。其中，左半侧正弦曲线为硅光电池经差分放大器处理后采集到的数据，右半侧正弦曲线为数据采集卡 AO 口输出的正弦驱动信号。从处理结果对比观察可知，将中值滤波器和巴特沃斯滤波器联合，对差分放大采集信号进行处理，可有效抑制非线性噪声并针对正弦驱动信号频率不同的噪声信号进行滤除，提升全相位 FFT 算法结果精度。

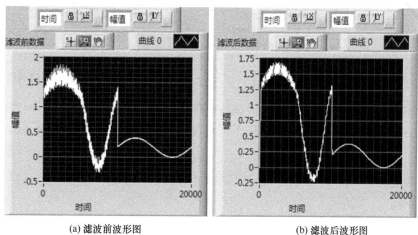

(a) 滤波前波形图　　　　　　　　(b) 滤波后波形图

图 8.54 采集信号滤波前后对比图

8.4.6 测试结果

图 8.55 为制作完毕的低频力学谱仪机械及测控平台。

由软件平台"数据采集"选项卡人机交互界面采集到的实时数据未处理前如图 8.56 所示，横坐标为数据采集次数且总采集次数为100，纵坐标为当前采集次数下对应采集的双路信号经全相位 FFT 算法计算得到的相位差，取正切值后所对应的内耗值。

图 8.55　低频力学谱仪机械及测控平台

图 8.56 中横坐标数据采集次数和正弦驱动信号幅值参数呈正比且完全符合线性关系：

$$A = 0.0026x_t \qquad (8\text{-}84)$$

式中　A——当前采集次数下正弦驱动信号电压幅值；

　　　x_t——当前采集次数。

得图 8.56 顶部横坐标所示正弦驱动信号振幅-内耗曲线：

$$\varepsilon = \frac{57.5A + 0.0462}{38.46} \qquad (8\text{-}85)$$

式中　ε——试样应变；

　　　A——正弦驱动信号振幅。

根据式（8-85），将采样点所对应的横坐标电压数值转换成相应的应变数值，通过数据处理软件对所采集得到的数据点横坐标取以 10 为底的对数值，并输出显示如图 8.57 所示的应变-内耗值曲线。

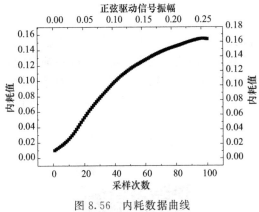

图 8.56　内耗数据曲线

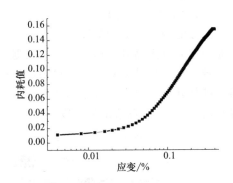

图 8.57　应变-内耗值曲线

图 8.57 是内耗值随应变振幅变化的曲线，可以分为明显的两个部分：在低应变振幅阶段（0%～0.08%），试样的内耗值变化不大；当应变振幅大于临界应变振幅（≈0.08%）时，试样的内耗值开始迅速爬升。

附　录

附表1　JSK-KL型直线滚动导轨副尺寸参数

型号	装配后组合尺寸/mm		导轨尺寸/mm							滑块尺寸/mm			
	H	W	B	H_1	l	F	L_{0max}	$d \times D \times h_1$		B_1	K	T	T_1
JSA-LG15	24	15.5	16	15	20	60	1500	4.5×7.5×5.3		47	19.4	7	11
JSA-LG20	30	21.5	20	18	20	60	1500	6×9.5×8.5		63	24	10	14
JSA-LG25	36	23.5	23	22	20	60	3000	7×11×9		70	29.5	12	16
JSA-LG35	48	33	34	29	20	80	3000	9×14×12		100	39	13	21
JSA-LG45	62 (60)	37.5	45	38	25	100 (105)	3000	14×20×17		120	51	15	25
JSA-LG55	70	43.5	53	44	30	120	3000	16×23×20		140	57	20	29
JSA-LG65	90	53.5	63	53	35	150	3000	18×26×22		170	76	23	37

型号	滑块尺寸/mm							额定载荷/kN		额定静力矩/(N·m)		
	C_1	C_2	L_1	L_2	L_3	ϕ	M_1	C_a	C_{oa}	M_A	M_B	M_C
JSA-LG15	4.5	38	65	40.5	30	6	M5	7.94 7.6	9.5 12.3	55 61	55 61	88 98
JSA-LG20	5	53	78 94	50 66	40	7	M6	11.5 13.6	14.5 20.3	92.4 121.8	92.4 121.8	154 203
JSA-LG25	6.5	57	90 109	59 78	45	7	M8	17.7 20.7	22.6 34.9	150 245	150 245	246 402
JSA-LG35	9	82	116 139.3	81.3 105	62	11	M10	35.1 40	47.2 64.8	488 681	488 681	790 1102
JSA-LG45	10	100	135 163	102 130	80	13	M12	42.5 64.4	71 102	848 1345	848 1345	1448 2297
JSA-LG55	12	116	161 199	118 156	95	14	M14	79.4 92.2	101 142.5	1547 2264	1547 2264	2580 3376
JSA-LG65	14	142	195 255	147 207	110	16	M16	115 148	163 224	3237 4200	3237 4200	4860 6760

注：1. 表中 M_A、M_B、M_C 指滑块的额定静力矩值；
2. 表中 L_{0max} 为单根导轨的最大长度。

附表2　JSA型导轨长度系列　　　　　　　　　　单位：mm

导轨副型号	导轨长度系列										
JSA-LG15	280	340	400	460	520	580	640	700	760	820	940
JSA-LG20	340	400	520	580	640	760	820	940	1000	1120	1240
JSA-LG25	460	640	800	1000	1240	1360	1480	1600	1840	1960	3000
JSA-LG35	520	600	840	1000	1080	1240	1480	1720	2200	2440	3000
JSA-LG45	550	650	750	850	950	1250	1450	1850	2050	2550	3000
JSA-LG55	660	780	900	1020	1260	1380	1500	1980	2220	2700	3000
JSA-LG65	820	970	1120	1270	1420	1570	1720	2020	2320	2770	3000

附表3　硬度系数

滚道硬度（HRC）	50	55	58～64
f_H	0.53	0.8	1.0

附表 4　温度系数

工作温度/℃	<100	100～150	150～200	200～250
f_T	1.00	0.90	0.73	0.60

附表 5　接触系数

每根导轨上的滑块数	1	2	3	4	5
f_C	1.00	0.81	0.72	0.66	0.61

附表 6　精度系数

精度等级	2	3	4	5
f_R	1.0	1.0	0.9	0.9

附表 7　载荷系数

工况	无外部冲击或振动的低速场合，速度小于 15m/min	无明显冲击或振动的中速场合，速度为 15～60m/min	有外部冲击或振动的高速场合，速度大于 60m/min
f_W	1～1.5	1.5～2	2～3.5

附表 8　F_m 实验计算公式及参考系数

导轨类型	实验公式	K	μ
矩形导轨	$F_m = KF_x + \mu(F_z + F_y + G)$	1.1	0.15
燕尾导轨	$F_m = KF_x + \mu(F_z + 2F_y + G)$	1.4	0.2
三角形或综合导轨	$F_m = KF_x + \mu(F_z + G)$	1.15	0.15～0.18

附表 9　滚珠丝杠副标准参数组合　　　　单位：mm

公称直径	公称导程													
6	1	2	2.5											
8	1	2	2.5	3										
10	1	2	2.5	3	4	5	6							
12		2	2.5	3	4	5	6	8	10	12				
16		2	2.5	3	4	5	6	8	10	12	16			
20				3	4	5	6	8	10	12	16	20		
25					4	5	6	8	10	12	16	20	25	
32					4	5	6	8	10	12	16	20	25	32
40						5	6	8	10	12	16	20	25	32	40
50						5	6	8	10	12	16	20	25	32	40
63						5	6	8	10	12	16	20	25	32	40
80							6	8	10	12	16	20	25	32	40
100									10	12	16	20	25	32	40
125									10	12	16	20	25	32	40
160										12	16	20	25	32	40
200										12	16	20	25	32	40

附表 10　载荷系数

运转状态	f_W
平稳或轻度冲击	1.0～1.2
中等冲击	1.2～1.5
较大冲击或振动	1.5～2.5

附表 11　CM、CDM 系列滚珠丝杠副尺寸参数

规格代号	公称直径/mm d_0	导程/mm P_h	滚珠直径/mm D_w	丝杠底径/mm d_2	丝杠外径/mm d_1	循环列数/mm CM	循环列数/mm CDM	螺母安装尺寸/mm D_1	D	D_4	L CM	L CDM	B	h	ϕ_1	ϕ_2	M	油杯	额定载荷/N C_a	C_{oa}	刚度 K_C/(N·μm⁻¹) CM	CDM
2004—2.5	20	4	2.381	17.1	19.5	1×2.5	1×2.5×2	40	66	53	39	72	11	6	5.8	10	M6	5076	11525	181	338
2004—5						2×2.5	2×2.5×2				55	102						9197	23050	350	655
2005—2.5		5	3.175	16.2		1×2.5	1×2.5×2	45	70	56	40	80						7988	16762	187	373
2005—5						2×2.5	2×2.5×2				62	106						14498	33524	361	722
2504—2.5	25	4	2.381	22.1	24.5	1×2.5	1×2.5×2	50	76	63	39	72	11	6	5.8	10	M6	5587	14538	217	406
2504—5						2×2.5	2×2.5×2				56	102						10140	29076	420	786
2505—2.5		5	3.175	21.2		1×2.5	1×2.5×2				40	80						8888	21216	225	449
2505—5						2×2.5	2×2.5×2				62	108						16132	42432	435	869
2506—2.5		6	3.969	20.2		1×2.5	1×2.5×2				44	86						11939	26192	230	459
2506—5						2×2.5	2×2.5×2				64	123						21670	52385	445	889
3205—2.5	32	5	3.175	28.2	31.5	1×2.5	1×2.5×2	60	90	75	42	80	13	7	7	12	M6	9916	27448	275	549
3205—5						2×2.5	2×2.5×2				62	115						17998	54896	532	1063
3206—2.5		6	3.969	27.2		1×2.5	1×2.5×2				46	87						13428	33987	282	564
3206—5						2×2.5	2×2.5×2				66	125						24373	67974	546	1091
4005—2.5	40	5	3.175	36.2	39.5	1×2.5	1×2.5×2	67	104	85	45	86	15	9	9	15	M6	10890	34568	329	658
4005—5						2×2.5	2×2.5×2				65	123						19766	69136	637	1273
4006—2.5		6	3.969	35.2		1×2.5	1×2.5×2	71	110	90	48	94						14820	42890	338	676

附表 12　行程偏差和变动量

序号	检验项目	允差 定位滚珠丝杠副 有效行程 l_u/mm	标准公差等级 1	2	3	4	5	7	10
			e_p/μm						
E1.1	有效行程 l_u 内的平均行程偏差 e_p	≤315	6	8	12	16	23		
		>315～400	7	9	13	18	25		
		>400～500	8	10	15	20	27		
		>500～630	9	11	16	22	32		
		>630～800	10	13	18	25	36		
		>800～1000	11	15	21	29	40		
		>1000～1250	13	18	24	34	47		
		>1250～1600	15	21	29	40	55		
		>1600～2000	18	25	35	48	65		
		>2000～2500	22	30	41	57	78		
		>2500～3150	26	36	50	69	96		

附表 13　丝杠支承系数

方式	双推—自由	双推—简支	双推—双推	单推—单推
f_k	0.25	2	4	1

附表 14　常用部件转动惯量计算

	计算公式	简　图	符号的意义
圆柱体的转动惯量（如齿轮、联轴器、丝杠、轴等）	$J=\dfrac{m_j D^2}{8}$		m_j——圆柱体质量,kg D——圆柱体直径,cm L——圆柱体长度或厚度,cm
丝杠折算到电动机轴上的转动惯量	$J=\left(\dfrac{z_1}{z_2}\right)^2 J_s$		J_s——滚珠丝杠转动惯量,kg·cm^2 z_1,z_2——主动齿轮及被动齿轮的齿数
工作台折算到丝杠上的转动惯量	$J=\left(\dfrac{P_h}{2\pi}\right)^2 m_i$		m_i——工作台质量,kg P_h——丝杠导程,cm
一对齿轮传动时,传动系统折算到电动机轴上的总转动惯量	$J=J_m+J_{z1}+\left(\dfrac{z_1}{z_2}\right)^2\times$ $\left[(J_{z2}+J_s)+m_i\left(\dfrac{P_h}{2\pi}\right)^2\right]$		J_{z1}——齿轮 z_1 的转动惯量,kg·cm^2 J_{z2}——齿轮 z_2 的转动惯量,kg·cm^2 J_m——电动机转子的转动惯量,kg·cm^2 J_s——滚珠丝杠的转动惯量,kg·cm^2 P_h——滚珠丝杠导程,cm
两对齿轮传动时,传动系统折算到电动机轴上的总转动惯量	$J=J_m+J_{z1}+\left(\dfrac{z_1}{z_2}\right)^2\times$ $(J_{z2}+J_{z3})+$ $\left[J_{z4}+J_s+m_i\left(\dfrac{P_h}{2\pi}\right)^2\right]\times$ $\dfrac{z_1 z_3}{z_2 z_4}$		J_{z1}——齿轮 z_1 的转动惯量,kg·cm^2 J_{z2}——齿轮 z_2 的转动惯量,kg·cm^2 J_{z3}——齿轮 z_3 的转动惯量,kg·cm^2 J_{z4}——齿轮 z_4 的转动惯量,kg·cm^2

附表 15　永磁感应式步进电机的技术参数

型号	相数	步距角/(°)	电压/V	电流/A	最大静转矩/(N·m)	空载起动频率/Hz	空载运行频率/Hz	转动惯量/(kg·cm^2)
90BYG2502	2/4	0.9/1.8	100	4	6	1800	20000	4
90BYG2602	2/4	0.75/1.5	100	4	6	1800	20000	4
110BYG2502	2/4	0.9/1.8	120～310	5	20	1800	20000	15
110BYG2602	2/4	0.75/1.5	120～310	5	20	1800	20000	15
110BYG3502	3	0.6/1.2	120～310	3	16	2700	30000	15
130BYG2502	2/4	0.9/1.8	120～310	7	40	1500	15000	48
130BYG3502	3	0.6/1.2	80～325	6	37	1500	15000	48
110BYG5802	5	0.225/0.45	120～310	5	16	1800	20000	15
130BYG5501	5	0.36/0.72	120～310	5	20	1800	20000	33

附表 16　步进电机的运行矩频特性

电机型号	运行频率/Hz	100	500	1000	2000	4000	6000	8000	10000
	运行步距角/(°)	不同频率下的输出转矩/(N·m)							
36BF003	1.5	0.055	0.050	0.038	0.035	0.030	0.020	0.015	0.010
45BF003	1.5	0.120	0.100	0.070	0.060	0.040	0.030	0.020	0.010
55BF003	1.5	0.40	0.40	0.30	0.25	0.20	0.15	0.10	0.05
55BF009	0.9	0.45	0.45	0.34	0.28	0.22	0.17	0.11	0.06
70BF003	1.5	0.47	0.40	0.23	0.20	0.18	0.15	0.10	0.05
75BF003	1.5	0.55	0.55	0.50	0.45	0.40	0.30	0.20	0.10
75BC340A	1.5	0.40	0.40	0.36	0.30	0.25	0.20	0.15	0.10
75BC380A	0.75	0.72	0.72	0.70	0.60	0.45	0.35	0.25	0.15
90BF003	1.5	1.80	1.70	1.60	1.50	1.30	1.10	0.70	0.35
95BC340A	1.5	3.60	3.40	3.20	3.00	2.60	2.20	1.40	0.70
110BC3100	0.6	9.00	8.00	5.50	4.40	3.30	2.50	2.00	1.50
110BF003	0.75	6.25	5.80	4.80	4.00	3.20	2.44	1.70	0.84
110BC380F	0.75	9.60	8.80	7.50	6.60	5.40	4.40	2.40	1.00
90BYG2502	0.9	5.80	5.78	5.60	5.00	4.60	3.35	2.60	1.80
90BYG2602	0.75	5.80	5.78	5.60	5.00	4.60	3.35	2.60	1.80
110BYG2502	0.9	19.00	18.00	15.00	14.00	12.00	10.00	8.00	6.00
110BYG2602	0.75	19.00	18.00	15.00	14.00	12.00	10.00	8.00	6.00
110BYG3502	0.6	15.80	15.70	15.00	14.00	12.00	10.00	8.00	6.00
130BYG2502	0.9	38.00	37.00	34.00	29.00	24.00	20.00	16.00	12.00
130BYG3502	0.6	35.20	35.00	31.50	26.80	22.20	18.50	15.00	11.00
110BYG5802	0.45	15.50	15.40	15.00	14.00	12.00	10.00	7.00	4.00
130BYG5501	0.72	19.60	19.00	17.20	16.50	13.80	10.20	7.00	3.80

参 考 文 献

第 1 章

[1] 丁俊发. 供应链国家战略 [M]. 北京：中国铁道出版社，2018.
[2] 王纪坤，李学哲. 机电一体化系统设计 [M]. 北京：国防工业出版社，2013.
[3] 谢寄石. 机电系统动力学 [M]. 北京：国防工业出版社，1989.
[4] 芮延年，等. 机电一体化原理及应用 [M]. 苏州：苏州大学出版社，2004.
[5] 韩向可，黄晓东. 机电一体化系统 [M]. 长春：吉林大学出版社，2009.
[6] 冯浩，汪建新，赵书尚，等；机电一体化系统设计 [M]. 2 版. 武汉：华中科技大学出版社，2016.
[7] 曹立学，张鹏超. 计算机控制技术 [M]. 西安：西安电子科技大学出版社，2012.
[8] 胡国良. 盾构电液控制系统关键技术分析 [J]. 矿山机械，2008，36（02）：68-72.
[9] 李志刚，李洋，黄卫，等. 高压水下湿法焊接系统设计与信号采集分析 [J]. 热加工工艺，2021，50（19）：
    119-123.

第 2 章

[1] 李卫平，左力. 运动控制系统原理与应用 [M]. 武汉：华中科技大学出版社，2013.
[2] 张立勋，董玉红. 机电系统仿真与设计 [M]. 哈尔滨：哈尔滨工程大学出版社，2006.
[3] 朴松昊，谭庆吉，汤承江，等. 工业机器人技术基础 [M]. 北京：中国铁道出版社，2018.
[4] 陈绪林. 工业机器人操作编程及调试维护 [M]. 成都：西南交通大学出版社，2018.
[5] 李素云. 机器自动化工业机器人及其关键技术研究 [M]. 北京：中国原子能出版社，2018.
[6] 王义行. 输送链与特种链工程应用手册 [M]. 北京：机械工业出版社，2000.
[7] 张立娟，林伟强，汤承江. 机电一体化技术 [M]. 长春：吉林大学出版社，2017.
[8] 齐庆国，刘晓玲. 机电一体化系统设计 [M]. 长春：吉林大学出版社，2015.

第 3 章

[1] 顾燕，等. 数控原理及应用 [M]. 北京：北京理工大学出版社，2019.
[2] 韩振宇，付云忠. 机床数控技术 [M]. 哈尔滨：哈尔滨工业大学出版社，2018.
[3] 韩振宇，付云忠，等. 先进制造理论研究与工程技术系列机床数控技术 [M]. 哈尔滨：哈尔滨工业大学出版
    社，2013.
[4] 王孙安. 建模、仿真与机电系统的相似 [M]. 西安：西安交通大学出版社，2016.
[5] 李营蒙，毛建东. 单片机原理及应用 [M]. 北京：中国轻工业出版社，2010.
[6] 张立娟，林伟强，汤承江，等. 机电一体化技术 [M]. 长春：吉林大学出版社，2017.
[7] 李益民. 直线电机与磁浮驱动 [M]. 成都：西南交通大学出版社，2018.
[8] 程宪平. 机电传动与控制. 武汉：华中科技大学出版社，2016.
[9] 熊幸明. 电气控制与 PLC. 北京：机械工业出版社，2019.
[10] 赵燕，周新建. 可编程控制器原理与应用. 北京：北京大学出版社，2010.
[11] 胡国良，李志刚，喻理梵，等. 基于 PWM 控制技术的开关电源设计及仿真分析 [J]. 机电技术，2013，36
    （05）：63-65.

第 4 章

[1] 蒋万翔，张亮亮，金洪吉. 传感器技术及应用 [M]. 哈尔滨：哈尔滨工程大学出版社，2018.
[2] 王化祥，张淑英. 传感器原理及应用 [M]. 天津：天津大学出版社，2017.
[3] 罗霄，罗庆生. 工业机器人技术基础与应用分析 [M]. 北京：北京理工大学出版社，2018.

[4]　祝志慧，冯耀泽．机械工程测试技术［M］．武汉：华中科技大学出版社，2017.

[5]　姜久超，李国顺，等．工厂电气控制技术［M］．北京：北京理工大学出版社，2019.

[6]　周征．传感器与检测技术［M］．西安：西安电子科技大学出版社，2017.

[7]　齐晓华，魏冠义．传感器与检测技术［M］．成都：西南交通大学出版社，2018.

[8]　魏红玲．电工与电子技术［M］．北京：北京邮电大学出版社，2017.

[9]　王永华．现代电气控制及 PLC 应用技术［M］．北京：北京航空航天大学出版社，2003.

[10]　周自强，等．机械工程测控技术［M］．北京：国防工业出版社，2016.

[11]　广东省职业技能鉴定指导中心组织编写．工业控制新技术教程［M］．广州：华南理工大学出版社，2014.

[12]　李卫平，左力．运动控制系统原理与应用［M］．武汉：华中科技大学出版社，2013.

[13]　刘文定，王东林．过程控制系统的 MATLAB 仿真［M］．北京：机械工业出版社，2009.

[14]　陈先锋．伺服控制技术自学手册［M］．北京：人民邮电出版社，2010.

[15]　刘光定．传感器与检测技术［M］．重庆：重庆大学出版社，2016.

[16]　程阔．自动线安装与调试［M］．合肥：中国科学技术大学出版社，2015.

[17]　胡福年，等．《传感器与测量技术》学习指导与实践［M］．南京：东南大学出版社，2015.

[18]　李卫国，等．工业机器人基础［M］．北京：北京理工大学出版社，2018.

[19]　刘传玺，王以忠，袁照平，等．自动检测技术［M］．北京：机械工业出版社，2012.

第 5 章

[1]　三菱通用变频器 FR-D720 使用手册．三菱电机自动化网站．

[2]　赵燕，周新建．可编程控制器原理与应用．北京：北京大学出版社，2010.

[3]　熊幸明．电气控制与 PLC．北京：机械工业出版社，2019.

[4]　FX2N-16CCL-M 和 FX2N-32CCL CC-Link 主站模块和接口模块用户手册．三菱电子公司，2000.

[5]　FX 通讯用户手册．三菱电子公司，2001.

[6]　龚志远，甘伟欣，龙铭，等．基于单片机与 PLC 协作的大棚智能监控［J］．制造业自动化，2019，41（05）：5-8.

第 6 章

[1]　黎文安，赵旭光．泵站计算机综合自动化技术［M］．武汉：武汉大学出版社，2015.

[2]　吴何畏．机电传动与控制技术［M］．武汉：华中科技大学出版社，2018.

[3]　黄宝娟．测控基础实训教程［M］．第 2 版．西安：西安交通大学出版社，2017.

第 7 章

[1]　姜学军，刘新国，李晓静．计算机控制技术．北京：清华大学出版社，2009.

[2]　刘文定，王东林．过程控制系统的 MATLAB 仿真．北京：机械工业出版社，2009.

[3]　刘德胜．计算机控制技术．沈阳：东北大学出版社，2016.

[4]　杨国安．数字控制系统分析、设计与实现．西安：西安交通大学出版社，2008.

[5]　赖寿宏．微型计算机控制技术．北京：机械工业出版社，2012.

[6]　李志刚，张文亮．注塑机械手振动控制研究［J］．制造业自动化，2011，33（20）：27-30.

[7]　徐明，黄庆生，李刚．车辆磁流变半主动悬架开关-最优控制［J］．噪声与振动控制，2020，40（06）：159-164.

[8]　徐明，黄庆生，李刚．车辆半主动悬架智能控制方法研究现状［J］．机床与液压，2021，49（01）：169-174.

第 8 章

[1]　张建民．机电一体化系统设计（修订版）［M］．北京：北京理工大学出版社，2018.

[2]　尹志强．机电一体化系统设计课程设计指导书［M］．北京：机械工业出版社，2007.

[3]　濮良贵．机械设计［M］．9 版．北京：高等教育出版社，2013.

[4]　徐钢涛．机械设计基础课程设计［M］．北京：航空工业出版社，2012.

[5]　钱平．交直流调速控制系统［M］．北京：高等教育出版社，2005，7.

[6]　王福永．双闭环调速系统 PID 调节器的设计［J］．苏州丝绸工学院学报，2001，10.

[7]　张弘．龙门刨床数字式直流调速控制系统的设计研究［R］，西北工业大学．

[8]　鄢华林，邱月全．VB6.0 环境下三菱 FX 系列 PLC 与上位机的串行通信［J］．计算机与现代化，2010（05）：

122-124.

[9] 华路光，官峰. 基于 VB 的三菱 FX 系列 PLC 与 PC 串行通信的实现 [J]. 佛山科学技术学院学报（自然科学版），2008（03）：15-18.

[10] 陆嘉，孟文，李常辉，等. 基于 VB 的 PLC 与上位机通信软件的设计 [J]. 自动化技术与应用，2007（09）：79-81.

[11] 华健，王国强. 用 VB6.0 实现 PC 机与三菱 FX$_{2N}$ 系列 PLC 编程口的通信 [J]. 硅谷，2012，5（21）：175＋157.

[12] 洪镇南. PLC 网络在自动化立体仓库堆垛机上的应用 [J]. 工业控制计算机，2002（05）：55-56.

[13] 陆伟. 基于 PLC 的自动立体仓库控制系统设计 [J]. 装备制造技术，2016（07）：62-64.

[14] 龚志远. 基于模型的立体仓库 CC-Link 总线控制系统 [J]. 机床与液压，2013，41（11）：108-111.

[15] 龚志远. 微型自动化立体仓库设计 [J]. 制造技术与机床，2011（08）：79-82.

[16] 龚志远. 小型 CNC 雕刻机设计 [J]. 组合机床与自动化加工技术，2011（02）：100-102.

[17] 李庆梅，瞿新. 基于 PLC 的自动立体仓库运行系统设计 [J]. 煤炭技术，2013，32（12）：178-179.

[18] 高娟，官晟. 基于 PLC 的自动化立体仓库系统设计 [J]. 电子技术，2011，38（06）：39-40.

[19] 冯占营. 基于 PLC 的自动化立体仓库运行系统设计 [D]. 山东大学，2008.

[20] 方前锋，王先平，吴学邦，等. 内耗与力学谱基本原理及其应用 [J]. 物理，2011，（12）：786-793.

[21] 沈中城，陈小平，张进峰，等. 低频力学弛豫谱仪的原理与结构 [C]. 材料科学与工程新进展. 2004.

[22] 张德荣. 高精度固体内耗仪的机械系统检测研究 [J]. 机电产品开发与创新，2006，19（3）：139-141.

[23] 方前锋，王先平，吴学邦，等. 内耗与力学谱基本原理及其应用 [J]. 物理，2011，（12）：786-793.

[24] 沈中城，陈小平，张进峰，等. 低频力学弛豫谱仪的原理与结构 [C]. 材料科学与工程新进展. 2004.

[25] 张德荣. 高精度固体内耗仪的机械系统检测研究 [J]. 机电产品开发与创新，2006，19（3）：139-141.

[26] 范建伟. OPA541 单片功率运算放大器及其典型应用 [J]. 电子设计工程，1998（3）：2-4.

[27] 张君，赵杰. 仪表放大器 AD623 的性能与应用 [J]. 仪表技术，2002（5）：45-46.

[28] 刘高明. 单电源、电源限输出仪表放大器 AD623 及其应用 [J]. 电测与仪表，1999（1）：44-46.

[29] 吴卫玲，杨建新. 基于机器视觉原理的平显视频信息提取研究 [J]. 仪表技术，2017（4）：18-20.

[30] 刘婷，张绍英，王叶群. 水果表面全真图像采集技术研究进展 [J]. 农机化研究，2018，40（2）：46-48.

[31] 刘达. 电机动态角度图像检测技术 [J]. 科技信息，2017（4）：17-19.

[32] 胡明明，乔铁柱，郑补祥. 基于 NI 机器视觉的胶带纵向撕裂检测系统 [J]. 仪表技术与传感器，2013（11）：41-43.

[33] 曹丽英，张跃鹏，张玉宝. 基于 Labview 的锤片式粉碎机噪声测试分析 [J]. 中国测试，2017，43（2）：64-68.

[34] 李茂林. 基于虚拟仪器的膛口噪声和烟雾测试系统研究 [D]. 南京理工大学，2017.

[35] 魏勇. 基于虚拟仪器的噪声信号采集系统开发 [J]. 现代制造技术与装备，2016（6）：84-85.

[36] 刘昭廷，刘祥楼，常季成，等. 基于虚拟仪器技术的环境噪声自动监测分析仪 [J]. 自动化与仪器仪表，2014（7）：111-114.

[37] 刘平. 基于 Labview 的数字滤波器技术 [J]. 科技传播，2012，4（23）：212＋235.

[38] 苏金州. Labview 滤波器在低压电器测试系统消噪中的应用 [J]. 电工电气，2011（6）：34-37.

[39] 陶沙，吴允平. 基于 Labview 的数字滤波器的设计与仿真 [J]. 福建电脑，2011，27（12）：12-13.

[40] 王业楷. 高精度大振幅低频力学谱仪研究与实现 [D]. 华东交通大学，2018.